高等职业教育“十二五”规划教材

Jisuanji Jichu Shiyong Jiaocheng

# 计算机基础实用教程

吕　芝　董　兰　尹淑英　李爱兰　吕聪敏　编

人民交通出版社

## 内 容 提 要

本书为人民交通出版社“十二五”规划教材，采用“任务驱动、案例教学”模式编写，贯彻高等职业教育“教、学、做”的教育理念。全书共分11章，由浅入深，对计算机Windows XP操作系统和Office办公软件的使用进行了实用讲述。

本书可作为高等职业院校公共课程教材，也可供学习了解计算机知识的人员参考。

**图书在版编目(CIP)数据**

计算机基础实用教程/吕芝等编. —北京：人民交通出版社，2010.9

ISBN 978-7-114-08617-5

I. ①计… II. ①吕… III. ①电子计算机—高等学校：技术学校—教材 IV. ①TP3

中国版本图书馆CIP数据核字(2010)第164041号

高等职业教育“十二五”规划教材

**书　　名**：计算机基础实用教程
**著 作 者**：吕　芝　董　兰　尹淑英　李爱兰　吕聪敏
**责任编辑**：卢仲贤
**出版发行**：人民交通出版社
**地　　址**：(100011)北京市朝阳区安定门外外馆斜街3号
**网　　址**：http://www.ccpress.com.cn
**销售电话**：(010)59757969，59757973
**总 经 销**：人民交通出版社发行部
**经　　销**：各地新华书店
**印　　刷**：北京交通印务实业公司
**开　　本**：787×1092　16开
**印　　张**：16.75
**字　　数**：416千
**版　　次**：2010年9月　第1版
**印　　次**：2010年9月　第1次印刷
**书　　号**：ISBN 978-7-114-08617-5
**印　　数**：0001～4000册
**定　　价**：37.00元

# 前　言

根据高职学生培养目标和学习特点，我们在总结吸取现有计算机基础教材成功经验的基础上，组织了一批长期从事计算机基础教学的教师，在总结多年高职课程教改的实践经验基础上，编写出版了这本适合于高职学生学习的《计算机基础实用教程》，本教材贯彻教育部教高(2006)16号文件《关于全面提高高等职业教育教学质量的若干意见》精神，在内容的编写上重点突出了计算机基础课程的实践性和技能性的特点，努力构建基于工作过程的高职计算机基础课程内容体系。

“任务驱动，案例教学”模式是编写本书的出发点，采用“任务驱动”编写方式，便于激发学生学习兴趣；以培养学生“职业能力”为主要教学目标，以大量的实例练习来巩固和提高学生的计算机操作水平和应用能力，贯彻了“教、学、做”的高职教育理念，案例选取科学合理，即学即用，通俗易懂。

本书采用“任务驱动”的案例教学，讲解计算机的基本知识和办公软件的功能及操作方法。本书的特色是：

(1)从应用角度出发，以实际任务所涉及的问题引导出解决的方法，并将知识点融入其中，来说明各软件功能的使用。本书中的每一个案例都是作者精心设计的，以案例带动知识点、既易于学生轻松入门、又兼备了实用性，进而熟练掌握各种软件的高级应用技巧。同时，引入案例教学和启发式教学方法还有利于激发学生的学习兴趣及能力的培养。

(2)将教程与实验进行了有机的整合，突出实用，重视实践环节。

(3)每章开始给出本章的教学要求，方便教师教学，也方便学生自学。

(4)采用“任务驱动”，全书条理清晰，结构科学，案例选取具有典型性和覆盖性的特点，注重内容的实用性。每个实践任务都是精心设计的，针对性强，学生可在实际任务的驱动下进行操作，并能将完成结果与系统要求达到的结果进行比较，从而训练学生实际操作能力。

(5)每一章最后安排了思考题与习题，设计了人们在日常生活、工作中会经常遇到的任务和问题。使学生在学习和使用计算机时更加得心应手，做到学以致用。

本教材由吕芝、董兰、尹淑英、李爱兰、吕聪敏编写；主审秦蓉；参加编写的还有王素英、侯艳、薛惠。

本书虽经多次讨论并反复修改，但限于作者水平，不当之处仍在所难免，谨请广大同行和读者批评指正。

编　者

**2010年7月**

# 目　录

# 第1章　计算机基础知识概述

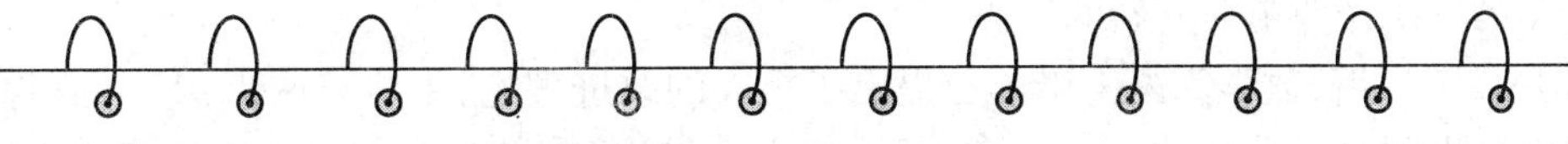

**教学目标**

◎ 了解计算机的发展与应用

◎ 掌握计算机硬件系统和软件系统的组成

◎ 掌握计算机的工作原理

◎ 掌握衡量计算机性能的主要指标

电子计算机是一种能自动、高速、准确地进行数值计算、数据处理、实时控制等的电子设备。它的出现是20世纪科学技术最卓越的成就之一，是科学技术和生产高速发展的产物，是人类智慧的结晶。

随着信息时代的到来，计算机占据越来越重要的地位，成为人们生活中不可缺少的工具。了解计算机的发展史，熟悉它的运行机制，是学好计算机必备的基础。本章主要介绍计算机的基础知识。

## §1.1　计算机的发展与应用

### 1.1.1　计算机的发展

世界上第一台电子数字式计算机于1946年在美国宾夕法尼亚大学正式投入运行，它的名称叫ENIAC（埃尼阿克），如图1-1所示。ENIAC是电子数值积分计算机（The Electronic Numerical Integrator and Computer）的缩写。

图1-1　世界上第一台电子计算机ENIAC

它使用了 17 468 个真空电子管，耗电 174kW，占地 170m$^2$，重达 30t，每秒钟可进行 5 000 次加法运算。虽然它的功能还比不上今天最普通的一台微型计算机，但在当时它已是运算速度的绝对冠军，并且其运算的精确度和准确度也是史无前例的。以圆周率($\pi$)的计算为例，中国的古代科学家祖冲之利用算筹，耗费 15 年心血，才把圆周率计算到小数点后 7 位数。1 000 多年后，英国人香克斯以毕生精力计算圆周率，才计算到小数点后 707 位。而使用 ENIAC 进行计算，仅用了 40s 就达到了这个记录，还发现香克斯的计算中，第 528 位是错误的。

ENIAC 奠定了电子计算机的发展基础，开辟了一个计算机科学技术的新纪元。有人将其称为人类第三次产业革命开始的标志。

ENIAC 诞生后，数学家冯·诺依曼提出了重大的改进理论，主要有两点：其一是电子计算机应该以二进制为运算基础，其二是电子计算机应采用"存储程序"方式工作，并且进一步明确指出了整个计算机的结构应由五个部分组成：运算器、控制器、存储器、输入装置和输出装置。冯·诺依曼的这些理论的提出，解决了计算机的运算自动化的问题和速度配合问题，对后来计算机的发展起到了决定性的作用。直至今天，绝大部分的计算机还是采用冯·诺依曼方式工作。

ENIAC 诞生后短短的几十年间，计算机的发展突飞猛进。主要电子器件相继使用了真空电子管，晶体管，中、小规模集成电路和大规模、超大规模集成电路，引起计算机的几次更新换代。每一次更新换代都使计算机的体积和耗电量大大减小，功能大大增强，应用领域进一步拓宽。特别是体积小、价格低、功能强的微型计算机的出现，使得计算机迅速普及，进入了办公室和家庭，在办公室自动化和多媒体应用方面发挥了很大的作用。目前，计算机的应用已扩展到社会的各个领域。距 ENIAC 的诞生，至今已经有 60 多年了。在这期间，计算机以惊人的速度发展。根据计算机所使用的电子元器件不同，计算机的发展经历了四代。

第一代：电子管计算机(1946 ~ 1957 年)

在第二次世界大战中，美国军方为解决计算大量军用数据的难题，大力推进计算机的研究与发展。1944 年 Howard H. Aikien(1900 ~ 1973 年)研制出全电子计算机，为美国海军绘制弹道图。这台简称为 Mark Ⅰ的机器占地有半个足球场大，内含 500 英里(804.65 千米)的电线，运算速度很慢(3 ~ 5 秒进行一次计算)，且实用性很差，只用于专门领域。

1946 年，标志现代计算机诞生的 ENIAC(Electronic Numerical Integrator and Computer)在费城公诸于世。ENIAC 代表了计算机发展史上的里程碑，它通过不同部分之间的重新接线编程，拥有并行计算能力。ENIAC 是第一台普通用途计算机。

与此同时，美国数学家冯·诺依曼提出了现代计算机的基本原理——存储程序控制。1949 年，冯·诺依曼和莫尔根据存储程序控制原理造出的新计算机 EDSAC(Electronic Delay Storage Automatic Calculator，爱达赛克)在英国剑桥大学投入运行。EDSAC 是世界上第一台存储程序计算机，是所有现代计算机的原型和范本。

冯·诺依曼

第二代：晶体管计算机(1958 ~ 1964 年)

这一时期，组成计算机的主要元器件是晶体管，内存采用磁芯存储器，外存采用磁带。第二代计算机体积小、速度快、功耗低、性能更稳定。在这一时期出现了高级语言 COBOL 和 FORTRAN，以语句和数学公式代替了二进制机器码，使计算机编程更容易。新的职业(程序员、分析员和计算机系统专家)和整个软件产业由此诞生。

第三代:中小规模集成电路计算机(1965～1970年)

虽然晶体管与电子管相比是一个明显的进步,但晶体管还是产生大量的热量,损害计算机内部的敏感部分。1958年德州仪器的工程师Jack Kilby发明了集成电路IC,将三种电子元器件集成到一片小小的硅片上。于是,计算机变得更小、功耗更低、速度更快。这一时期的发展还包括使用了操作系统,使得计算机在中心程序的控制协调下可以同时运行许多不同的程序。

第四代:大规模、超大规模集成电路计算机(1971年至今)

出现集成电路后,唯一的发展方向就是扩大规模。大规模集成电路(LSI)可以在一个芯片上容纳几百个电子元器件。到20世纪80年代,超大规模集成电路(VLSI)在芯片上容纳了几十万个电子元器件,后来的特大规模集成电路(ULSI)将元器件的数目扩充到百万级。在硬币大小的芯片上容纳如此数量的元件,使得计算机的体积和价格不断下降,而功能和可靠性不断增强。计算机发展阶段如表1-1所示。

**计算机发展阶段表**　　表1-1

| 起止年代 | 主要元件 | 速度(次/秒) | 特点与应用领域 |
|---|---|---|---|
| 第一代<br>1946～1957年 | 电子管 | 5000～1万 | 计算机发展的初级阶段,体积巨大,运算速度较低,耗电量大,存储容量小。主要用来进行科学计算 |
| 第二代<br>1958～1964年 | 晶体管 | 几万～几十万 | 体积减小,耗电较少,运算速度较高,价格下降,不仅用于科学计算,还用于数据和事物处理以及工业控制 |
| 第三代<br>1965～1970年 | 中小规模集成电路 | 几十万～几百万 | 体积和功耗进一步减少,可靠性和速度进一步提高。应用领域扩展到文字处理、企业管理、自动控制等 |
| 1971年至今 | 大规模、超大规模集成电路 | 几千万～千百亿 | 性能大幅度提高,价格大幅度降低,广泛用于社会生活的各个领域。进入办公室和家庭。在办公自动化、电子编辑排版、数据库管理、图像识别、语音识别、专家系统等领域大显身手 |

电子计算机还在向以下四个方面发展:

(1)巨型化

天文、军事、仿真等领域需要进行大量的计算,要求计算机有更高的运算速度、更大的存储量,这就需要研制功能更强的巨型计算机。

(2)微型化

专用微型机已经大量应用于仪器、仪表和家用电器中,通用微型机已经大量进入办公室和家庭,但人们需要体积更小、更轻便、易于携带的微型机,以便出门在外或在旅途中使用。应运而生的便携式微型机(笔记本型)和掌上型微型机正在不断涌现,迅速普及。

(3)网络化

将地理位置分散的计算机通过专用的电缆或通信线路互相连接,就组成了计算机网络。网络可以使分散的各种资源得到共享,使计算机的实际效用提高了很多。计算机联网不再是可有可无的事,而是计算机应用中一个很重要的部分。人们常说的因特网(INTERNET,也译为国际互联网)就是一个通过通信线路连接、覆盖全球的计算机网络。通过因特网,人们足不出户就可获取大量的信息,与世界各地的亲友快捷通信,进行网上贸易等。

(4)智能化

目前的计算机已能够部分地代替人的脑力劳动,因此也常称为“电脑”。但是人们希望计算机具有更多的类似人的智能,如:能听懂人类的语言,能识别图形,会自行学习等。这就需要进一步进行研究。

近年来，通过进一步的深入研究，发现由于电子电路的局限性，理论上电子计算机的发展也有一定的局限，因此人们正在研制不使用集成电路的计算机，如生物计算机、光子计算机、超导计算机等。

### 1.1.2 计算机的特点及分类

1. 计算机的特点

(1) 运算速度快

运算速度是指计算机每秒能执行多少指令，常用单位是 MIPS，即每秒执行多少百万条指令。例如，主频为 2GHz 的 Pentium 4 微型机的运算速度为每秒 20 亿次，即 2 000MIPS。

(2) 计算精度高

计算机计算的数据有效位可以精确到几十位甚至上百位，计算的精确度由计算机的字长和采用计算的算法决定的。例如，Pentium 4 微型机内部数据位数为 32 位（二进制），可精确到 15 位有效数字（十进制）。圆周率 π 的计算，有人曾利用计算机算到小数点后 200 万位。

(3) 记忆能力强

计算机的存储器（内存储器和外存储器）类似于人类的大脑，能够记忆大量的信息。它能存储数据和程序，进行数据处理和计算，并把结果保存起来。

(4) 逻辑判断能力强

逻辑判断是计算机的一个基本能力。在程序执行过程中，计算机能够进行各种基本的逻辑判断，并根据判断结果决定下一步执行哪条指令。这种能力保证了计算机信息处理的高度自动化。

2. 计算机的分类

计算机发展到今天，已是琳琅满目、种类繁多，并表现出各自不同的特点。我们可以从不同的角度对计算机进行分类。

按计算机信息的表示形式和对信息的处理方式不同分为数字计算机（Digital Computer）、模拟计算机（Analogue Computer）和混合计算机。数字计算机所处理数据都是以 0 和 1 表示的二进制数字，是不连续的离散数字，具有运算速度快、准确、存储量大等优点，因此适宜科学计算、信息处理、过程控制和人工智能等，具有最广泛的用途。模拟计算机所处理的数据是连续的，称为模拟量。模拟量以电信号的幅值来模拟数值或某物理量的大小，如电压、电流、温度等都是模拟量。模拟计算机解题速度快，适于解高阶微分方程，在模拟计算和控制系统中应用较多。混合计算机则是集数字计算机和模拟计算机的优点于一身。

按计算机的用途不同分为通用计算机（General Purpose Computer）和专用计算机（Special Purpose Computer）。通用计算机广泛适用于一般科学运算、学术研究、工程设计和数据处理等，具有功能多、配置全、用途广、通用性强的特点，市场上销售的计算机多属于通用计算机。专用计算机是为适应某种特殊需要而设计的计算机，通常增强了某些特定功能，忽略一些次要要求，所以能高速度、高效率地解决特定问题，具有功能单纯、使用面窄甚至专机专用的特点。模拟计算机通常都是专用计算机，在军事控制系统中被广泛地使用，如飞机的自动驾驶仪和坦克上的兵器控制计算机。本书内容主要介绍通用数字计算机，平常所用的绝大多数计算机都是该类计算机。

计算机按其运算速度快慢、存储数据量的大小、功能的强弱，以及软硬件的配套规模等的不同又分为巨型机、大中型机、小型机、微型机、工作站与服务器等。

(1)巨型机(Giant Computer)

巨型机又称超级计算机(Super Computer),是指运算速度超过每秒1亿次的高性能计算机,它是目前功能最强、速度最快、软硬件配套齐备、价格最贵的计算机,主要用于解决诸如气象、太空、能源、医药等尖端科学研究和战略武器研制中的复杂计算。它们安装在国家高级研究机构中,可供几百个用户同时使用。

运算速度快是巨型机最突出的特点。如美国Cray公司研制的Cray系列机中,Cray-Y-MP运算速度为每秒20~40亿次,中国自主生产研制的银河Ⅲ巨型机为每秒100亿次,IBM公司的GF-11可达每秒115亿次,日本富士通研制了每秒可进行3000亿次科技运算的计算机。最近中国研制的曙光4000A运算速度可达每秒10万亿次。世界上只有少数几个国家能生产这种机器,它的研制开发是一个国家综合国力和国防实力的体现。

(2)大中型计算机(Large-scale Computer and Medium-scale Computer)

这种计算机也有很高的运算速度和很大的存储量并允许相当多的用户同时使用。当然在量级上都不及巨型计算机,结构上也较巨型机简单些,价格相对巨型机来得便宜,因此使用的范围较巨型机普遍,是事务处理、商业处理、信息管理、大型数据库和数据通信的主要支柱。

大中型机通常都像一个家族一样形成系列,如IBM370系列、DEC公司生产的VAX8000系列、日本富士通公司的M-780系列。同一系列的不同型号的计算机可以执行同一个软件,称为软件兼容。

(3)小型机(Minicomputer)

其规模和运算速度比大中型机要差,但仍能支持十几个用户同时使用。小型机具有体积小、价格低、性能价格比高等优点,适合中小企业、事业单位用于工业控制、数据采集、分析计算、企业管理以及科学计算等,也可做巨型机或大中型机的辅助机。典型的小型机是美国DEC公司的PDP系列计算机、IBM公司的AS/400系列计算机、中国的DJS-130计算机等。

(4)微型计算机(Microcomputer)

微型计算机简称微机,是当今使用最普及、产量最大的一类计算机,体积小、功耗低、成本少、灵活性大,性能价格比明显地优于其他类型计算机。微型计算机可以按结构和性能划分为单片机、单板机、个人计算机等几种类型。

①单片机(Single Chip Computer)

把微处理器、一定容量的存储器以及输入输出接口电路等集成在一个芯片上,就构成了单片机。可见单片机仅是一片特殊的、具有计算机功能的集成电路芯片。单片机体积小、功耗低、使用方便,但存储容量较小,一般用做专用机或用来控制高级仪表、家用电器等。

②单板机(Single Board Computer)

把微处理器、存储器、输入输出接口电路安装在一块印刷电路板上,就成为单板计算机。一般在这块板上还有简易键盘、液晶和数码管显示器以及外存储器接口等。单板机价格低廉且易于扩展,广泛用于工业控制、微型机教学和实验,或作为计算机控制网络的前端执行机。

③个人计算机(Personal Computer,PC)

供单个用户使用的微型机一般称为个人计算机或PC,是目前用得最多的一种微型计算机。PC配置有一个紧凑的机箱、显示器、键盘、打印机以及各种接口,可分为台式微机和便携式微机。

台式微机可以将全部设备放置在书桌上,因此又称为桌面型计算机。当前流行的机型有IBM-PC系列,Apple公司的Macintosh,Dell及中国生产的长城、浪潮、联想系列计算机等。

便携式微机包括笔记本计算机、袖珍计算机以及个人数字助理（Personal Digital Assistant，PDA）。便携式微机将主机和主要外部设备集成为一个整体，显示屏为液晶显示，可以直接用电池供电。

（5）工作站

工作站（Workstation）是介于PC和小型机之间的高档微型计算机，通常配备有大屏幕显示器和大容量存储器，具有较高的运算速度和较强的网络通信能力，有大型机或小型机的多任务和多用户功能，同时兼有微型计算机操作便利和人机界面友好的特点。工作站的独到之处是具有很强的图形交互能力，因此在工程设计领域得到广泛使用。SUN、HP、SGI等公司都是著名的工作站生产厂家。

（6）服务器

随着计算机网络的普及和发展，一种可供网络用户共享的高性能计算机应运而生，这就是服务器。服务器一般具有大容量的存储设备和丰富的外部接口，运行网络操作系统。由于要求较高的运行速度，为此很多服务器都配置双CPU。服务器常用于存放各类资源，为网络用户提供丰富的资源共享服务。常见的资源服务器有DNS（Domain Name System，域名）服务器、E-mail（电子邮件）服务器、Web（网页）服务器、BBS（Bulletin Board System，电子公告板）服务器等。

### 1.1.3 计算机的应用领域及发展趋势

1.计算机的应用领域

（1）科学计算

科学计算是计算机最早的应用领域。同人工计算相比，计算机不仅速度快，而且精度高。特别是对于大量的重复计算，计算机不会感到疲劳和厌烦。

（2）信息处理

信息处理即数据处理，是指对各种原始数据进行采集、整理、转换、加工、存储、传播以供检索、再生和利用。目前，计算机信息处理已经广泛应用于办公自动化、企业计算机辅助管理、文字处理、情报检索、电影电视动画设计、会计电算化、医疗诊断等各行各业。据统计，世界上的计算机80%以上主要用于信息处理。

（3）计算机辅助设计与计算机辅助制造

计算机辅助设计（Computer Aided Design，CAD）与计算机辅助制造（Computer Aided Manufacture，CAM）主要用于机械、电子、宇航、建筑等产品的总体设计、造型设计、结构设计、数控加工等环节。应用CAD/CAM技术，可以缩短产品开发周期，提高设计质量，增加产品种类。

（4）计算机辅助教学与计算机管理教学

利用计算机辅助教学（Computer Aided Instruction，CAI）系统使得学生能在轻松的教学环境中学到知识，减轻教师的教学负担。计算机管理教学（Computer Managed Instruction，CMI）利用计算机实现各种教学管理，如教务管理、制订教学计划、课程安排等。

（5）自动控制

用计算机控制机床，加工速度比普通机床快10倍以上。在现代军用飞机控制方面，可用计算机在很短的时间内计算出敌机的各种飞机技术参数，并采取相应的攻击方案。

（6）多媒体应用

多媒体计算机的出现提高了计算机的应用水平，扩大了计算机技术的应用领域，使得计算机除了能够处理文字信息外，还能处理声音、视频、图像等多媒体信息。

(7)电子商务

所谓电子商务(Electronic Commerce)是利用计算机技术、网络技术和远程通信技术，实现整个商务(买卖)过程中的电子化、数字化和网络化。人们不再是面对面的，看着实实在在的货物，靠纸介质单据(包括现金)进行买卖交易。而是通过网络，通过网上琳琅满目的商品信息、完善的物流配送系统和方便安全的资金结算系统进行交易(买卖)。

2. 计算机的发展趋势

(1)巨型化

巨型机的研制水平，可以衡量整个国家的科技能力。中国在1985年成功制造了运算速度为10亿次的“银河-Ⅱ”，如图1-2所示。它是当时中国运算速度最快、存贮量最大、功能最强的电子计算机系统。它的研制成功，使中国跨入了世界研制巨型电子计算机的行列，标志着中国电子计算机技术的发展进入了一个新阶段。

十几年来，银河计算机系统实现了从1亿次到百亿次巨型技术的跨越。1998年，随着银河三百亿次巨型机在某国防科研单位“落户”，研制巨型机、全数字仿真机、智能工具机、超小型机为主的银河高性能计算机系统已形成。这些重大科研成果已被广泛应用于国民经济和国防现代化建设，为国家重点工程、尖端科研以及各个行业和领域提供强有力的技术支持。

银河系统计算机研制成功及应用，也带动了相关产业和其他高新技术的发展，为国家培养了一大批高级研究人才，缩短了与国外发达国家的技术差距。

(2)微型化

随着微电子技术和超大规模集成电路的发展，计算机的体积趋向微型化。从20世纪80年代开始，微机得到了普及。现在，又出现了笔记本式计算机、掌上电脑(见图1-3)、手表电脑等。

图1-2　巨型计算机

图1-3　掌上电脑

(3)网络化

信息社会的发展趋势就是实现资源共享，即利用计算机和通信技术，将各个地区的计算机互联起来，形成一个规模巨大、功能强大的计算机网络，使信息能得到快速、高效地传递。

(4)多媒体化

现代计算机不仅用来进行数据计算，还能处理声音、图像、文字、视频和音频信号。图1-4

所示为一台多媒体计算机。

(5)智能化

智能化是让计算机具有模拟人的感觉和思维过程的能力。图1-5所示为采用虚拟现实技术生产的汽车驾驶模拟器。

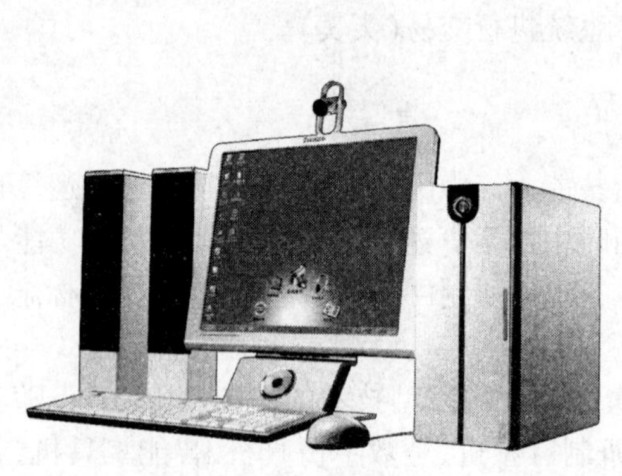

图1-4　多媒体电脑

图1-5　采用虚拟现实技术生产的汽车驾驶模拟器

# §1.2　计算机系统的基本组成

计算机系统就是按照人的要求接收和存储信息,自动进行处理和计算,并输出结果信息的机器系统。计算机系统由硬件系统和软件系统组成。前者是借助电、磁、光和机械等原理构成的各种物理设备的有机组合,是系统赖以工作的实体;后者是各种程序和文件,用于指挥全系统按照指定的要求进行工作。

## 1.2.1　计算机硬件系统

计算机的硬件系统一般由控制器、运算器、存储器、输入设备和输出设备等五大部分组成,其结构如图1-6所示。

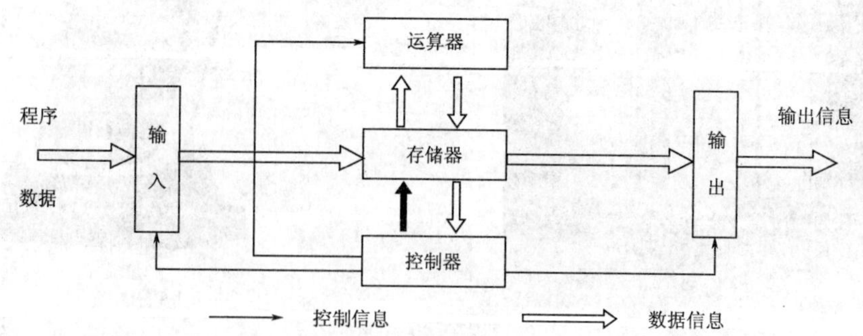


图1-6　计算机的硬件系统结构

计算机硬件系统又可以分为主机和外部设备两大部分。主机主要包括主板、CPU、内存、硬盘和显卡等设备,外部设备包括鼠标、键盘、显示器、打印机和扫描仪等I/O设备。

1. 运算器

运算器是计算机中进行算术运算和逻辑运算的部件,通常由算术逻辑运算部件、累加器及通用寄存器组成。

2. 控制器

控制器用以控制和协调计算机各部件自动、连续地执行各条指令，通常由指令部件、时序部件及操作控制部件组成。

运算器和控制器是计算机的核心部件，这两部分合称中央处理单元（Centre Process Unit，简称 CPU），通常集成在一块芯片上作为一个独立的部件，该部件称为微处理器（Microprocessor，简称 MP）。

CPU 的性能指标直接决定了由它构成的微型计算机系统的性能指标。CPU 的性能指标主要有字长和时钟频率。

字长：表示 CPU 每次计算数据的能力。如 80486 及 Pentium 系列的 CPU 一次可以处理 32 位二进制数据。

时钟频率：主要以 MHz 为单位来度量，通常时钟频率越高，其处理速度也越快。目前的主流 CPU 的时钟频率已发展到 2GHz 以上，甚至高达 3.6GHz 以上。

3. 存储器

存储器的主要功能是用来保存各类程序的数据信息。

存储器中能够存放的最大数据信息量称为存储器的容量。存储器容量的基本单位是字节（Byte，B）。存储器中存储的一般是二进制数据，二进制数只有 0 和 1 两个代码，因而，计算机技术中常把一位二进制数称为一位（1 bit），1 个字节包含 8 位，即 1Byte = 8bit。为了便于表示大容量存储器，常用 KB、MB、GB、TB 作为单位，其关系为：

1KB = 1024B 1MB = 1024KB 1GB = 1024MB 1TB = 1024GB

存储器可分为主存储器和辅助存储器两类。

(1) 主存储器（也称为内存储器），属于主机的一部分。用于存放系统当前正在执行的数据和程序，属于临时存储器。

内存储器按其工作方式可分为随机存储器（Random Acess Memory，简称 RAM）和只读存储器（Read Only Memory，简称 ROM）两类。

①RAM

RAM 在计算机工作时，既可从中读出信息，也可随时写入信息，所以，RAM 是一种在计算机正常工作时可读/写的存储器。在随机存储器中，以任意次序读写任意存储单元所用时间是相同的。目前所有的计算机大都使用半导体随机存储器。半导体随机存储器是一种集成电路，其中有成千上万个存储单元。

根据元器体结构的不同，随机存储器又可分为静态随机存储器（Static RAM，简称 SRAM）和动态随机存储器（Dynamic RAM，简称 DRAM）两种。

静态随机存储器（SRAM）集成度低，价格高，但存取速度快，它常用作高速缓冲存储器（Cache）。

Cache 是指工作速度比一般内存快得多的存储器，它的速度基本上与 CPU 速度相匹配，它的位置在 CPU 与内存之间。在通常情况下，Cache 中保存着内存中部分数据的映像。CPU 在读写数据时，首先访问 Cache。如果 Cache 含有所需的数据，就不需要访问内存；如果 Cache 中不含有所需的数据，才去访问内存。设置 Cache 的目的，就是为了提高机器运行速度。

动态随机存储器使用半导体器件中分布电容上有无电荷来表示“0”和“1”的，因为保存在分布电容上的电荷会随着电容器的漏电而逐步消失，所以需要周期性的给电容充电，称为刷新。这类存储器集成度高、价格低、存储速度慢。

随机存储器存储当前使用的程序和数据，一旦机器断电，就会丢失数据，而且无法恢复。因此，用户在操作计算机过程中应养成随时存盘的习惯，以免断电时丢失数据。

②ROM

只读存储器(ROM)只能做读出操作而不能做写入操作。只读存储器中的信息是在制造时用专门的设备一次性写入的，其内容是永久性的，即使关机或断电也不会消失。只读存储器用来存放固定不变重复执行的程序。

目前，有多种形式的只读存储器，常见的有如下几种：

PROM：可编程的只读存储器。

EPROM：可擦除的可编程只读存储器。

EEPROM：可用电擦除的可编程只读存储器。

(2)辅助存储器(也称外存储器)，属于外部设备，用于存放暂不用的数据和程序，属于永久存储器。

外存储器大都采用磁性和光学材料制成。与内存储器相比，外存储器的特点是存储容量大，价格较低，而且在断电的情况下也可以长期保存信息，所以称为永久性存储器。缺点是存取速度比内存储器慢。常见的外存储器有以下几种：

①磁盘

磁盘是微型计算机系统中最重要的外部存储器，即可作为输入设备，又可作为输出设备。它一般包括软磁盘存储器和硬磁盘存储器。磁盘属于磁表面存储设备。它的信息存储是一种电磁转换过程，通过磁头与磁盘片的相对运动来实现。

②软盘驱动器

软盘驱动器简称软驱(盘符为“A:”)。软驱是数据和程序进入微型计算机的门户。软驱所用的软盘直径通常有3.5英寸(容量为1.44MB)和5.25英寸两种。软盘的信息是按磁道和扇区组织存储的，软盘在使用前必须进行格式化。格式化就是对软磁盘划分磁道和扇区。格式化时将磁盘面划分成若干个同心圆，每个同心圆称为一个磁道。3.5英寸的软盘有80个磁道，磁道的编址是由外向内的编号的，最外层的一个同心圆为0号磁道，最内层的同心圆为第79磁道。每个磁道又被划分为若干区域，每个区域称为扇区。目前常用的软盘都划分为18个扇区，每个扇区可存放512个字节，每张盘片又可分为A、B两面，因此，可以得出$512\times80\times18\times1=1\ 474\ 560(B)=1.44(MB)$。

软盘在格式化后会产生四个区：引导区(BOOT)、文件分配表(FAT)、文件目录表和数据区。

引导区用于存放引导程序。

文件分配表用于描述文件在磁盘上存放的位置以及整个软盘扇区的使用情况。

文件目录表区用来存放软盘根目录下所有子目录文件文件属性、文件在软盘上的存放的开始位置、文件长度以及文件建立和修改的日期和时间。

数据区是存放文件内容的区域。

引导区和文件分配表这些供系统使用和管理软盘的重要信息存放在软盘的0磁道上，所以如果磁盘的0磁道损坏会导致整个软盘无法使用。

软盘的特点是成本低、重量轻、价格便宜、便于携带，缺点是存储容量小、容易损坏。目前绝大多数微型计算机中不再配备软盘驱动器，也就是说一般不再使用软盘。

③硬盘

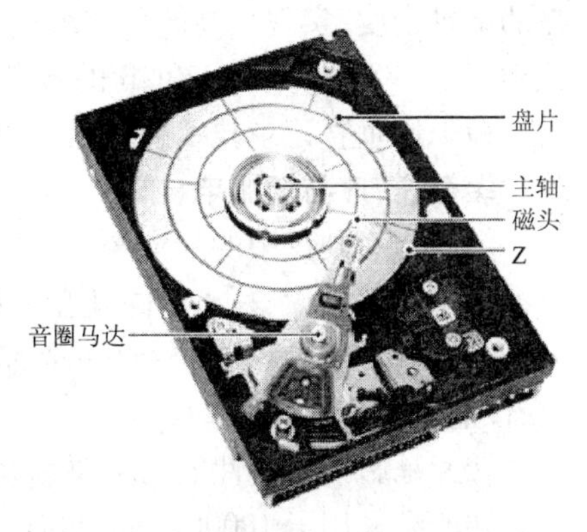

图 1-7　硬盘结构图

硬盘也称固定盘。和软盘相比,硬盘的存储容量大,读/写速度快得多。磁盘是按柱面磁头号和扇区的格式组织存取信息的(如图 1-7 所示),柱面由一组盘片的同一磁道在纵向上所形成的同心圆构成。柱面从外向内编号,同一柱面上的各个磁道和扇区的划分与软盘基本相同。

数据在硬盘上的位置通过柱面号、磁头号和扇区号三个参数来确定的。硬盘与硬盘驱动器固定在一起,硬盘格式化后,其使用方式与软盘一样,也是通过盘符标识符来确认。硬盘的盘符通常为"C:",若系统配有多个硬盘或将一个物理硬盘划分为多个逻辑硬盘,则盘符可依次为"C:"、"D:"、"E:"、"F:"等。

硬盘的主要参数:

**数据接口**

目前的硬盘数据接口主要有 IDE(PATA)、SATA、SCSI、SAS 以及光纤等。其中,SCSI、SAS 以及光纤等接口主要用于服务器以及工作站。对于桌面级产品来说,主要是 PATA 与 SATA。PATA 就是我们常说的 80 针 IDE 接口,目前有 PATA100 与 PATA133 作为主流产品,但在 SATA2(SATA 3Gb/s)接口硬盘大面积普及情况下,已经渐渐淡出市场。因此对于主流的 320GB 硬盘来说,我们主要考虑采用 SATA2 接口的产品,而对于即将退出市场的 PATA 产品不必再关注了。

这里我们简单介绍一下 SATA 接口规范。和 PATA(并行 ATA)相对应,SATA 的数据传输以串行的方式进行,因此它可以实现比并行接口更高的传输速度,SATA 1.0 就可以达到1.5 Gb/s 的传输速度,而 SATA2 就可以实现 3Gb/s 的传输速度。不过这里需要提出的是,并不是可以达到3Gb/s 传输速度的 SATA 接口就可以叫做 SATA2。SATA2 规范除了包括传输速度必须达到 3Gb/s 之外,还必须支持 NCQ(Native Command Queuing,原生命令队列)、端口多路器(Port Multiplier)、交错启动(Staggered Spin-up)等一系列的技术。当然,我们习惯上还是称 SATA 3Gb/s 的设备为 SATA2 设备。

目前支持 SATA 3Gb/s 接口的硬盘产品都可以在 SATA1.0 和 SATA 3Gb/s 模式间切换,一般是通过跳线。

**容量与单碟容量**

硬盘厂商一般是以 1MB = 1000000Bytes 的公式来计算硬盘总容量的,所以实际格式化出来的容量会比硬盘标签上的要少一些(系统是按 1KB = 1024Bytes 来算的),320GB 用 NTFS 格式进行格式化之后大约只有 300GB。

单碟容量是目前硬盘发展的重点,是决定硬盘档次的标准。提升硬盘容量的方式一方面可以增加盘片数量,另一方面就是增加盘片的数据密度。简单地增加盘片数量虽然是增加硬盘容量的直接方法,但毕竟会受到发热量、硬盘体积的限制,目前盘片数量最多为 5 张。在盘片数无法增加的情况下,提升单碟容量是提升硬盘容量的唯一办法。

提升单碟容量除了可以减少使用的盘片、磁头以降低制造成本之外,由于记录密度的提升,使得磁头一次读取的数据也增加了,从而提升了硬盘的内部传输速度。目前很多硬盘厂商都推出了采用垂直记录技术的硬盘产品,相对于传统的水平记录方式,垂直记录大大提升了硬盘的记录密度,实现很高的单碟容量。例如采用垂直记录的希捷酷鱼7200.10硬盘,单碟容量就达到了188GB,实现320GB的容量仅仅只需要两张碟片即可。现在购买硬盘的时候,最好是选择采用垂直记录技术的产品,在性能方面表现会更出色。

**缓存、转速与伺服电机**

缓存作为硬盘中的一个缓冲的区域,调节数据传输,其大小直接影响到硬盘的性能,特别是大量小文件的读、写。不同硬盘采用的缓存大小不等,就目前产品来看,8MB缓存的比较常见,像320GB这类大容量硬盘一般都配备了16MB的高速缓存,因此在读写大量小文件的时候,性能表现会比较好。

转速是影响硬盘性能的主要因素,目前主流硬盘都采用了7200r/min的设计,不过也有部分高端产品采用了10000r/min设计。但高转速带来的高发热量和马达轴承的快速磨损也是明显的,这在一定程度上也降低了硬盘产品的可靠性,所以在目前,7200r/min是一个性能与可靠性比较均衡的方案。

硬盘采用的伺服电机(俗称马达),所采用的轴承技术是很重要的,直接影响到硬盘的工作噪声和耐用程度。目前主流的硬盘产品都采用了液态轴承设计,它以油膜代替滚珠,以避免金属面直接磨擦,将噪声及摩擦产生的热量降至最低,减小了轴承的磨损,延长了硬盘的寿命。

**平均寻道时间**

平均寻道时间是硬盘性能参数中非常重要的一个,受硬盘转速与记录密度的影响。在转速都为7200r/min的情况下,硬盘的记录密度越高,平均寻道时间就越短——很简单,由于记录密度的增加,磁头只需要移动更短的距离就可以实现定位。更短的平均寻道时间就意味着硬盘在读写大量小文件时的性能更好,因为这个时候磁头是运动得最频繁的。

就目前320GB硬盘的情况来看,由于采用了垂直记录技术,记录密度大大增加,因此它们的标称平均寻道时间都在9ms以下,相比上一代产品明显要快一些。

④光盘

光盘需要与光盘驱动器配合使用。光盘驱动器(简称光驱)是多媒体电脑的重要输入设备。光驱的盘符一般以紧邻着硬盘盘符后的那一个英文字母来表示。

光盘的特点:

1)存储容量大,价格低;

2)不怕电磁干扰,存储密度高,可靠性高;

3)存取速度在不断增高。

4. 输入设备

输入设备用于接受用户输入的原始程序和数据,它是重要的人机接口,负责将输入的程序和数据转换成计算机能识别的二进制代码,并放入内存中。常见的输入设备有键盘、鼠标、扫描仪等。

5. 输出设备

输出设备可以将计算机运算处理的结果以用户熟悉的信息形式反馈给用户。通常输出形式有数字、字符、图形、视频、声音等。常见的输出设备有显示器、打印机、绘图仪等。

### 1.2.2 计算机软件系统

相对于计算机硬件而言,软件是计算机无形的部分,是计算机的灵魂。比如一个人,首先要有基本的骨骼架构(相当于计算机的硬件),还要有神经系统、循环系统、消化系统等(相当于计算机的软件)才能成为一个完整的人。软件可以对硬件进行管理、控制和维护。软件根据用途可分为系统软件和应用软件。图1-8所示为计算机系统层次关系。

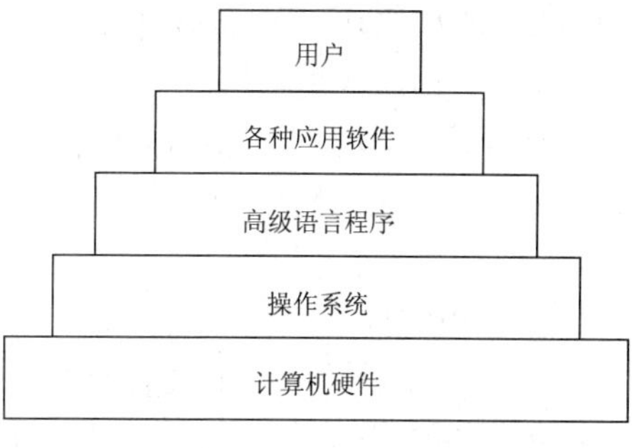

图1-8 计算机系统层次关系图

1. 系统软件

系统软件能够调度、监控和维护计算机资源,扩充计算机功能,提高计算机效率。系统软件是用户和裸机的接口,主要包括操作系统、语言处理程序、数据库管理系统等,其核心是操作系统。

(1)操作系统

操作系统(Operating System)是最基本最重要的系统软件,管理和控制计算机系统中硬件和软件资源的大型程序,其他软件运行的基础。操作系统负责对计算机系统的全部软、硬件和数据资源进行统一控制、调度和管理。其主要作用就是提高系统的资源利用率、提供友好的用户界面,从而令用户能够灵活、方便地使用计算机。目前比较流行的操作系统有Windows、UNIX、Linux等。

(2)语言处理程序

人与人交流需要语言,人与计算机之间交流同样需要语言。人与计算机之间交流信息使用的语言叫做程序设计语言。按照对硬件的依赖程度,程序设计语言分为机器语言、汇编语言和高级语言等三类。

①机器语言(Machine Language)是用二进制代码“1”和“0”组成的一组代码指令,是唯一可以被计算机硬件识别和执行的语言。机器语言的优点是占用内存小、执行速度快,但编写程序工作量大、可阅读性差、调试困难。

②汇编语言(Assemble Language)是一种面向机器的程序设计语言,用助记符(Mnemonics)代替操作码,用地址符号(Symbol)代替地址码,如加法指令ADD、减法指令SUB、移动指令MOV等。汇编语言在编写、阅读和调试方面有很大进步,而且运行速度快。但是编程复杂、可移植性差。

③高级语言(High Level Language)是一种独立于机器的算法语言。高级语言的表达方式接近于人们日常使用的自然语言和数学表达式,并且有一定的语法规则。高级语言编写的程序运行要慢一些,但是编程简单易学、可移植性好、可读性强、调试容易。常见的高级语言有BASIC、FORTRAN、C、Delphi、Java等。

除机器语言以外,采用其他程序设计语言编写的程序,计算机都不能直接运行。这种程序称为源程序,必须翻译成等价的机器语言程序,即目标程序,才能被计算机识别和执行。承担把源程序翻译成目标程序工作的是语言处理程序。

使用汇编语言编写的程序,要由一种程序将其翻译成机器语言。这种起翻译作用的程序被称为汇编程序,是系统软件中的语言处理软件。将高级语言程序翻译成目标程序有两种方式:解释方式和编译方式,对应的语言处理程序是解释程序和编译程序。

解释程序:对高级语言程序逐句解释执行。这种方法的特点是程序设计的灵活性大,但程序的运行效率较低。BASIC语言就采用这种方法。

编译程序:把高级语言所写的程序作为一个整体进行处理,编译后与子程序库链接,形成一个完整的可执行程序。这种方法的缺点是编译和链接较费时,但可执行程序运行速度很快。FORTRAN 和 C 语言等都采用这种方法。

(3)数据库管理系统

数据库管理系统主要面向解决数据处理的非数值计算问题,对计算机中存放的大量数据进行组织、管理、查询。目前,常用的数据库管理系统有 SQL Server、Oracle、Mysql 和 Visual FoxPro 等。

2. 应用软件

应用软件是用户为解决各种实际问题而编制的计算机应用程序及其有关资料。如 Microsoft 公司的 Office 系列,就是针对办公应用的软件。

计算机软件已发展成为一个巨大的产业,软件的应用范围也涵盖了生活的方方面面,因此很多问题都有相应的软件来解决。表 1-2 列举了一些应用领域的常用软件。

**常用的应用软件** 表 1-2

| 软件种类 | 软件举例 |
|---|---|
| 办公应用 | Microsoft Office、WPS、Open Office |
| 平面设计 | Photoshop、Illustrator、Freehand、CorelDRAW |
| 视频编辑和后期制作 | Adobe Premiere、After Effects、Ulead 的会声会影 |
| 网站开发 | FrontPage、Dreamweaver |
| 辅助设计 | AutoCAD、Rhino、Pro/E |
| 三维制作 | 3DS Max、Maya |
| 多媒体开发 | Authorware、Director、Flash |
| 程序设计 | Visual Studio. Net、Boland C + + 、Delphi |

计算机系统是由硬件系统和软件系统组成的。硬件是计算机系统的躯体,软件是计算机的灵魂。硬件的性能决定了软件的运行速度,软件决定了可进行的工作性质。硬件和软件是相辅相成的,只有将两者有效地结合起来,才能使计算机系统发挥应有的功能。

### 1.2.3 微型计算机系统的基本组成

微型计算机产生于 20 世纪 70 年代末,采用的是具有高集成度的器件,不仅体积小、重量轻、价格低、结构简单,而且操作方便、可靠性高。一个完整的微型计算机系统由硬件系统和软件系统两部分组成,如图 1-9 所示。

1. 微型计算机的硬件系统

从基本的硬件结构上看,微型计算机的核心是微处理器(Microprocessor)。从外观上看,微型计算机的基本硬件包括主机、显示器、键盘、鼠标器。主机箱还包括主板、硬盘、光存储器、电源和插在主板 I/O 总线扩展槽上的各种功能扩展卡。微型计算机还可以包含其他一些外部设备,如打印机、扫描仪等。

(1)主板(Main Board)

微机的主机及其附属电路都装在一块电路板上,称为主机板,又称为主板或系统板。它实际是由几层树脂材料粘合在一起的,内部采用铜箔走线。一般的电路板分有四层,最上和最下的两层是信号层,中间两层是接地层和电源层。将接地和电源层放在中间,便于对信号线作出修正。而一些要求较高的主板的线路板可达到 6 ~ 8 层或更多。如图 1-10 所示。

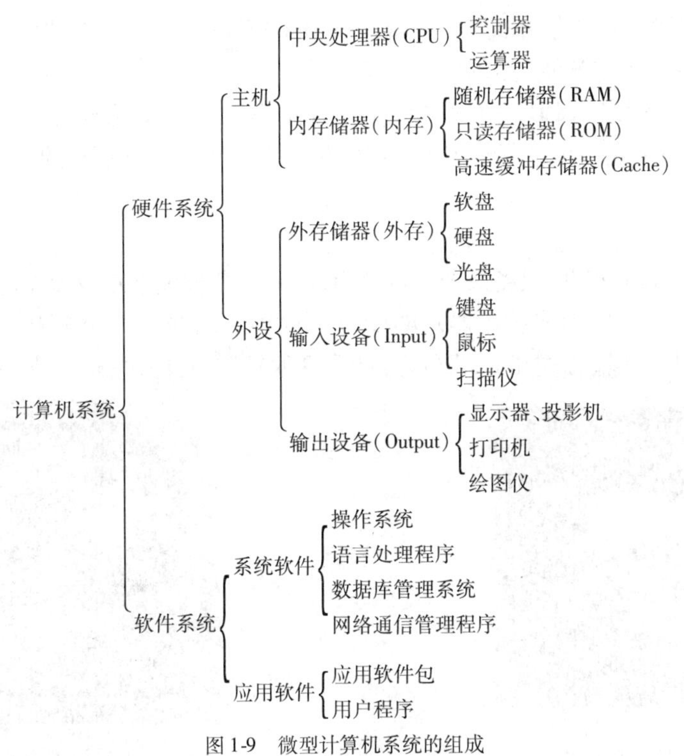


图 1-9　微型计算机系统的组成

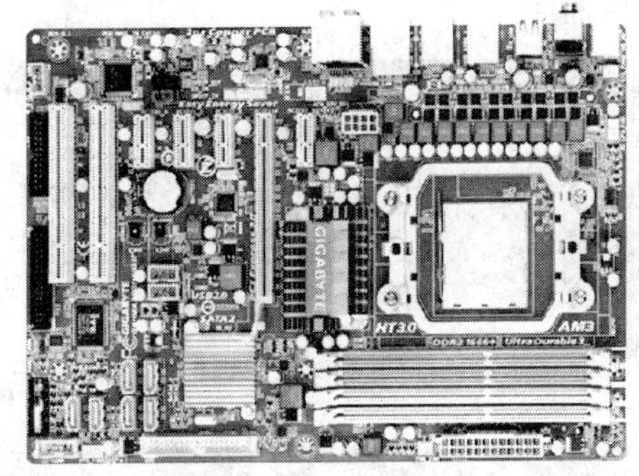


图 1-10　主板

主机板一般带有扩充插座(又叫做扩展槽),将不同的接口卡插入扩展槽中,就可以把不同的外部设备与主机连接起来。集成了网卡、声卡的主板除了有 USB 接口、并行接口和串行接口外,还有网线接口、声卡输入/输出接口。

为了结构紧凑,微机将主机板、接口卡、电源、扬声器等,以及属于外部存储设备的硬盘、软盘驱动器、光盘驱动器都装在一个机箱内,称为主机箱。也就是说,微机的主机箱里装有外部设备。例如,磁盘驱动器属于外部存储器,相应的接口电路板属于外设附件,并不属于主机。微机的键盘、显示器、打印机等外部设备则置于主机箱之外。

主板上的主要部件有:

①北桥芯片

芯片组(Chipset)是主板的核心组成部分,按照在主板上的排列位置的不同,通常分为北桥芯片(见图 1-11)和南桥芯片(见图 1-12),如 Intel 的 i845GE 芯片组由 82845GE GMCH 北桥芯片和 ICH4(FW82801DB)南桥芯片组成,而 VIA KT400 芯片组则由 KT400 北桥芯片和

VT8235 等南桥芯片组成(也有单芯片的产品,如 SIS630/730 等)。其中北桥芯片是主桥,一般可以和不同的南桥芯片搭配使用以实现不同的功能与性能。

北桥芯片一般提供对 CPU 的类型和主频、内存的类型和最大容量、ISA/PCI/AGP 插槽、ECC 纠错等支持,通常在主板上靠近 CPU 插槽的位置。由于此类芯片的发热量一般较高,所以在此芯片上装有散热片。

②南桥芯片

南桥芯片主要用来与 I/O 设备及 ISA 设备相连,并负责管理中断及 DMA 通道,让设备工作得更顺畅。它提供对 KBC(键盘控制器)、RTC(实时时钟控制器)、USB(通用串行总线)、UltraDMA/33(66)EIDE 数据传输方式和 ACPI(高级能源管理)等的支持,在靠近 PCI 槽的位置。

图 1-11 北桥芯片

图 1-12 南桥芯片

③CPU 插座

图 1-13 CPU 插座

CPU 插座(见图 1-13)就是主板上安装处理器的地方。主流的 CPU 插座主要有 Socket370、Socket 478、Socket 423 和 SocketA 几种。其中 Socket370 支持的是 P III 及新赛扬、CYRIX III 等处理器;Socket 423 用于早期 Pentium 4 处理器,而 Socket478 则用于目前主流 Pentium 4 处理器。而 Socket A(Socket462)支持的则是 AMD 的毒龙及速龙等处理器。另外还有的 CPU 插座类型为支持奔腾/奔腾 MMX 及 K6/K6-2 等处理器的 Socket7 插座,支持 PII 或 PIII 的 SLOT1 插座,以及 AMD ATHLON 使用过的 SLOTA 插座等。

④内存插槽

内存插槽(见图 1-14)是主板上用来安装内存的地方。目前常见的内存插槽为 SDRAM 内存插槽、DDR 内存插槽,其他的还有早期的 EDO 和非主流的 RDRAM 内存插槽。需要说明的是不同的内存插槽的引脚、电压、性能都是不尽相

图 1-14 内存插槽

同的,不能互换使用。对于168线的SDRAM内存和184线的DDR SDRAM内存,其主要外观区别在于SDRAM内存金手指上有两个缺口,而DDR SDRAM内存只有一个。

⑤PCI插槽

PCI(Peripheral Component Interconnect)总线插槽(见图1-15)是由Intel公司推出的一种局部总线。它定义了32位数据总线,且可扩展为64位。它为显卡、声卡、网卡、电视卡、MODEM等设备提供了连接接口,它的基本工作频率为33MHz,最大传输速率可达132MB/s。

图1-15　PCI总线插槽

⑥AGP插槽

AGP图形加速端口(Accelerated Graphics Port)是专供3D加速卡(3D显卡)使用的接口。它直接与主板的北桥芯片相连,且该接口让视频处理器与系统主内存直接相连,避免经过窄带宽的PCI总线而形成系统瓶颈,以增加3D图形数据传输速度,在显存不足的情况下还可以调用系统主内存,所以它拥有很高的传输速率。这是PCI等总线无法相比的。AGP接口主要可分为AGP 1X/2X/PRO/4X/8X等类型。

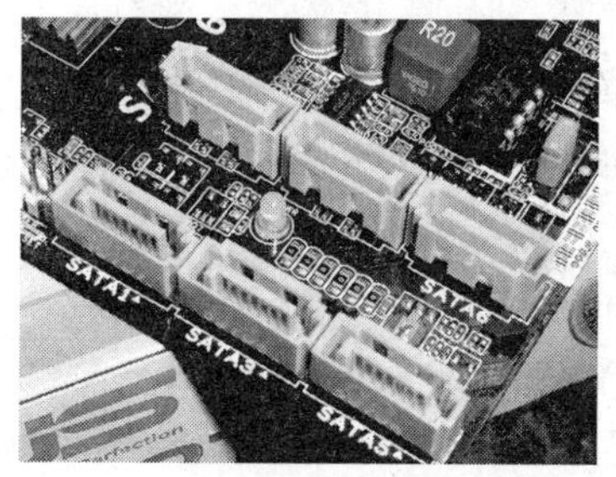

图1-16　ATA接口

⑦ATA接口

ATA接口(见图1-16)是用来连接硬盘和光驱等设备而设的。主流的IDE接口有ATA 33/66/100/133。ATA33又称UltraDMA/33,它是一种由Intel公司制定的同步DMA协定。传统的IDE传输使用数据触发信号的单边来传输数据,而UltraDMA在传输数据时使用数据触发信号的两边,因此具备33MB/S的传输速度。

ATA66/100/133则是在Ultra DMA/33的基础上发展起来的,它们的传输速度可分别达到66MB/s、100MB/s和133MB/s。要想达到66MB/s左右速度除了主板芯片组的支持外,还要使用一根ATA66/100专用40PIN的80线EIDE排线。

此外,现在很多新型主板如I865系列等都提供了一种Serial ATA(即串行ATA)插槽,它是一种完全不同于并行ATA的新型硬盘接口类型,用来支持SATA接口的硬盘,其传输率可达150MB/s。

⑧软驱接口

软驱接口共有34根针脚,用来连接软盘驱动器,它的外形比IDE接口要短一些。目前主流主板不再有软驱接口。

⑨电源插口及主板供电部分

电源插座主要有AT电源插座和ATX电源插座两种,有的主板上同时具备这两种插座。AT插座现已淘汰。而采用20口的ATX电源插座,采用了防插反设计,不会像AT电源一样因为插反而烧坏主板。除此而外,在电源插座附近一般还有主板的供电及稳压电路。

(2)微处理器(Microprocessor)

微处理器(见图1-17)是利用超大规模集成电路技术,把计算机的运算器、控制器、寄存器、时钟发生器、内部总线和高速缓冲存储器(Cache)等部件集成在一小块芯片上,形成的一个独立部件。

微处理器是微型计算机的核心,它的性能决定了整个计算机的性能。

图1-17 CPU

衡量微处理器性能的最重要的指标之一是字长,即微处理器一次能直接处理的二进制数据的位数。微处理器的字长有8位、16位、32位和64位。字长越长,运算精度越高,处理能力越强。早期的80286是16位微处理器,80386和80486是32位微处理器,多功能Pentium系列虽然也是32位,但在技术上已经有了很大的提高,Pentium D的双内核是64位。目前主流CPU使用64位技术的主要有AMD公司的AMD 64位技术、Intel公司的EM64T技术和Intel公司的IA-64技术。

微处理器另一个重要性能指标是主频。主频是指微处理器的工作时钟频率,在很大程度上决定了微处理器的运行速度。主频越高,微处理器的运算速度越快。主频通常用MHz(兆赫兹)表示。80486的主频从33MHz到100MHz,Pentium系列的主频从60MHz到3.2 GHz。

目前流行的微处理器有Intel的Pentium 4、Pentium D、Pentium EE Core 2 Duo、Core 2 Extreme和Core Solo等系列和AMD的Athlon XP、Athlon 64、Athlon 64 Fx、Athlon 64 X2、AM2 Sempron等系列。

(3)总线(Bus)

总线是信号线的集合,是模块间传输信息的公共通道,通过它实现计算机各个部件之间的通信,进行各种数据、地址和控制信息的传送。总线是计算机各部件的通信线。

总线可以从不同的层次和角度进行分类。

按相对于CPU或其他芯片的位置可分为片内总线(Internal Bus)和片外总线(External Bus);按总线的功能可分为地址总线(Address Bus)、数据总线(Data Bus)和控制总线(Control Bus)3类;按照总线的传送方式可分为并行总线(Parallel Bus)和串行总线(Serial Bus)。

(4)外存储器(External Memory)

外存储器主要有软盘存储器、硬盘存储器、光盘存储器和移动存储器。

①软盘存储器

软盘存储器由软盘驱动器和软磁盘组成。使用软盘时要注意软盘和软盘驱动器的兼容性。如今能够用到软盘的地方越来越少,最常见的用途就是当系统崩溃时用来引导电脑,修复系统。在此就不再加以介绍了。

②硬盘存储器

硬盘存储器由硬盘片、硬盘驱动器和适配卡组成。硬盘片和硬盘驱动器简称为硬盘,是计算机最主要的外部存储器。

③光盘存储器

光盘存储器是由光盘驱动器和光盘组成。光驱的核心部件是由半导体激光器和光路系统组成的光学头。数据存放在光盘片中连续的螺旋形轨道上。在光盘上有两种状态，即凹点和空白，它们的反射信号相反，如图 1-18 所示。当在光盘上读数据时，光驱利用光学反射原理，使检测器得到光盘上凹点的排列方式，通过驱动器中专门的部件把它们转换成二进制的 0 和 1 并进行校验，最终得到实际数据。光盘在光驱中高速地转动，读取数据时激光头在电机的控制下前后移动，从而读取光盘上的信息。

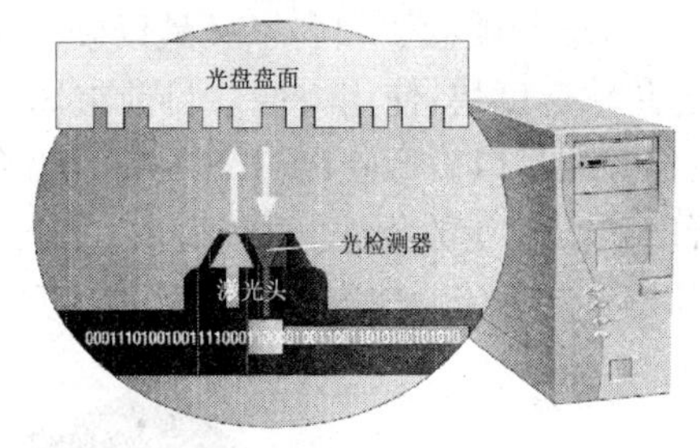

图 1-18　光盘盘面示意图

光盘不易受到外界磁场的干扰，所以光盘的可靠性高，信息保存的时间长。在正常室温下，光盘盘片在理论上可保存 100 年之久。

光盘的存储容量大，一张 5.25 英寸的 CD-ROM 光盘可存储 700MB 的信息。目前，光盘已经被广泛应用于图书、资料和通用软件的保存和存储上，并作为电子出版物的存储载体，部分代替了现有的纸质印刷品。

光盘驱动器按照数据传输率可分为单倍速、双倍速、4 倍速、8 倍速、16 倍速、24 倍速、32 倍速、48 倍速、52 倍速等，它们的实际数据传输率分别为 150KB/s、300KB/s、600KB/s、900KB/s、1.2MB/s、2.4MB/s、3.6MB/s、4.8MB/s、7.2MB/s。数据传输率越高，数据的读取速度越快。目前，微型计算机一般使用的是 48 倍速以上的光盘驱动器。

根据光盘的性能不同，光盘分为只读型光盘、一次性写入光盘、可擦除光盘、数字多功能盘。

1）只读型光盘（CD-ROM）。CD-ROM 由厂家写入程序或数据，出厂后用户只能读取，不能再写入和修改存储的内容。它的制作成本低、信息存储量大而且保存时间长。

2）一次性写入光盘（CD-R）。CD-R 允许用户一次写入多次读取。由于信息一旦被写入光盘便不能被更改，因此用于长期保存资料和数据等。

3）可擦除光盘（CD-RW）。CD-RW 集成了软磁盘和硬磁盘的优势，既可以读数据，也可以将记录的信息擦去再重新写入。它的存储扩展能力大大超过了软磁盘和硬磁盘。

4）数字多功能盘（DVD）。DVD（Digital Versatile Disc）集计算机技术、光学记录技术和影视技术等为一体，其目的是满足人们对大存储容量、高性能的存储媒体的需求。DVD 光盘不仅在音频/视频领域得到广泛应用，而且带动了出版、广播、通信和 WWW 等行业的发展。DVD 的容量一般为 4.7GB，是传统 CD-ROM 的 7 倍，甚至更高。现在 DVD 的存储容量可高达 17GB。DVD 光盘需要 DVD 光驱才能读取。DVD 光驱已逐渐成为未来 PC 中的主流部件。表 1-3 列出了各种类型 DVD 盘片的容量。

**不同类型 DVD 盘片的容量**　　表 1-3

| 盘片类型 | 直径 | 面数/层数 | 容量 | 播放时间 |
|---|---|---|---|---|
| DVD-5 | 12cm | 单面单层 | 4.7GB | 超过 2 小时视频 |
| DVD-9 | 12cm | 单面双层 | 8.5GB | 大约 4 小时视频 |
| DVD-10 | 12cm | 双面单层 | 9.4GB | 大约 4.5 小时视频 |
| DVD-18 | 12cm | 双面双层 | 17 GB | 超过 8 小时视频 |

④移动存储器

目前，常用的移动存储器有移动硬盘和闪存，如图 1-19 所示。

1）移动硬盘。顾名思义是以硬盘为存储介质，强调便携性的存储产品，它的特点是容量大、传输速度快、使用方便。目前市场上绝大多数的移动硬盘都是以标准硬盘为基础，只有很少部分的是以微型硬盘（1.8 英寸硬盘等）为基础的，但价格昂贵。因为采用硬盘为存储介质，所以移动硬盘在数据的读写模式上与标准 IDE 硬盘是相同的。移动硬盘多采用 USB、IEEE1394 等传输速度较快的接口，可以有较高的速度与系统间进行数据传输。

图 1-19　移动存储器

USB（Universal Serial Bus）接口支持即插即用和热插拔。目前有 USB 1.1（传输速率为 12 MB/s）和 USB 2.0（传输速率为 480 MB/s）两个标准。现在的 USB 移动硬盘都使用笔记本专用的超薄硬盘，常见的有 12.5 mm 和 9.5 mm 两种规格。

IEEE1394 接口，也叫做火线接口，它的数据传输率最高可达 400 MB/s，但很多的主板需要另外配置 IEEE 1394 卡，所以通用性较小。

2）闪存（Flash Memory）。闪存也就是 U 盘，它采用一种新型的 EEPROM 存储单元，具有内存可擦可写可编程的优点，还具有体积小、重量轻、读写速度快、断点后资料不丢失等特点，所以被广泛应用于数码相机、MP3 播放器和移动存储设备。闪存的接口一般为 USB 接口，容量一般为 1GB 以上。

（5）输入设备（Input Device）

①键盘（Keyboard）

键盘是数字和字符的输入装置。通过键盘，可以将信息输入到计算机的存储器中，从而向计算机发出命令和输入数据。早期键盘有 83 键和 84 键，后来发展到 101 键、104 键和 108 键。一般的 PC 用户使用的是 104 键的键盘。键盘上的按键大致可分为 3 个区域：字符键区、功能键区和数字键区（数字小键盘），如图 1-20 所示。

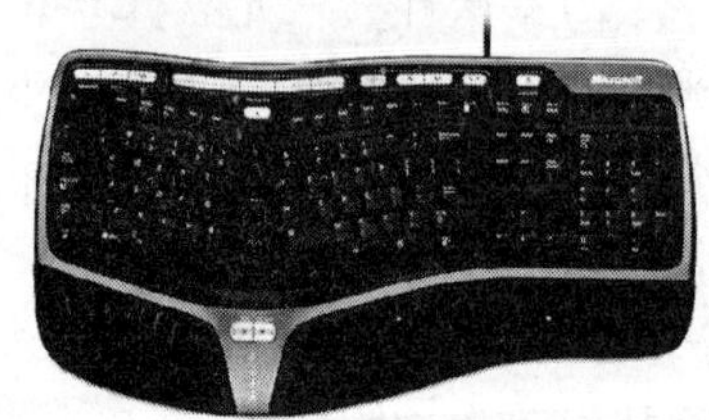

图 1-20　人体工程学键盘

键盘的接口主要有 PS/2 和 USB，有的键盘采用无线连接，另外还有根据人体工程学所设计的键盘。

计算机键盘中常用键位的详细功能如表 1-4 所示。

**计算机键盘中常用键位的功能**　　表 1-4

| 按　键 | 功　能 |
| --- | --- |
| Enter 键 | 回车键。用于将数据或命令送入计算机 |
| Space Bar 键 | 空格键。它是在字符键区的中下方的长条键。因为使用频繁，它的形状和位置使左右手都很容易敲打 |
| Back Space 键 | 退格键。按下它可使光标回退一格，常用于删除当前行中的错误字符 |
| Shift 键 | 换档键。由于整个键盘上有 30 个双字符键（即每个键面上标有两个字符），并且英文字母还分大小写，因此需要此键来转换；在计算机刚启动时，每个双符键都处于下面的字符和小写英文字母的状态 |

| 按　键 | 功　能 |
| --- | --- |
| Ctrl 键 | 控制键。一般不单独使用,通常和其他键组合成复合控制键 |
| Esc 键 | 强行退出键。在菜单命令中,它常是退出当前环境和返回原菜单的按键 |
| Alt 键 | 交替换档键。它与其他键组合成特殊功能键或复合控制键 |
| Tab 键 | 制表定位键。一般按下此键可使光标移动 8 个字符的距离 |
| 光标移动键 | 用箭头↑、↓、←、→分别表示上、下、左、右移动光标 |
| 屏幕翻页键 | PgUp(Page Up)翻回上一页;PgDn(Page Down)下翻一页 |
| Print Screen SysRq | 打印屏幕键。把当前屏幕显示的内容全部打印出来 |
| 双态键 | 包括 Insert 键和 3 个锁定键。Insert 的双态是插入状态和改写状态,Caps Lock 是大写字母状态和锁定状态,Num Lock 是数字状态和锁定状态,Scroll Lock 是滚屏状态和锁定状态;当计算机启动后,4 个双态键都处于第一种状态,按键后即处于第二种状态;在不关机的情况下,反复按键则在两种状态之间转换。为了区分锁定与否,许多键盘配置了指示灯 |

②鼠标(Mouse)

鼠标是一种指点式输入设备,多用于 Windows 环境中,用来取代键盘的光标移动键,使定位更加方便和准确。按照鼠标的工作原理可将其分为机械鼠标、光电鼠标和光电机械鼠标 3 种。按照鼠标与主机接口标准分,主要有 PS/2 接口和 USB 接口两类。

鼠标的基本操作有 5 种:指向、单击、右击(右键单击)、双击和拖动,操作方法如表 1-5 所示。

**鼠标的基本操作**　　表 1-5

| 鼠标动作名称 | 操 作 方 法 |
| --- | --- |
| 指向(point) | 将鼠标指针移动到屏幕的某个特定位置或对象上,为下一个操作做准备 |
| 单击(click) | 迅速按下鼠标左键,常用于选定鼠标指针指向的某个对象或命令 |
| 右击(right-click) | 迅速按下鼠标右键,常用于打开一个与选定内容相关的快捷菜单 |
| 双击(double-click) | 快速连续地按两下鼠标左键,常用于启动某个选定的应用程序,或打开鼠标指针指向的某个文件 |
| 拖动(drag) | 按住鼠标左键不放,同时移动鼠标,将鼠标指针指向另一位置,常用于对选定的对象从一个地方移动或复制到另一个地方 |

③扫描仪(Scanner)

扫描仪是一种光电一体化的设备,属于图形式输入设备(见图 1-21)。人们通常将扫描仪用于各种形式的计算机图像、文稿的输入,进而实现对这些图像形式信息的处理、管理、使用、存储和输出。目前,扫描仪广泛应用于出版、广告制作、多媒体、图文通信等许多领域。

图 1-21　扫描仪

扫描仪的主要性能指标是分辨率、灰度级和色彩数。

分辨率表示扫描仪对图像细节的表现能力,通常用每英寸上扫描图像所包含的像素点表示,单位为 dpi(dot per inch),目前扫描仪的分辨率在 300~1200dpi之间。

灰度级表示灰度图像的亮度层次范围,级数越多说明扫描仪图像的亮度范围越大,层次越丰富。目前大多数扫描仪的灰度级为 1024 级。

色彩数表示彩色扫描仪所能产生的颜色范围,通常用每个像素点上颜色的数据位数 bit 表示。

图形输入设备除扫描仪以外,还有摄像机、数码相机等。现在又出现了语音和手写输入系统,可以让计算机从语音的声波和文字的形状中领会到含义。

(6)输出设备(Output Device)

①显示器(Monitor)

显示器是微型计算机不可缺少的输出设备,用户通过它可以很方便地查看输入计算机的程序、数据和图形等信息以及计算机处理后的中间和最后结果。显示器是人机对话的主要工具。

按照显示器工作原理可以将显示器分为 3 类:阴极射线管显示器(CRT)、液晶显示器(LCD)和等离子显示器(PDP)。

衡量显示器性能的主要参数指标有分辨率、灰度级和刷新率。

分辨率。分辨率是指显示器所能显示的像素点的个数,一般用整个屏幕上光栅的列数与行数的乘积来表示。这个乘积越大,分辨率就越高。现在常用的分辨率有 640 ×480 像素、800 ×600 像素、1024 ×768 像素和 1280 ×1024 像素。

灰度级。灰度级是指每个像素点的亮暗层次级别,或者可以显示的颜色的数目,其值越高,图像层次越清楚逼真。若用 8 位来表示一个像素,则可以有 256 级灰度或颜色。

刷新率。刷新率以 Hz 为单位,CRT 显示器的刷新率一般应高于 75Hz,若刷新率过低,屏幕就会有闪烁现象。

由于液晶显示器屏幕采用了"背光(Backlight)"原理,使用灯管作为背光光源,通过辅助光学模组和液晶层对光线的控制来达到显示效果,像素只在画面改变时才更新,不需要像 CRT 显示器那样每秒做几十次更新,所以在工作时不会产生闪烁的现象,因此液晶显示器的刷新速率也是固定不变的。显示器必须配置正确的显示器适配卡(俗称显卡)才能构成完整的显示系统。显卡较早的标准有 CGA(Color Graphics Adapter)标准(320 ×200 像素,彩色)和 EGA(Enhanced Graphics Adapter)标准(640 ×350 像素,彩色)。目前常用的是 VGA(Video Graphics Array)标准。VGA 适用于高分辨率的彩色显示器,其图形分辨率在 640 ×480 像素以上,能显示 256 种颜色,但其显示图形的效果一般。在 VGA 之后,又不断出现了 SVGA 和 TV-GA 卡等,分辨率提高到了 800 ×600 像素和 1 024 ×768 像素,后来又出现了尺寸更大、更宽的显示器,分辨率也随之提高。

②打印机(Printer)

打印机(见图 1-22)是计算机系统最基本的输出设备,可以把文字或图形在纸上输出,供用户阅读和长期保存。

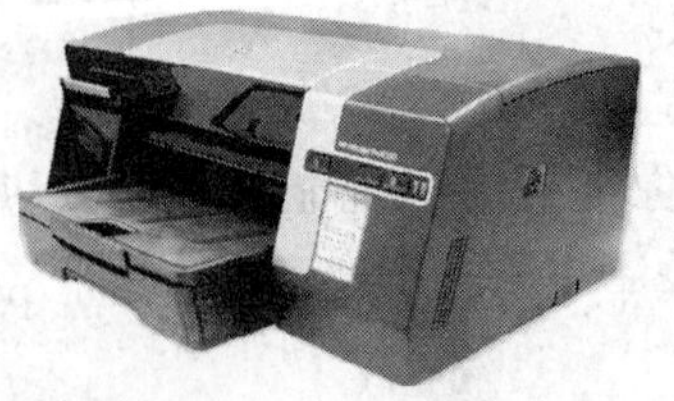

图 1-22　针式打印机、喷墨打印机、激光打印机(从左到右)

打印机按工作原理可分为击打式打印机和非击打式打印机两类。

击打式打印机是将字模通过色带和纸张直接接触而打印出来的。击打式打印机又分为字模式和点阵式两种。点阵式打印机是用一个点阵表示一个数字、字母和特殊符号的，点阵越大，点数越多，打印字符就越清晰。目前中国普遍使用的针式打印机就属于点阵式打印机，速度慢，噪声大，但特别适合打印票据，所以财务人员经常使用它。

非击打式打印机主要有激光打印机和喷墨打印机。激光打印机打印效果清晰，质量高，而且速度快（目前打印速度最快的一种）、噪声低。随着价格的下降和出色的打印效果，激光打印机已经被越来越多的人所接受。喷墨打印机具有打印质量较高、体积小、噪声低的特点，虽然打印质量优于针式打印机，但是需要经常更换墨盒。

2. 微型计算机的软件系统

（1）操作系统

①Windows 操作系统

Windows 操作系统是由美国 Microsoft 公司推出的一种窗口式的操作环境。Windows 是一个完整的图形界面（Graphical User Interface，GUI）操作系统，开机后自动启动运行图形窗口。在 DOS 中命令是以字符形式键入的，而在 Windows 操作系统中只需要从屏幕上选择相应的图标（icon）或从菜单中选择相应的命令选项即可。Windows 的应用程序都具有图标、对话框、菜单和窗口，比较容易掌握。

Windows 操作系统具有多任务处理功能，可以同时运行多个应用程序，是一个多任务（Multitasking）的操作系统。例如，在 Windows 操作系统中，在打印机工作的时候，可以同时进行其他的工作，如编辑稿件、浏览网页，而无需等到打印结束。以前的 DOS 系统是一个单任务的操作系统，如果正在打印文件，用户只能等到打印任务完成后才能进行其他的工作。

Windows 操作系统支持多媒体技术，它把实现多媒体技术的各种程序融合在操作系统中，如 CD 播放器（CD Player）和录音机（Sound Recorder）等。在用户配置了相应的硬件设置后，Windows 操作系统就可以对声音、图像、视频等各种信息进行处理。

②汉字操作系统

大多数国外的应用软件不具备处理汉字的能力，为了更有效地利用计算机的软、硬件资源和符合我国计算机用户的使用习惯，需要增加汉字的处理能力。

因为汉字的字数多、字形复杂，所以汉字的输入和存储都比西文困难。只要计算机具备了汉字处理模块，计算机系统就具有汉字处理能力。一般将汉字处理模块嵌入操作系统，使它成为操作系统的组成部分，由操作系统直接管理，可常驻内存，使汉字处理模块与系统软件连接。如早期的 CCDOS、UCDOS 汉字操作系统。另一种方法是在使用西文软件时加上中文操作系统，计算机就具有处理汉字的能力。中文版的 Windows 操作系统就是在 Windows 源代码的基础上汉化的，在计算机内部采用双字节处理方式，因此中文版的 Windows 操作系统可以输入、处理和输出汉字。

③网络操作系统

网络操作系统（Network Operating System）是网络的心脏和灵魂，是面向网络计算机提供服务的特殊的操作系统。网络操作系统具有较好的安全性，可以设置和管理每个用户的访问权限。

早期使用的 Windows 95/98 网络操作系统可以创建对等网，实现共享文件和共享打印机的简单网络功能。目前流行的 Windows 2000/2003 Server 网络操作系统具有更高、更灵活的安全设置，新增了大量的硬件驱动，支持即插即用，支持更多的内存和处理器以及群集，比较适用于大型企业网络和对数据库要求比较高的网络环境。

(2)计算机程序设计语言

在微型计算机上可以安装和使用多种程序设计语言，如C、Pascal、BASIC等。这些语言的应用程序既有DOS系统下的Turbo C、Turbo BASIC等，也有Windows操作系统支持的Visual C++和Visual BASIC等。

(3)应用软件

根据需要，可以在微型计算机上安装和使用多种应用软件，如财务报表软件、文字处理软件、媒体播放软件、图形图像处理软件、游戏软件等。

## §1.3 衡量计算机性能的主要指标

一台微型计算机功能的强弱或性能的好坏，不是由某项指标来决定的，而是由它的系统结构、指令系统、硬件组成、软件配置等多方面的因素综合决定的。但对于大多数普通用户来说，可以从以下几个指标来大体评价计算机的性能。

1. 运算速度

运算速度是衡量计算机性能的一项重要指标。通常所说的计算机运算速度(平均运算速度)，是指每秒钟所能执行的指令条数，一般用"百万条指令/秒"(mips, Million Instruction Per Second)来描述。同一台计算机，执行不同的运算所需时间可能不同，因而对运算速度的描述常采用不同的方法。常用的有CPU时钟频率(主频)、每秒平均执行指令数(ips)等。微型计算机一般采用主频来描述运算速度。例如，Pentium/133的主频为133MHz，Pentium Ⅲ/800的主频为800MHz，Pentium 41.5G的主频为1.5GHz，Core i3530的主频为2.93GHz，Core i7-975的主频为3.33GHz。一般说来，主频越高，运算速度就越快。

为了全面理解CPU的频率，我们需要了解和掌握3个概念：CPU的主频、外频和倍频。CPU的主频就是指CPU的工作时钟频率，其单位是MHz 。现在的Intel和AMD的CPU都普遍超越了GHz的大关，所以现在的CPU主频都以GHz为单位(基本的换算关系是1MHz = 1000000Hz，1GHz = 1000MHz)。一般说来，主频越高的CPU在单位时间里完成的指令数越多，相应的处理器速度也越快。外频是CPU的外部工作频率，也就是系统总线的工作频率。倍频是CPU外频和主频相差的倍数，通常三者的关系为：

CPU 主频 = 外频 × 倍频

CPU核心：多内核是指在一枚处理器中集成两个或多个完整的计算单元(内核)。多个内核可以有效的提高机器的整体性能。

2. 字长

一般说来，计算机在同一时间内处理的一组二进制数称为一个计算机的"字"，而这组二进制数的位数就是"字长"。在其他指标相同时，字长越大的计算机处理数据的速度就越快。早期的微型计算机的字长一般是8位和16位。586(Pentium, Pentium Pro, Pentium Ⅱ, Pentium Ⅲ, Pentium 4)大多是32位，Intel Core i3(i5、i7)是64位。

3. 内存储器的容量

内存储器，也简称主存，是CPU可以直接访问的存储器，需要执行的程序与需要处理的数据就是存放在主存中。内存储器容量的大小反映了计算机即时存储信息的能力。随着操作系统的升级,应用软件的不断丰富及其功能的不断扩展,人们对计算机内存容量的需求也不断提高。目前,运行 Windows xp 操作系统至少需要 128 MB 的内存容量,Windows 7 则需要 2GB 以上的内存容量。内存容量越大,系统功能就越强大,能处理的数据量就越庞大。

4. 外存储器的容量

外存储器容量通常是指硬盘容量(包括内置硬盘和移动硬盘)。外存储器容量越大,可存储的信息就越多,可安装的应用软件就越丰富。目前,硬盘容量一般为 250 GB 至 320 GB,有的甚至已达到 500 GB。

5. I/O 的速度

主机 I/O 的速度,取决于 I/O 总线的设计。这对于慢速设备(例如键盘、打印机)关系不大,但对于高速设备则有较大的影响,例如硬盘的外部传输率为 100MB/s 或 150MB/s 以上。目前最高的 SATA3 外部传输率为 600MB。

以上只是一些主要性能指标。除了上述这些主要性能指标外,微型计算机还有其他一些指标,例如,所配置外围设备的性能指标以及所配置系统软件的情况等。另外,各项指标之间也不是彼此孤立的,在实际应用时,应该把它们综合起来考虑,而且还要遵循"性能价格比"的原则。

## §1.4 计算机中数的表示方法

### 1.4.1 数制的定义

数制也称计数制,是指用一组固定的符号和统一的规则来表示数值的方法。按进位的方法进行计数,称为进位计数制。例如,生活中常用的十进制数,计算机中使用的二进制数。下面介绍数制的相关概念。

①基数。在一种数制中,一组固定不变的不重复数字的个数称为基数(用 R 表示)。

②位权。某个位置上的数代表的数量大小。

一般来说,如果数值只采用 $R$ 个基本符号,则称为 $R$ 进制。进位计数制的编码遵循"逢 $R$ 进一"的原则。各位的权是以 $R$ 为底的幂。对于任意一个具有 $n$ 位整数和 $m$ 位小数的 $R$ 进制数 $N$,按各位的权展开可表示为:

$$(N)R = a_{n-1}R^{n-1} + a_{n-2}R^{n-2} + \cdots + a_1R^1 + a_0R^0 + a_{-1}R^{-1} + \cdots + a_{-m}R^{-m}$$

公式中 $a_i$ 表示各个数位上的数码,其取值范围为 $0 \sim R-1$,$R$ 为计数制的基数,$i$ 为数位的编号。

### 1.4.2 计算机中常用的数制及其转换

1. 常用的数制

(1) 十进制

十进制数具有以下特点。

①有十个不同的数码符号,即 0、1、2、3、4、5、6、7、8、9。

②$R=10$。每一个数码根据它在这个数中所处的位置(数位),按照"逢十进一"的原则决定其实际数值,即各数位的位权是 10 的若干次幂。

例如,将 $(123.615)_{10}$ 使用公式按各位的权展开,即:

$$(123.615)_{10} = 1\times10^2 + 2\times10^1 + 3\times10^0 + 6\times10^{-1} + 1\times10^{-2} + 5\times10^{-3} = 123.615$$

除了使用脚码的形式表示十进制数以外，还可以使用字符"D"（Decimal），例如123.615D。在计算机中，数据的输入和输出一般采用十进制数。

(2)二进制

二进制数具有以下特点。

①有两个不同的数码符号，即0和1。

②$R=2$。每个数码符号根据它在这个数中的数位，按"逢二进一"的原则决定其实际的数值。例如，将$(1101.01)_2$使用公式按各位的权展开，即：

$$(1101.01)_2=1\times2^3+1\times2^2+0\times2^1+1\times2^0+0\times2^{-1}+1\times2^{-2}=(13.25)_{10}$$

我们还可以使用字符"B"（Binary）表示二进制数，例如1001.01B。计算机中数的存储和运算都使用二进制的形式，主要有以下原因：

1)二进制数在物理上容易实现。例如，可以只用高、低两个电平表示0和1，也可以用脉冲的有无或者脉冲的正负表示它们。

2)用二进制数实现数据的编码、运算等规则简单。

3)易于采用逻辑代数。采用二进制数，就可以在分析和设计计算机时采用逻辑代数，有利于节省设备、提高速度、提高可靠性；可以使计算机具有逻辑判断的能力，解决复杂的应用问题，进而实现人工智能等高级应用。

(3)八进制

八进制数具有以下特点。

①有八个不同的数码符号，即0、1、2、3、4、5、6、7。

②R=8。每个数码符号根据它在这个数中的数位，按"逢八进一"的原则决定其实际的数值。例如，将$(34.125)_8$使用公式按各位的权展开，即：

$(34.125)_8=3\times8^1+4\times8^0+1\times8^{-1}+2\times8^{-2}+5\times8^{-3}=(28.166)_{10}$（结果保留3位有效数字）

我们还可以使用字符"0"(0ctal)表示八进制数，例如34.1250。

(4)十六进制

十六进制数具有以下特点。

①有十六个不同的数码符号，即0、1、2、3、4、5、6、7、8、9、A、B、C、D、E、F。

②$R=16$。每个数码符号根据它在这个数中的数位，按"逢十六进一"的原则决定其实际的数值。例如，将$(3AB.48)_{16}$使用公式按各位的权展开，即：

$$(3AB.48)_{16}=3\times16^2+10\times16^1+11\times16^0+4\times16^{-1}+8\times16^{-2}=(939.28125)_{10}$$

我们还可以使用字符"H"（Hexadecimal）表示十六进制数，例如3AB.48H。常用数制的对应关系如表1-6所示。

**常用数制的对应关系** 表1-6

| 二进制 | 十进制 | 八进制 | 十六进制 |
|---|---|---|---|
| 0 | 0 | 0 | 0 |
| 1 | 1 | 1 | 1 |
| 10 | 2 | 2 | 2 |
| 11 | 3 | 3 | 3 |
| 100 | 4 | 4 | 4 |

续上表

| 二进制 | 十进制 | 八进制 | 十六进制 |
|---|---|---|---|
| 101 | 5 | 5 | 5 |
| 110 | 6 | 6 | 6 |
| 111 | 7 | 7 | 7 |
| 1000 | 8 | 10 | 8 |
| 1001 | 9 | 11 | 9 |
| 1010 | 10 | 12 | A |
| 1011 | 11 | 13 | B |
| 1100 | 12 | 14 | C |
| 1101 | 13 | 15 | D |
| 1110 | 14 | 16 | E |
| 1111 | 15 | 17 | F |

练习：

$(1010)_{10}=(\ \ )_2$

$(1001)_2=(\ \ )_{10}$

$(1000)_8=(\ \ )_{10}$

$(ABCD)_{16}=(\ \ )_{10}$

2. 不同数制间的转换

(1)二进制数转换为十进制数

基本原理：将二进制数从小数点开始，往左从0开始对各位进行正序编号，往右序号则分别为 -1，-2，-3 ……直到最末位，然后分别将各个位上的数乘以2的k次幂所得的值进行求和，其中k的值为各个位所对应的上述编号。

例如：将二进制数1011.101转换为十进制数。

$$1011.101=1\times2^3+0\times2^2+1\times2^1+1\times2^0+1\times2^{-1}+0\times2^{-2}+1\times2^{-3}$$
$$=8+2+1+0.5+0.125$$
$$=11.625$$

结果为 $(1011.101)_2=(11.625)_{10}$

练习：将二进制数1001.001转换为十进制数。

(2)二进制数转换为十六进制数

基本原理：由于 $2^4=16$，所以要将一个二进制整数转换为十六进制数，只要从它的低位到高位每4位组成一组，然后将每组二进制数所对应的数用十六进制表示出来即可。如果有小数部分，则从小数点开始分别向左右两边按照上述方法进行分组计算。不足4位的整数部分左补0，小数部分右补0。

例如：将二进制数111010111101010110转换为十六进制数。

二进制数:0011 1010 1111 0101 0110

十六进制数:3 A F 5 6

结果为 $(111010111101010110)_2=(3AF56)_{16}$

练习：将二进制数100111100101001001转换为十六进制数。

(3)二进制数转换为八进制数

基本原理：由于 $2^3=8$，所以要将一个二进制数转换为八进制数，只要从它的低位到高位每3位为一组,然后将每组二进制数所对应的数用八进制表示出来即可。如果有小数部分,则从小数点开始分别向左右两边按照上述方法进行分组计算。不足三位的整数部分左补0,小数部分右补0。

例如:将二进制数101011110.10110001转换为八进制数。

二进制数 101 011 110 . 101 100 010

八进制数 5 3 6 . 5 4 2

结果为 $(101011110.10110001)_2=(536.542)_8$

(4)十六进制数转换为二进制数

基本原理:采用"一分为四"的原则,即从十六进制整数的低位开始,将每位上的数用四位二进制表示出来即可。如果有小数部分,则从小数点开始,分别向左右两边按照上述方法进行转换。

例如:将十六进制数6ECF3转换为二进制数。

十六进制数 6 E C F 3

二进制数 0110 1110 1100 1111 0011

结果为 $(6ECF3)_{16}=(1101110110011110011)_2$

练习:将十六进制数8ACD3转换为二进制数。

(5)八进制数转换为二进制数

基本原理:采用"一分为三"的原则,即从八进制整数的低位开始,将每位上的数用三位二进制表示出来即可。如果有小数部分,则从小数点开始,分别向左右两边按照上述方法进行转换。

例如:将八进制数357.162转换为二进制数。

八进制数 3 5 7 . 1 6 2

二进制数 011 101 111 . 001 110 010

结果为 $(357.162)_8=(011101111.001110010)_2$

练习:将八进制数536.542转换为二进制数。

(6)十进制数转换为二进制数

将十进制数转换为二进制数时,分为整数部分和小数部分。

基本原理:整数部分采用"除2取余法",即将十进制整数不断除以2取余数,直到商为0为止,最先得到的余数排在最低位。小数部分采用"乘2取整法",即将十进制小数不断乘以2取整数,直到小数部分为0或达到所求的精度为止(小数部分可能永远不会得到0)。最先得到的整数排在最高位。

例如:将十进制数225.24转换为二进制数。(结果保留4位有效数字)

整数部分转换

```
2|225
2|112 ………1 低位
 2|56 ………0
 2|28 ………0
 2|14 ………0
  2|7 ………0
  2|3 ………0
  2|1 ………0
    0 ………1 高位
```

小数部分转换

```
  0.24
×    2          高位
  0.48 ……… 0
×    2
  0.96 ……… 0
×    2
  1.92 ……… 1
×    2
  1.84 ……… 1 低位
```

结果为 $(225.24)_{10} = (11100001.0011)_2$

练习：将十进制数 568.36 转换为二进制数（取 2 位小数）。

其他数制之间的转化方法类似，这里就不再赘述，同学们可以自己练习。

## §1.5 计算机中数据信息编码的方法

### 1.5.1 信息的存储

前面讨论的各种进制，主要指的是正数，在计算机中讨论减法和除法运算时，提出了加负数的概念。机器中引入了负数，则必然涉及正负数据的机器数编码表示及其相互转换。带符号二进制数据的机内表示叫二进制机器数，也叫机器数编码（同样道理，其他进制也可以有机器数编码）。正数的机器数编码是唯一的，负数的机器数编码则因码制不同，有不同的定义。

机器数有两个重要的特征：

①位数长度固定。如 8 位机只能表示 8 位机器数，16 位机只能表示 16 位机器数等。当然可用软件办法作双倍及多倍字长运算，使 16 位机能表示 32 位长的数据。

②正负符号代码化。传统用"+"、"-"号表示数的"正"、"负"，机内二进制则用"0"、"1"表示数的"正"、"负"（一般最高位为符号位，其余为尾数值），称为代码化。

根据这两个特征可知，字长一定的机器数所表示数的范围是确定的。如 8 位机器数，可表示无符号数为 0～255，表示带符号数为 -128～+127。下面只从表示方法简单讨论二进制数的原码、反码、补码的关系，以及它们之间的转换。

在数值的最高位用 0、1 分别表示数的正、负号。一个数（连同符号）在计算机中的表示形式称为机器数。以下引进机器数的 3 种表示法，即原码、补码和反码，是将符号位和数值位一起编码。机器数对应的原来数值称为真值。

（1）原码表示法

原码表示方法中，数值用绝对值表示，在数值的最左边用"0"和"1"分别表示正数和负数，使用[X]原表示 X 的原码。例如，在 8 位二进制数中，十进制数 +17 和 -17 的原码表示为：

[+23]原 = 00010001

[-23]原 = 10010001

注意：0 的原码有两种表示，分别是"00000000"和"10000000"。

（2）反码表示法

正数的反码等于这个数本身，负数的反码等于其绝对值各位求反。例如：

[+23]反 = 00010001

[-23]反 = 11101110

（3）补码表示法

一般在作两个异号的原码相加时，实际上是作减法运算，然后根据两数的绝对值的大小决定符号。能否统一用加法实现呢？我们先举一个例子，对于一个钟表，将时针从 6 拨到 2，可以顺拨 8，也可以倒拨 4，即 6+8-12=2 和 6-4=2。

这里 12 称为它的"模"、8 与 -4 对于模 12 来说是互为补数。计算机中是以 2 为模对数值做加法运算的，因此引入补码的概念，将减法运算转换成加法运算。

求一个二进制数补码的方法是：正数的补码与原码相同；负数的补码是把其原码除符号位

以外的各位取反,然后最低位加1。通常用[X]补表示X的补码。例如:

[+23]补=00010001

[-23]补=01101111

总结以上规律,可得到公式:X-Y=X+(Y的补码)=X+(Y的反码+1)。

### 1.5.2 信息的编码

在计算机中,既可以处理数值数据,又可以处理各种字符数据。数值数据有多种编码,如二进制码、十进制码、BCD码,其中二进制码在计算机中的表示又有原码、反码和补码。同样道理,字符、符号、汉字等字符数据也应按照一定规则编码,以便统一交换、传输和处理。比如西文ASCII码、汉字国标区位码等。

1. ASCII码

ASCII(American Standard Code for Information Interchange)是美国信息交换标准代码。ASCII码虽然是美国国家标准,但已经被国际标准化组织(ISO)认定为国际标准,为世界公认,并在世界范围内通用。

ASCII码是用一个8位二进制数(1字节)表示,每个字节只占用了7位,基本ASCII码最高位恒为0。7位ASCII码可以表示27=128种字符。其中,通用控制字符34个,阿拉伯数字10个,大、小写英文字符52个,各种标点符号和运算符号32个。当编码最高位为1时,形成扩充的ASCII码,它表示范围为128~255,可表示128种字符。

2. 汉字编码

使用计算机进行信息处理时,一般都要用到汉字。对汉字信息的处理,一般都涉及汉字的输入、加工、存储和输出等几个方面。由于汉字是象形文字,且字形复杂,因此,不可能用少数几个确定的符号将汉字完全表示出来,汉字必须有自己独特的编码。

根据汉字信息处理系统对处理汉字的不同要求,汉字的编码分为汉字信息交换码、汉字机内码、汉字输入码和汉字字形码。

(1)汉字信息交换码(国标码)

为了适应计算机处理汉字信息的需要,1981年我国颁布了GB 2312国家标准《信息交换用汉字编码字符集·基本集》。该标准选出6 763个常用汉字和683个非常用汉字字符,并为每个字符规定了标准代码。GB2312字符集构成一个94行、94列的二维表,行号为区号,列号为位号,每个汉字或符号在ASCII码表中的位置用它所在的区号和位号表示。为了处理与存储方便,每个汉字在计算机内部分别用两个字节表示。例如,“学”字的区号是49,位号是07,它的区位码即为4907,用两个字节的二进制数表示为:00110001 00000111

(2)汉字机内码

汉字机内码是供计算机系统内部进行存储、加工处理、传输所使用的代码,又叫汉字内部码。由于文本中通常混合使用汉字和西文字符,汉字信息如果特别标识,就会与单字节的ASCII码混淆。因此将一个汉字看成是两个扩展的ASCII码,使表示GB 2312汉字的两个字节的最高位都为1,并且汉字的区码和位码都加上A0H,保证把两个字节的最高位一律由“0”变成“1”,其余7位不变。例如,“保”字的国标码为3123H,前字节为00110001B,后字节为00100011B,高位变成“1”为10110001B和10100011B,即B1A3H(此即“保”字的机内码)。

(3)汉字输入码(外码)

汉字输入码是为了将汉字通过键盘输入计算机而设计的代码。汉字输入编码方案很多,综合起来可分为流水码、拼音类输入码、字形类输入码和音形结合输入码。如五笔字型输入法是一种字形类输入法;智能 ABC 是一种拼音类输入法。

汉字的输入编码和汉字的机内码是不同范畴的概念。对同一个字,不管采用什么样的输入法,其机内码都是相同的。

(4)汉字字形码

汉字字形码是汉字字库中存储的汉字字形的数字化信息,用于汉字的显示和打印。目前汉字字形的产生方式大多是点阵方式,因此汉字字形码主要是指汉字字形点阵的代码。

汉字字形点阵有 16×16 点阵、24×24 点阵、32×32 点阵、64×64 点阵等。一个汉字方块中行数、列数分得越多,描绘的汉字越细微,但占用的存储空间也就越大。汉字字形点阵中每个点的信息要用一位二进制码表示。对于 16×16 点阵的字形码,需要用 32 个字节(16×16/8=32)表示。

# §1.6 本章小结

本章主要介绍了计算机系统的组成、计算机硬件系统和计算机软件系统的结构。

一个完整的计算机系统是由硬件和软件两大部分组成。硬件是软件建立和依托的基础,软件是计算机系统的灵魂。硬件和软件相互结合才能充分发挥计算机系统的功能。本章详细介绍了计算机以及微型计算机硬件的各个组成部分。软件一般分为系统软件和应用软件两大类。操作系统是系统软件的重要组成部分。

# §1.7 习题

## 1.7.1 理论练习

**1.单选题**

(1)计算机系统是由__________组成的。

A.主机及外部设备　　B.硬件系统和软件系统

C.系统软件和应用软件　　D.主机、键盘、显示器和打印机

(2)冯·诺依曼计算机工作原理的设计思想是__________。

A.程序编制　　B.程序存储　　C.程序设计　　D.算法设计

(3)在下面的4种存储器中,易失性存储器是__________。

A.RAM　　B.PROM　　C. ROM　　D.CD-ROM

(4)办公自动化是计算机的一项应用,按计算机应用的分类,它属于__________。

A.辅助设计　　B.实时控制　　C.数据处理　　D.科学计算

(5)操作系统是一种对计算机__________进行控制和管理的系统软件。

A.文件　　B.资源　　C.软件　　D.硬件

(6)计算机硬件能直接识别和执行的只有__________。

A.符号语言　　B.高级语言　　C.汇编语言　　D.机器语言

(7)CPU 包括__________。

A.内存储器和运算器　　B.控制器和运算器

C. 内存储器和控制器　　D. 控制器、运算器和内存储器

(8)计算机中存储信息的最小单位是__________。

A. Byte　B. 帧　C. 字　D. bit

(9)运算器的主要功能是__________。

A. 控制计算机各个部件协同动作进行计算

B. 进行算术和逻辑运算

C. 进行运算并存储结果

D. 进行运算并存取结果

(10)微型计算机的外存主要包括__________。

A. 硬盘、CD - ROM 和 DVD　　B. U 盘、硬盘和光盘

C. U 盘和硬盘　　D. RAM、ROM、U 盘和硬盘

(11)下面是关于解释程序和编译程序的论述,其中正确的一条是__________。

A. 编译程序和解释程序均不能产生目标程序

B. 编译程序和解释程序均能产生目标程序

C. 编译程序能产生目标程序而解释程序则不能

D. 编译程序不能产生目标程序而解释程序能

(12)Pentium Ⅲ/500 微型计算机,其 CPU 的时钟频率是__________。

A. 250kHz　B. 500MHz　C. 500kHz　D. 250MHz

(13)存储容量 1GB 等于__________。

A. 1 024B　B. 128MB　C. 1 024MB　D. 1 024kB

(14)在计算机中,一个字节由__________个二进制位组成。

A. 2　B. 16　C. 8　D. 4

(15)下列 4 种存储器中,存取速度最快的是__________。

A. 磁带　B. U 盘　C. 硬盘　D. 内存

**2. 填空题**

(1)显示器的分辨率是用__________表示。

(2)计算机软件主要分为__________和__________。

(3)型号为"Pentium 4 3.2 G"的 CPU 主频是__________Hz。

(4)指令是计算机进行程序控制的__________。

(5)在 CPU 中,用来暂时存放数据、指令等各种信息的部件是__________。

(6)CPU 执行一条指令所需的时间被称为__________。

(7)把计算机高级语言编制的程序翻译成计算机能直接执行的机器语言的两种方法是__________和__________。

(8)存储程序把__________和__________存入__________中,这是计算机能够自动、连续工作的先决条件的。

(9)计算机系统中的硬件主要包括__________、__________、__________、__________和__________5 大部分。

(10)存储器一般可以分为主存储器和__________两种。

(11)计算机系统软件中的核心软件是__________。

(12)kB、MB 和 GB 都是存储容量的单位。1GB = __________kB。

**3. 简答题**

(1)计算机系统的组成包括哪两个部分？各部分的主要组成有哪些？

(2)硬件和软件的关系是什么？

(3)简述 CPU 在微机系统中的作用和地位。

(4)试列举说明组装一台微型计算机需要的基本配件有哪些？

### 1.7.2 上机操作

**1. 初步认识计算机**

通过以下操作，要求初步了解计算机的外部连接，熟悉各种按钮的位置及用途，并认识主机箱内的各种部件。

(1)观察计算机的外观

观察主机和显示器的外观，找到主机的 Power 键和 Reset 键、控制光驱开关的按钮，以及显示器的电源开关，并记住它们的位置及用途。

(2)了解计算机的连接

认真观察主机后面的接口及连线，找到鼠标、键盘、显示器、耳机和电源线的接口位置。

(3)查看主机内部的连接

打开主机箱，仔细观察主机内部各个组成部分，辨别电源、光驱、硬盘、软盘驱动器、显示卡、内存、网卡和 CPU 等部件。

**2. 指法练习**

通过以下操作，要求能够灵活、准确地输入字母的大小写形式和输入数字，并且能对输入内容进行修改。

(1)输入小写字母

①执行【开始】|【程序】|【附件】|【写字板】命令，启动写字板程序。

②输入如下内容进行指法练习。

eimixcmkdieok,655ijek@ sina. com

(2)输入大写字母

完成上一步的输入后，按回车键，然后按下键盘上的 Caps Lock 键，这时 Caps Lock 的指示灯变亮。输入以下大写字母。

DMVITPEVMVRTODKS;DEICLX,HEOZMN

(3)大小写字母混合输入

输入以下 M 和 F 的对话内容。在按下 Shift 键的同时输入的字母为大写字母。

M:Kate, look! The passengers are coming from the plane, and there's Susan.

F:Which one ?

M:The tall one next to the window.

F:The one with the suitcase?

(4)输入数字

按下键盘上的 Num Lock 键，使得 Num Lock 指示灯变亮，然后输入以下内容。

15687 +24555 ∗584236/9625 -4562

(5)修改输入的内容

①输入单词 light，然后将光标移动到字母 l 的前面，输入字母 f，将单词改成 flight。

②按下键盘上的 Insert 键，然后将光标移动到字母 l 的前面，输入字母 h，将单词变成 fhight。

(6)综合练习

使用写字板或者记事本输入以下的英文对话，进行键盘操作练习。

M:Do reporters act fast when something happens?

F:Yes,they act fast when something happens.

M:Are they active in gathering news?

F:Yes,they are active in gathering news.

M:Is their job to inform people?

F:Yes,their job is to inform people.

M:Are their reports generally informative?

F:Yes,their reports are generally informative.

M:Are viewers free to select good programs?

F:Yes,they are free to select good programs.

M:Are viewers selective?

F:Yes,they are selective.

M:Do reporters sense what viewers like to watch?

F:Yes,they sense what viewers like to watch.

M:Are they sensitive to viewers' tastes?

F:Yes,they are sensitive to viewers' tastes.

M:Do they try to create a good image?

F:Yes,they try to create a good image.

M:Do they do creative writing on news items?

F:Yes,they do creative writing on news items.

# 第2章　Windows XP的基本操作

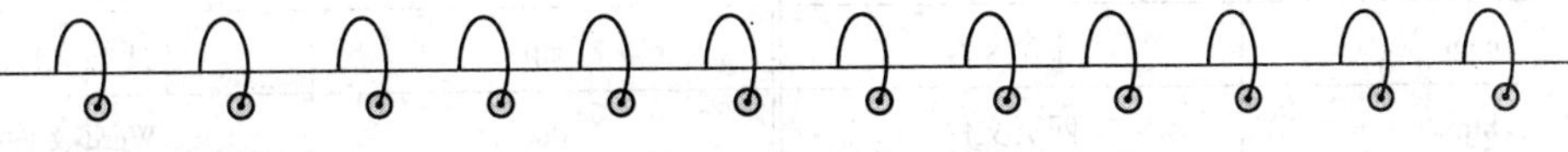

**教学目标**

◎ 掌握 Windows XP 的基本操作

◎ 掌握 Windows XP 中的文件管理和磁盘管理

◎ 掌握文件的创建、查看、复制、移动、删除、搜索、重命名、加密等操作

◎ 掌握 Windows XP 中的【我的电脑】和【资源管理器】的使用

## §2.1　文 件 管 理

### 2.1.1　任务的提出

如何有序管理计算机中的文件。

### 2.1.2　解决方案

①将文件进行“分类存放”,比如按照部门、种类等整理文件。不要将重要的数据文件存放在 C 盘中,可以用 D 盘或其他盘作为数据盘,因为 C 盘一般作为系统盘,主要用于安装系统软件和各类应用程序。在 D 盘中创建多个文件夹,用来分别存不同类型的文件;文件和文件夹最好使用中文命名,使查阅者能够一目了然。

②要把重要的文件“备份”。“备份”其实就是把重要的文件复制到其他地方存放起来,如存放在另一个磁盘、U 盘或公司服务器上,以防原文件被损坏或丢失。

③在桌面上为经常访问的文件夹创建快捷方式,节约访问时间。

④经常清理计算机中的垃圾文件,定期清理回收站。

### 2.1.3　相关知识点

1. 文件和文件夹

(1)文件的概念

文件是具有某种相关信息的数据的集合。文件可以是应用程序,也可以是应用程序创建的文档。文件的基本属性包括文件名、文件的大小、文件的类型和创建时间等。文件是通过文件名和文件类型进行区别的,每个文件都有不同的类型或不同的名字。

(2)文件的命名规则

①命名规则

在 Windows XP 中,文件的命名有如下规则。

1)文件的名称由文件名和扩展名组成,中间用“·”字符分隔,通常扩展名用于说明文件的类型,如表 2-1 所示。

**常用扩展名**

表 2-1

| 扩展名 | 说明 | 扩展名 | 说明 |
|---|---|---|---|
| exe | 可执行文件 | sys | 系统文件 |
| com | 命令文件 | zip | 压缩文件 |
| htm | 网页文件 | doc | Word 文件 |
| txt | 文本文件 | c | C 语言源程序 |
| bmp | 图像文件 | pdf | Adobe Acrobat 文档 |
| swf | Flash 文件 | wav | 声音文件 |
| java | Java 语言源程序 | cxx | C++语言源程序 |

2)在 Windows XP 操作系统中,文件名最多由 255 个字符组成。文件名可以包含字母、汉字、数字和部分符号,但不能包含?、*、/、|、< >等非法字符。

3)文件名不区分字母的大小写。

4)在同一存储位置,不能有文件名(包括扩展名)完全相同的文件。

②通配符

当用户要对某一类或某一组文件进行操作时,可以使用通配符表示文件名中不同的字符。在 Windows XP 中引入两种通配符:“?”和“*”。具体说明见表 2-2。

**通配符的使用**

表 2-2

| 通配符 | 含义 | 举例 |
|---|---|---|
| ? | 表示任意一个字符 | ?p.txt,表示文件名由 2 个字符组成,且第 2 个字符是“p”的 txt 文件 |
| * | 表示任意长度的任意字符 | *.mp3,表示磁盘上所有的 mp3 文件 |

(3)文件夹

文件夹(目录)是系统组织和管理文件的一种形式。在计算机的磁盘上存放了大量的文件,为了查找、存储和管理文件,用户可以将文件分门别类地存放在不同的文件夹里。文件夹中可以存放文件,也可以存放文件夹。文件夹也是通过名称进行标识的,命名规则与文件命名规则相同。不同的是,文件夹只有名称,没有扩展名。

2. 回收站

回收站用来管理已被删除的文件或文件夹。可以在回收站中将误删除的文件或文件夹进行恢复,可以清除回收站中的部分文件,也可以清空回收站。

3. 剪贴板

剪贴板是一个在程序和文件之间传递信息的内存临时缓冲区。剪贴板只能保存当前剪切的信息,可以是文字、图形图像、声音等。

4. 快捷方式

Windows 的快捷方式是对系统的各种资源的链接,一般通过快捷图标来表示,使用户可以方便快捷地访问资源。这些资源包括程序、文档、文件夹或驱动器等。快捷方式可以建立在桌面、【开始】菜单、【程序】菜单或文件夹中。

5. 资源搜索和网上邻居

Windows 提供的搜索工具不仅能够搜索文件和文件夹,也可以搜索计算机、网上用户以及 Internet 资源。

通过局域网的“网上邻居”可以方便地共享交流一些文件资料。局域网内部相互连接的速度非常快,因此在局域网内的计算机之间传送文件资料非常方便快捷。

# §2.2 实现方法

有序管理文件可采用以下方法实现。

①在 D 盘的根目录下创建两个文件夹:“学生信息”和“教学资料”。

②把“学生基本信息. xls”及其相关文件保存在“学生信息”文件夹中,把“教学计划. doc”文件保存在“教学资料”文件夹中。

③将“学生信息”和“教学资料”两个文件夹保存在 U 盘上,作为文件备份。

④在桌面上创建“学生信息”文件夹的快捷方式,便于快速打开和浏览员工信息。

⑤搜索和清理磁盘中所有扩展名为 tmp 的文件,清理回收站。

⑥设置“网上邻居”,以便通过局域网方便地共享公司内部的文件资料。

## 2.2.1 浏览计算机的资源

在 Windows XP 系统中提供了两种重要的资源管理工具——【我的电脑】和【资源管理器】。本节主要介绍在【资源管理器】中查看、管理计算机的各种资源。

(1)启动【资源管理器】

可以通过以下 3 种方式打开【资源管理器】窗口。

①单击【开始】|【程序】|【附件】|【Windows 资源管理器】命令,打开【资源管理器】窗口。

②在【开始】按钮上右击,在弹出的快捷菜单中选择【资源管理器】命令。

③右击桌面上【我的电脑】、【回收站】、【我的文档】任意图标,在弹出的快捷菜单中选择【资源管理器】。

(2)“资源管理器”和树型结构

在打开的【资源管理器】窗口中清楚地显示了驱动器、文件夹、文件、外部设备以及网络驱动器的结构,如图 2-1 所示。【资源管理器】采用双窗格显示结构,系统中的所有资源以分层树型的结构显示出来。当用户在左窗口中选择了一个驱动器或文件夹后,该驱动器或文件夹所包含的所有内容都会显示在右窗口中。若将鼠标指针置于左、右窗格分界处,指针形状会变成双向箭头,此时按下鼠标左键拖动分界线可改变左右窗口的大小。

操作系统为每个存储设备设置了一个文件列表,称为目录。目录包含存储设备上每个文件的相关信息,比如文件名、文件扩展名、文件创建时间和日期、文件大小等。每个存储设备上的主目录又称为根目录,如果根目录包含了成千上万个文件,那么在其中查找所需文件的效率将会很低。为了更好地组织文件,大多数文件系统都支持将目录分成更小的列表,称为子目录或文件夹。文件夹还可以进一步细分为其他文件夹(又称为子文件夹)。在左窗口中,若驱动器或文件夹前面有“ + ”,表示它有下一级子文件夹。单击该“ + ”号可展开其所包含的子文件夹,相应地"+号会变成"-"号。

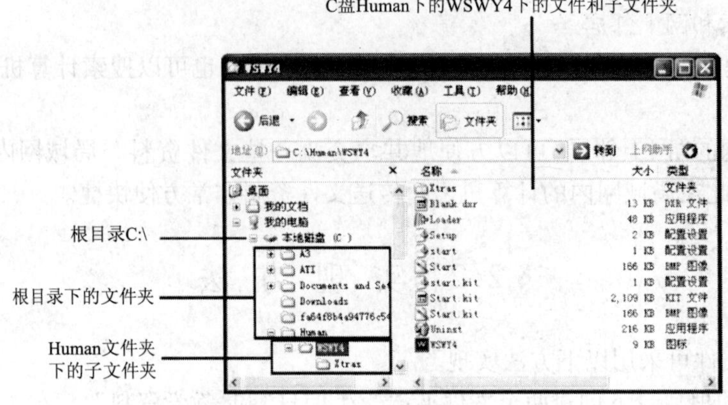


图 2-1 【资源管理器】窗口

这种由存储设备开始,层层展开,直到最后一个文件夹的结构,如同一棵大树,由树根到树干不断分支,因此称之为"树型结构"。

(3)路径

在多级目录的文件系统中,用户要访问某个文件时,除了文件名外,通常还要提供找到该文件的路径信息。所谓路径是指从根目录出发,一直到所要找的文件,把途经的各个子文件夹连接在一起而形成的,两个子目录之间用分隔符"\"分开。例如:"C:\Human\WSWY4\Start.bmp"就是一个路径。

单击【资源管理器】窗口中的【文件夹】按钮,切换到任务浏览方式。任务浏览方式显示了当前路径下的文件、文件夹,如图 2-2 所示。

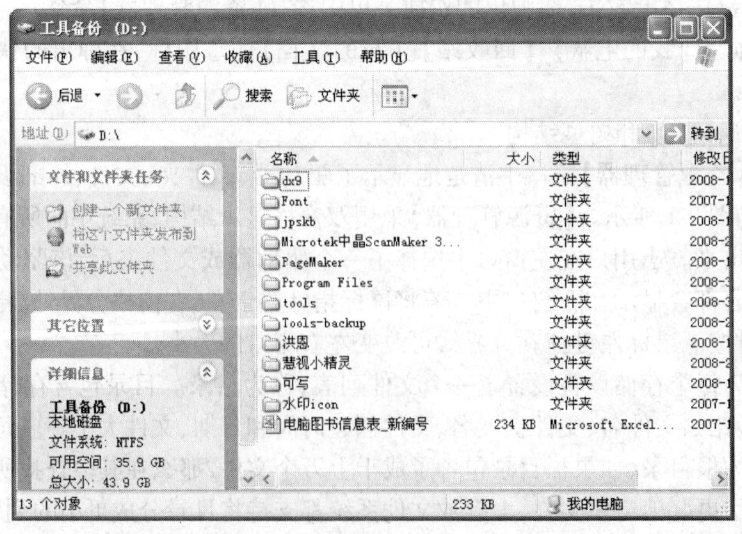


图 2-2 任务浏览方式

单击【资源管理器】中的【查看】按钮，列出了文件和文件夹的显示方式，包括缩略图、平铺、图标、列表和详细信息等选项。图 2-3 所示为以缩略图方式浏览文件。对于图像文件，使用这种方式浏览比较直观方便。

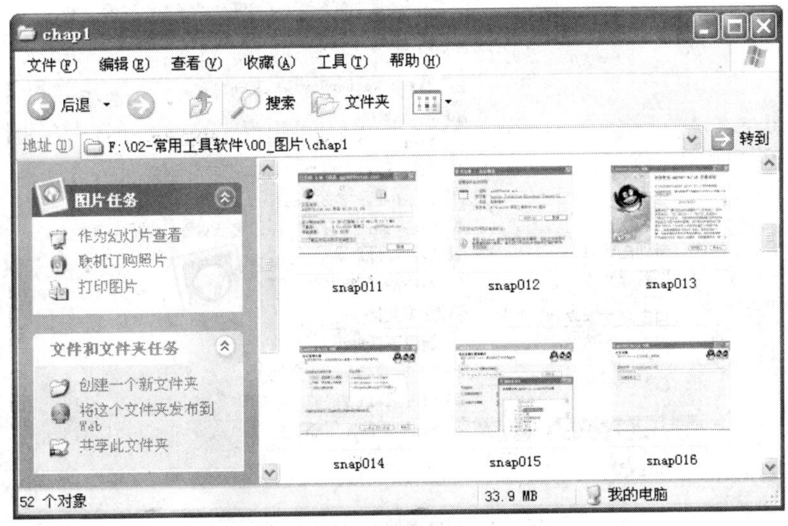


图 2-3　以缩略图方式浏览

### 2.2.2　创建文件和文件夹

(1)创建文件

一般情况，用户可通过应用程序新建文档。另外，在桌面空白处单击鼠标右键，在弹出的快捷菜单中选择【新建】级联菜单中的相应文件选项实现。

(2)创建文件夹

创建文件夹的方法很多，最简单的就是在创建文件夹的目标位置，单击鼠标右键，在弹出的快捷菜单中选择【新建】|【文件夹】命令，编辑新建文件夹名即可。

**任务 1　在 D 盘根目录中分别创建文件夹“info”和“data”**

①在【资源管理器】窗口中选择磁盘驱动器 D，在右侧窗口的空白处单击鼠标右键，在弹出的快捷菜单中选择【新建】|【文件夹】命令，建立一个默认名为“新建文件夹”的文件夹，此时直接输入新的文件夹名“info”。

②在新建文件夹外单击鼠标，或按 Enter 键完成创建。

使用同样的方法，创建“data”文件夹

**任务 2　在“info”文件夹中创建“学生基本信息.xls”Excel 文档，保存员工信息；在“data”文件夹中创建“教学计划.doc”Word 文档，保存相关内容**

①打开 D 盘中的文件夹 info，在窗口空白处单击鼠标右键，在弹出的快捷菜单中选择【新建】|【Microsoft Excel 工作表】命令，此时在窗口中出现一个新的 Excel 图标，输入新的文件名“学生基本信息.xls”。

②在新建文件夹外单击鼠标，或按 Enter 键完成创建。

使用同样的方法，在文件夹 data 中创建“教学计划.doc”文档。

如图 2-4 所示，新建对象可以是文件夹、文件、快捷方式、波形声音等。用这种方式创建的文档实际是一个已经确定文件类型的空白文档。双击该文档图标后，即可打开关联的应用程序，进行文档的编辑操作。

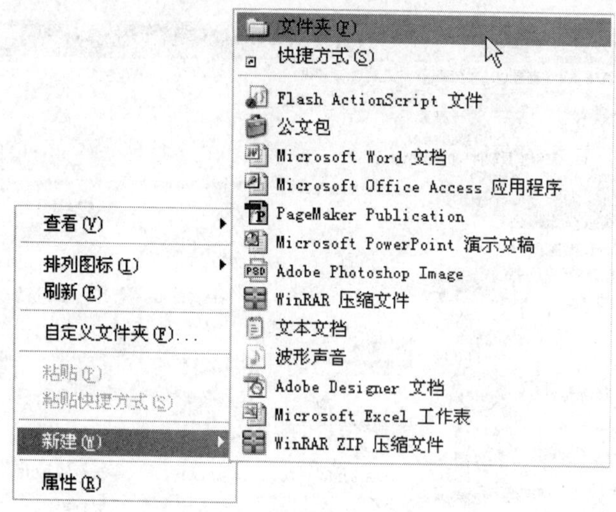


图 2-4 创建文件夹和各种文件

### 2.2.3 选取文件和文件夹

Windows 的操作特点是先选定操作对象，再执行操作命令。因此，用户在对文件和文件夹进行操作前，必须先选定。选取文件和文件夹的方法如下：

(1) 选取单个文件或文件夹

要选定单个文件或文件夹，只需用鼠标单击所要选取的对象即可。

(2) 选取多个连续的文件和文件夹

鼠标单击第一个要选取的文件或文件夹，然后按住 Shift 键，再单击最后一个文件或文件夹即可。也可用鼠标直接拖动选取多个连续的文件和文件夹。

(3) 选取多个不连续的文件和文件夹

鼠标单击第一个要选取的文件或文件夹，然后按住 Ctrl 键，再逐个单击其他要选取的文件和文件夹即可。

(4) 选取当前窗口所有的文件和文件夹

单击【编辑】|【全部选中】命令，或按组合键 Ctrl + A 完成操作。

### 2.2.4 重命名文件和文件夹

**任务 3 将 D 盘中的文件夹 info 更名为“学生信息”，文件夹 data 更名为“教学资料”**

①打开 D 盘，选中文件夹 info。

②单击【文件】|【重命名】命令，或单击鼠标右键，在弹出的快捷菜单中选择【重命名】命令。

③输入新名称“学生信息”，按 Enter 键完成更名操作。

④使用同样的方法将文件夹 data 更名为“教学资料”。

其他方法：选中要更名的文件或文件夹，按 F2 键也可进行重命名操作。

**注意:**

①当文件处于打开状态时,不能对文件进行“重命名”操作。

②文件重命名时,如果要更改文件的扩展名,那么在确认扩展名时可能会弹出提示对话框,如图 2-5 所示。一般来说,文件的扩展名是不能随便更改的,因为它关联到对应的应用程序。

图 2-5　更改扩展名提示框

③扩展名用于标识文件的类型,如果隐藏了文件的扩展名,可以将其重新显示,设置方法是:在文件所在的窗口菜单中单击【工具】|【文件夹选项】命令,在【文件夹选项】对话框中单击【查看】标签,在【高级设置】列表中取消【隐藏已知文件类型的扩展名】复选框,如图 2-6 所示。

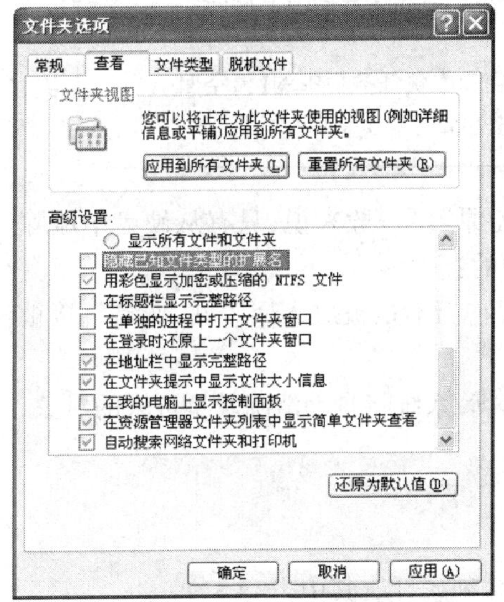


图 2-6　【文件夹选项】对话框

### 2.2.5　复制、移动、删除文件和文件夹

1. 复制/移动文件和文件夹

(1)使用菜单命令

首先选定要复制或移动的文件和文件夹。若要进行复制操作,选择【编辑】|【复制】(Ctrl + C)命令,若要进行移动操作,选择【编辑】|【剪贴】(Ctrl + X)命令,然后选定目标位置,选择【编辑】|【粘贴】(Ctrl + V)命令。

(2)使用鼠标拖动

①复制文件和文件夹。若被复制的文件和文件夹与目标位置不在同一驱动器,则用鼠标直接将其拖动到目标位置即可。否则,按住 Ctrl 键再拖动文件和文件夹到目标位置。

②移动文件和文件夹。若被移动的文件和文件夹与目标位置在同一驱动器,则用鼠标直接将其拖动到目标位置即可。否则,按住 Shift 键再拖动文件和文件夹到目标位置。

(3)使用右键拖动

选取要操作的文件和文件夹,用鼠标右键将其拖动到目标位置,此时弹出快捷菜单,在菜单中根据需要选择【复制到当前位置】或【移动到当前位置】命令。

**任务 4　将“学生基本信息. xls”和“教学计划. doc”两个文档复制到 U 盘中**

①打开“学生信息”文件夹,右键单击“学生基本信息. xls”文件,在弹出的快捷菜单中执行【复制】命令。

②打开 U 盘,在窗口的空白处单击鼠标右键,在弹出的快捷菜单中执行【粘贴】命令即可。

③使用同样的方法,将“教学计划. doc”文档复制到 U 盘中。

也可以直接在快捷菜单中单击【发送到】|【可移动磁盘】命令,将文档复制到 U 盘中。

2. 删除文件和文件夹

选取要删除的文件和文件夹后，使用下列方法将其删除。

①用鼠标直接拖动到【回收站】图标上即可。

②直接按 Delete 键，弹出【确认文件删除】对话框，单击【确定】按钮，即可将文件和文件夹放入回收站。

③按 Shift + Delete 组合键可以永久地删除文件和文件夹，而不放进回收站中，文件也不能被还原。

**注意：**在【回收站】中的文件没有从磁盘中永久删除，还可以找回。

**任务5　将误删除的文件"学生基本信息. xls"从回收站中还原**

①打开【回收站】窗口，选中要还原的文件"学生基本信息. xls"。

②单击窗口左侧任务栏中的【还原此项目】命令，即可将文件还原到删除之前的原始位置。

如果要清除回收站中的所有项目，可直接单击窗口左侧任务栏中的【清空回收站】命令，在弹出的确认删除对话框中单击【是】按钮即可。

**注意：**不是所有被删除的文件或文件夹都能够被"还原"。一般来说，只有从硬盘中删除的对象才能被放入回收站中。以下几种情况是无法还原的：

①从可移动磁盘、软盘或网络驱动器中删除对象时，它们不是被放入回收站，而是直接被删除，是无法还原的。

②回收站使用的存储资源是硬盘。当回收站空间已满，系统将自动清除较早进来的对象，因此对于很久以前被删除的文件可能无法实现还原。

### 2.2.6　文件和文件夹的属性设置

在 Windows XP 中，文件和文件夹具有隐藏、只读等多种属性。其中：

隐藏属性：在默认状态下，具有该属性的文件或文件夹将不会在文件夹窗口中显示出来，以免被误删除或非法修改。

只读属性：具有只读属性的文件夹不能被删除。

**任务6　隐藏"学生基本信息. xls"文件，以防止别人查看和误删**

①在"学生基本信息. xls"文件上单击右键，从弹的快捷菜单中选择【属性】命令。

②在弹出的【属性】对话框中，选中【属性】栏中的【隐藏】复选框，如图 2-7 所示，这样即可实现文件的隐藏。

如果用户要取消文件"学生基本信息. xls"的隐藏，让其重新显示出来，则可以按如下操作进行：

③打开"学生基本信息. xls"文件所在的文件夹，然后选择菜单【工具】|【文件夹选项】命令。

④在弹出的【文件夹选项】对话框中，选择【查看】选项卡，然后在【高级设置】选项栏中选中【显示所有文件和文件夹】单选框，如图 2-8 所示，最后单击【确

续任务 6

定】按钮。

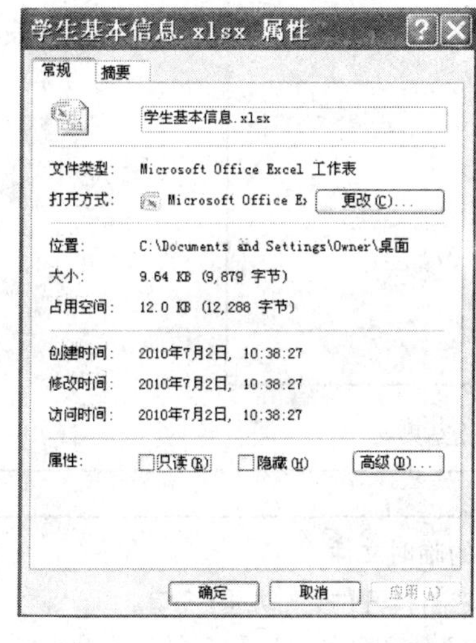


图 2-7 【属性】对话框

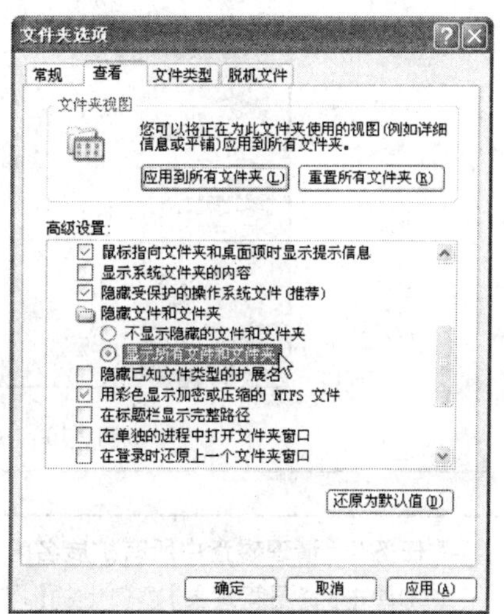


图 2-8 【文件夹选项】对话框

⑤这样文件“学生基本信息. xls”又会显示出来,在其上单击右键,从弹出的快捷菜单中选择【属性】命令。

⑥在弹出【属性】对话框中,取消【属性】栏中【隐藏】复选框的选中即可。

## 2.2.7 搜索文件和文件夹

搜索文件是按照文件的某种特征在计算机中查找相应的文件和文件夹,在 Windows XP 中还可以搜索网络中的其他计算机。Windows XP 提供了一个“搜索助理”帮助用户执行搜索操作。

**任务 7 在本机所有磁盘中搜索“教学计划说明. doc”Word 文档**

①单击【资源管理器】窗口上的【搜索】按钮,打开【搜索助理】窗口。

②在【您要查找什么?】列表下选择“文档(文字处理、电子数据表等)”,出现被称为“搜索标准”的一组搜索条件,如图 2-9 所示。

③在【完整或部分文档名】文本框中输入要搜索的文件名“教学计划说明. doc”。

④单击【搜索】按钮,开始查找。如果找到,则在右窗口显示查找结果,如图2-10所示;如果找不到匹配文件,则在右窗口中显示”搜索完毕,没有结果可显示”。

图 2-9 键入要搜索的文件名

续任务 7

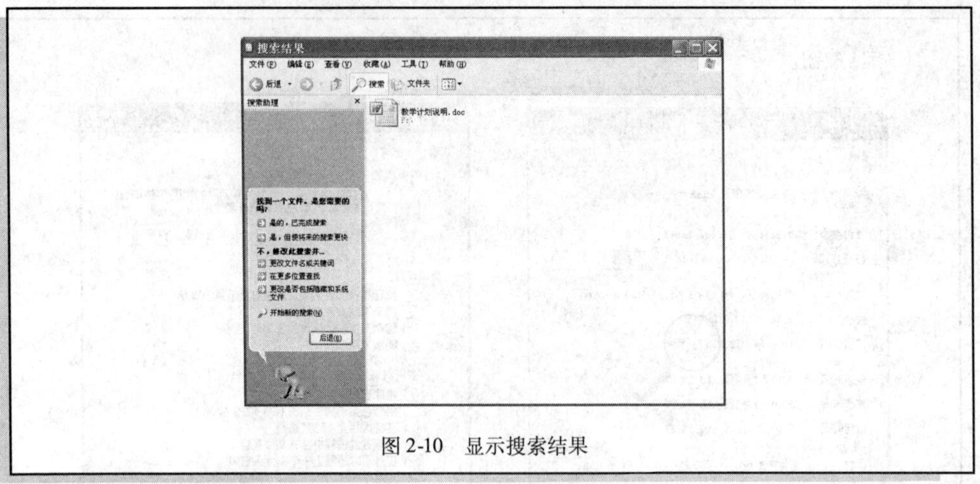


图 2-10　显示搜索结果

**任务 8　清理磁盘中所有扩展名为 tmp 的临时文件**

①单击【资源管理器】窗口上的【搜索】按钮,打开【搜索助理】窗口。

②在【您要查找什么?】列表下选择"所有文件和文件夹",出现被称为"搜索标准"的一组搜索条件,如图 2-11 所示。

③在【全部或部分文件名】文本框中输入要搜索的文件名"＊.tmp",在【在这里寻找】下拉列表中选择"本地磁盘"。

④单击【搜索】按钮,开始查找。如果找到,则在右窗口显示查找结果。

⑤选中所有搜索出来的 tmp 文件,按 Delete 键,将其删除。

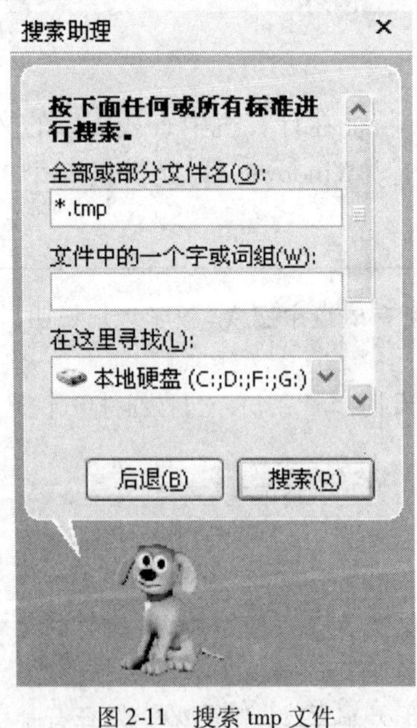


图 2-11　搜索 tmp 文件

如果大概知道待查找的文件的更新日期,可以在【搜索标准】栏中选择【什么时候修改的?】,展开如图 2-12 所示的搜索框。在【指定日期】中选择【修改日期】,然后指定修改的起止时间。单击【搜索】按钮,系统按确定的搜索条件进行检索,并将检索结果显示在【资源管理器】的右侧窗口中。

除了搜索文件和文件夹以外，在【搜索助理】窗口中还可以搜索计算机、网上资源和网络用户等。

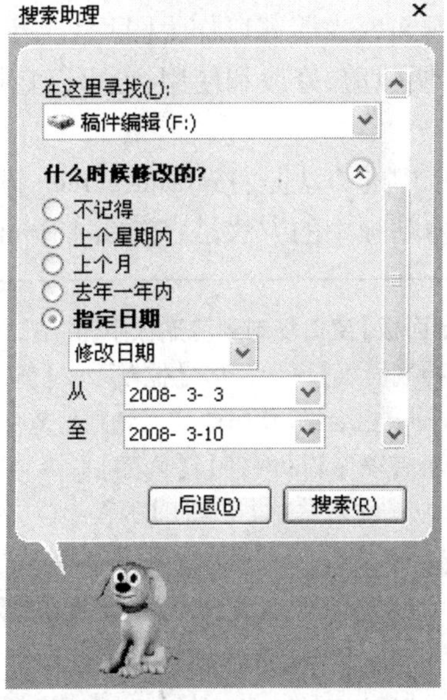


图 2-12　搜索的日期条件

**任务 9　在局域网上搜索名为 robot 的计算机**

①打开【搜索助理】窗口，在【您要查找什么?】列表下选择“计算机或人”，出现被称为”搜索标准”的一组搜索条件。

②在【您在查找什么】列表中选择“网络上的一个计算机”，在【计算机名】文本框中输入要搜索的计算机名称(也可以是 IP 地址)“robot”。

③单击【搜索】按钮，开始查找。如果找到，结果将显示在右窗口中。

### 2.2.8　快捷方式和剪贴板

1. 创建快捷方式

在工作时，经常会访问某些信息，如果每次都要从根目录开始一层层寻找和打开文件，非常麻烦。如何解决这个问题呢?

在桌面上为某些信息文件夹创建一个快捷方式，每次只要双击桌面上相应的快捷图标即可访问经常查阅的文件夹了。

**任务 10　在桌面上为“员工信息”文件夹创建一个快捷方式**

右键单击“员工信息”文件夹，在弹出的快捷菜单中选择【发送到】|【桌面快捷方式】命令，即可为其创建一个桌面快捷方式。

注意：通常，左下角带有小箭头的图标就是“快捷方式”。快捷方式是某个程序、文件或文件夹对象在快捷方式图标所在位置的一个映像文件，其扩展名为 lnk，占用很少的磁盘空间。

它建立了与实际资源对象的链接,而实际对象并不一定存放在快捷方式图标所在的位置。同样,删除快捷方式也只是删除了与实际对象的链接,并不能真正地删除对象。

2. 剪贴板

在 Windows 中可以将整个桌面或当前窗口作为图片复制到剪贴板中,然后将剪贴板中的图片粘贴到图形处理程序中,以便裁剪、修改和使用;也可以直接粘贴到 Word、Excel 等文档中作为插图使用。

复制整个桌面图像到剪贴板中的方法是:按 Print Screen 键。

复制当前活动窗口图像到剪贴板中的方法是:按 Alt + Print Screen 组合键。

**任务 11　将【控制面板】窗口复制到剪贴板中,并粘贴到【画图】程序中**

①单击【开始】|【控制面板】命令,打开【控制面板】窗口。

②按 Alt + Print Screen 组合键,将当前窗口复制到剪贴板中。

③单击【开始】|【所有程序】|【附件】|【画图】命令,打开【画图】窗口,执行 Ctrl + V,将复制的图片从剪贴板粘贴到【画图】的程序窗口中,如图 2-13 所示。

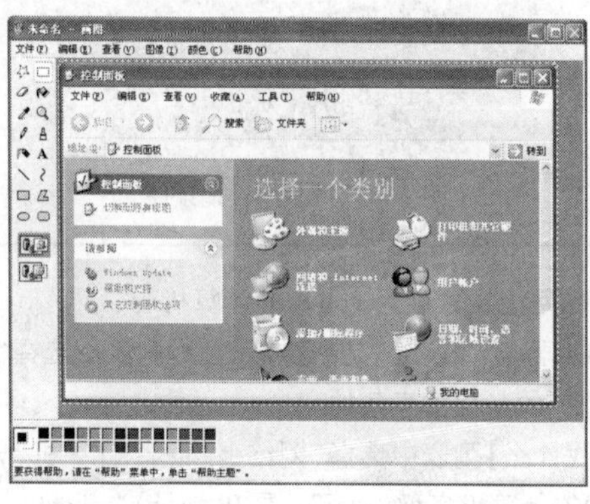

图 2-13　【画图】窗口

也可以直接打开【剪贴簿查看器】窗口,浏览复制的图片。操作步骤是:单击【开始】|【运行】命令,打开【运行】对话框,在【打开】文本框中输入“clipbrd”,单击【确定】按钮,即可打开【剪贴簿查看器】窗口,如图 2-14 所示。

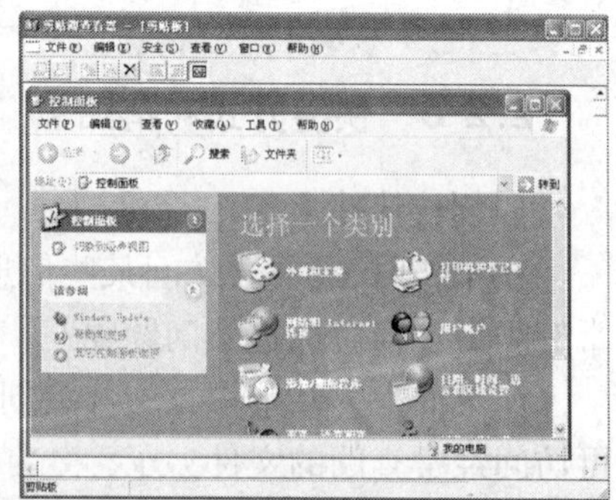

图 2-14　【剪贴簿查看器】窗口

## 2.2.9　磁盘管理

1. 清理磁盘

计算机在使用一段时间后,在磁盘中会出现许多临时文件和缓冲文件,它们会占用大量的磁盘空间,影响计算机的性能。因此,计算机磁盘需要定期进行清理。使用 Windows XP 自带的磁盘清理程序可以删除临时文件、缓冲文件,也可以压缩原有文件。

**任务 12　清理磁盘 D**

①单击【开始】|【所有程序】|【附件】|【系统工具】|【磁盘清理】命令。

②打开【选择驱动器】对话框，在下拉列表中选择要进行清理的磁盘驱动器 D，如图 2-15 所示，单击【确定】按钮，弹出【磁盘清理】对话框。

③对话框中列出了可以删除的文件选项。在【要删除的文件】列表框中选中要删除的文件前的复选框，单击【确定】按钮，如图 2-16 所示。弹出【磁盘清理】确认对话框，确定要删除则单击【是】按钮即可。

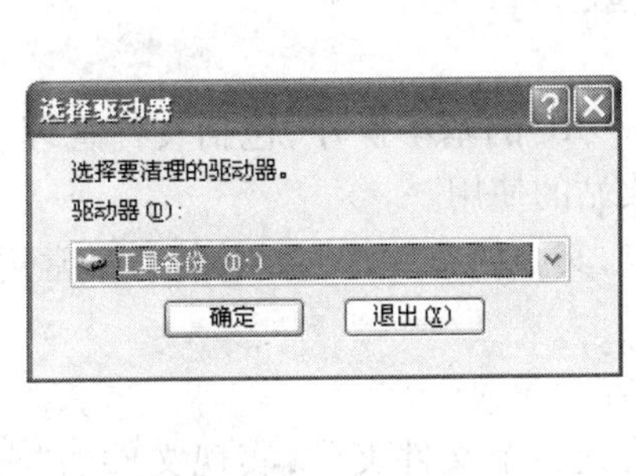


图 2-15　选择驱动器

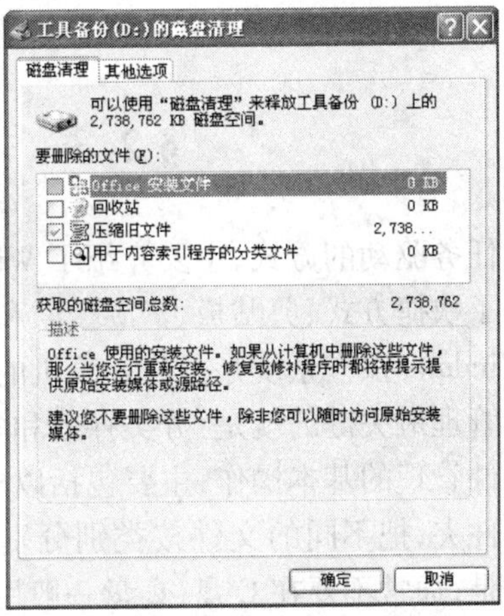

图 2-16　选择要清理的文件

2. 整理磁盘碎片

在使用磁盘的过程中，由于不断地添加、删除文件，磁盘中会形成一些地址不连续的文件——磁盘碎片。这样在读写文件时需要大量时间，从而影响计算机的运行速度。使用 Windows XP 中的磁盘碎片整理程序可以分析磁盘上存储的所有数据、文件，将分散存放的文件和文件夹重新整理，从而提高文件的执行效率。

**任务 13　整理 C 盘中的磁盘碎片**

①选择【开始】|【所有程序】|【附件】|【系统工具】|【磁盘碎片整理程序】命令。

②打开【磁盘碎片整理程序】对话框，选择 C 盘，单击【分析】按钮，让系统对 C 盘的空间占用情况进行分析。图 2-17 所示的窗口显示了碎片整理之前对磁盘

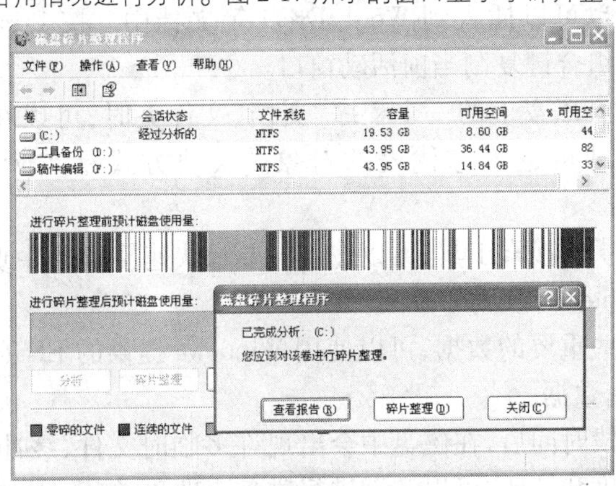


图 2-17　【磁盘碎片整理程序】对话框

续任务 13

空间使用情况的分析结果。不同的颜色代表不同的含义,系统根据分析结果,给出了是否要进行磁盘碎片整理的建议。

③单击【碎片整理】按钮,即可开始整理磁盘碎片程序。碎片整理完成后,单击【关闭】按钮即可。

## §2.3 本章小结

本章以任务驱动的方式,主要介绍了 Windows XP 的基本操作,包括文件管理、磁盘管理,此外还介绍了快捷方式、剪贴板、资源搜索和回收站的使用。

学习 Windows 操作系统是操作计算机的起点,其中的文件管理是计算机最常用、最重要的操作。文件管理最关键的就是:分类存放和备份。

对于文件管理的基本操作,主要包括以下内容:

①建文件夹,把不同的文件按类别分别存放到各个文件夹中,实现文件的"分类存放"。需要注意的是,通常不要在 C 盘(C 盘一般用于存放系统软件)中创建文件夹。

②为文件或文件夹命名时,应尽量做到"见名知义",能直接反映其中保存的内容;如果要对文件夹或文件更名,可使用【重命名】命令。

③对于重要的文件或文件夹要随时备份。可以把它们复制到其他磁盘中或上传到网络服务器中;如果文件的保存路径不对,应该将它们移动或复制到正确位置;当文件或文件夹已经没有任何用处了,应及时将它们删除。

④通过删除操作或定期清理回收站,及时清理计算机中的垃圾文件。但在删除文件或清理回收站时一定要慎重,以免误删重要数据。

⑤当硬盘中的数据被误删除后,可以到"回收站"中把被删除的文件"还原"到原来的位置。需要注意的是,从移动硬盘、U 盘、软盘或网络驱动器中删除数据时,它们不经过回收站,而是被直接永久删除,是不能被还原的。

⑥借助于剪贴板,可以把整个屏幕或当前活动窗口作为图片复制/粘贴到【画图】程序中,以供剪裁、修改和使用;也可以插入到 Word、Excel 等文档中。按 Print Screen 键复制整个屏幕;按 Alt + Print Screen 组合键复制当前活动窗口。

⑦如果需要频繁打开磁盘上的一个程序、文档、文件夹时,可以在桌面为它创建一个快捷方式,双击快捷方式即可进入它代表的对象。快捷方式是实际对象在桌面上的一个映射。

⑧使用 Windows 提供的搜索工具,可以按不同要求快速搜索文件或文件夹,此外还可以搜索计算机、网上邻居和 Internet 资源。

⑨对于计算机中一些重要的数据,可以使用 Windows 提供的 EFS(Encrypting File System,加密文件系统)自动加密数据。

⑩计算机在使用一段时间后,在磁盘中会出现许多临时文件、缓冲文件和磁盘碎片,它们会影响计算机的访问速度和性能,可以定期进行磁盘清理和磁盘碎片整理,提高计算机的工作效率。

# §2.4 习　　题

## 2.4.1 理论练习

**1. 单选题**

(1) Windows XP 的文件夹系统采用的结构是__________。

A. 树型结构　B. 层次结构　C. 网状结构　D. 嵌套结构

(2) 在"资源管理器"中选定多个不连续的文件要使用__________。

A. Shift + Alt 键　B. Shift 键　C. Ctrl 键　D. Ctrl + Alt 键

(3) 在 Windows 下,当一个应用程序窗口被最小化后,该应用程序__________。

A. 终止运行　B. 暂停运行

C. 继续在后台运行　D. 继续在前台运行

(4) 下列关于快捷方式的叙述中,错误的是__________。

A. 快捷方式是指向一个程序或文档的指针

B. 在完成某个操作任务的时候使用快捷方式可以节省时间

C. 快捷方式包含了指向对象的信息

D. 快捷方式可以删除、复制和移动

(5) 下列关于 Windows XP 文件名的说法中,不正确的是__________。

A. Windows XP 文件名可以用汉字

B. Windows XP 文件名可以用空格

C. Windows XP 文件名最长可达 255 个字符

D. Windows XP 文件名可用各种标点符号

(6) Windows XP 窗口菜单命令后带有"…",表示__________。

A. 它有下级菜单　B. 选择该命令可打开对话框

C. 文字太长,没有全部显示　D. 暂时不可用

(7) 在 Windows XP 的"回收站"中,存放的__________。

A. 只是硬盘上被删除的文件或文件夹

B. 只能是软盘上被删除的文件或文件夹

C. 可以是硬盘或软盘上被删除的文件或文件夹

D. 可以是所有外存储器上被删除的文件或文件夹

**2. 填空题**

(1) 要在应用程序窗口之间进行切换,应按__________组合键。

(2) 在"资源管理器"中,选择硬盘上的某一文件后,按 Delete 键,文件进入__________中。

(3) Windows XP 中,选定多个不连续文件的操作是:单击第一个文件,然后按__________键的同时,单击其他待选定的文件。

(4) 在 Windows XP 中,启动/关闭汉字输入法的功能键是__________。

(5) 扩展名是 bmp 的文件所代表的文件类型是__________。

(6) 用 WindowsXP 的"记事本"所创建的文件的扩展名是__________。

(7) 在 Windows XP 中,"回收站"是__________中的一块区域。

(8)在 Windows XP 中,为了弹出【显示属性】对话框,应用鼠标右键单击桌面空白处,然后在弹出的快捷菜单中选择＿＿＿＿＿。

**3. 简答题**

(1)在 Windows XP 中,文件的查看方式有哪几种？各自的特点是什么？

(2)如何把文件设置为隐藏？如何查看隐藏文件？

### 2.4.2 上机操作

**1. 正确启动和退出 Windows XP**

①按下计算机主机电源开关,让计算机进入自检阶段。

②在进入如图 2-18 所示的用户登录界面后,在“密码”输入框中输入正确的密码,然后单击【确定】按钮或按回车键即可进入系统。

图 2-18 登录界面

**2. 鼠标的使用**

(1)将桌面上【我的电脑】图标拖动到其他位置

将鼠标移动到【我的电脑】图标上,按下鼠标左键拖动图标到新的位置,松开鼠标即可。

(2)使用鼠标右键打开【网上邻居】和【我的文档】的快捷菜单,并观察其中包含的命令是否相同

将鼠标分别指向【网上邻居】和【我的文档】图标,然后在图标上单击鼠标右键,弹出相应的快捷菜单如图 2-19 所示。

(3)双击桌面上的【我的电脑】图标,查看计算机中的磁盘驱动器

双击桌面上的【我的电脑】图标,打开如图 2-20 所示的窗口,这时就可以看到计算机中包含 C:、D:、E:、F:、G:五个驱动器,其中 C:、D:和 E:三个是逻辑驱动器,F:是光盘驱动器,G:是虚拟光驱。

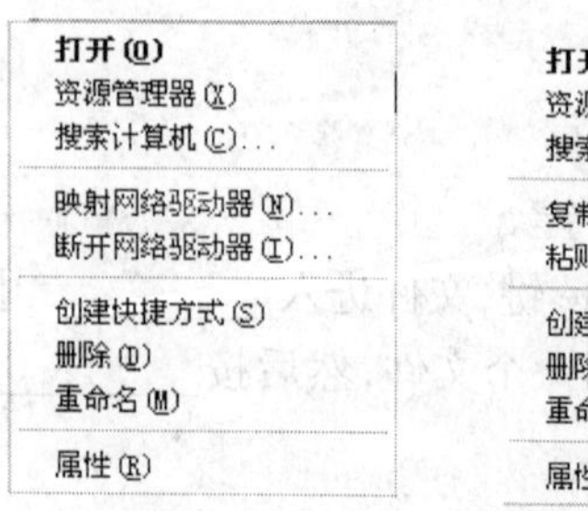


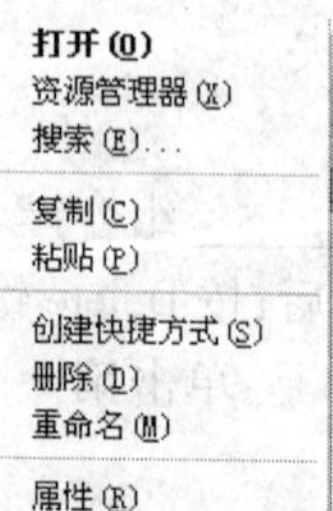


图 2-19 【网上邻居】和【我的电脑】快捷菜单

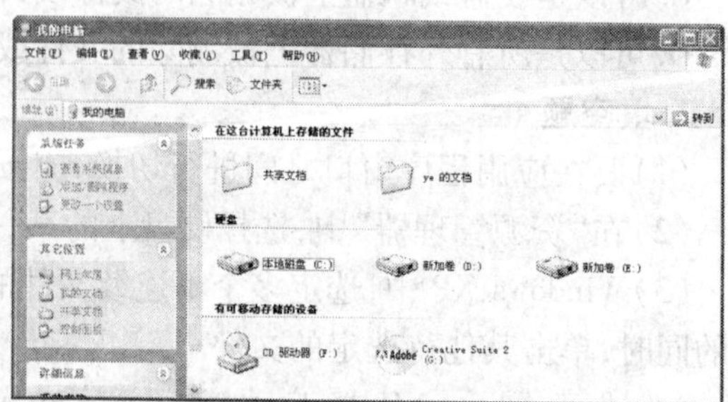


图 2-20 查看磁盘驱动器

(4)将桌面上的图标按照“类型”排列

在桌面的空白位置单击鼠标右键,在弹出的快捷菜单中选择【排列图标】|【类型】命令,如

图 2-21 所示，桌面上的图标就会自动按“类型”排列。

(5)浏览图片

在“图片收藏”文件夹中双击一个图片文件，使该图片文件显示在【Windows 图片和传真查看器】窗口中。分别单击 和 按钮旋转图片；分别单击 和 按钮依次浏览每张图片；单击 按钮，以幻灯片方式连续播放图片。

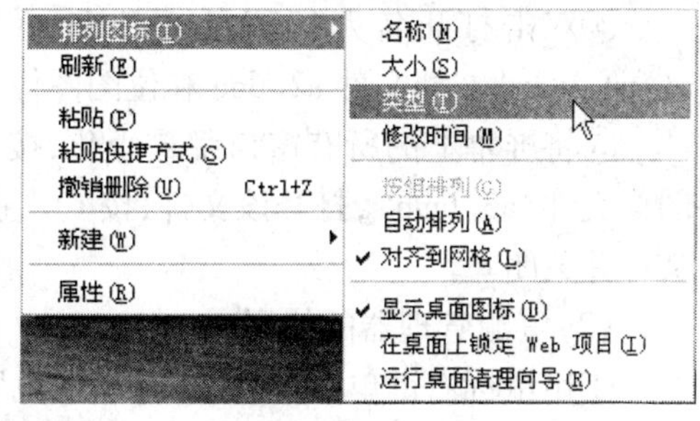

图 2-21　按“类型”排列图标

**3. 窗口的基本操作**

(1)切换窗口

单击窗口上任意可见的地方，该窗口就会成为当前活动窗口，另外也可以使用组合键 Alt + Tab 或 Alt + Esc 进行切换。

(2)移动窗口

将鼠标指向窗口的标题栏，注意不要指向左边的控制菜单或右边的按钮，然后拖动标题栏到需要的位置即可。

(3)最大化、最小化和还原窗口

①单击窗口右上角的最大化按钮 ，窗口便最大化显示并占据整个桌面，这时最大化按钮变为还原按钮 。

②单击窗口右上角的还原按钮 ，或者双击该窗口的标题栏，窗口就还原为最大化前的大小和位置。

③单击窗口右上角的最小化按钮 ，窗口就最小化为任务栏上的按钮。

④单击任务栏上要还原的窗口的图标，窗口便还原为最小化前的大小和位置。

(4)调整窗口大小

指向窗口的边框或窗口角，待鼠标发生变化后，拖动窗口的边框或角到指定位置即可。

(5)排列窗口

用鼠标右键单击任务栏上的空白处，然后在弹出的快捷菜单中分别执行【层叠窗口】、【横向平铺窗口】、【纵向平铺窗口】命令，并观察各个窗口的位置关系变化情况。

(6)关闭窗口

①单击窗口右上角的关闭按钮 。

②按 Alt + F4 组合键。

③执行【文件】|【关闭】命令。

④双击窗口左上角的控制菜单按钮，如【我的电脑】的控制菜单按钮。

**4. 文件和文件夹的管理操作**

(1)新建文件和文件夹

①双击桌面上的【我的电脑】图标，打开【我的电脑】窗口，双击 E 盘图标，在窗口的右边会显示出 E 盘根目录下所有的文件和文件夹。

②在右侧窗格的空白位置处单击鼠标右键，在弹出的快捷菜单中选择【新建】|【文件夹】命令，出现【新建文件夹】图标，然后将文件夹以自己的姓名命名，这里命名为“叶子”。

③双击刚创建的“叶子”文件夹，在该文件夹内再次新建 3 个子文件夹，分别命名为“01”、“02”和“03”。

④双击打开名为“02”的文件夹，在其中新建3个不同类型的文件，分别是文本文件a1.txt、Word文档文件a2.doc和位图图像文件a3.bmp。

⑤将屏幕上的所有窗口都最小化，按Print Screen键对当前桌面进行全屏抓图，双击位图图像文件“a3.bmp”，打开该文件，按Ctrl+V组合键将其粘贴到图像a3.bmp文件中，保存该文件并关闭。

(2)资源管理器的使用

①用鼠标右键单击桌面上的【我的电脑】图标，在弹出的快捷菜单中选择【资源管理器】命令，在打开的【资源管理器】窗口中，单击左侧E盘驱动器左侧的“+”，展开E盘根目录文件夹，单击名为“叶子”的文件夹，再单击名为“02”的文件夹，在右侧窗格选择文件a1.txt，按住Ctrl键的同时单击a2.doc，按住Ctrl键的同时将这两个文件拖动到左侧窗格的“03”文件夹中。

②在【资源管理器】窗口的左侧窗格中，选择“03”文件夹，在右侧窗格中选择文件a1.txt，两次单击图标下方反白显示的文件名，输入“clock.htm”，然后用相同的方法将a2.doc重命名为“文学作品.doc”。

③将“03”文件夹中“文学作品.doc”文件移到到01文件夹中。

④删除“02”文件夹中的文件a1.txt和a2.bmp。

(3)设置文件和文件夹的属性

①打开“01”文件夹，选择“文学作品.doc”文件并单击鼠标右键，在弹出的快捷菜单中选择【属性】命令，弹出【属性】对话框，选中【只读】复选框，然后单击【确定】按钮。

②打开“03”文件夹，选择“clock.htm”文件，单击鼠标右键，在快捷菜单中选择【属性】命令，弹出【属性】对话框，选中【隐藏】复选框，单击【确定】按钮。

③在【资源管理器】窗口中，执行【工具】|【文件夹选项】命令，弹出【文件夹选项】对话框，在【查看】选项卡中，选择【高级设置】列表中的【不显示隐藏的文件和文件夹】，单击【确定】按钮，设置为“隐藏”属性的文件和文件夹就被隐藏了。

(4)搜索文件

搜索“mspaint.exe”文件的位置，并在“桌面”上新建一个文件夹“我的程序”，将搜索到的“mspaint.exe”文件复制到“我的程序”文件夹中，并更名为“画图.exe”。

①单击【开始】|【搜索】命令，打开【搜索结果】窗口。

②在【搜索助理】任务窗格中选择【所有文件和文件夹】命令，在【全部或部分文件名】文本框中输入要搜索的对象名称“mspaint.exe”，并指定搜索范围C:盘，单击【搜索】按钮。

③系统在指定的范围内搜索符合条件的对象，并在该窗口的右侧显示区域中显示。

④在【桌面】上单击鼠标右键，在弹出的快捷菜单中选择【新建】|【文件夹】命令，创建一个新文件夹，此时可直接输入文件夹的名称“我的程序”。

⑤在【搜索窗口】中选择“mspaint.exe”文件，按住Ctrl键，直接拖动该文件到“我的程序”文件夹上。

⑥在“我的程序”文件夹中选中“mspaint.exe”文件，按F2键，将文件重命名为“画图”，按Enter键确认。

(5)删除“我的程序”文件夹

方法一：选中“我的程序”文件夹，按Delete键，弹出【确定文件夹删除】对话框，单击【确定】按钮。

方法二：右键单击“我的程序”文件夹，在弹出的快捷菜单中选择【删除】命令，弹出【确定文件夹删除】对话框，单击【确定】按钮。

方法三：选中“我的程序”文件夹，拖动该图标到“回收站”图标上，注意观察“回收站”图标颜色的变化。

(6)建立文件与程序的关联

在【资源管理器】中，双击打开一个以 doc 为扩展名的文件，则 Windows XP 首先启动与 doc 相关的 Word 程序，然后在 Word 环境中显示该文件，这就是文件与程序的关联。一般情况，在软件安装的过程中建立了文件与程序的关联。可以在【资源管理器】中建立或修改文件与程序的关联。观察各种类型文件的图表以及与之相关的应用程序类别。

**5. 创建快捷方式**

在桌面的空白处单击鼠标右键，在弹出的快捷菜单中选择【新建】|【快捷方式】命令，弹出【创建快捷方式】对话框，单击【浏览】按钮，将弹出【浏览文件夹】对话框，在文件夹树状结构中找到“Windows Media Player”，单击【下一步】按钮，弹出【选择程序标题】对话框，单击【完成】按钮，这样就在桌面上创建了媒体播放器的快捷方式。

**6. 查看及整理磁盘**

①双击桌面上的【我的电脑】图标，选择 E 盘驱动器图标并单击鼠标右键，在弹出的快捷菜单中选择【属性】命令，弹出【本地磁盘(E:)属性】对话框，在【常规】选项卡中，可以查看 E 盘已用空间和可用空间。

②执行【开始】|【程序】|【附件】|【系统工具】|【磁盘碎片整理程序】命令，弹出【磁盘碎片整理程序】对话框，选择需要整理的磁盘如 D 盘，然后单击【碎片整理】按钮，就开始对 D 盘进行碎片整理了。

# 第 3 章　Word 基本应用——制作求职简历

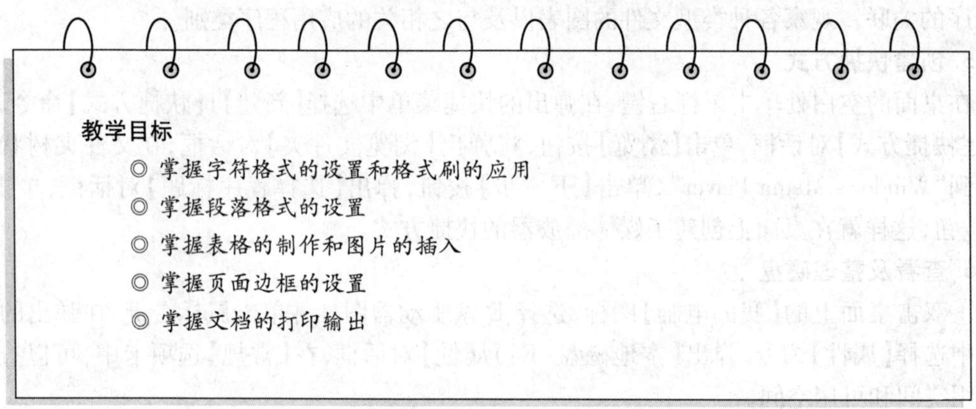


## §3.1　制作求职简历案例分析

### 3.1.1　任务的提出

找工作是每位同学毕业后的首要任务，而求职信就是在找工作的过程中用来展示自己，让招聘单位了解你个人情况的第一扇窗口，因此对刚毕业的学生来讲，求职信就成了与单位沟通的第一通道，制作简洁、明了的个人简历就成为一件重要的工作了。

图 3-1 展示的就是小王制作好的求职简历。

本案例将具体讲解这封求职信的制作过程。

河北交通职业技术学院

2010届毕业生求职简历

自荐人：王建宏

专　业：土木工程

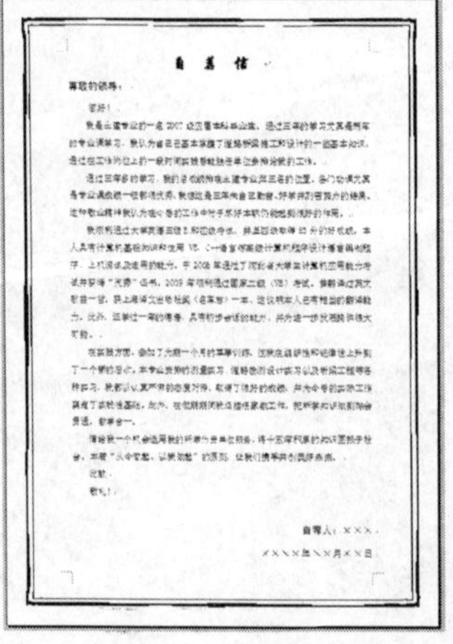

自荐信

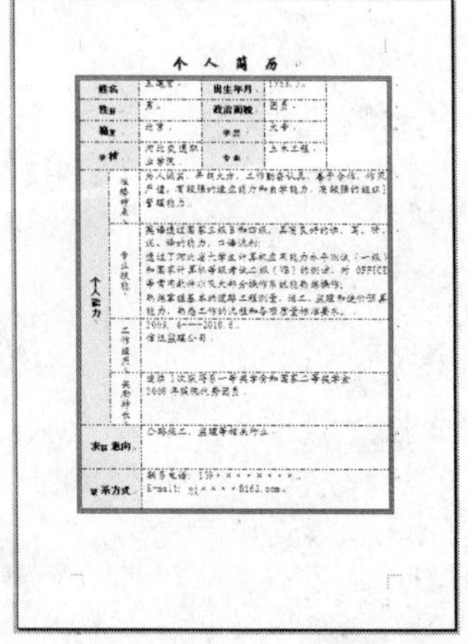

个人简历

图 3-1　求职简历

### 3.1.2 解决方案

①制作个人简历。可以用表格的形式完成。根据个人情况的不同,个人简历中包括的信息是不同的。个人简历的制作要清晰、整洁并且有条理。

②制作自荐信。根据自荐信的内容对页面进行调整,使页面的布局合理,不要太紧凑也不要太分散。

③制作封面。求职简历的封面要尽量美观,可以插入图片或用艺术字进行点缀。

### 3.1.3 相关知识点

1. 字符和段落的格式化

字符的格式化,包括对字符的大小、字体、字形、颜色、字符间距、字符之间的上下位置、文字效果等进行设置。

段落的格式化,包括对段落左右边界的定位、段落的对齐方式、缩进方式、行间距、段间距等进行设置。

2. 表格的制作

表格是由若干行和若干列组成,行列的交叉处称为"单元格",单元格中可以填入文字、数字以及图形。

文档中经常需要使用表格组织有规律的文字和数字,有时还需要用表格并行排列文字段落。文字在单元格中的换行形式与在正文中的方式类似。

对表格的编辑,一是以表格为对象进行编辑,包括表格的移动、合并、拆分等;二是以单元格为对象进行编辑,包括选定单元格区域、单元格的插入、删除、移动和复制、单元格的合并和拆分、单元格的列宽/行高的调整以及单元格中对象的对齐方式等。

3. 页面边框

页面边框是在页面四周的一个矩形边框,可以对其样式、颜色和应用范围进行设置。

4. 打印

在打印文档之前,可以使用【打印预览】功能预先看到文件的打印效果,并且可以对打印的范围、份数、纸张和是否双面打印等进行设置。

## §3.2 实 现 方 法

制作如图 3-1 所示的"求职简历",操作步骤如下:

①制作自荐信,输入内容并进行排版。

②制作"个人简历"表格,并设置相应的单元格属性。

③制作求职简历的封面页,插入图片和自选图形。

④在"求职简历"的自荐信页中添加页面边框。

⑤对"求职简历"进行打印预览,确定后打印。

### 3.2.1 制作"自荐信"

1. 建立 Word 文档并输入内容

**任务1　新建 Word 文档，以“求职简历”命名并保存在桌面中，然后在该文档中输入自荐信的内容**

①启动 Word，单击【文件】|【另存为】命令，或单击【常用】工具栏中的【保存】按钮，打开【另存为】对话框。

②在【保存位置】下拉列表框中选择“桌面”选项，在【文件名】文本框中输入“求职简历”，如图 3-2 所示。单击【保存】按钮即可保存成功。

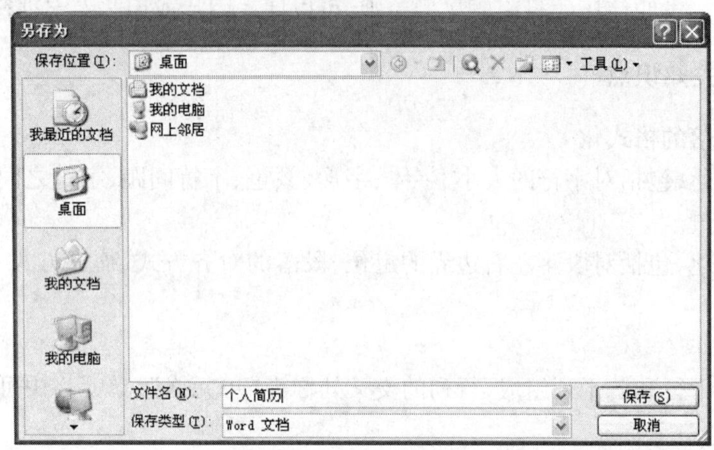


图 3-2　【另存为】对话框

③输入如图 3-3 所示的自荐信内容。在自荐信的最后输入日期时，单击【插入】|【日期和时间】命令，打开【日期和时间】对话框，如图 3-4 所示，选择日期和时间的格式即可。

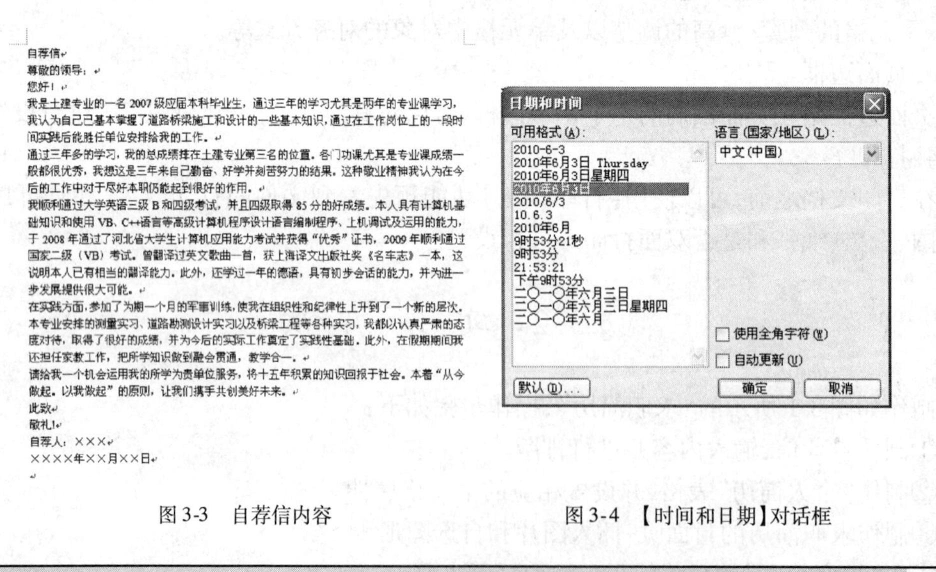

自荐信

尊敬的领导：

您好！

我是土建专业的一名 2007 级应届本科毕业生，通过三年的学习尤其是两年的专业课学习，我认为自己已基本掌握了道路桥梁施工和设计的一些基本知识，通过在工作岗位上的一段时间实践后能胜任单位安排给我的工作。

通过三年多的学习，我的总成绩排在土建专业第三名的位置。各门功课尤其是专业课成绩一般都很优秀，我想这是三年来自己勤奋、好学并刻苦努力的结果。这种敬业精神我认为在今后的工作中对于尽好本职仍能起到很好的作用。

我顺利通过大学英语三级 B 和四级考试，并且四级取得 85 分的好成绩。本人具有计算机基础知识和使用 VB、C++语言等高级计算机程序设计语言编制程序、上机调试及运用的能力，于 2008 年通过了河北省大学生计算机应用能力考试并获得“优秀”证书，2009 年顺利通过国家二级（VB）考试。曾翻译过英文歌曲一首，获上海译文出版社奖《名车志》一本，这说明本人已有相当的翻译能力。此外，还学过一年的德语，具有初步会话的能力，并为进一步发展提供很大可能。

在实践方面，参加了为期一个月的军事训练，使我在组织性和纪律性上升到了一个新的层次。本专业安排的测量实习、道路勘测设计实习以及桥梁工程等各种实习，我都以认真严肃的态度对待，取得了很好的成绩，并为今后的实际工作奠定了实践性基础。此外，在假期期间我还担任家教工作，把所学知识做到融会贯通，教学合一。

请给我一个机会运用我的所学为贵单位服务，将十五年积累的知识回报于社会。本着“从今做起。以我做起”的原则，让我们携手共创美好未来。

此致

敬礼！

自荐人：×××

××××年××月××日



图 3-3　自荐信内容

图 3-4　【时间和日期】对话框

## 2. 设置字符格式

对已有文字设置字符格式，先选定需要改变格式的文字，再执行相应的字体格式命令。如果没有选定就进行了设置，表示为将要输入的文字预设了格式。

字符格式包括字符的颜色、字形、大小以及字符间距等属性。字符格式的设置，可以使用【格式】工具栏上的按钮，也可以使用【字体】对话框。

**任务 2　标题“自荐信”设置为“华文行楷、二号、加粗”显示并且字符间距为“加宽、10 磅”**

①选中标题“自荐信”，在【格式】工具栏的【字体】下拉列表中选择“华文行楷”，在【字号】下拉列表中选择“二号”，如图 3-5 所示

图 3-5　设置字符格式

②单击【格式】工具栏中的【加粗】按钮 B 。

③单击【格式】|【字体】命令，打开【字体】对话框，单击【字符间距】标签，在【间距】下拉列表中选择“加宽”选项，对应的【磅值】框中输入“10 磅”，如图 3-6 所示。单击【确定】按钮即可。

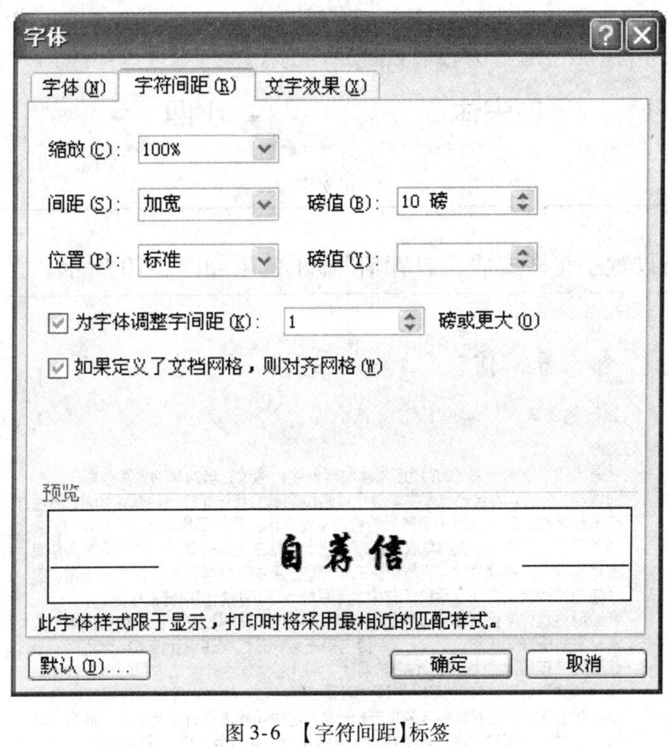


图 3-6　【字符间距】标签

按照上述步骤设置标题的字符格式，完成后标题“自荐信”的显示效果如图 3-7 所示。

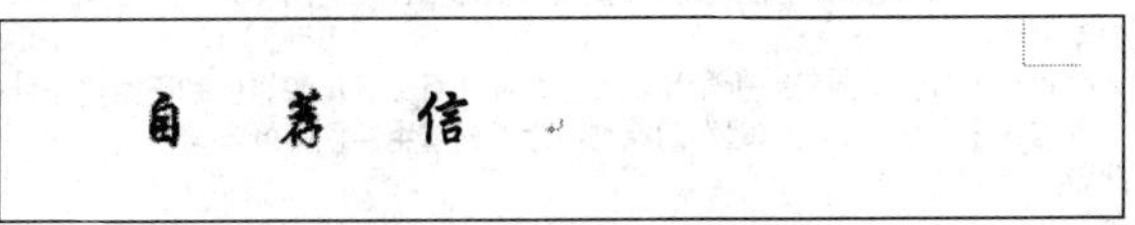


图 3-7　标题设置后效果

【格式】工具栏上的【格式刷】按钮是一种快速复制格式的好工具。在文档中，会有许多不连续的文本需要设置相同的格式，此时可以使用格式刷进行格式复制。具体操作是：先选定设置好格式的源文本，单击或双击【格式刷】按钮（单击只能复制应用一次；双击时可以使用多次），此时的鼠标指针变成格式刷形状，且已附着了源文本的格式，用它刷需要设置相

同格式的文本即可。当不再使用格式刷时，需要再次单击【格式刷】按钮。

**任务3　将自荐信中的“尊敬的领导”、“自荐人：×××”和“××××年××月×日”设置为“黑体”、“四号”；将其余的正文内容设置为“新宋体”、“小四”**

①选中“尊敬的领导”，在【格式】工具栏的【字体】下拉列表中选择“黑体”，在【字号】下拉列表中选择“四号”，如图3-8所示。

图3-8　设置字符格式

②单击【格式】工具栏中的【格式刷】按钮，鼠标指针变成格式刷形状。

③选中目标文本“自荐人：×××”和“××××年××月×日”，即可完成字符格式的复制。

④选中正文内容，在【格式】工具栏的【字体】下拉列表中选择“新宋体”，在【字号】下拉列表中选择“小四”，如图3-9所示。

图3-9　正文字符设置

按照上述操作设置字符格式后，“自荐信”显示效果如图3-10所示。

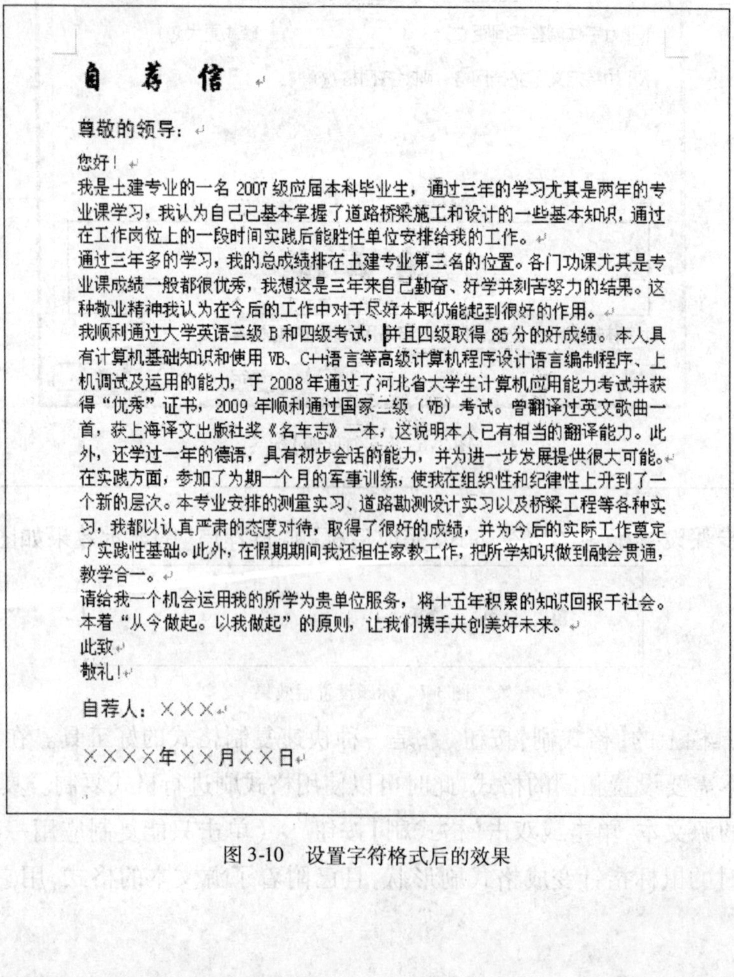

自　荐　信

尊敬的领导：

您好！

我是土建专业的一名2007级应届本科毕业生，通过三年的学习尤其是两年的专业课学习，我认为自己已基本掌握了道路桥梁施工和设计的一些基本知识，通过在工作岗位上的一段时间实践后能胜任单位安排给我的工作。

通过三年多的学习，我的总成绩排在土建专业第三名的位置。各门功课尤其是专业课成绩一般都很优秀，我想这是三年来自己勤奋、好学并刻苦努力的结果。这种敬业精神我认为在今后的工作中对于尽好本职仍能起到很好的作用。

我顺利通过大学英语三级B和四级考试，并且四级取得85分的好成绩。本人具有计算机基础知识和使用VB、C++语言等高级计算机程序设计语言编制程序、上机调试及运用的能力，于2008年通过了河北省大学生计算机应用能力考试并获得“优秀”证书，2009年顺利通过国家二级（VB）考试。曾翻译过英文歌曲一首，获上海译文出版社奖《名车志》一本，这说明本人已有相当的翻译能力。此外，还学过一年的德语，具有初步会话的能力，并为进一步发展提供很大可能。

在实践方面，参加了为期一个月的军事训练，使我在组织性和纪律性上升到了一个新的层次。本专业安排的测量实习、道路勘测设计实习以及桥梁工程等各种实习，我都以认真严肃的态度对待，取得了很好的成绩，并为今后的实际工作奠定了实践性基础。此外，在假期期间我还担任家教工作，把所学知识做到融会贯通，教学合一。

请给我一个机会运用我的所学为贵单位服务，将十五年积累的知识回报于社会。本着“从今做起。以我做起”的原则，让我们携手共创美好未来。

此致

敬礼！

自荐人：×××

××××年××月××日

图3-10　设置字符格式后的效果

3. 设置段落格式

段落是一个文档的基本组成单位，是指以段落标记作为结束的一段文字。段落可以由任意数量的文字、图形、对象及其他内容组成。每次按 Enter 键时，就产生一个段落标记。段落标记不仅标识一个段落的结束，还保存段落的格式信息，包括段落对齐方式、缩进设置、段落间距等。

在设置段落格式前，必须先选中要设置格式的段落。如果只设置一个段落，可以将插入点移到该段落中，然后再开始对此段落进行格式设置。可以使用【格式】工具栏、【段落】对话框和水平标尺设置段落的格式。

**任务 4　标题“自荐信”设置为“居中”显示；正文部分设置为“两端对齐”、“首行缩进 2 个字符”并且以“1.5 倍行距”显示**

①选中标题段落，将光标置于标题行“自荐信”段落中，单击【格式】工具栏中的【居中】按钮。

②选中正文部分，单击【格式】|【段落】命令，打开【段落】对话框，选择【缩进和间距】标签，在【对齐方式】下拉列表中选择“两端对齐”选项，在【特殊格式】下拉列表中选择“首行缩进”选项，在【度量值】框中输入“2 字符”，在【行距】下拉列表中选择“1.5 倍行距”选项，如图 3-11 所示。

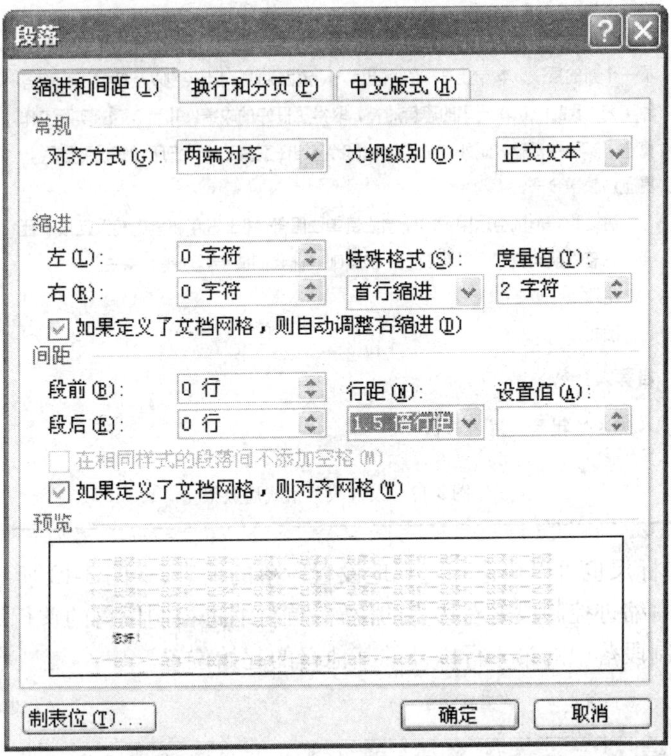

图 3-11　设置正文段落格式

续任务 4

③单击【确定】按钮即可。设置好段落格式后的文本显示效果如图 3-12 所示。

**自 荐 信**

**尊敬的领导：**

您好！

我是土建专业的一名 2007 级应届本科毕业生，通过三年的学习尤其是两年的专业课学习，我认为自己已基本掌握了道路桥梁施工和设计的一些基本知识，通过在工作岗位上的一段时间实践后能胜任单位安排给我的工作。

通过三年多的学习，我的总成绩排在土建专业第三名的位置。各门功课尤其是专业课成绩一般都很优秀，我想这是三年来自己勤奋、好学并刻苦努力的结果。这种敬业精神我认为在今后的工作中对于尽好本职仍能起到很好的作用。

我顺利通过大学英语三级 B 和四级考试，并且四级取得 85 分的好成绩。本人具有计算机基础知识和使用 VB、C++语言等高级计算机程序设计语言编制程序、上机调试及运用的能力，于 2008 年通过了河北省大学生计算机应用能力考试并获得“优秀”证书，2009 年顺利通过国家二级（VB）考试。曾翻译过英文歌曲一首，获上海译文出版社奖《名车志》一本，这说明本人已有相当的翻译能力。此外，还学过一年的德语，具有初步会话的能力，并为进一步发展提供很大可能。

在实践方面，参加了为期一个月的军事训练，使我在组织性和纪律性上升到了一个新的层次。本专业安排的测量实习、道路勘测设计实习以及桥梁工程等各种实习，我都以认真严肃的态度对待，取得了很好的成绩，并为今后的实际工作奠定了实践性基础。此外，在假期期间我还担任家教工作，把所学知识做到融会贯通，教学合一。

请给我一个机会运用我的所学为贵单位服务，将十五年积累的知识回报于社会。本着“从今做起。以我做起”的原则，让我们携手共创美好未来。

此致

敬礼！

**自荐人**：×××

××××**年**××**月**××**日**

图 3-12 设置段落格式后效果

用户使用水平标尺也可以快速和直观地设置段落的缩进，如图 3-13 所示。左缩进控制段落左边界的位置；右缩进控制段落右边界的位置；首行缩进控制段落的首行第一个字符的起始位置；悬挂缩进控制段落中的第一行以外的其他行的起始位置。

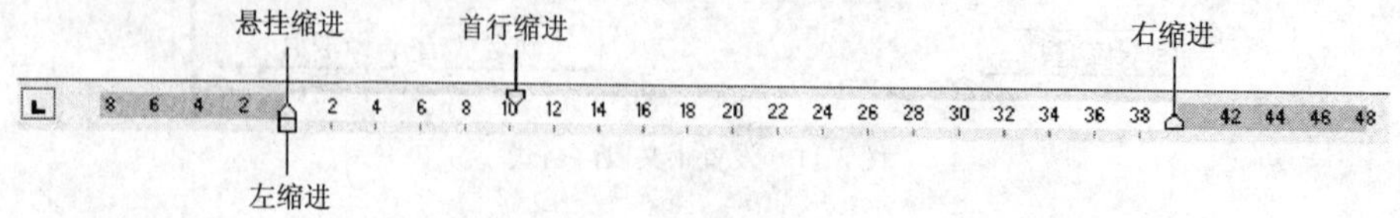


图 3-13 段落缩进标志

拖动标尺上的缩进标记，会有一条垂直虚线随着缩进标记的拖动而移动，指示出缩进位置，确定缩进位置后松开鼠标即可。

**任务5　利用水平标尺，将正文中“敬礼！”段落的首行缩进设置取消。将“自荐人：×××”和“××××年××月×日”两个段落设置为“右对齐”，并且将“自荐人：×××”所在段落设置为“段前间距25磅”**

①将光标定位在“敬礼！”段落任意处。向左拖动水平标尺中的【首行缩进】标记，拖到与【左缩进】处重叠即可，如图3-14所示。

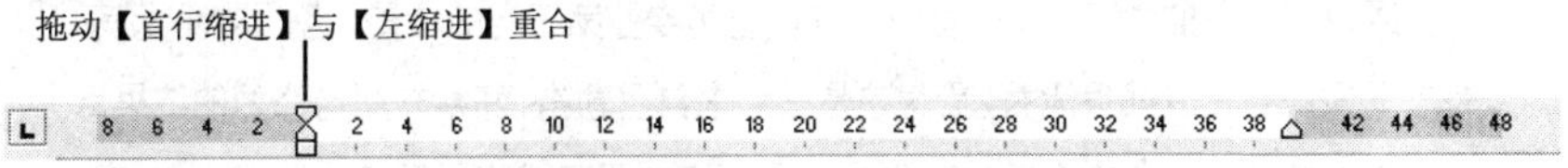

拖动【首行缩进】与【左缩进】重合

图3-14　利用水平标尺取消首行缩进

②选定“自荐人：×××”和“××××年××月×日”两个段落，单击【格式】工具栏中的【右对齐】按钮。

③将光标定位在“自荐人：×××”段落任意处，打开【段落】对话框，在【段前】框中输入“25磅”，如图3-15所示。单击【确定】按钮即可。

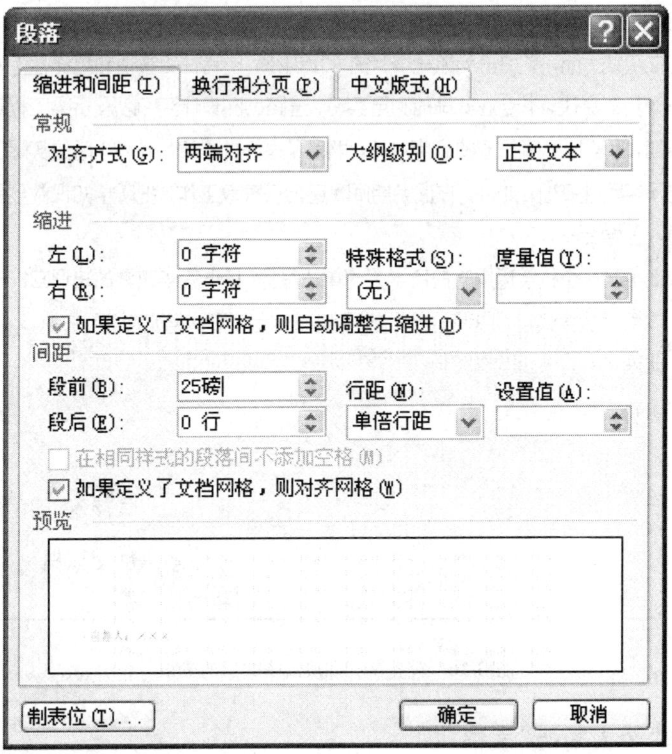

图3-15　设置段前间距

字符格式和段落格式设置完成后，“自荐信”的显示效果如图3-16所示。

自荐信

**尊敬的领导：**

您好！

我是土建专业的一名 2007 级应届本科毕业生，通过三年的学习尤其是两年的专业课学习，我认为自己已基本掌握了道路桥梁施工和设计的一些基本知识，通过在工作岗位上的一段时间实践后能胜任单位安排给我的工作。

通过三年多的学习，我的总成绩排在土建专业第三名的位置。各门功课尤其是专业课成绩一般都很优秀，我想这是三年来自己勤奋、好学并刻苦努力的结果。这种敬业精神我认为在今后的工作中对于尽好本职仍能起到很好的作用。

我顺利通过大学英语三级 B 和四级考试，并且四级取得 85 分的好成绩。本人具有计算机基础知识和使用 VB、C++语言等高级计算机程序设计语言编制程序、上机调试及运用的能力，于 2008 年通过了河北省大学生计算机应用能力考试并获得“优秀”证书，2009 年顺利通过国家二级（VB）考试。曾翻译过英文歌曲一首，获上海译文出版社奖《名车志》一本，这说明本人已有相当的翻译能力。此外，还学过一年的德语，具有初步会话的能力，并为进一步发展提供很大可能。

在实践方面，参加了为期一个月的军事训练，使我在组织性和纪律性上升到了一个新的层次。本专业安排的测量实习、道路勘测设计实习以及桥梁工程等各种实习，我都以认真严肃的态度对待，取得了很好的成绩，并为今后的实际工作奠定了实践性基础。此外，在假期期间我还担任家教工作，把所学知识做到融会贯通，教学合一。

请给我一个机会运用我的所学为贵单位服务，将十五年积累的知识回报于社会。本着“从今做起。以我做起”的原则，让我们携手共创美好未来。

此致

敬礼！

**自荐人：**×××

××××**年**××**月**××**日**

图 3-16　设置字符和段落格式后的效果

### 3.2.2　制作“个人简历”表格

利用表格的形式来制作个人简历，可以使内容更加整洁、条理清晰。

一般表格形式的个人简历会包含一些不规则的单元格，对齐方式和边框底纹的设置也会不同。要制作个人简历的表格，就要用到合并和拆分单元格、单元格对齐方式以及边框和底纹的设置等。按照本小节的操作将制作出如图 3-17 所示的个人简历。

个 人 简 历

| 姓名 | 王建宏 | 出生年月 | 1988.3 | |
|---|---|---|---|---|
| 性别 | 男 | 政治面貌 | 团员 | |
| 籍贯 | 北京 | 学历 | 大专 | |
| 学校 | 河北交通职业学院 | 专业 | 土木工程 | |
| 个人能力 | 性格特点 | 为人诚实，开朗大方，工作勤奋认真，善于合作，作风严谨，有较强的适应能力和自学能力，有较强的组织]管理能力 | | |
| | 专业技能 | 英语通过国家三级B和四级，具有良好的读、写、听、说、译的能力，口语流利；<br>通过了河北省大学生计算机应用能力水平测试（一级）和国家计算机等级考试二级（VB）的测试，对 OFFICE 等常用软件以及大部分操作系统能熟练操作；<br>熟练掌握基本的道路工程测量、施工、监理和造价预算能力，熟悉工作的流程和各项质量标准要求。 | | |
| | 工作经历 | 2009．6——2010.6<br>信达监理公司 | | |
| | 奖励特长 | 连续3次获得系一等奖学金和国家二等奖学金<br>2008年获院优秀团员 | | |
| 求职意向 | 公路施工、监理等相关行业 | | | |
| 联系方式 | 联系电话：139××××××××<br>E-mail：wj××××@162.com | | | |

图 3-17 个人简历

1. 输入表格标题，创建表格的结构

(1)输入表格标题，并设置标题的显示格式

**任务 6 输入表格的标题“个人简历”，将标题“自荐信”的格式用格式刷复制到“个人简历”中**

①将光标定位到文档的最后，可以按 Ctrl + End 组合键。

②选择【插入】|【分隔符】命令，打开【分隔符】对话框，在【分隔符类型】选项区域中，选择【分页符】单选项，如图 3-18 所示。

③单击【确定】按钮，光标自动定位于新的一页开头位置，输入标题“个人简历”。

④选中标题“自荐信”，单击【格式刷】按钮，鼠标指针变成刷子形状，然后选定目标文本“个人简历”标题，即可完成字符格式的复制。格式复制后，“个人简历”显示的效果如图 3-19 所示。

续任务 6

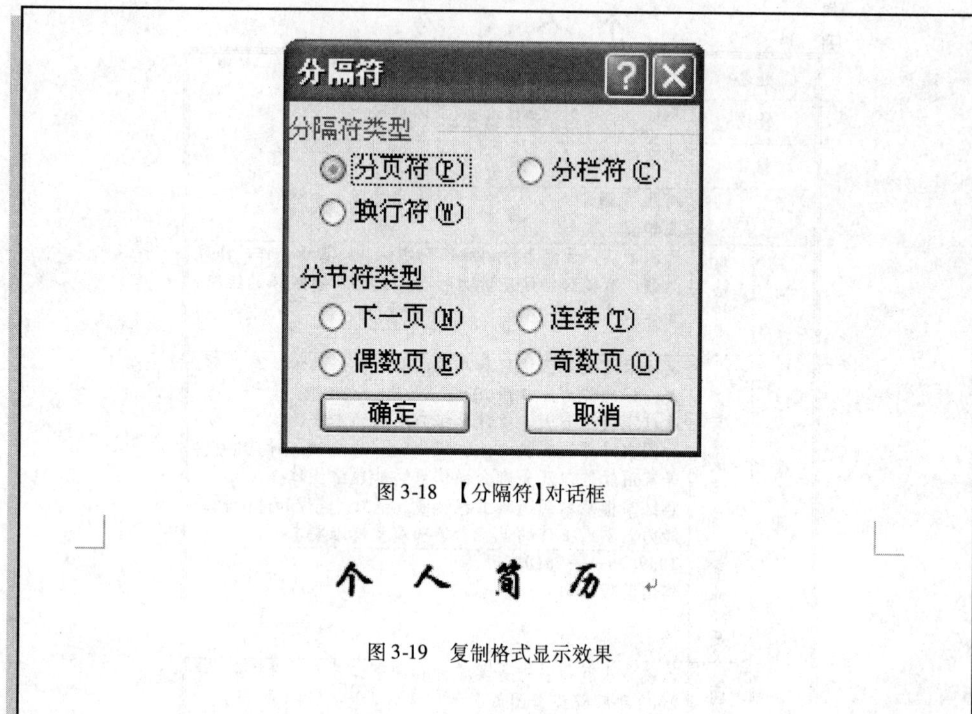


图 3-18 【分隔符】对话框

个 人 简 历

图 3-19 复制格式显示效果

(2)创建"个人简历"表格的结构

**任务 7 创建个人简历表格的结构并输入表格内容**

①按上述操作输入表格标题后,在该段落的结束处按 Enter 键,光标定位在新一段落开始处。

②单击【表格】|【插入】|【表格】命令,打开【插入表格】对话框,在【列数】滚动条中输入"5",【行数】滚动条中输入"10",如图 3-20 所示。单击【确定】按钮创建出如图 3-21 所示的简单表格。

③合并单元格。选中单元格区域 E1: E4,单击【表格】|【合并单元格】命令,如图 3-22 所示。重复使用上述方法,合并单元格区域 B5: E5、B6: E6、B7: E7、B8: E8、B9: E9 和 B10: E10。

④拆分单元格。选中单元格区域 A5: A8,单击【表格】|【拆分单元格】命令,打开【拆分单元格】对话框,在【列数】滚动条中输入"2",如图 3-23 所示。单击【确定】按钮。

⑤合并刚刚拆分后形成的单元格区域 A5: A8。

按照上述操作,完成表格的合并和拆分后,得到如图 3-24 所示的复杂表格。

⑥输入表格内容,按照图 3-25 所示的"个人简历",在对应的单元格中输入简历内容。

续任务 7

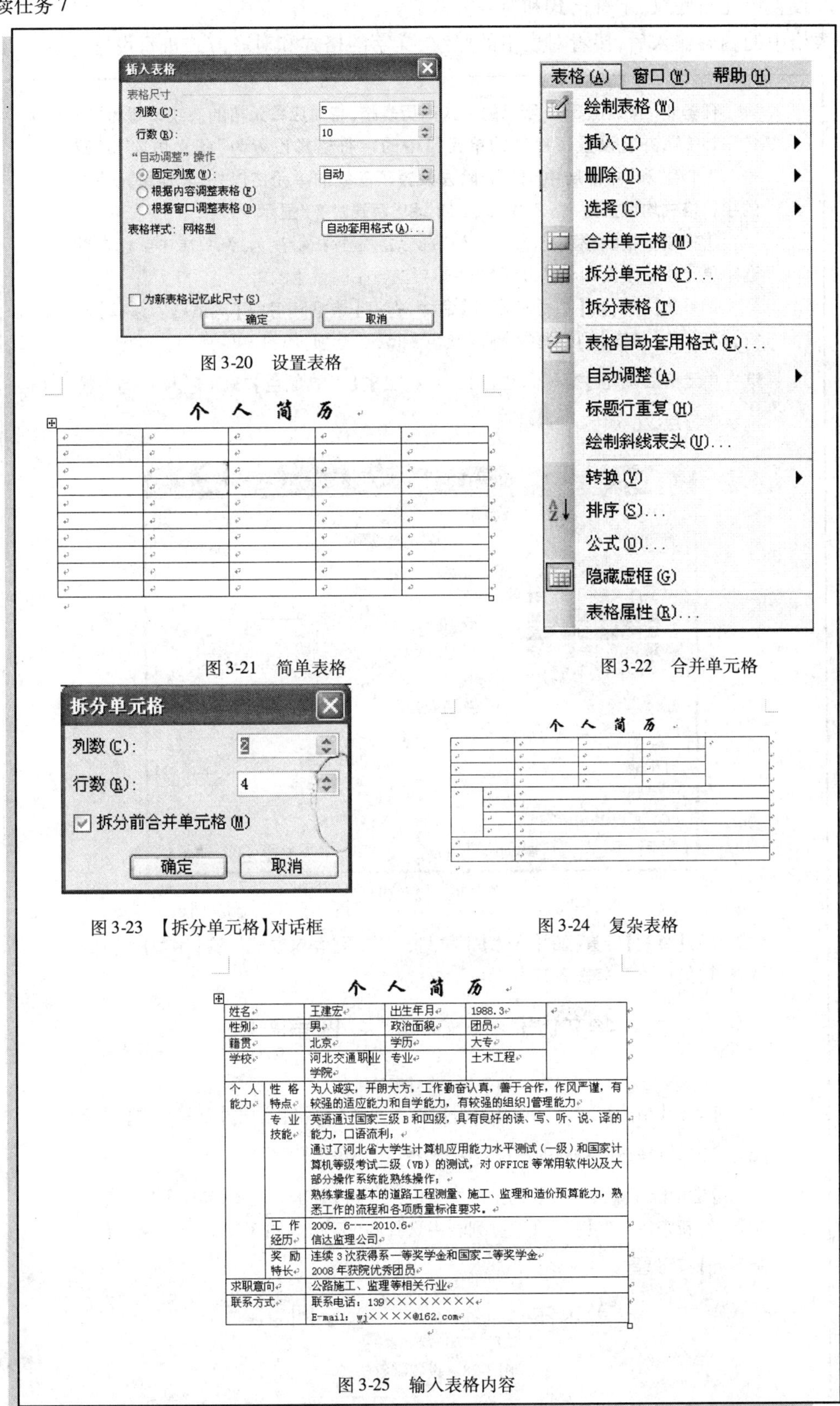


图 3-20　设置表格



图 3-21　简单表格

图 3-22　合并单元格



图 3-23　【拆分单元格】对话框

图 3-24　复杂表格

个　人　简　历

| 姓名 | | 王建宏 | 出生年月 | 1988.3 | |
|---|---|---|---|---|---|
| 性别 | | 男 | 政治面貌 | 团员 | |
| 籍贯 | | 北京 | 学历 | 大专 | |
| 学校 | | 河北交通职业学院 | 专业 | 土木工程 | |
| 个人能力 | 性格特点 | 为人诚实，开朗大方，工作勤奋认真，善于合作，作风严谨，有较强的适应能力和自学能力，有较强的组织管理能力 | | | |
| | 专业技能 | 英语通过国家三级 B 和四级，具有良好的读、写、听、说、译的能力，口语流利；<br>通过了河北省大学生计算机应用能力水平测试（一级）和国家计算机等级考试二级（VB）的测试，对 OFFICE 等常用软件以及大部分操作系统能熟练操作；<br>熟练掌握基本的道路工程测量、施工、监理和造价预算能力，熟悉工作的流程和各项质量标准要求。 | | | |
| | 工作经历 | 2009．6----2010.6<br>信达监理公司 | | | |
| | 奖励特长 | 连续 3 次获得系一等奖学金和国家二等奖学金<br>2008 年获院优秀团员 | | | |
| 求职意向 | | 公路施工、监理等相关行业 | | | |
| 联系方式 | | 联系电话：139××××××××<br>E-mail：wj××××@162.com | | | |

图 3-25　输入表格内容

2. 设置单元格底纹、字符格式和对齐方式

表格中的内容输入后，接着对表格的底纹、文字的格式和对齐方式进行设置。

**任务 8　按照图 3-17 所示的个人简历表格，将对应单元格的底纹设置为“灰色 – 15%”，并将设置了底纹的单元格中的字符格式设置为“华文仿宋”、“四号”、“加粗”和“中部居中”显示；除去设置了底纹的单元格以外，其他单元格中的字符格式均设置为“新宋体”、“小四”和“两端对齐”显示**

①将鼠标指针移动到单元格 A1 的左边，鼠标指针变为↗时，单击鼠标左键选中单元格。按住 Ctrl 键，分别选中需要进行相同设置的单元格。

②单击【格式】|【边框和底纹】命令，打开【边框和底纹】对话框。选择【底纹】标签，在【填充】列表框中选择“灰色 – 15%”选项，如图 3-26 所示。也可以在选中单元格后，单击【表格和边框】工具栏上的【底纹颜色】按钮的下拉箭头选择底纹的颜色。

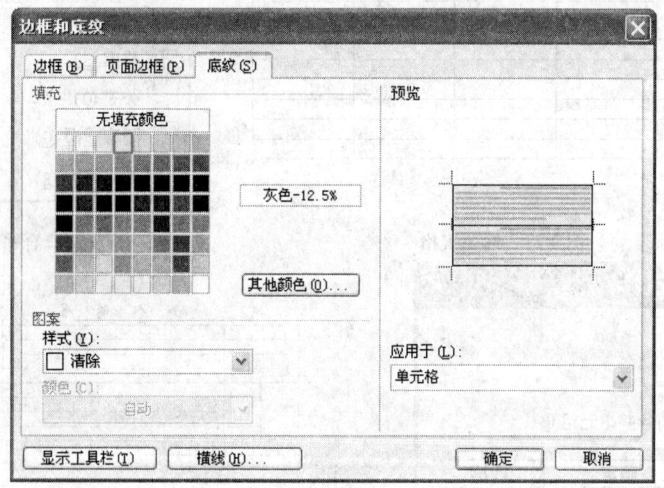


图 3-26　【底纹】标签

③在【格式】工具栏的【字体】下拉列表中选择“华文仿宋”，在【字号】下拉列表中选择“四号”，如图 3-27 所示。

图 3-27　设置字符格式

④单击【格式】工具栏中的【加粗】按钮，单击【表格和边框】工具栏中【单元格对齐方式】按钮的下拉箭头，选择【中部居中】选项。

⑤选中除了设置了底纹的全部单元格，在【格式】工具栏的【字体】下拉列表中选择“新宋体”，在【字号】下拉列表中选择“小四”，如图 3-28 所示。单击【两端对齐】按钮。

图 3-28　设置字符格式

续任务 8

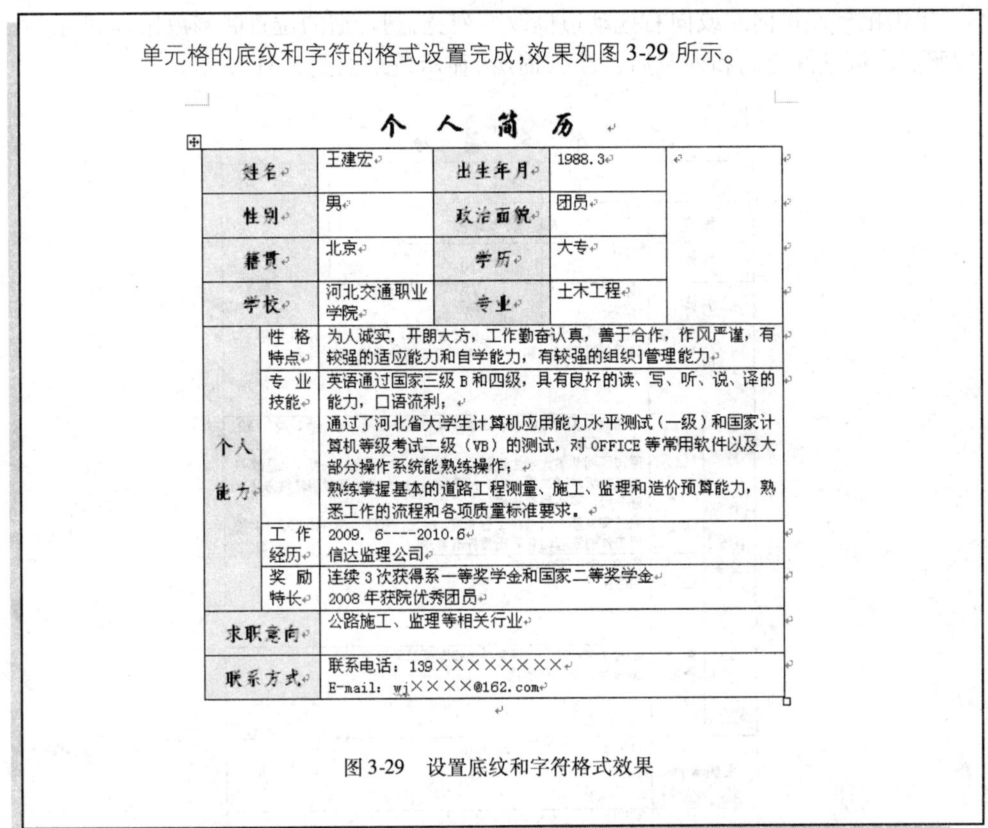

单元格的底纹和字符的格式设置完成，效果如图 3-29 所示。

个 人 简 历

| 姓名 | 王建宏 | 出生年月 | 1988.3 | |
|---|---|---|---|---|
| 性别 | 男 | 政治面貌 | 团员 | |
| 籍贯 | 北京 | 学历 | 大专 | |
| 学校 | 河北交通职业学院 | 专业 | 土木工程 | |
| 个人能力 | 性格特点 | 为人诚实，开朗大方，工作勤奋认真，善于合作，作风严谨，有较强的适应能力和自学能力，有较强的组织]管理能力 | | |
| | 专业技能 | 英语通过国家三级 B 和四级，具有良好的读、写、听、说、译的能力，口语流利；<br>通过了河北省大学生计算机应用能力水平测试（一级）和国家计算机等级考试二级（VB）的测试，对 OFFICE 等常用软件以及大部分操作系统能熟练操作；<br>熟练掌握基本的道路工程测量、施工、监理和造价预算能力，熟悉工作的流程和各项质量标准要求。 | | |
| | 工作经历 | 2009．6----2010.6<br>信达监理公司 | | |
| | 奖励特长 | 连续 3 次获得系一等奖学金和国家二等奖学金<br>2008 年获院优秀团员 | | |
| 求职意向 | 公路施工、监理等相关行业 | | | |
| 联系方式 | 联系电话：139××××××××<br>E-mail：wj××××@162.com | | | |

图 3-29　设置底纹和字符格式效果

3. 调整行高和列宽

为了让表格看起来更美观，根据单元格中输入内容的不同，对单元格的行高和列宽进行设置。

**任务 9　根据表 3-1 所示参数设置单元格的行高，并使用标尺调整为合适的列宽**

①选中个人简历第 1～4 行，单击【表格】|【表格属性】命令，打开【表格属性】对话框，单击【行】标签，在【尺寸】区域框中选中【指定高度】复选项，在对应的数值框中输入“1 厘米”，如图 3-30 所示。

②单击【确定】按钮即可。

按照上述操作步骤根据表 3-1 的要求，设置其他行的行高。

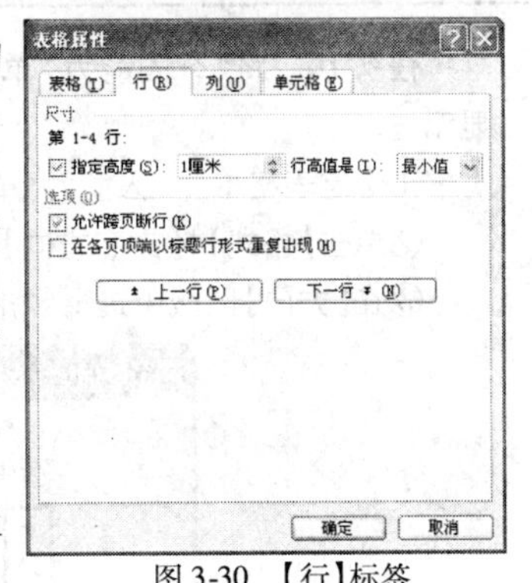


图 3-30　【行】标签

“个人简历”行高参数　　表 3-1

| 行号 | 指定高度 | 行高值 |
|---|---|---|
| 1～4 行 | 1cm | 最小值 |
| 5～8 行 | 2.5cm | 最小值 |
| 9～10 行 | 2cm | 最小值 |

可以使用水平标尺调整列宽，将鼠标指针停留在要调整列宽单元格的右边框线上，待指针变化后，单击鼠标左键向左或向右拖动边框改变列宽，到合适的位置时释放鼠标即可。

按照要求调整好行高和列宽后，“个人简历”显示效果如图3-31所示。

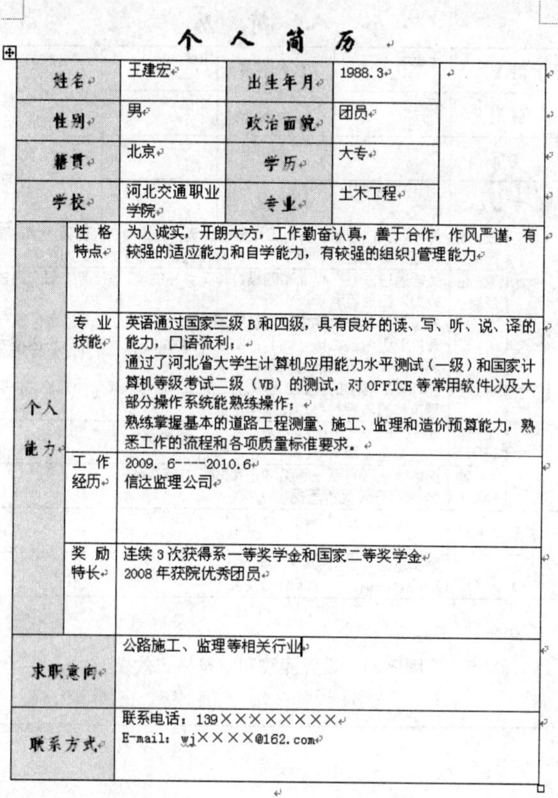

个 人 简 历

| 姓名 | | 王建宏 | 出生年月 | 1988.3 | |
|---|---|---|---|---|---|
| 性别 | | 男 | 政治面貌 | 团员 | |
| 籍贯 | | 北京 | 学历 | 大专 | |
| 学校 | | 河北交通职业学院 | 专业 | 土木工程 | |
| 个人能力 | 性格特点 | 为人诚实，开朗大方，工作勤奋认真，善于合作，作风严谨，有较强的适应能力和自学能力，有较强的组织管理能力 | | | |
| | 专业技能 | 英语通过国家三级B和四级，具有良好的读、写、听、说、译的能力，口语流利；<br>通过了河北省大学生计算机应用能力水平测试（一级）和国家计算机等级考试二级（VB）的测试，对OFFICE等常用软件以及大部分操作系统能熟练操作；<br>熟练掌握基本的道路工程测量、施工、监理和造价预算能力，熟悉工作的流程和各项质量标准要求。 | | | |
| | 工作经历 | 2009.6----2010.6<br>信达监理公司 | | | |
| | 奖励特长 | 连续3次获得系一等奖学金和国家二等奖学金<br>2008年获院优秀团员 | | | |
| 求职意向 | | 公路施工、监理等相关行业 | | | |
| 联系方式 | | 联系电话：139××××××××<br>E-mail：wj××××@162.com | | | |

图3-31　设置行高和列宽显示效果

**任务10　将“个人能力”单元格中的文字方向改为“竖排”、“中部居中”显示**

①选定表格中“个人能力”单元格。

②单击【格式】|【文字方向】命令，打开【文字方向－表格单元格】对话框。

③在【方向】区域中选择竖排文字选项，如图3-32所示。

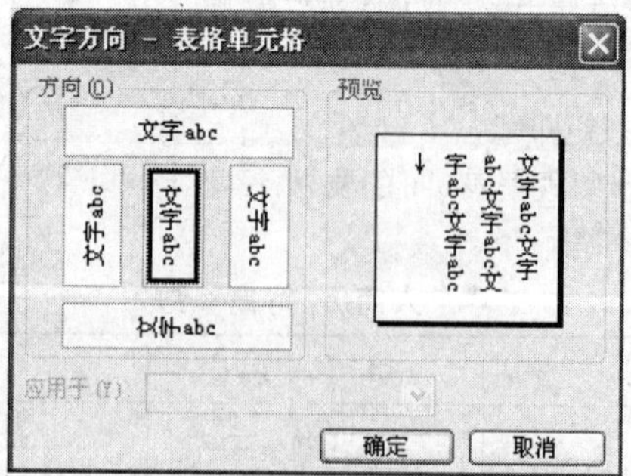


图3-32　【文字方向－表格单元格】

④在【表格和边框】工具栏中，单击【中部居中】按钮，使文字居中显示。

使用同样的方法，将“性格特点”、“专业技能”、“工作经历”和“奖励特长”单元格中的文字方向也更改为“竖排”。最后将简历中的详细内容的字体设置为“楷体”、“四号”。设置后的效果如图 3-33 所示。

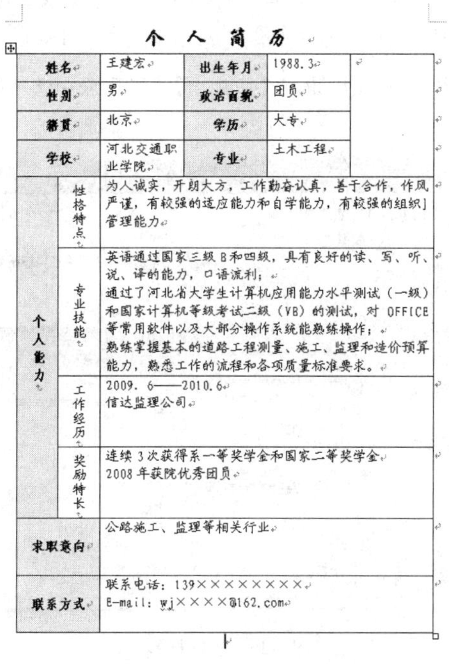

个 人 简 历

| 姓名 | 王建宏 | 出生年月 | 1988.3 | |
| --- | --- | --- | --- | --- |
| 性别 | 男 | 政治面貌 | 团员 | |
| 籍贯 | 北京 | 学历 | 大专 | |
| 学校 | 河北交通职业学院 | 专业 | 土木工程 | |
| 个人能力 | 性格特点 | 为人诚实，开朗大方，工作勤奋认真，善于合作，作风严谨，有较强的适应能力和自学能力，有较强的组织管理能力 | | |
| | 专业技能 | 英语通过国家三级 B 和四级，具有良好的读、写、听、说、译的能力，口语流利；<br>通过了河北省大学生计算机应用能力水平测试（一级）和国家计算机等级考试二级（VB）的测试，对 OFFICE 等常用软件以及大部分操作系统能熟练操作；<br>熟练掌握基本的道路工程测量、施工、监理和造价预算能力，熟悉工作的流程和各项质量标准要求。 | | |
| | 工作经历 | 2009. 6——2010.6<br>信达监理公司。 | | |
| | 奖励特长 | 连续 3 次获得系一等奖学金和国家二等奖学金<br>2008 年获院优秀团员 | | |
| 求职意向 | 公路施工、监理等相关行业。 | | | |
| 联系方式 | 联系电话：139××××××××<br>E-mail：wj××××@162.com | | | |

图 3-33　竖排文字显示效果

4. 设置表格边框

表格的边框默认情况下是 0.5 磅的黑色直线，为达到美化表格的目的，可以根据需要对边框的线型、粗细和颜色等进行设置。

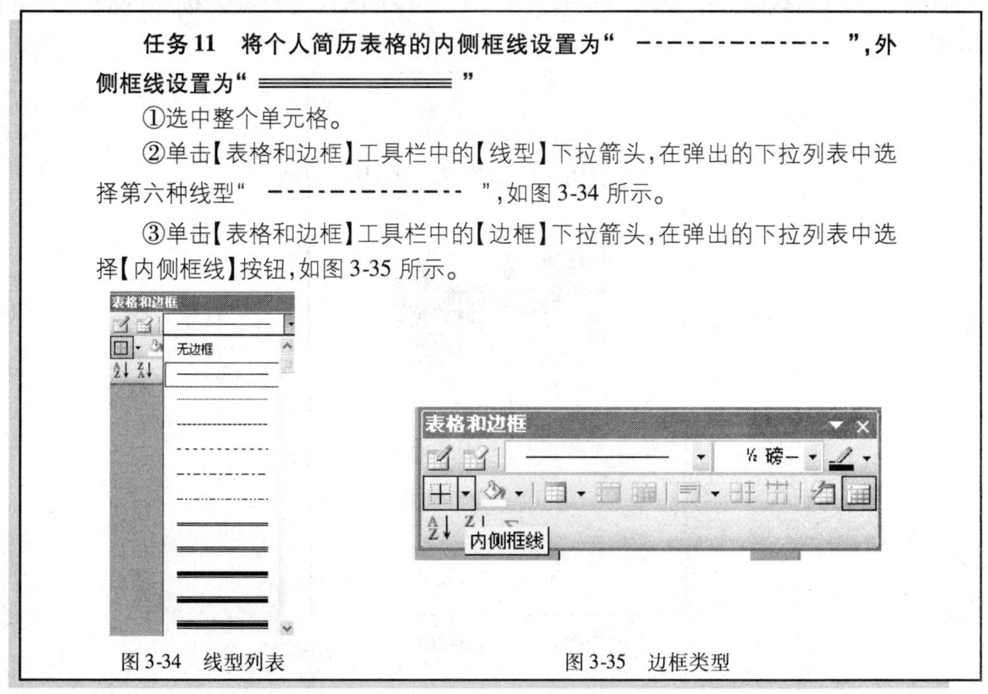

**任务 11　将个人简历表格的内侧框线设置为“ - - - - - - - - - - - - ”，外侧框线设置为“ ═══════ ”**

①选中整个单元格。

②单击【表格和边框】工具栏中的【线型】下拉箭头，在弹出的下拉列表中选择第六种线型“ - - - - - - - - - - - - ”，如图 3-34 所示。

③单击【表格和边框】工具栏中的【边框】下拉箭头，在弹出的下拉列表中选择【内侧框线】按钮，如图 3-35 所示。



图 3-34　线型列表　　　图 3-35　边框类型

续任务 11

④单击【格式】|【边框和底纹】命令，打开【边框和底纹】对话框，选中【边框】标签，在【设置】区域中选择【自定义】选项；在【线型】列表框中选择"═══════"；在【预览】区域中，单击图示的上、下、左、右边框或单击相应的▭、▭、▭、▭按钮，在【应用于】下拉列表中选择【表格】选项，如图 3-36 所示。

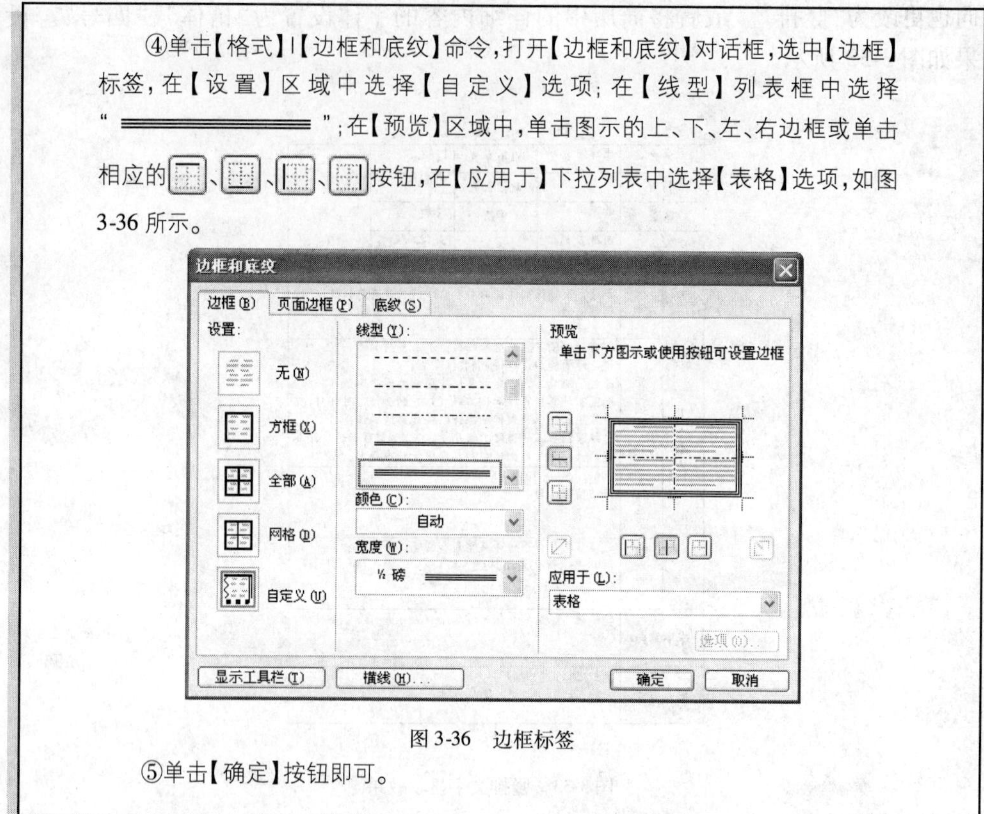


图 3-36　边框标签

⑤单击【确定】按钮即可。

### 3.2.3　美化简历的封面

制作求职简历的封面除了输入必要的文字，还少不了图片的衬托。创建的封面效果如图 3-37 所示。

图 3-37　简历封面

1. 插入分页符

**任务 12　利用插入分隔符在"自荐信"之前插入一页作为封面**

①按 Ctrl + Home 组合键将插入点移到文档的开始处。

②单击【插入】|【分隔符】命令，打开【分隔符】对话框。在【分隔符类型】区域中选择【分页符】单选项。

③单击【确定】按钮。

2. 插入图片

一篇美观的文档必然在使用图片方面有独到之处，学会在文档中使用、编辑图片，能使文档增色不少。

**任务 13　在封面中插入一张准备好的图片**

①按 Ctrl + Home 组合键将插入点移到文档的起始位置。

②单击【插入】|【图片】|【来自文件】命令，打开【插入图片】对话框，选中准备好的图片，如图 3-38 所示。

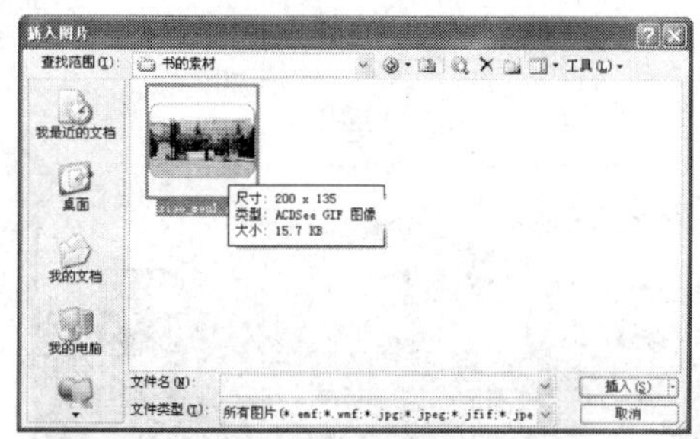


图 3-38　【插入图片】对话框

③单击【插入】按钮，选中的图片就会插入到文档中，如图 3-39 所示。

图 3-39　插入图片

3. 调整图片大小和位置

图片插入 Word 文档中，一般会保持原始尺寸显示。如果图片的原始大小超过了文档版心的尺寸，会自动把图片的长度和宽度两个参数中最大的设置为版心的相应尺寸，并按照比例将图片缩小，以适应版面的大小。

**任务 14　调整封面图片的大小并将其放在文档中适当的位置**

①单击插入的图片，图片周围出现 8 个黑色的尺寸控点。

②鼠标移到图片 4 个角的任意一个尺寸控点上，鼠标指针变成双向箭头，按住鼠标左键并拖动直到虚线方框大小合适为止，如图 3-40 所示。

续任务 14

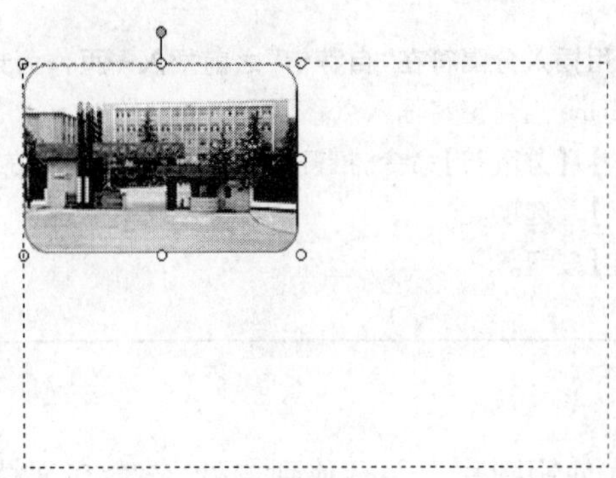

图 3-40　拖动鼠标改变图片大小

③鼠标定位在图片的上面，按 Enter 键将图片向下移动，直到将图片放在文档中合适的位置，如图 3-41 所示。

图 3-41　移动图片位置

4. 输入文字

**任务 15　在封面页中，图片的上方输入“河北交通职业技术学院”标题，字体设置为“华文彩云”、字号为“一号”、“居中对齐”显示**

①将插入点定位插入图片的上方，输入文字“河北交通职业技术学院”。

②选中输入的文字，设置字体为“华文彩云”，字号为“一号”，如图 3-42 所示。单击工具栏中【居中对齐】按钮 。

续任务 15

华文彩云 一号

图 3-42 封面标题字体字号设置

③重复①②步操作,设置"自荐人:王建宏,专 业:土木工程"和"联系地址:石家庄市友谊南大街 258 号,联系电话:0311 - 87668888,E-mail:wjh2009165@162.com"。

④插入艺术字"2010 届毕业生求职简历"。设置完成后的效果如图 3-37 所示。

### 3.2.4 设置页面边框

Word 文档中页面的四周有一个矩形的边框,一般这个边框是由多种线条样式和颜色组合而成的。既可以为文档每页的任意边或所有边添加边框,也可以只为某节中的页面、首页或除首页以外的所有页添加边框。

**任务 16 为自荐信页添加艺术型边框,效果如图 3-43 所示**

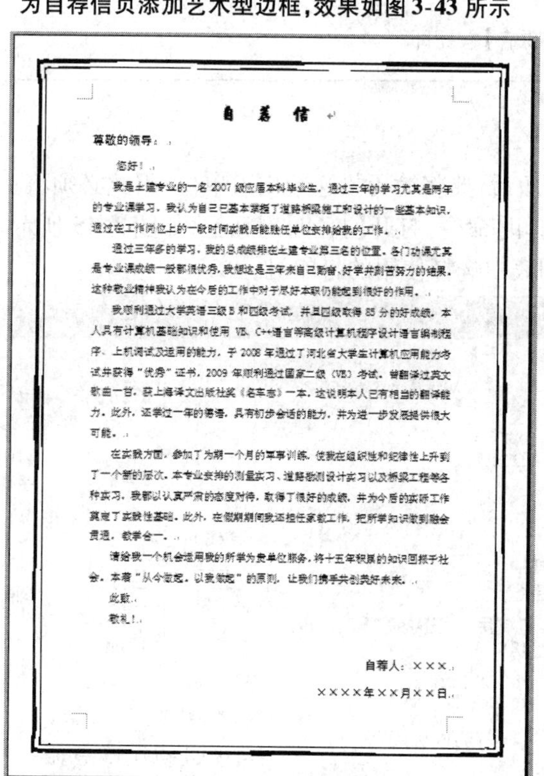

自 荐 信

尊敬的领导:

您好!

我是土建专业的一名 2007 级应届本科毕业生。通过三年的学习尤其是两年的专业课学习,我认为自己已基本掌握了道路桥梁施工和设计的一些基本知识,通过在工作岗位上的一段时间实践后能胜任单位安排给我的工作。

通过三年多的学习,我的总成绩排在土建专业第三名的位置,各门功课尤其是专业课成绩一般都很优秀,我想这是三年来自己勤奋、好学并刻苦努力的结果,这种敬业精神我认为在今后的工作中对于尽好本职仍能起到很好的作用。

我顺利通过大学英语三级 B 和四级考试,并且四级取得 85 分的好成绩。本人具有计算机基础知识和使用 VB、C++语言等高级计算机程序设计语言编制程序、上机调试及运用的能力,于 2008 年通过了河北省大学生计算机应用能力考试并获得"优秀"证书,2009 年顺利通过国家二级(VB)考试。曾翻译过英文歌曲一首,获上海译文出版社奖《名车志》一本,这说明本人已有相当的翻译能力。此外,还学过一年的德语,具有初步会话的能力,并为进一步发展提供很大可能。

在实践方面,参加了为期一个月的军事训练,使我在组织性和纪律性上升到了一个新的层次。本专业安排的测量实习、道路勘测设计实习以及桥梁工程等各种实习,我都以认真严肃的态度对待,取得了很好的成绩,并为今后的实际工作奠定了实践性基础。此外,在假期期间我还担任家教工作,把所学知识做到融会贯通,教学合一。

请给我一个机会运用我的所学为贵单位服务,将十五年积累的知识回报于社会。本着"从今做起,以我做起"的原则,让我们携手共创美好未来。

此致

敬礼!

自荐人:×××

××××年××月××日

图 3-43 自荐信加边框效果

①将插入点定位在"自荐信"所在节的任意位置。

②单击【页面视图】按钮,切换到"页面视图"页面。

③单击【格式】|【边框和底纹】命令,打开【边框和底纹】对话框,选中【页面边框】标签,在【艺术型】下拉列表中选择图 3-44 所示的页面边框;在【应用于】下拉列表中选择"本节"。单击【确定】按钮,页面边框添加成功。

续任务 16

图 3-44 【页面边框】标签

④单击【保存】按钮即可。

## 3.2.5 打印文档

完成个人简历的排版后,要将简历投递给用人单位,因此必须将文件打印出来。

①单击【文件】|【打印】命令,打开【打印】对话框,如图 3-45 所示。

②在【名称】下拉列表中选择使用的打印机。

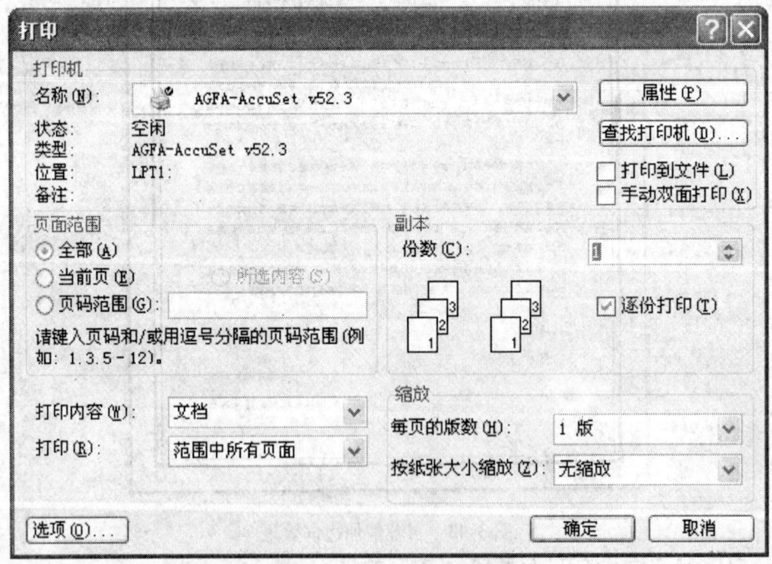


图 3-45 【打印】对话框

③在【页面范围】区域中,选择要打印内容范围。

④一次要打印几份,在【副本】区域的【份数】数组框设置要打印的份数。

⑤查看打印机中的纸张是否放好,单击【确定】按钮开始打印文档。

# §3.3 案例小结

本章主要介绍了在 Word 文档中，字符格式、段落格式和页面格式的设置，图片的处理，表格的制作和文档的分节。

通过【格式】工具栏能够对字符和段落进行基本设置。对字符和段落的一些复杂设置，应使用【格式】菜单中的【字体】和【段落】命令。

图片的插入和编辑，可以通过【图片】工具栏或【设置图片格式】命令。

编辑 Word 文档中的表格时，要注意对象的选择。以表格为对象的编辑，包括表格的移动、缩放、合并和拆分；以单元格为对象的编辑，包括单元格的插入、删除、移动和复制操作、单元格的合并和拆分、高度和宽度以及对齐方式等。

在对版面进行设计时是有一定技巧性和规范性的，应多观察各种出版物的版面风格，以便设计出实用性的文档。

# §3.4 习 题

**上机操作**

一、将下列文章录入到 Word 文档中，并作如下设置：

1. 第一段：宋体、小四、粗体、斜体、左对齐。
2. 第二段：隶书、四号、居中对齐、段前段后各加 6 磅的间距。
3. 第三段：楷体、小四、段落左右各缩进 1 厘米，首行缩进 2 个字符。
4. 第四段：隶书、小四、首行缩进 2 个字符，段前间距 12 磅。
5. 把文档中的“掩”字全部替换为“淹”。
6. 插入页眉：“诗词欣赏”、小五号、仿宋、右对齐。

完成后效果如图 3-46 所示。

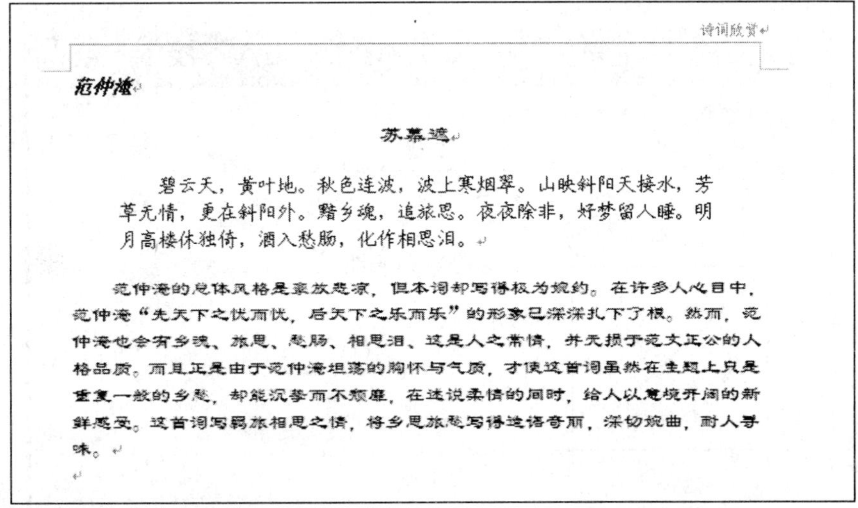

诗词欣赏

***范仲淹***

苏幕遮

碧云天，黄叶地。秋色连波，波上寒烟翠。山映斜阳天接水，芳草无情，更在斜阳外。黯乡魂，追旅思。夜夜除非，好梦留人睡。明月高楼休独倚，酒入愁肠，化作相思泪。

范仲淹的总体风格是豪放悲凉，但本词却写得极为婉约。在许多人心目中，范仲淹“先天下之忧而忧，后天下之乐而乐”的形象已深深扎下了根。然而，范仲淹也会有乡魂、旅思、愁肠、相思泪，这是人之常情，并无损于范文正公的人格品质。而且正是由于范仲淹坦荡的胸怀与气质，才使这首词虽然在主题上只是重复一般的乡愁，却能沉挚而不颓靡，在述说柔情的同时，给人以意境开阔的新鲜感受。这首词写羁旅相思之情，将乡思旅愁写得造语奇丽，深切婉曲，耐人寻味。

图 3-46 设置完成后的效果

正文内容：

范仲淹

苏幕遮

碧云天，黄叶地。秋色连波，波上寒烟翠。山映斜阳天接水，芳草无情，更在斜阳外。黯乡魂，追旅思。夜夜除非，好梦留人睡。明月高楼休独倚，酒入愁肠，化作相思泪。

范仲掩的总体风格是豪放悲凉，但本词却写得极为婉约。在许多人心目中，范仲淹“先天下之忧而忧，后天下之乐而乐”的形象已深深扎下了根。然而，范仲淹也会有乡魂、旅思、愁肠、相思泪、这是人之常情，并无损于范文正公的人格品质。而且正是由于范仲淹坦荡的胸怀与气质，才使这首词虽然在主题上只是重复一般的乡愁，却能沉挚而不颓靡，在述说柔情的同时，给人以意境开阔的新鲜感受。这首词写羁旅相思之情，将乡思旅愁写得造语奇丽，深切婉曲，耐人寻味。

二、本实例要求创建如图 3-47 所示表格。

| 星期 / 时间 | 星期一 | 星期二 | 星期三 | 星期四 | 星期五 | 星期六 | 星期日 |
|---|---|---|---|---|---|---|---|
| 第一节 | | | | | | | |
| 第二节 | | | | | | | |
| 第三节 | | | | | | | |
| 第四节 | | | | | | | |

图 3-47　表格实例效果

(1)打开 Word 应用程序，创建一个新文档，命名为“课程表”。

(2)插入一个 6 行 8 列的表格。

(3)绘制斜线表头“样式 1”，如图 3-48 所示。

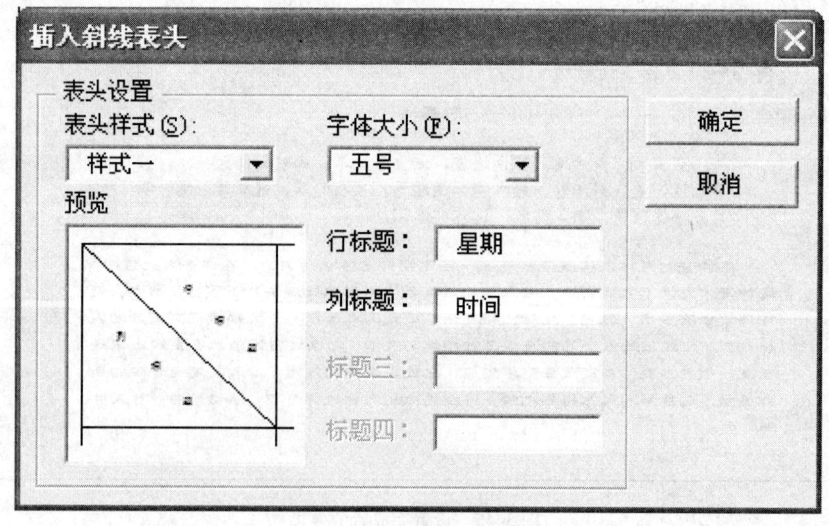


图 3-48　【插入斜线表头】对话框

(4)在表格相应位置输入文字。

(5)将表格第四行合并单元格。

(6)设置行高,表格第一行为固定值“2 厘米”,如图 3-49 所示,第四行为固定值“0.2 厘米”,其他各行均为固定值“1 厘米”。

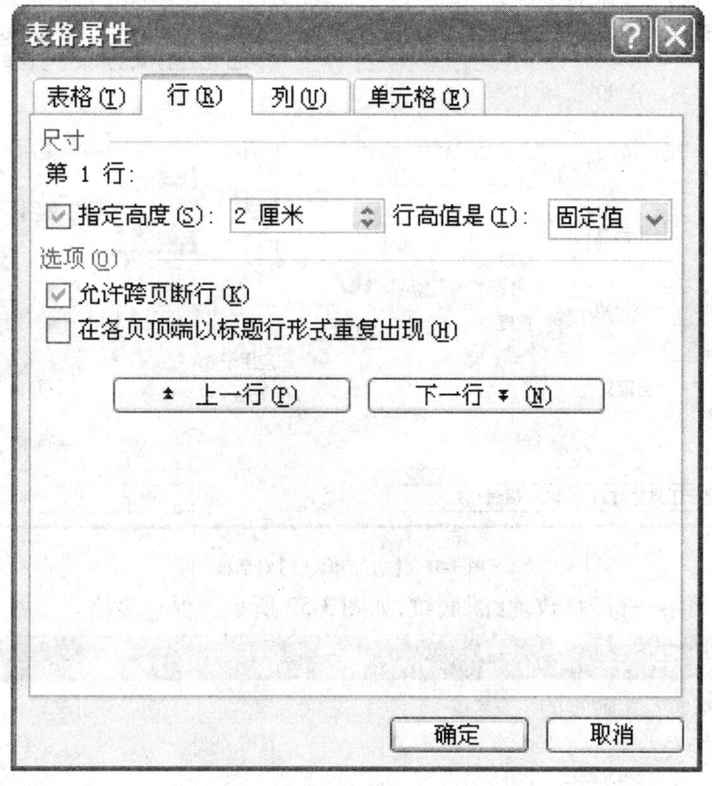


图 3-49 【表格属性】对话框

(7)表格中的文字水平且垂直居中对齐,如图 3-50 所示。

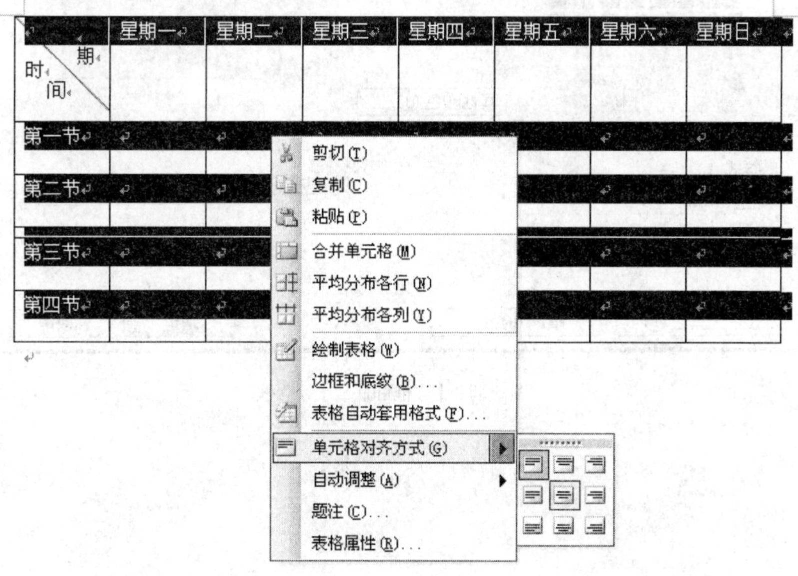


图 3-50 单元格对齐方式

（8）设置表格的边框为“橙色”，外边框“2.25 磅”实线，内边框为“1 磅”实线，如图 3-51 所示。

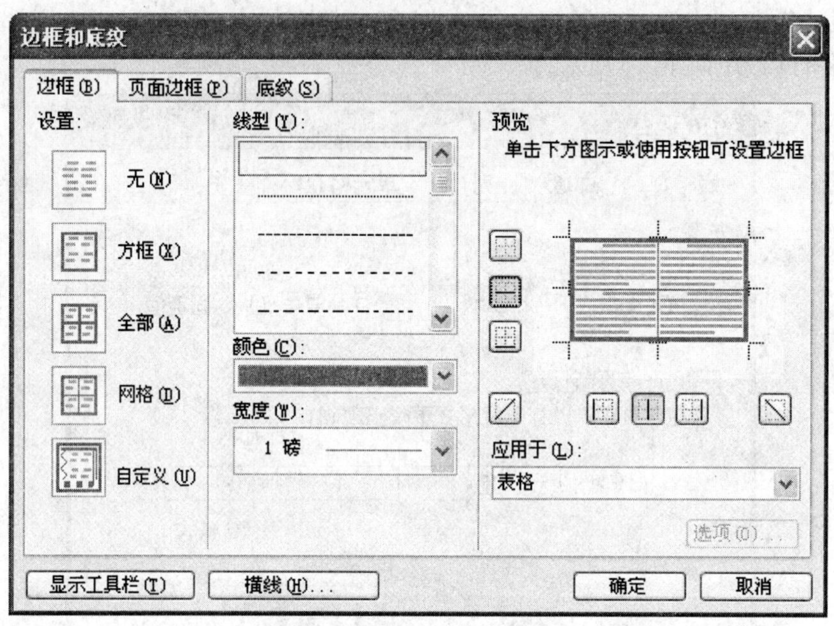


图 3-51 【边框和底纹】对话框

（9）设置表格第一行为“玫瑰红”底纹，如图 3-52 所示。保存表格。

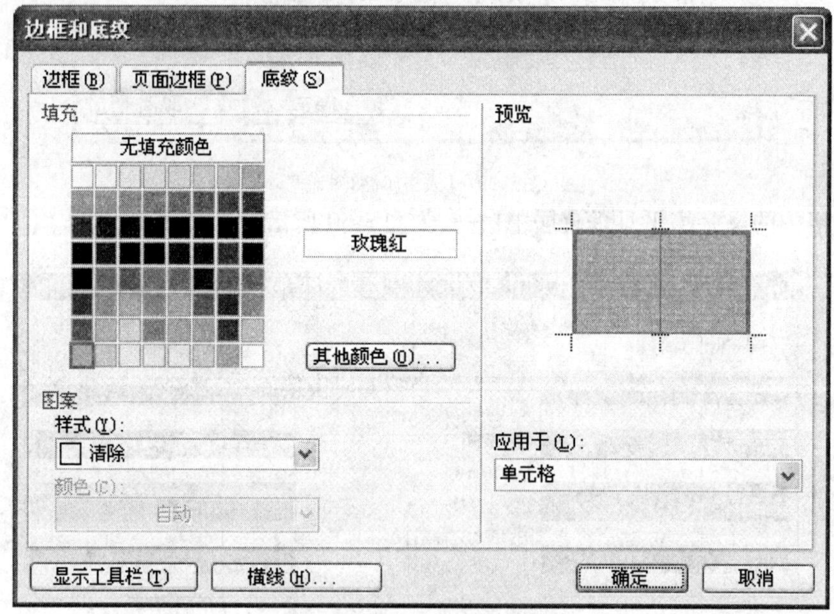


图 3-52 【边框和底纹】对话框

# 第4章　Word综合应用——制作宣传单

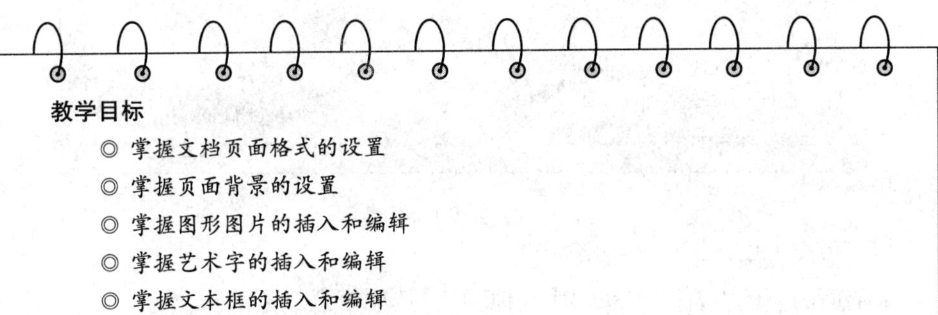


## §4.1　制作宣传单案例分析

### 4.1.1　任务的提出

小李刚刚加入校学生会的宣传部，宣传部长交给他的第一个任务就是为学校即将召开的校园书画展制作一个精美漂亮的宣传单。

### 4.1.2　解决方案

宣传单是广告宣传中最大众化的媒介形式，是在宣传产品、服务或活动时经常用到的一种印刷品。不少单位、企业在计划印刷宣传单时要花费比较多的资金，并要请专业的制作机构来设计和印刷。如果掌握一定的设计知识和制作技巧，在Word中也可以设计出比较简洁且具有吸引力的宣传单。

在Word中，不仅可以插入图片、形状等元素，还可以对宣传口号等文本信息应用艺术字和文本框。这样，就可以像拖动图片一样，自由的控制文本的位置。使用艺术字和文本框优化文字效果，可以制作出比较精美的宣传单。制作完成的宣传单效果如图4-1所示。

### 4.1.3　相关知识点

1. 页面设置

利用页面设置命令可以设置文档的页边距、纸张大小、纸张来源、版式以及每页行数和每行字数等。新建的文档页面按Word的默认方式设置，但是在打印正式文件前通常都要根据打印要求修改页面设置参数。

2. 页面背景

默认情况下，新建的Word文档背景都是单调的白色，可以单击【格式】|【背景】命令，选用

下列操作之一改变页面背景的颜色。

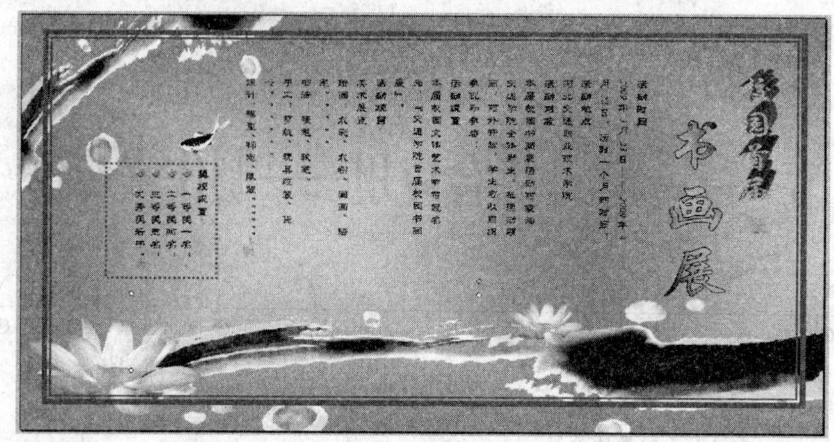


图 4-1　宣传单效果图

①在颜色板内直接单击所需颜色。

②如果上面的颜色不合要求，单击【其他颜色】选取任意颜色。

③单击【填充效果】可添加渐变、纹理、图案或图片。

3. 插入图形和图片

插入的图形和图片可以调整大小、旋转、翻转、着色以及组合生成更复杂的图形。图形都有控制点，控制点是菱形的，用来调整自选图形的外观，而不调整其大小。

【绘图】工具栏上可用的自选图形包括矩形和圆这样的基本形状，以及各种线条和连接符、箭头总汇、流程图符号、星与旗帜和标注等。在“剪辑管理器”中还可以找到其他图形。

可将文本添加到图形中，添加的文本将成为图形的一部分。如果旋转或翻转该图形，文本将与其一起旋转或翻转。

【图片】工具栏上的颜色、增加对比度、降低对比度、增加亮度、降低亮度、裁剪等工具以及设置图片对话框都可以用来对图片进行修改和美化，达到预期的效果。

4. 插入和编辑艺术字

通过【绘图】工具栏中的【插入艺术字】按钮，可以插入艺术文字。可以创建带阴影的、扭曲的、旋转的和拉伸的文字，也可以按预定义的形状创建文字。

特殊文字效果是图形对象，可使用【绘图】工具栏中的其他按钮改变效果。例如，用图片填充文字效果。

5. 文本框

文本框是可移动、调整大小的文字或图形容器。使用文本框，可以在一页上放置多个文字块，或使文字按与文档中其他文字不同的方向排列。文本框可作为图形处理，能以多种与设置图形格式相同的方式进行格式设置，包括添加颜色、填充及加边框等。

6. 项目符号和编号

在 Word 中可以方便地创建项目符号和编号列表，并将其添加到现有的行或文字中，也可以在键入内容时自动创建列表。

在 Word 中不仅可以创建仅有一级的列表，还可以创建多级符号列表。多级符号列表是用于为列表或文档设置层次结构而创建的。文档最多可有 9 个级别。Word 不能对列表中的项目应用内置标题样式。

## §4.2 实 现 方 法

在制作宣传单之前，要收集好宣传单所需的文本资料及图片素材等，然后根据实际需要确定宣传单的版式。宣传单的版式有单页、折页、多页等。

### 4.2.1 版面设置

对于宣传单版面的设置，主要是根据版面的不同要求调整纸张大小和页边距等。由此，最终打印出宣传单的效果是完全不同的。

**任务1 新建 Word 文档，上下左右的页边距均为"2.5 厘米"，纸张方向为"横向"，纸张大小为"自定义大小：宽度 30 厘米，高度 15 厘米"。版面设置完成后，以"宣传单"命名文档保存到桌面**

①启动 Word 应用程序。

②单击【文件】|【页面设置】命令，选择【页边距】标签，在【页边距】的【上】、【下】、【左】和【右】数值框中均输入"2.5 厘米"，在【方向】区域中选择【横向】，如图 4-2 所示。

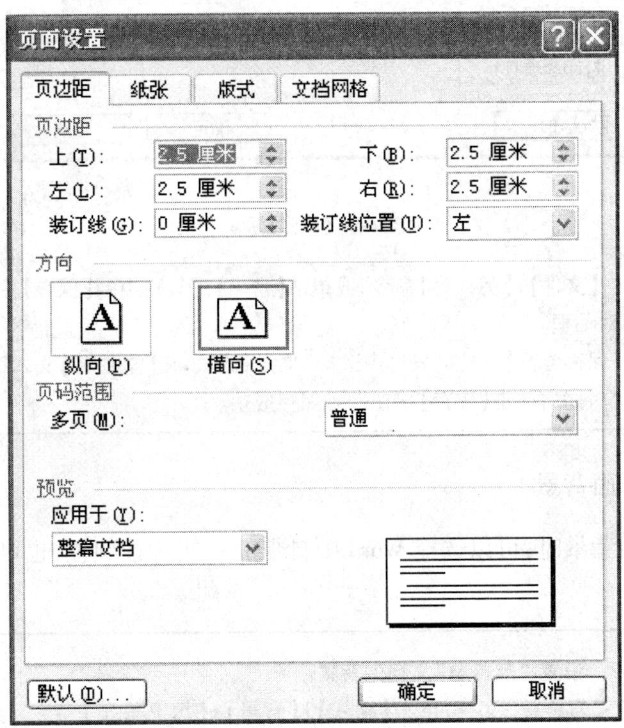


图 4-2 【页边距】标签

③单击【纸张】标签，在【纸张大小】下拉列表中选择"自定义大小"选项，在【宽度】数值框中输入"30 厘米"，【高度】数值框中输入"15 厘米"，如图 4-3 所示。单击【确定】按钮。

续任务 1

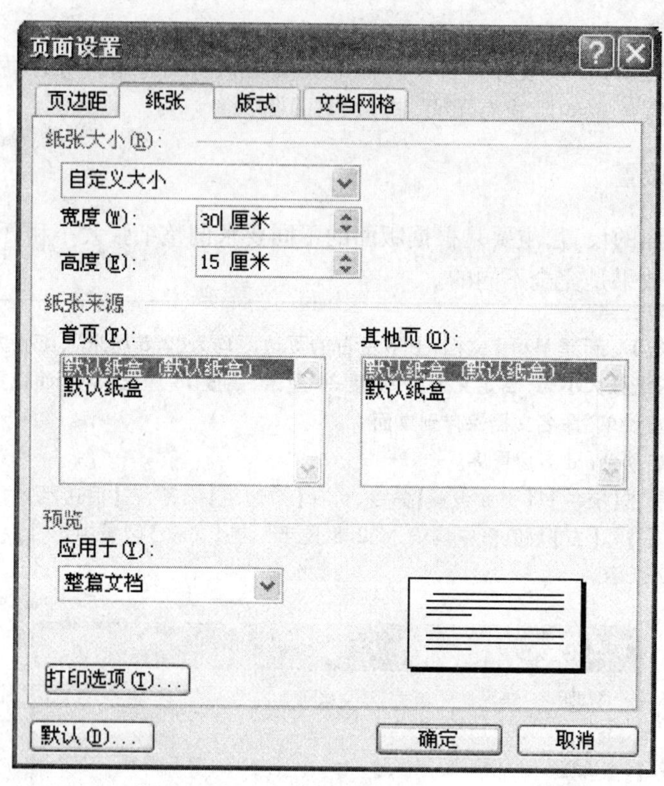


图 4-3 【纸张】标签

④单击【文件】|【另存为】命令，或单击【常用】工具栏中的【保存】按钮，打开【另存为】对话框。

⑤在【保存位置】下拉列表框中选择“桌面”选项，在【文件名】文本框中输入“宣传单”文件名，单击【保存】按钮即可保存成功。

### 4.2.2 设置页面背景

为文档设置页面背景时，可以选择 Word 中自带的一些背景颜色，也可以选择用户准备好的图片。

**任务 2 设置“宣传单”文档的背景**

①打开“宣传单”文档，单击【格式】|【背景】|【填充效果】命令，如图 4-4 所示。

②打开【填充效果】对话框，选择【渐变】标签，如图 4-5 所示。单击【双色】单选按钮为【颜色 1】和【颜色 2】设置颜色。在【颜色 1】下拉列表中选择【其他颜色】，打开【颜色】对话框，选择【自定义】标签挑选适合的颜色，如图 4-6 所示。使用相同方法设置【颜色 2】。

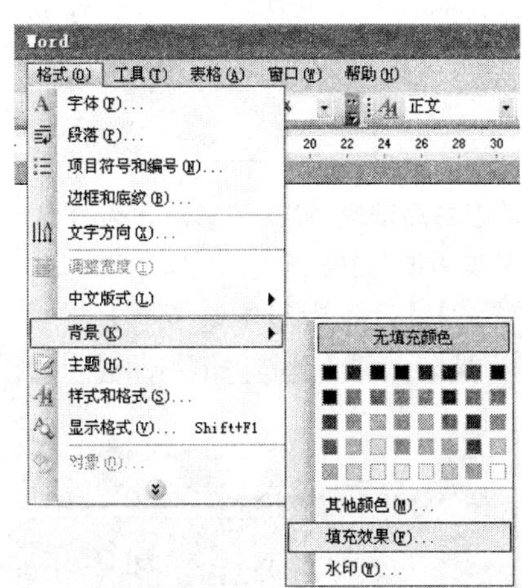


图 4-4　选择【填充效果】命令

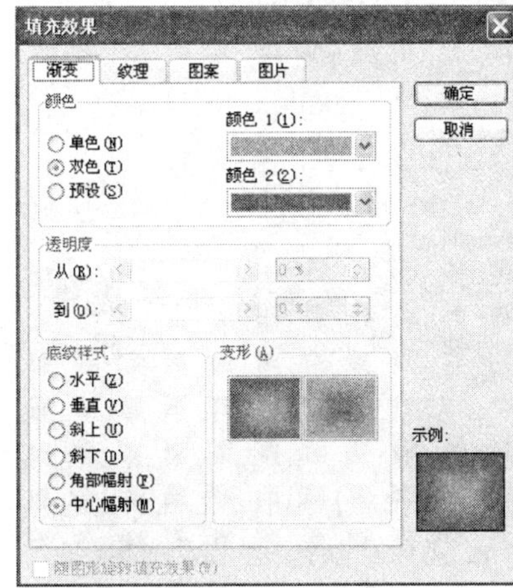


图 4-5　【渐变】标签

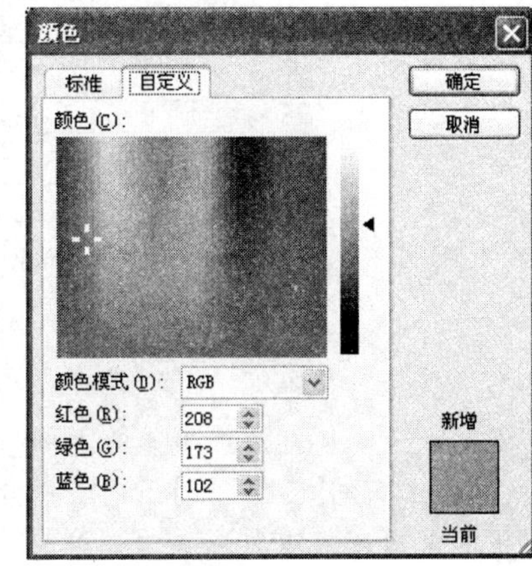


图 4-6　【颜色】对话框

③选择好颜色后，单击【确定】按钮，返回到【填充效果】对话框。在【底纹样式】中选择【中心辐射】单选按钮，在【变形】区域中选择第一个图片。最后单击【确定】按钮，完成页面背景的设置。插入背景后的效果如图 4-7 所示。

图 4-7　插入背景效果

### 4.2.3 插入形状和图片

为了使宣传单的形式比较生动，可以插入一些图形和图片达到美化的效果。

1. 插入矩形框

**任务3　为了使页面布局清晰，插入矩形框作为分界线。矩形框设为"褐色"，线型为"10磅""外宽内细"线条**

①单击【插入】|【图片】|【自选图形】命令，如图4-8所示。

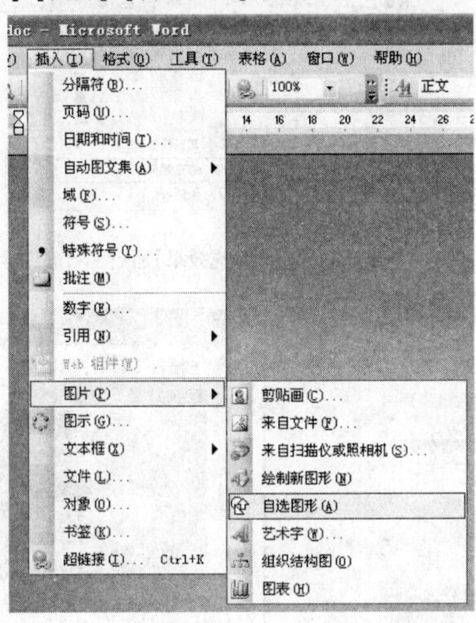

图4-8　选择【自选图像】命令

②在打开的【自选图形】工具栏中，单击【基本形状】按钮，然后在弹出的列表中选择"矩形"，如图4-9所示。释放鼠标后，光标呈十字形。拖动光标，在页面中绘制出一个矩形，如图4-10所示。

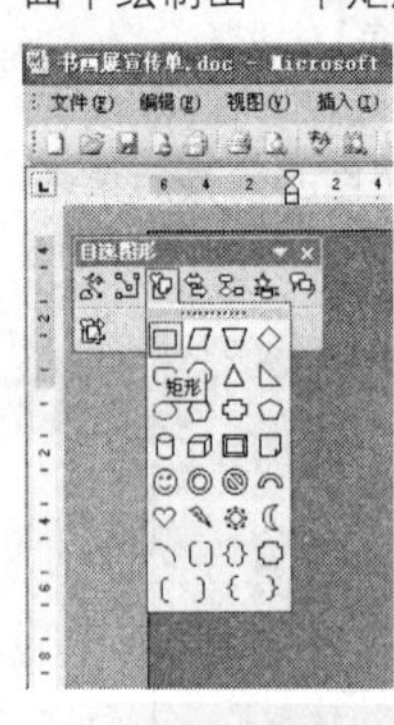

图4-9　选择【矩形】图形

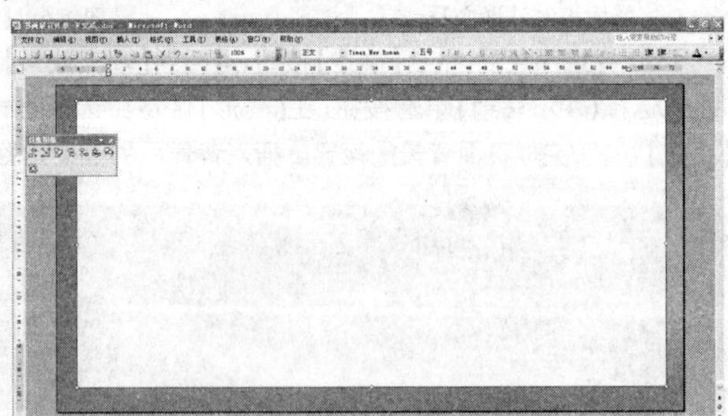

图4-10　绘制矩形

③选中图形单击鼠标右键，从弹出的快捷菜单中选择【设置自选图形格式】命令。打开【设置自选图形格式】对话框，选择【颜色与线条】标签，在【填充】区域单击【颜色】下拉列表的"无填充颜色"，在【线条】区域单击【颜色】下拉列表中的【其他颜色】，在【颜色】对话框中的【自定义】标签中选择合适的"褐色"，单击【确定】返回【设置自选图形格式】对话框。在【线条】区域单击【线型】下拉列表

续任务 3

中的“4.5 磅上粗下细”线型，单击【粗细】下拉列表中的“10 磅”，如图 4-11 所示。插入矩形框后的效果如图 4-12 所示。

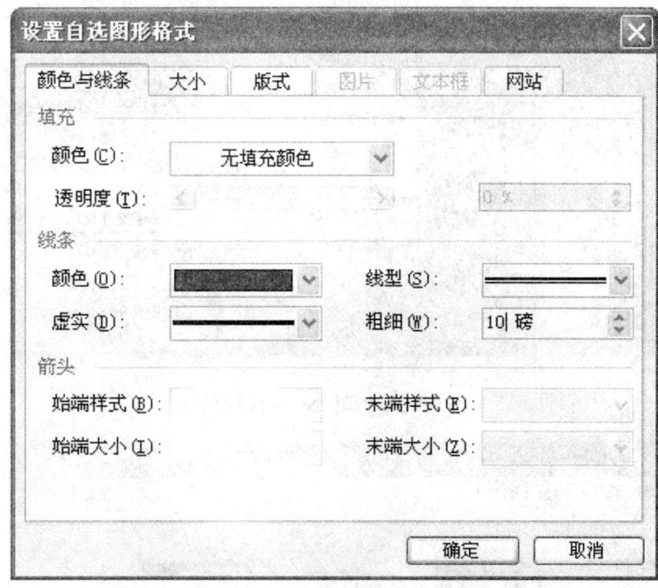


图 4-11 【设置自选图像格式】对话框

图 4-12 插入矩形框后的效果

2. 插入图片

为宣传单插入丰富多彩的图片可以营造出符合主题的氛围。

**任务 4 在宣传单中插入已准备好的多张图片，设置图片格式，调整图片大小和位置等**

①单击【插入】|【图片】|【来自文件】命令，如图 4-13 所示。

②打开【插入图片】对话框，如图 4-14 所示，选择【水墨】图片，单击【插入】按钮。

③选中图片，单击【图片】工具栏【文字环绕】按钮，选中【浮于文字上方】命令，如图 4-15 所示，实现图片的版式调整。

续任务 4

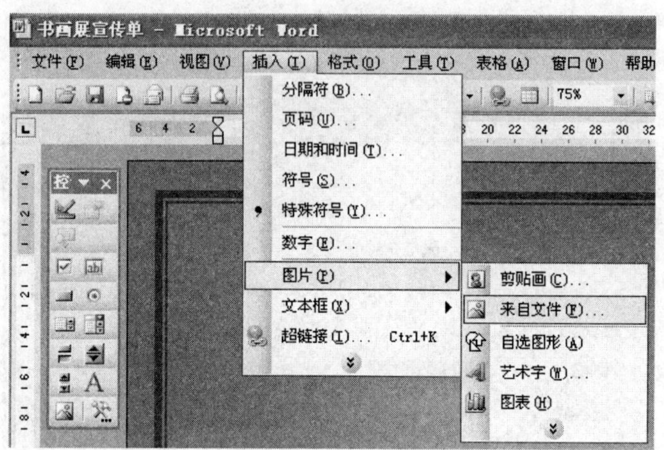


图 4-13　选择【来自文件】命令

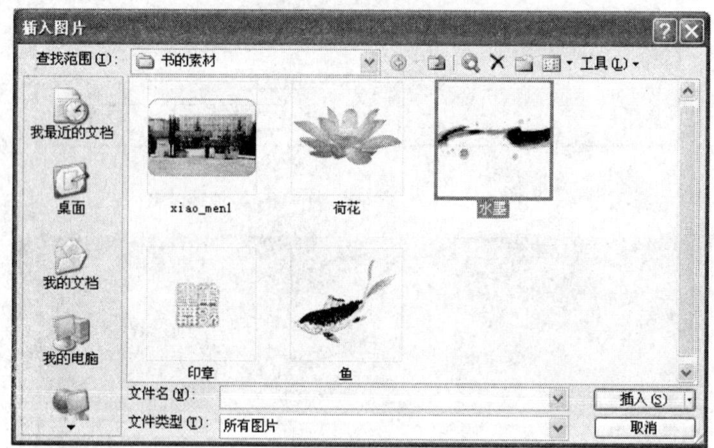


图 4-14　【插入图片】对话框

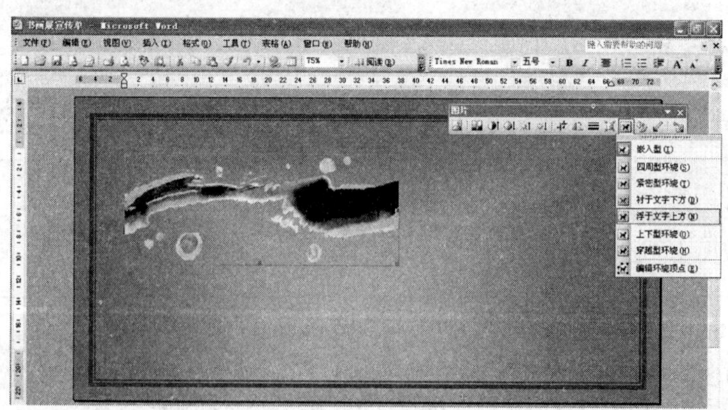

图 4-15　选择【浮于文字上方】命令

④将图片拖动到合适位置，然后拖动图片周围的控制点，调整图片的大小，如图 4-16 所示。

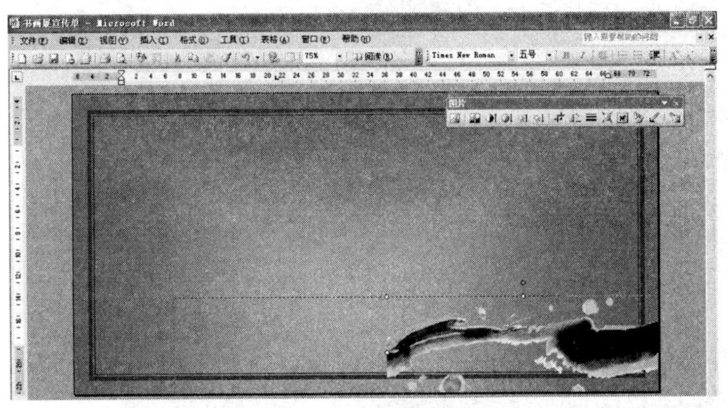

图 4-16　调整图片大小

⑤重复①②③步操作，分别再插入两张【荷花】图片，一张【水墨】图片和一张【鱼】图片，设置【环绕方式】均为【浮于文字上方】。

⑥调整图片大小。选中【荷花】图片单击鼠标右键，从弹出的快捷菜单中，选中【设置图片格式】命令。打开【设置图片格式】对话框，选择【大小】标签，单击选中【锁定纵横比】复选框，在【缩放】区域中【高度】数值框中输入“150%”，如图 4-17 所示。相同方法设置另一张荷花图片大小缩放比例为“65%”。调整图片到合适位置。

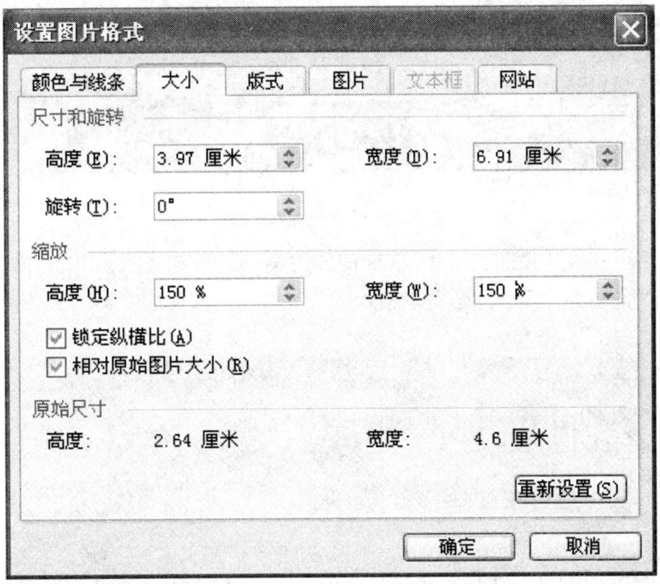

设置图片格式
颜色与线条　大小　版式　图片　文本框　网站
尺寸和旋转
高度(E): 3.97 厘米　宽度(D): 6.91 厘米
旋转(T): 0°
缩放
高度(H): 150 %　宽度(W): 150 %
锁定纵横比(A)
相对原始图片大小(R)
原始尺寸
高度: 2.64 厘米　宽度: 4.6 厘米
重新设置(S)
确定　取消

图 4-17　【设置图片格式】对话框

⑦图片旋转。选中【水墨】图片，将鼠标指向【绿色旋转控制点】，拖动鼠标左键到合适的角度，释放鼠标，如图 4-18 所示。调整图片到合适位置。

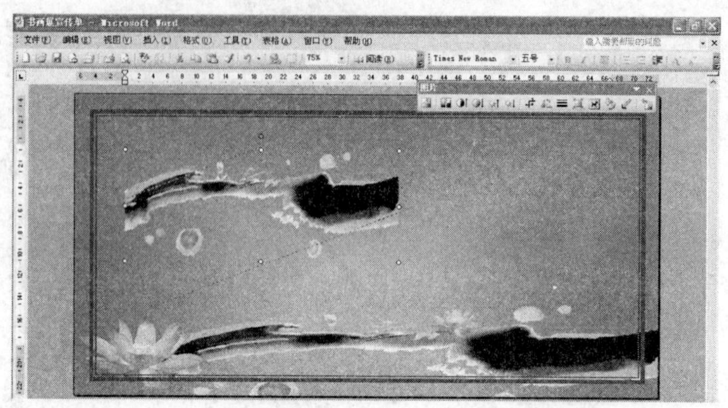

图 4-18　旋转图片

⑧图片叠放次序。选中一张图片，按住【shift】单击鼠标左键选中其他所有图片。在图片上单击鼠标右键，从弹出的快捷菜单中选择【叠放次序】|【置于底层】，如图 4-19 所示。

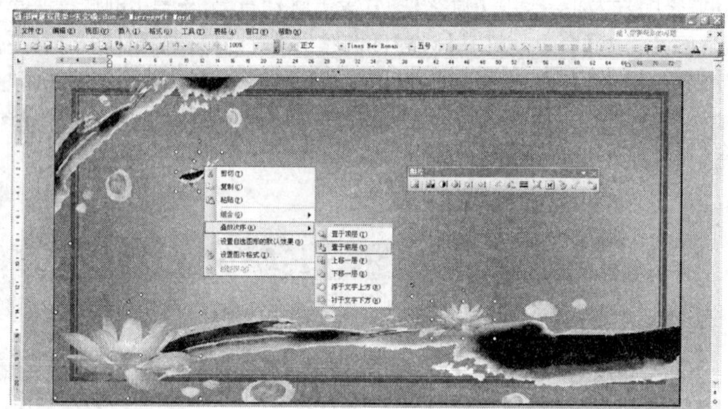

图 4-19　【叠放次序】命令

最后再插入几张印章图片，丰富背景效果。设置完成后，如果对其不满意，可以自由拖动图片至合适位置。插入图片完成后的效果如图 4-20 所示。

图 4-20　插入图片后的效果

### 4.2.4 设置主题

为了达到预期的宣传目的，要在宣传单中使用艺术字突出主题。标题是宣传单设计成功与否的关键。标题的内容不仅要独具匠心，而且字体设计上也要别出心裁。为了使标题突出醒目，吸引人们阅读详细的内容文字，可以将 Word 艺术字应用到标题当中。

**任务5　插入的艺术字文本为“校园首届”，选择艺术字库中第一行第六列的艺术字样式，字体设置为“华文行楷”、“32 号”显示，将填充颜色设置“图案二”，颜色为“紫罗兰”**

①单击【插入】|【图片】|【艺术字】命令，如图 4-21 所示。

②打开【艺术字库】对话框，选择第一行第六列的艺术字样式，如图 4-22 所示。

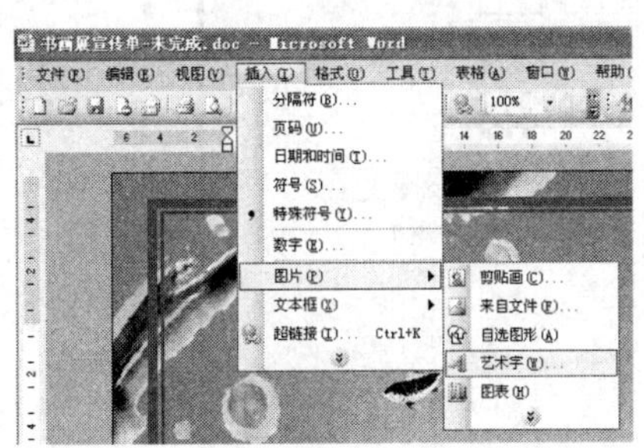

图 4-21　插入艺术字过程

图 4-22　【艺术字库】对话框

③单击【确定】按钮，弹出【编辑“艺术字”文字】对话框。在【字体】下拉列表中选择“华文行楷”，在【字号】下拉列表中选择“32”，在【文字】文本框中输入“校园首届”，如图 4-23 所示。

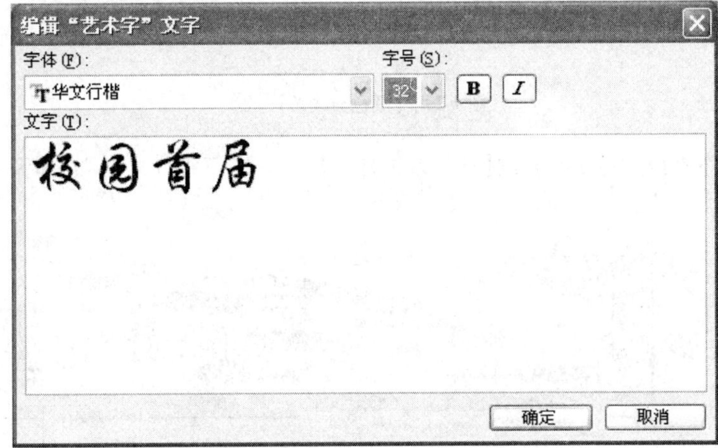


图 4-23　【编辑艺术字文字】对话框

④输入完毕后单击【确定】按钮。

为了使插入的艺术字与整个宣传单的颜色格调相符，对艺术字做进一步的设置。

⑤选中艺术字，单击【艺术字】工具栏中的【设置艺术字格式】按钮，打开【设置艺术字格式】对话框，选中【颜色与线条】标签，在【填充】区域下拉列表中选择填充效果，打开【填充效果】对话框，选择【图案】标签，在【图案】区域选择"第一行第二列图片"，【前景】下拉列表中选择紫罗兰颜色。如图 4-24 所示。单击两次【确定】按钮。

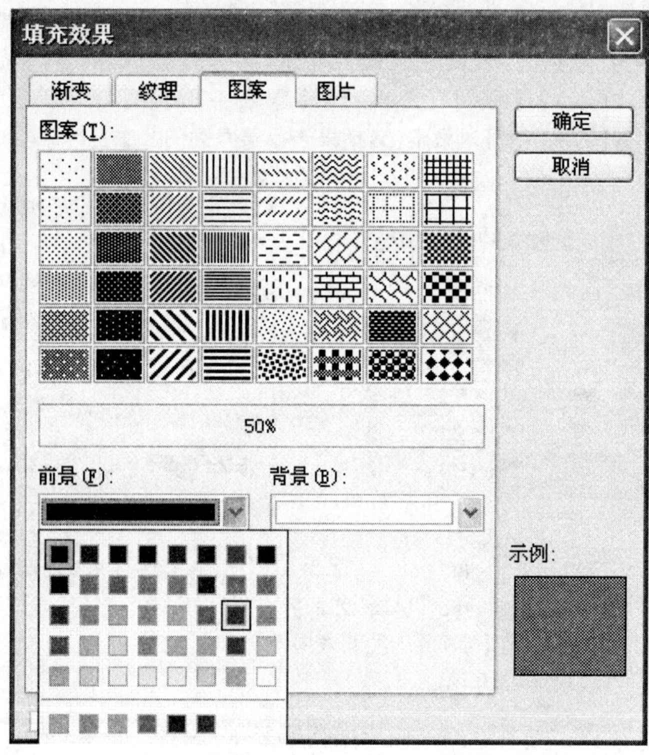


图 4-24 【颜色与线条】标签

⑥在【绘图】工具栏的【三维效果样式】中选择"三维样式 11"。如图 4-25 所示。

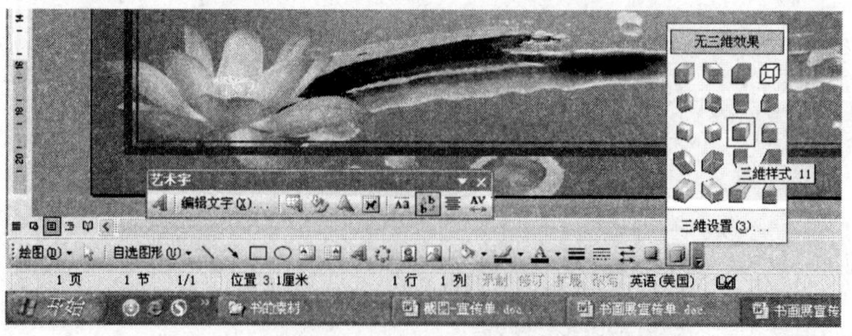


图 4-25 【三维效果样式】按钮

续任务 5

同样方法，在当前文档中，再插入“书画展”艺术字，为其填充双色效果和阴影样式，以突出宣传的特点，设置后的效果如图 4-26 所示。

设置完成后，如果对其位置不满意，可以自由拖动艺术字边框至合适位置。

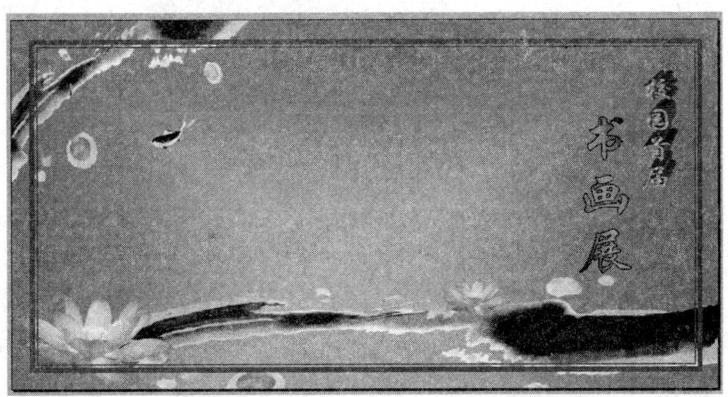

图 4-26　设置主题后的宣传单效果

### 4.2.5　制作详细内容

图片和艺术字的应用是为了吸引人们继续浏览宣传单，而宣传单中的详细内容是宣传内容的主体。为了使页面布局清晰，并且可以随意调整文本的位置，可使用文本框输入详细内容。

1. 插入文本框

**任务 6　创建一个文本框，输入“奖项”设置的信息，并对其字体等进行设置**

①单击【插入】|【文本框】|【竖排】命令，如图 4-27 所示。单击文档区域内任意位置，即可绘制出一个文本框。

②在文本框中，输入“奖项”设置的信息，并对其字体等进行设置，如图 4-28 所示。

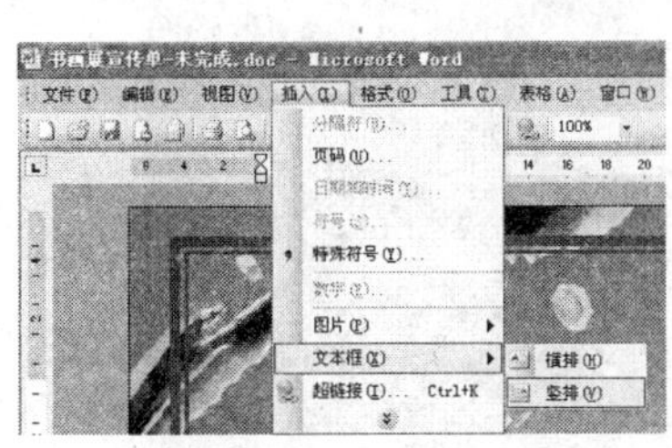

图 4-27　插入文本框过程

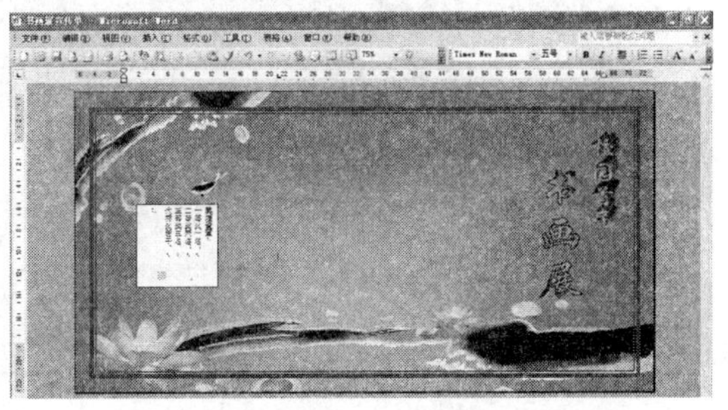

图 4-28　插入文本框

如果文本框的位置不合适，可以通过拖动鼠标的方法进行调整。

2. 设置文本框

默认情况下，插入的文本框背景为白色、边框为黑色。为了和整体协调，可以重新设置。

**任务7　将文本框的线条设置为“褐色”“2.5磅”的“虚线”**

①鼠标左键双击文本框，打开【设置文本框格式】对话框，选中【颜色与线条】标签，在【填充】区域的【颜色】下拉列表选择“无填充颜色”，在【线条】区域的【颜色】下拉列表选择“褐色”，在【虚实】下拉列表中选择“短划线”，在粗细下拉列表中选择“2.5磅”，如图4-29所示。

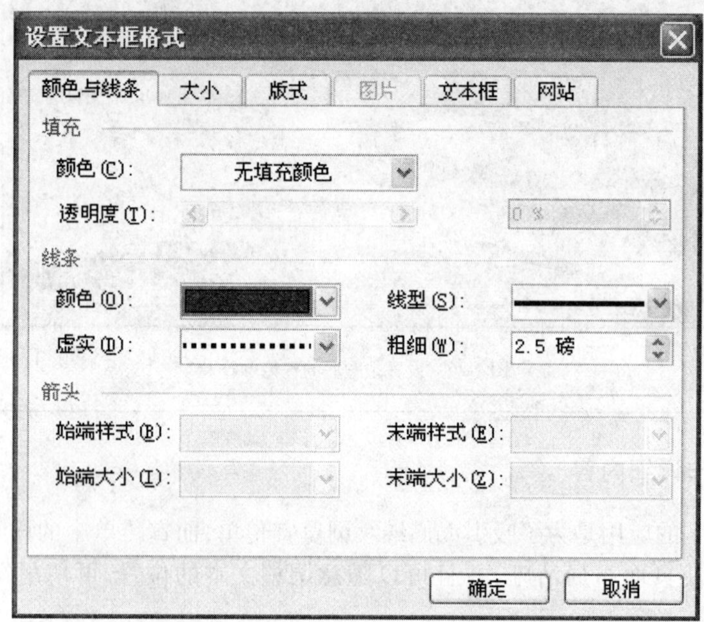


图4-29　设置文本框样式

②单击【确定】按钮，文本框应用样式后的效果如图4-30所示。

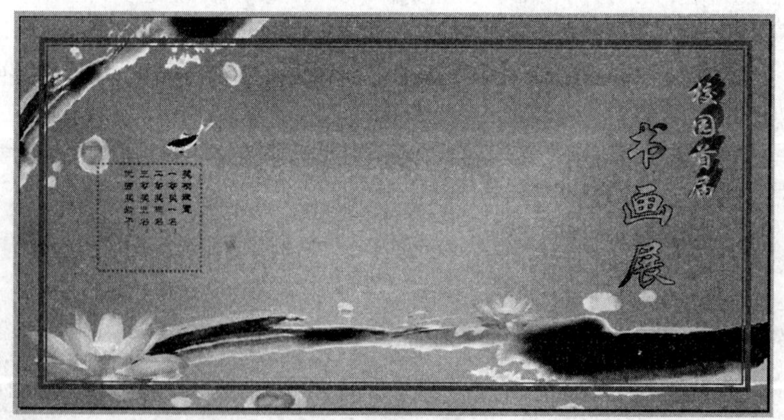


图4-30　应用文本框样式后的效果

用同样的方法，在当前文档中再画出一个文本框，输入文字后进行相应的设置，效果如图4-31所示。

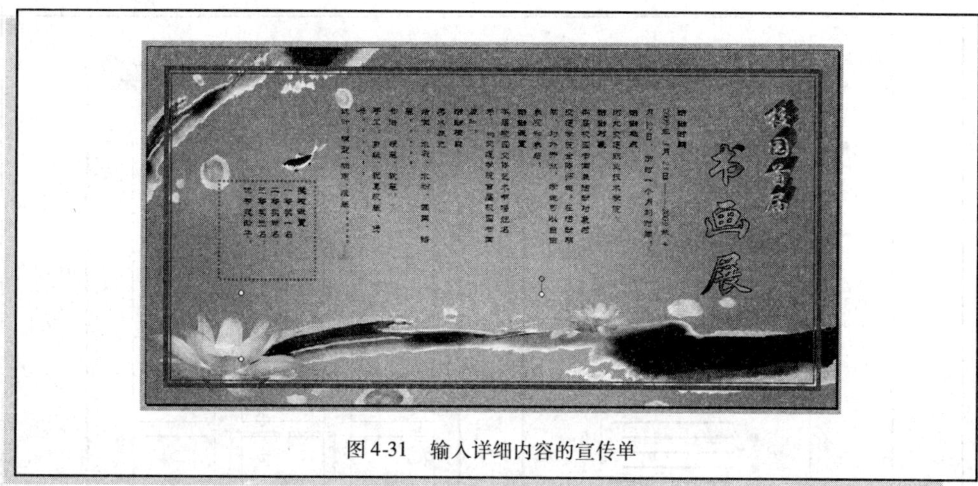

图 4-31　输入详细内容的宣传单

## 4.2.6 使用项目符号

在介绍“奖项”设置时,列举了很多条目。为了使条理清晰且美观大方,可以添加项目符号。

**任务 8　在“奖项”设置文本框中添加项目符号**

①选中要设置项目符号的文本,单击【格式】|【格式项目符号和编号】命令,打开【项目符号和编号】对话框,选择第一行第二个项目符号,如图 4-32 所示。

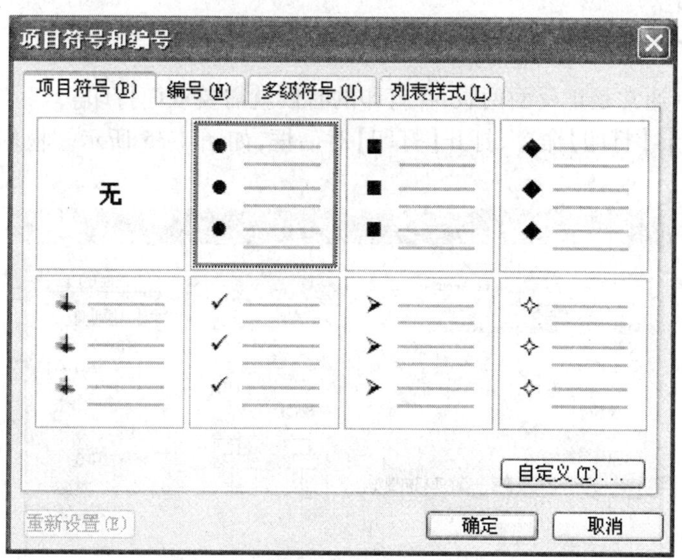


图 4-32　【项目符号和编号】对话框

②单击【自定义】按钮,打开【自定义项目符号列表】对话框,可以选择【符号】、【图片】或【字体】作为项目符号,如图 4-33 所示。

如果选择图片作为项目符号,单击【图片】按钮,打开【图片项目符号】对话框,其中列出了多种可供选择的项目符号图片,如图 4-34 所示。

续任务 8

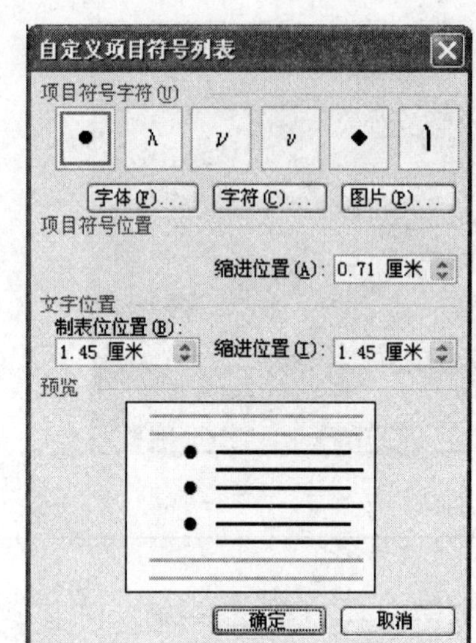


图 4-33 【自定义项目符号列表】对话框

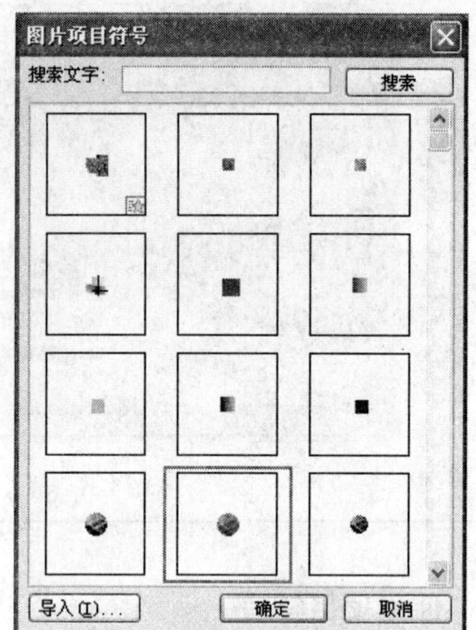


图 4-34 【图片项目符号】对话框

③选择需要的项目符号,依次单击【确定】按钮,完成项目符号的添加。调整图片、艺术字、文本框等元素的大小和位置,完成宣传单的制作。效果如图 4-1 所示。

## 4.2.7 打印宣传单

制作的宣传单通常是正反面两版,在打印的时候就需要双面打印。

①单击【文件】|【打印】命令,打开【打印】对话框,如图 4-35 所示。根据打印需要设置相应的参数。

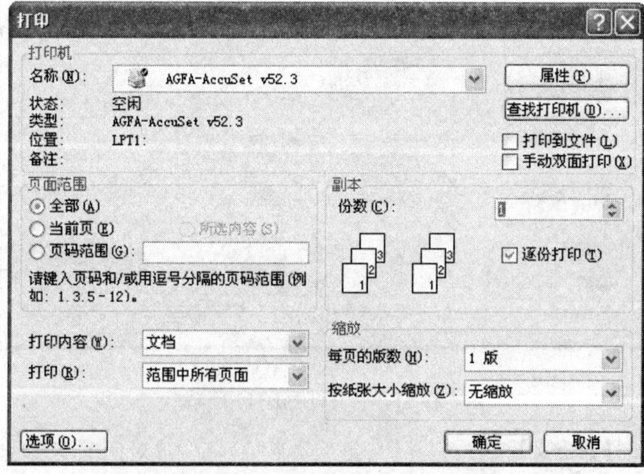


图 4-35 【打印】对话框

②选中复选项框【手动双面打印】,再单击【选项】按钮,设置【双面打印选项】参数,如图 4-36 所示。

③依次单击【确定】按钮,开始打印文档。

打印

打印

打印选项

草稿输出(D)

更新域(U)

更新链接(L)

允许重调 A4/Letter 纸型(E)

后台打印(B)

在文本上方打印 Postscript(N)

逆页序打印(R)

打印文档的附加信息

文档属性(M)

域代码(F)

XML 标记(X)

隐藏文字(I)

图形对象(O)

背景色和图像(K)

只用于当前文档的选项

仅打印窗体域内容(P)

默认纸盒(T): 使用打印机设置

双面打印选项

纸张正面(S)

纸张背面(A)

确定 取消

图 4-36　设置双面打印

# §4.3　案 例 小 结

本章结合宣传单的制作,介绍了图片、艺术字和文本框的插入与编辑。其中,艺术字和文本框的使用是学习的重点。

艺术字和文本框功能使 Word 做出的文档更加丰富多彩、灵活多变。因为艺术字可以像处理图片那样去处理文字,从而生成许多仅通过改变字体而无法达到的效果。而文本框的可随意移动性,使文档的排版变得无比灵活,即使文字出现在页面的任何位置都不影响排版。因此,在制作宣传单时,使用艺术字和文本框是非常方便的。

# §4.4　习　　题

**上机操作**

一、利用绘图工具栏制作如图 4-37 所示的图形。

操作步骤:

(1)新建一个 Word 文档,分别插入一个正圆形和一个五角星的自选图形,设五角星图形的填充色为红色,将正圆形的线型设置为“2.25 磅”。调整好两个图形的位置,使五角星位于圆形的中心;

(2)添加艺术字“石家庄欣欣电脑科技公司”,字符格式:华文中宋、18 磅,调整好艺术字的形状,颜色设为红色;

图 4-37　设置效果

(3)添加文本框，输入文字“合同专用章”，字符格式：方正姚体、四号、红色，字符间距紧缩1磅，调整好文本框的位置；

(4)最后将所有图形组合在一起。

二、利用 Word 2003 中的公式编辑器编辑如下公式。

$$d\int_0^1 \cos x\mathrm{d}x \pm \sum_1^{10} e^2 + E \cdot E = \frac{\lambda\gamma}{\theta}$$

三、新建一个 Word 文档，插入“Office XP 新增的通用特性”文档的内容，在适当的位置添加回车符，使其各占一个自然段，然后在各特性的前面添加项目符号“↗”。将所有的特性设置为等宽的两栏显示，如图4-38所示。

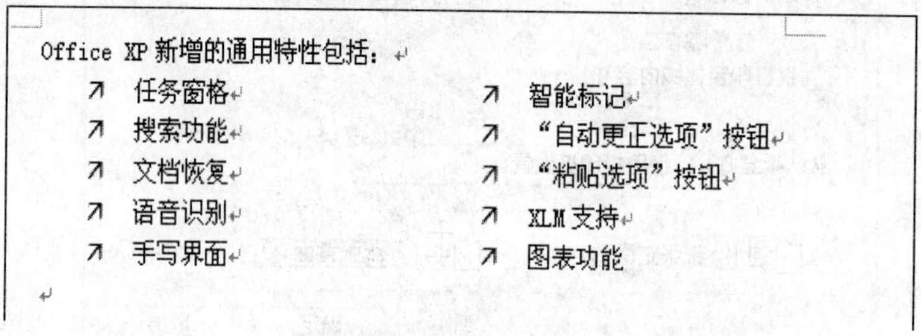

Office XP 新增的通用特性包括：

↗ 任务窗格
↗ 搜索功能
↗ 文档恢复
↗ 语音识别
↗ 手写界面
↗ 智能标记
↗ “自动更正选项”按钮
↗ “粘贴选项”按钮
↗ XLM 支持
↗ 图表功能

图4-38　添加项目符号后的效果

Office XP 新增的通用特性包括：任务窗格、搜索功能、文档恢复、语音识别、手写界面、智能标记、“自动更正选项”按钮、“粘贴选项”按钮、XLM 支持、图表功能等。

# 第5章 Word 高级应用——制作宣传小报

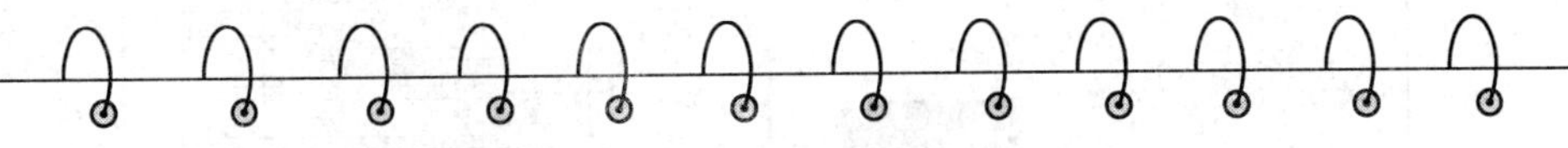

**教学目标**

◎ 掌握分栏的设置

◎ 掌握首字下沉的设置

◎ 掌握表格与文字的互换功能

◎ 掌握表格的计算与排序

◎ 掌握页眉和页脚的设置

◎ 掌握边框和底纹的设置

◎ 掌握 Word 的图文混排功能

## §5.1 制作宣传小报案例分析

### 5.1.1 任务的提出

随着办公自动化的发展,利用计算机排版技术编辑制作手抄报、简报也非常普及了。小张是2010年上海世博会的一名志愿者,他接受了一项任务就是制作一份关于世博会的宣传小报。他准备好了所有的资料和素材,运用所学知识精心制作出了这份宣传小报。

### 5.1.2 解决方案

在制作之前先要将素材准备好,包括五张相关图片、两篇文章和一张统计表,插入准备好的所有文字、表格和图片等素材,运用 Word 中分栏、首字下沉、边框和底纹、页眉和页脚对页面格式进行设置,利用表格的排序和计算功能统计结果,利用首字下沉、图文混排功能进行排版。最终效果如图5-1所示。

### 5.1.3 相关知识点

1. 设置分栏

在 Word 文档中进行分栏设置是一种常用的文字编排形式,常见于报纸、杂志中。设置分栏后,文档正文的内容将从最左边的一栏开始,从上往下填满一栏后,再自动从当前栏的底端连接到其右边相邻一栏的顶端。使用分栏可使文章易于阅读,页面更加生动美观。

2. 设置首字下沉

Word 提供了首字下沉功能。首字下沉是指将段落的第一个字符放大,占据若干行,其他字符围绕它的右正文。这是报刊、杂志排版中经常使用的方法,可以使文档更具特色。

世博会
中国2010年上海世界博览会
缘起1889——巴黎世博会与埃菲尔铁塔

图 5-1　最终效果

3. 表格的计算和排序

Word 本身是一个强大的文字处理软件，同时也提供了计算的功能。它可以对表格中数据进行简单的计算和排序等操作，这些操作是通过“表格”菜单中的“排序”或“公式”命令实现的。

4. 设置边框和底纹

在使用 Word 编辑文档时，可以为表格、段落或页面设置漂亮的边框和底纹效果，以达到吸引眼球，给读者以醒目的效果。这些操作可以通过“格式”菜单中的“边框和底纹”命令实现。

5. 页眉和页脚

页眉和页脚是页面中的两个特殊的区域，位于文档的每个页面页边距的顶部和底部。通常文档的标题、页码、公司徽标、作者名等信息显示在页眉或页脚上。

6. 图文混排

一篇图文并茂的文章会给人赏心悦目的感觉，在各种报刊、杂志上都有各种各样的精美插图。同时在科技文章中，加入说明性的图片，将有助于文档内容的表达。Word 具有插入图形的功能，并可以对插入文档中的图形、图片、文本框等对象与文字进行文字环绕、对齐方式等设置，达到图文混排的目的。

# §5.2　实 现 方 法

## 5.2.1　页面设置

> **任务 1　新建一个空白文档，设置纸张的大小及方向，插入分页符，将文档分为两页。设置完成后，以“宣传小报”命名文档保存**
>
> ①单击【文件】|【页面设置】，在“页面设置”对话框中设置纸张的大小及方向，这里设纸张的大小为“A3”，方向为“纵向”，如图 5-2 所示。

续任务 1

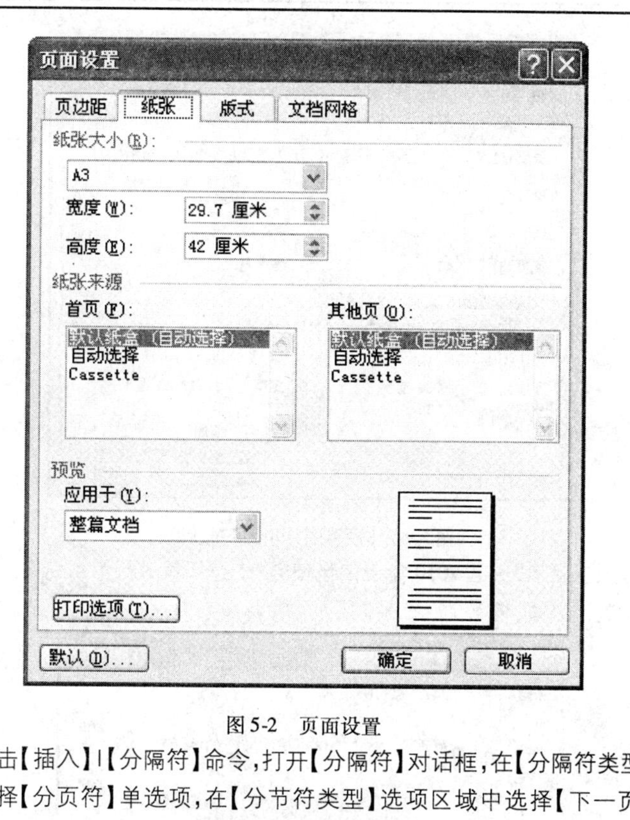


图 5-2　页面设置

②单击【插入】|【分隔符】命令，打开【分隔符】对话框，在【分隔符类型】选项区域中选择【分页符】单选项，在【分节符类型】选项区域中选择【下一页】单选项，单击【确定】按钮，如图 5-3 所示。

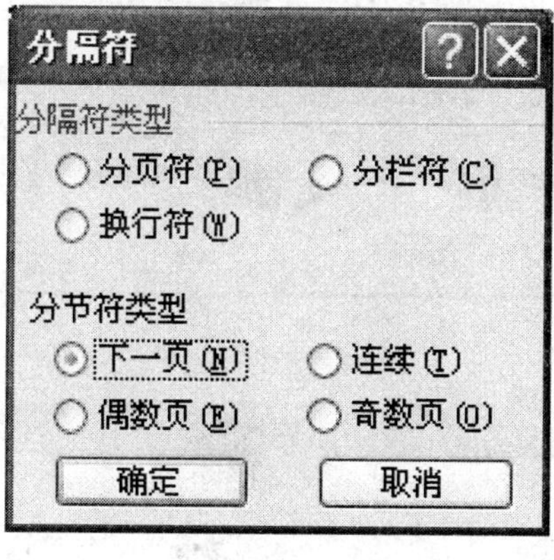


图 5-3　【分隔符】对话框

### 5.2.2　制作小报的报头

**任务 2　在第一页中插入题头图片、标题艺术字和线条，制作小报的报头**

①在第一页中插入“海宝”和“世博中国馆”图片，依次选定各图片，单击右键菜单中的【设置图片格式】命令，打开【设置图片格式】对话框，将图片的大小分别设置为 45% 和 85%（见图 5-4）。

续任务 2

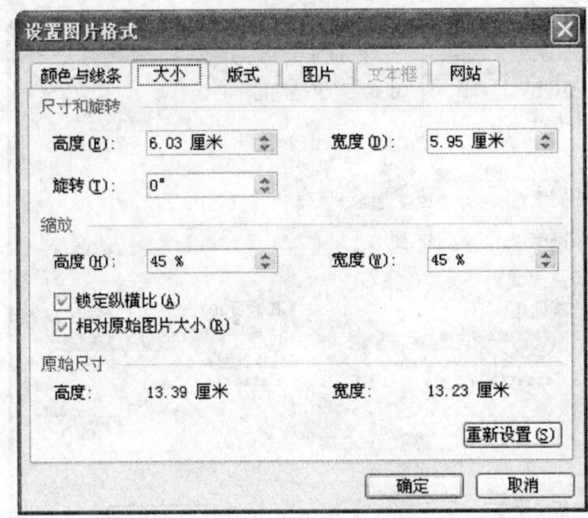


图 5-4 【设置图片格式】对话框

②插入艺术字“中国 2010 年上海世博会”。选择第 3 行第 4 列样式，如图5-5 所示。设置为黑体、40 磅，如图 5-6 所示。

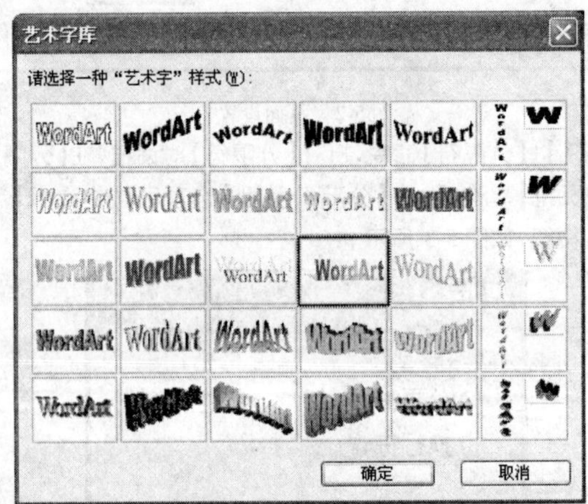


图 5-5 艺术字样式

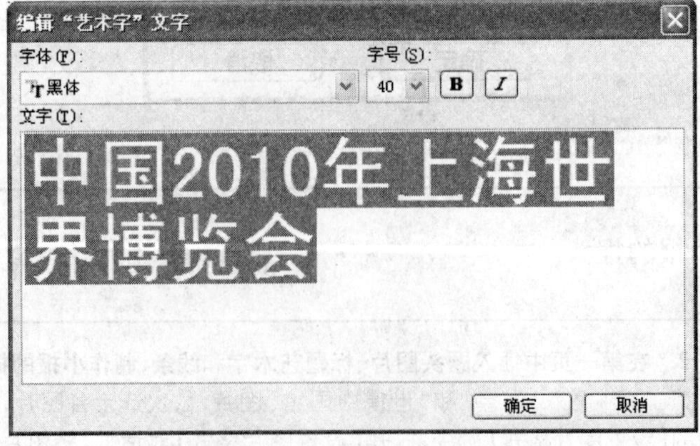


图 5-6 编辑“艺术字”文字对话框

③在“世博中国馆”图片和艺术字中间插入自选图形:直线。选定该直线,单击鼠标右键菜单中【设置自选图形格式】命令,打开【设置图片格式】对话框,再单击【线条与颜色】选项,在颜色选单中选择线条颜色为“淡紫”。设置线型为 6 磅,中间粗两边细。如图 5-7 所示。再次在颜色选单中单击【带图案线条】,打开【带图案线条】对话框,选择图案第 6 行第 7 列“球体”。如图 5-8 所示。

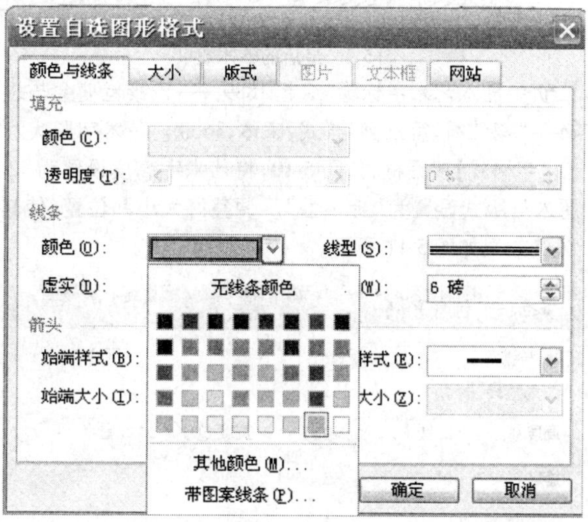

图 5-7 【设置自选图形格式】对话框

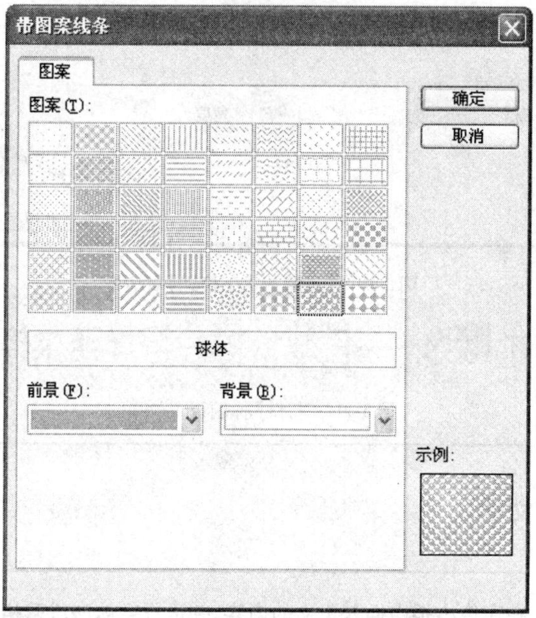

图 5-8 【带图案线条】对话框

④调整好图片、标题艺术字和自选图形直线的位置,然后将它们组合在一起。设置版式设置为“上下型”。将调整好的组合图片置于报头的位置。最后的效果如图 5-9 所示。

续任务 2

图 5-9 最后的整体效果

⑤在第二页中插入艺术字标题“缘起 1889——巴黎世博会与埃菲尔铁塔”，选择艺术字库中“第二行，第三列”样式，宋体，36 磅。艺术字形状为“双波型 1”。打开【设置艺术字格式】对话框，如图 5-10，将艺术字高度设置为“2 厘米”，宽度设置为“22 厘米”，版式设置为“上下型”。调整好大小和位置，使其位于第二页题头位置。最终效果如图 5-11 所示。

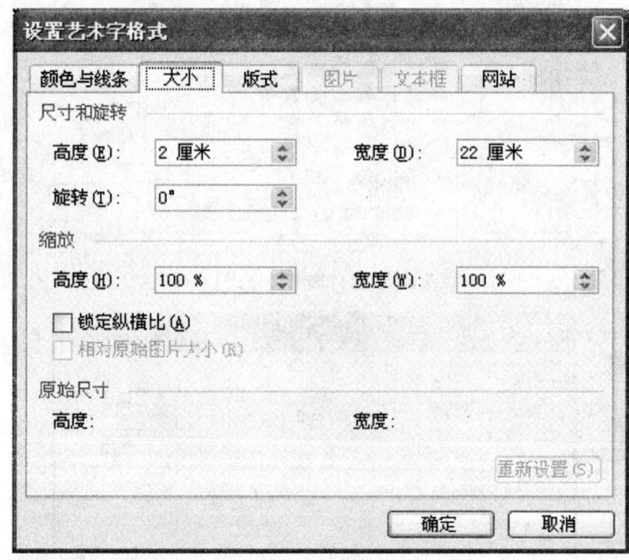


图 5-10 【设置艺术字格式】对话框

缘起1889——巴黎世博会与埃菲尔铁塔

图 5-11 艺术字标题设置效果

## 5.2.3 插入正文文字

**任务 3 在宣传小报中插入正文的内容，并设置字体和段落格式**

①单击【插入】|【文件】命令，分别在文档的第一页中插入文档“中国 2010 年上海世界博览会. doc”的内容，在文档的第二页中插入文档“巴黎世博会与埃菲尔铁塔. doc”的内容，如图 5-12 所示。全部文字的字体设置为华文新魏，字号为四号，段落行间距为“固定值:18 磅”。

续任务 3

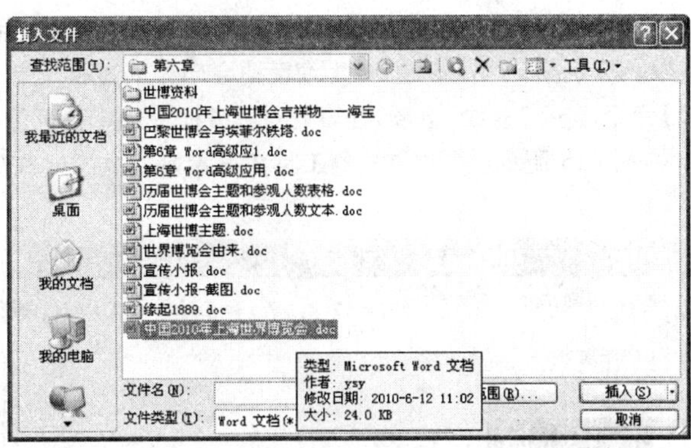


图 5-12 【插入文件】对话框

②单击【格式】|【首字下沉】命令，设置正文第一段首字下沉，字体为黑体，下沉行数为 2 行，如图 5-13 所示。

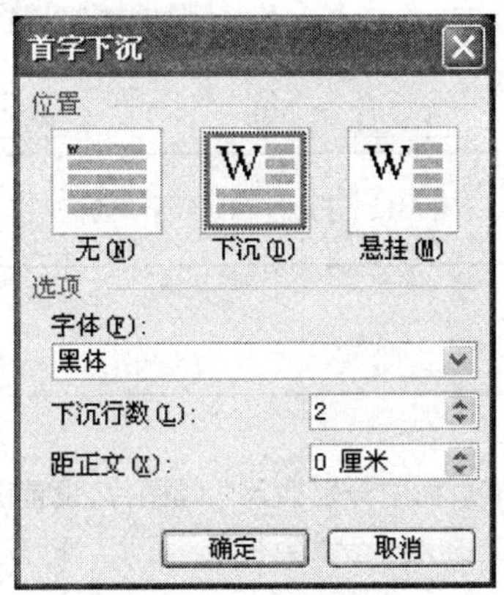


图 5-13 【首字下沉】对话框

③除标题和小标题及正文第一段外，其他段落设置首行缩进两个字符。

④选定正文中第一页文档的第二自然段除小标题以外的文字，单击【格式】|【分栏】命令，将其分为等宽的两栏，栏间添加分隔线，如图 5-14 所示。

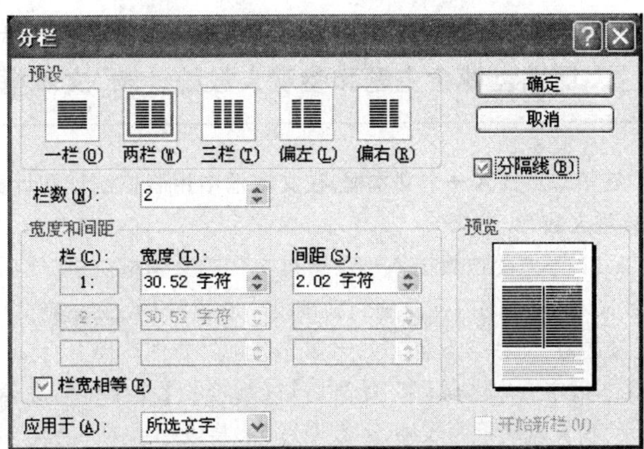


图 5-14 【分栏】对话框

续任务 3

⑤设置两个小标题"●上海世博会申办的过程"和"●上海世博会的举办意义"的文字底纹。选定第一个小标题"●上海世博会申办的过程",单击【格式】|【边框和底纹】命令,选择"底纹"选项,在填充对话械框中选择颜色为"淡蓝",应用于"文字",如图 5-15 所示。利用格式刷工具将设置好底纹的格式复制给第二个小标题。

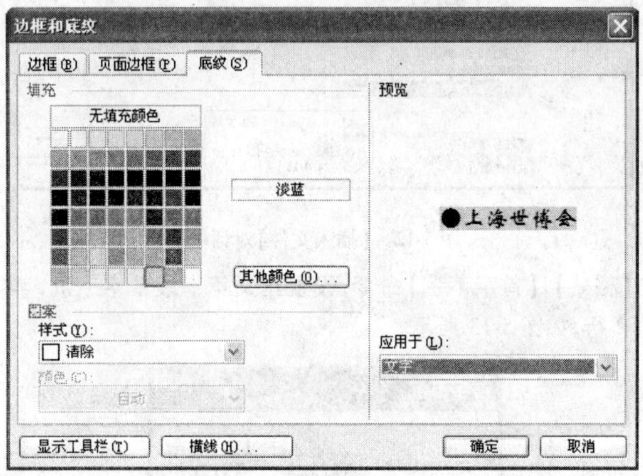


图 5-15 【边框和底纹】对话框

## 5.2.4 插入配图

**任务 4 在宣传小报页面中分别插入两幅图片,设置图片与文字的环绕效果**

①在第一页的右下方插入"世博会夜景"图片。打开【设置图片格式】对话框,锁定纵横比,将图片大小设为 120%;设置其环绕方式为"四周型",并将图片拖动到合适的位置。

②在第一页的左上方插入"埃菲尔铁塔"图片,打开【设置图片格式】对话框,锁定纵横比,将图片宽、高分别设为 85%、120%;设置其环绕方式为"四周型",并将图片拖动到合适的位置。

## 5.2.5 插入并设置"历届世博会主题和参观人数统计表"文本框

**任务 5 在第二页插入一个文本框,在文本框中用表格统计和计算"历届世博会主题和参观人数"**

①在第二页右下方的位置插入一个横排文字的文本框。将"历届世博会主题和参观人数文本.doc"的内容复制到文本框中。打开【设置文本框格式】对话框,将文本框设置为"无线条颜色"和"无填充颜色",如图 5-16 所示。

②选定文本框中文本区域,单击【表格】|【转换】|【文字转换成表格】命令,如图 5-17 所示,将文本转换为表格,列数设为 5。将表格中的单元格对齐方式设为中部居中对齐,表格列宽设为根据窗口自动调整。

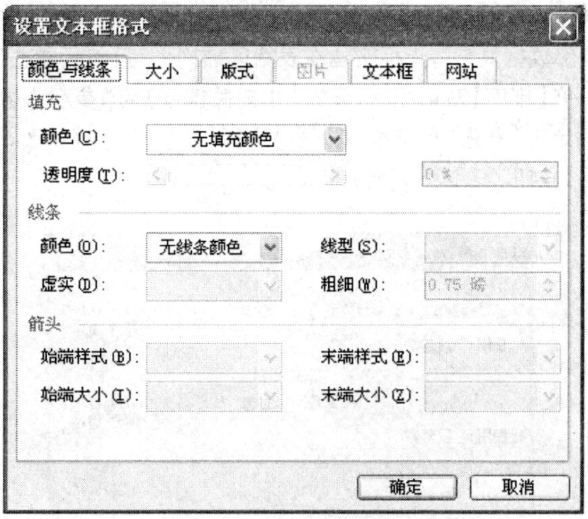

续任务 5

图 5-16 【设置文本框格式】对话框

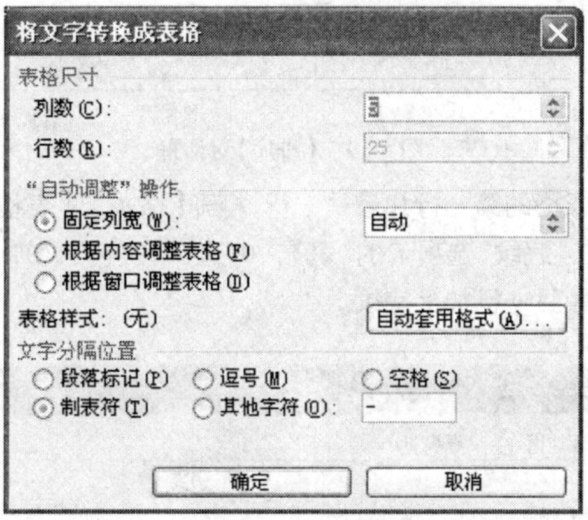

图 5-17 【将文字转换成表格】对话框

③在表格的最下方插入一个空白行，左侧第一个单元格中输入“合计”，在最后一个单元格中计算历届世博会参观人数的总和。方法有两种：一是首先将光标定位在最后一个单元格中，再单击菜单【表格】|【公式】命令，打开【公式】对话框，如图 5-18 所示。在【公式】对话栏里面编辑计算求和公式，最后单击【确定】按钮。二是将光标定位在最后一个单元格中，再单击【表格和边框】工具栏中【自动求和】按钮 Σ，就完成了对上方单元格数据的求和。

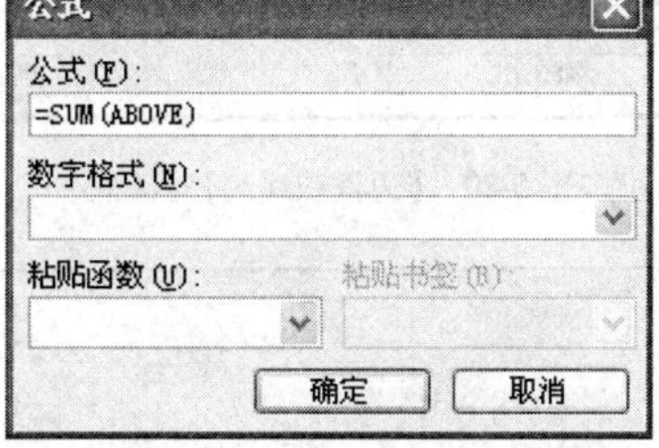

图 5-18 【公式】对话框

④将表格中的行按参观人数升序排序。选定表格中要排序的所有数据区域，如果是全部数据只需将光标定位在表格区域内即可，然后单击菜单【表格】|【排序】命令，在【排序】对话框中，设置【主要关键字】为“参观人数”，【类型】为【数字】，然后选中“升序”单选框，【列表】选择“有标题行”，如图 5-19 所示。最后单击【确定】按钮。

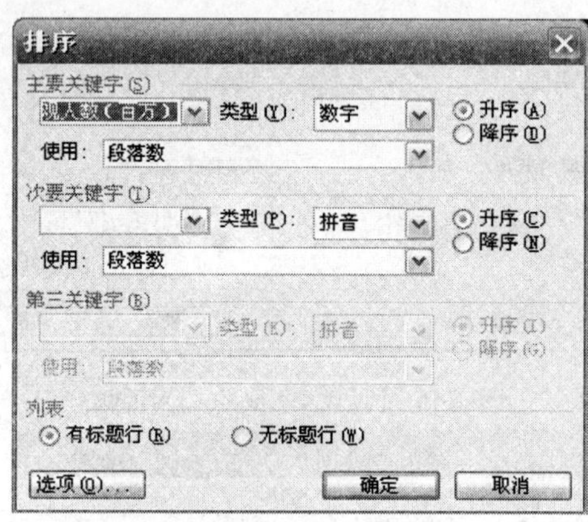


图 5-19 【排序】对话框

⑤分别选定表格的第一行和最后一行，打开【格式】|【表格和边框】对话框，如图 5-20 所示，在“底纹”选项卡的“填充”中选择“灰色 - 10%”的填充颜色，为表格的第一行和最后一行加上底纹。

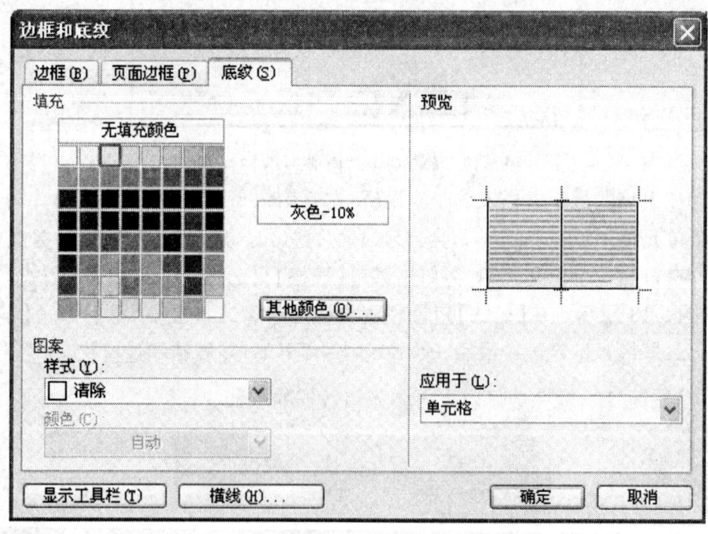


图 5-20 【边框和底纹】对话框

### 5.2.6 添加页眉和页脚

在 Word 中建立的页眉和页脚，不仅可以包括页码，还可以包含日期、时间、文字和图形等。在文档的奇数页和偶数页中是可以设置不同的页眉和页脚的。

**任务 6　在小报的页脚中添加一张图片，进一步美化文档**

①单击菜单【视图】|【页眉和页脚】命令，显示一个虚线框表示页眉区或页脚区，打开【页眉和页脚】工具栏，如图 5-21 所示。

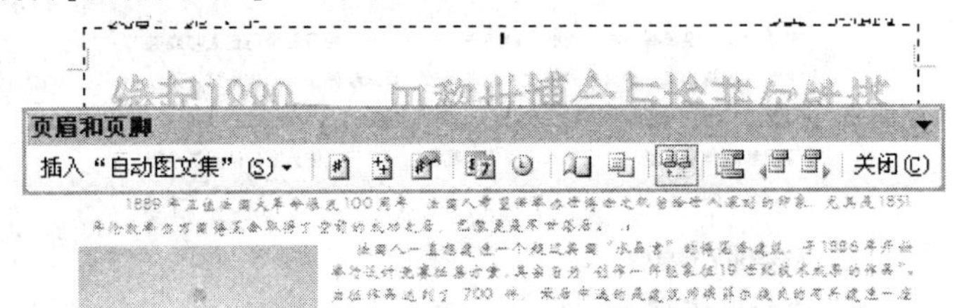

图 5-21　创建页眉和页脚

②单击【在页眉和页脚间切换】按钮进行页眉区和页脚区的切换，在页脚位置插入图片“花朵”，版式设为“衬与文字下方”，锁定纵横比，大小设为“70%”，调整图片位置使图片位于页面的左下方。

③单击【页眉/页脚】工具栏中的【关闭】按钮即可完成页眉和页脚的创建。

至此，一份漂亮的宣传小报就制作完成了，如图 5-1 所示。

## §5.3　案 例 小 结

本章以制作世博宣传小报为例，介绍了 Word 中图文混排功能的实现。图片的版式设计是图文混排的重点。在进行图文混排时，正确设置图片的文字环绕方式，便能自如地美化 Word 文档。

Word 中可以轻松地将文字与表格的进行互换。Word 中的表格虽然没有 Excel 的功能强大，但也提供了最基本的数据排序与计算的方法，能够完成日常办公中对数据进行简单计算的要求。

设置不同的页眉和页脚大致步骤如下：

(1)根据具体情况插入若干“分节符”，将整篇文档分为若干节；

(2)断开节与节之间的页眉或页脚链接；

(3)在不同的节中分别插入相应的页眉和页脚。

## §5.4　习　　题

### 上机操作

创建如图 5-22 所示的图文混排文档。

操作步骤

(1)启动 Word 2003。打开名为“京剧脸谱”的 Word 文档。

(2)将文档中所有手动换行符“ ↓ ”替换为段落标记符“ ↵ ”。

执行【编辑】|【替换】命令，在【查找范围】中输入手动换行符“ ↓ ”，如图 5-23 所示，在【替换为】中输入段落标记符“ ↵ ”，单击【全部替换】按钮。

中国京剧脸谱

# 京剧脸谱

京剧脸谱，是具有民族特色的一种特殊的化妆方法。由于每个历史人物或某一种类型的人物都有一种大概的谱式，就像唱歌、奏乐都要按照乐谱一样，所以称为“脸谱”。关于脸谱的来源，一般的说法是来自假面具。京剧脸谱艺术是广大戏曲爱好者的非常喜爱的一门艺术，国内外都很流行，已经被大家公认为是中华民族传统文化的标识。

**1. 京剧脸谱的特点**

中国传统戏曲的脸谱，是演员面部化妆的一种程式。一般应用于净、丑两个行当，其中各种人物大都有自己特定的谱式和色彩，借以突出人物的性格特征，具有“寓褒贬、别善恶”的艺术功能，使观众能目视外表，窥其心胸。因而，脸谱被誉为角色“心灵的画面”。

**2. 京剧脸谱的起源**

京剧脸谱起源于生活。每个人面部器官的形状、轮廓相似，生理布局也都有一定的规律，面部肌肉的纹理与人物的年龄、生理、经历、生活的自然条件也都有密切关系，所以京剧脸谱的勾绘是以生活为依据，也是生活的概括。如生活中常说的人的脸色，晒得漆黑、吓得煞白、臊得通红、病得焦黄等，既是剧中人物心理活动、精神状态的揭示和生理特征的表现，又是确定脸谱色彩、线条、纹样与图案的基础。

图 5-22　实例效果

查找和替换

查找(D)　替换(P)　定位(G)

查找内容(N):
选项：区分全/半角
替换为(I):

常规 ± (L)　替换(R)　取消

搜索选项
搜索：全部
区分大小写(H)
全字匹配(Y)
使用通配符(U)

替换
格式(O) ▾　特殊字符(E) ▾

段落标记(P)
制表符(T)
任意字符(C)
任意数字(G)
任意字母(Y)
脱字号(R)
§ 分节符(A)
¶ 段落符号(A)
分栏符(U)
省略号(E)
全角省略号(F)
长划线(M)
1/4 长划线(4)
短划线(N)
无宽可选分隔符(O)
无宽非分隔符(W)
尾注标记(E)
域(D)
脚注标记(F)
图形(I)
手动换行符(L)
手动分页符(K)
不间断连字符(H)
不间断空格(S)
可选连字符(O)
分节符(B)
空白区域(W)

图 5-23　【查找和替换】对话框

(3)版面设置

执行【文件】|【页面设置】命令,打开【页面设置】对话框,选择【页边距】标签,在【页边距】区域【上】【下】中均输入“2.6 厘米”,在【左】【右】中均输入“3 厘米”,如图 5-24 所示。再选择【纸张】标签,在【纸张大小】下拉列表中选择“自定义大小”,【宽度】中输入“21 厘米”,【高度】中输入“27 厘米”,如图 5-25 所示。

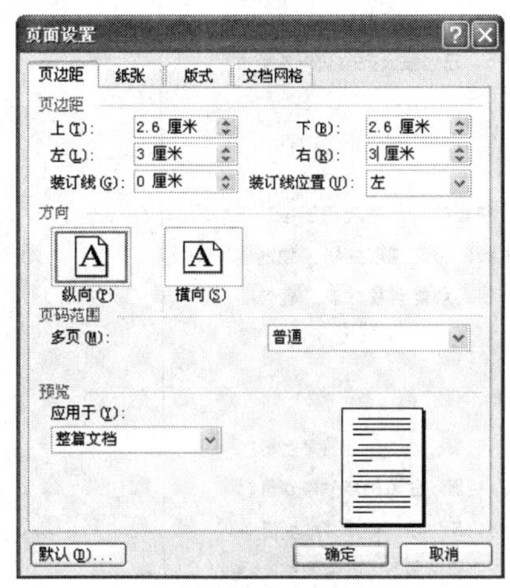


图 5-24 【页边距】标签

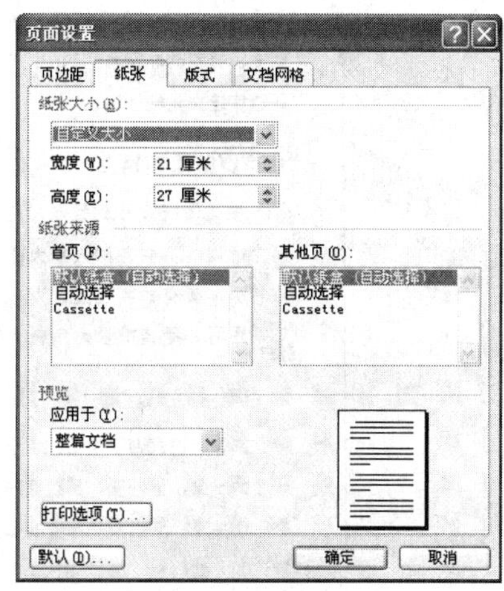


图 5-25 【纸张】标签

(4)设置文字及段落格式

①选择文中小标题“1. 京剧脸谱的特点”,按 Ctrl 同时选中“2. 京剧脸谱的起源”,设置为黑体、四号、粗体、蓝色字,效果如图 5-26 所示,左对齐、悬挂缩进 2 字符、段前 0.5 行,设置方法如图 5-27 所示。

京剧脸谱,是具有民族特色的一种特殊的化妆方法。由于每个历史人物或某一种类型的人物都有一种大概的谱式,就像唱歌、奏乐都要按照乐谱一样,所以称为“脸谱”。关于脸谱的来源,一般的说法是来自假面具。京剧脸谱艺术是广大戏曲爱好者的非常喜爱的一门艺术,国内外都很流行,已经被大家公认为是中华民族传统文化的标识。

1. 京剧脸谱的特点

中国传统戏曲的脸谱,是演员面部化妆的一种程式。一般应用于净、丑两个行当,其中各种人物大都有自己特定的谱式和色彩,借以突出人物的性格特征,具有“寓褒贬、别善恶”的艺术功能,使观众能目视外表,窥其心胸。因而,脸谱被誉为角色“心灵的画面”。

2. 京剧脸谱的起源

京剧脸谱起源于生活。每个人面部器官的形状、轮廓相似,生理布局也都有一定的规律,面部肌肉的纹理与人物的年龄、生理、经历、生活的自然条件也都有密切关系,所以京剧脸谱的勾绘是以生活为依据,也是生活的概括。如生活中常说的人的脸色,晒得漆黑、吓得煞白、臊得通红、病得焦黄等,既是剧中人物心理活动、精神状态的揭示和生理特征的表现,又是确定脸谱色彩、线条、纹样与图案的基础。

图 5-26 设置小标题字体后效果

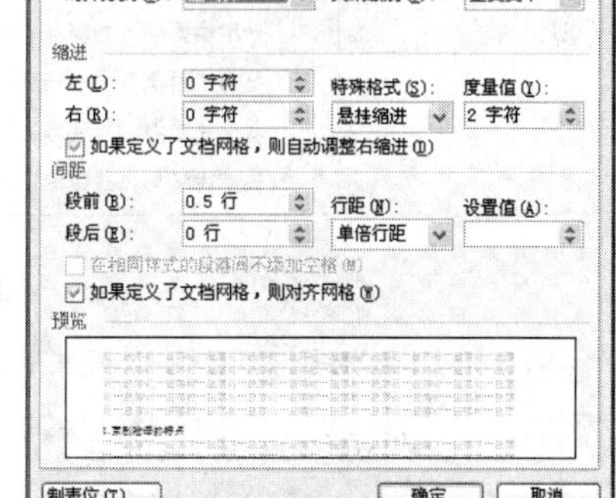


图 5-27 【段落】对话框

②选择除标题和小标题外的所有文字,设置为黑体、小四号字,左对齐、首行缩进 2 字符、1.5 倍行距,段前段后均为 0 行,效果如图 5-28 所示。

(5)设置页眉文字

在文章中插入页眉文字“中国京剧脸谱”,宋体、五号字,居中对齐,效果如图 5-29 所示。

(6)标题插入艺术字

①选中标题文字“京剧脸谱”【剪切】,执行【插入】|【图片】|【艺术字】,打开【艺术字库】对话框,选择“第三行第一列艺术字型”,如图 5-30 所示,单击【确定】按钮。打开【编辑“艺术

字”文字】对话框,【粘贴】“京剧脸谱”,如图5-31所示,单击【确定】按钮。

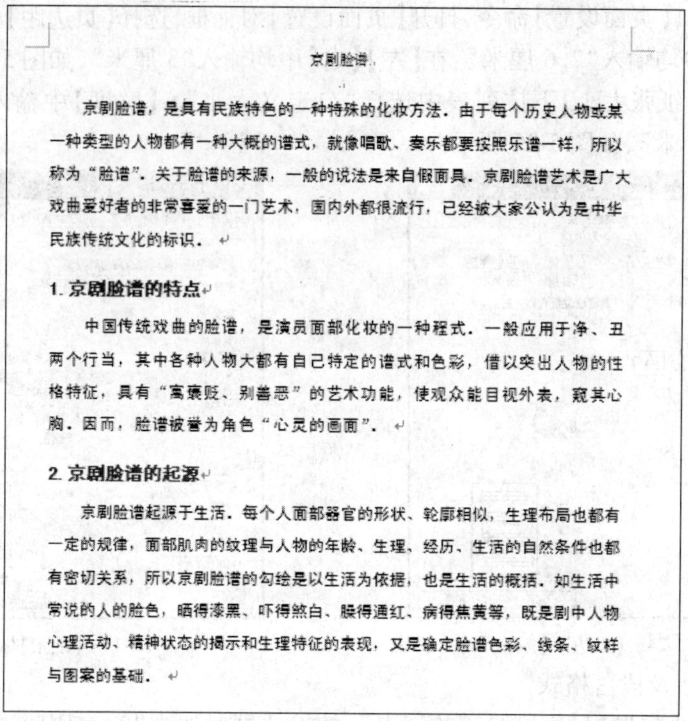

京剧脸谱

京剧脸谱，是具有民族特色的一种特殊的化妆方法。由于每个历史人物或某一种类型的人物都有一种大概的谱式，就像唱歌、奏乐都要按照乐谱一样，所以称为“脸谱”。关于脸谱的来源，一般的说法是来自假面具。京剧脸谱艺术是广大戏曲爱好者的非常喜爱的一门艺术，国内外都很流行，已经被大家公认为是中华民族传统文化的标识。

**1. 京剧脸谱的特点**

中国传统戏曲的脸谱，是演员面部化妆的一种程式。一般应用于净、丑两个行当，其中各种人物大都有自己特定的谱式和色彩，借以突出人物的性格特征，具有“寓褒贬、别善恶”的艺术功能，使观众能目视外表，窥其心胸。因而，脸谱被誉为角色“心灵的画面”。

**2. 京剧脸谱的起源**

京剧脸谱起源于生活。每个人面部器官的形状、轮廓相似，生理布局也都有一定的规律，面部肌肉的纹理与人物的年龄、生理、经历、生活的自然条件也都有密切关系，所以京剧脸谱的勾绘是以生活为依据，也是生活的概括。如生活中常说的人的脸色，晒得漆黑、吓得煞白、臊得通红、病得焦黄等，既是剧中人物心理活动、精神状态的揭示和生理特征的表现，又是确定脸谱色彩、线条、纹样与图案的基础。

图5-28　设置文字及段落格式后效果

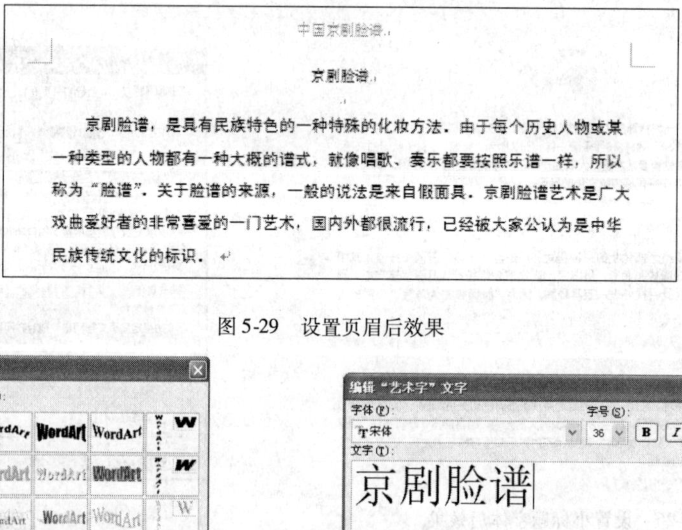

中国京剧脸谱

京剧脸谱

京剧脸谱，是具有民族特色的一种特殊的化妆方法。由于每个历史人物或某一种类型的人物都有一种大概的谱式，就像唱歌、奏乐都要按照乐谱一样，所以称为“脸谱”。关于脸谱的来源，一般的说法是来自假面具。京剧脸谱艺术是广大戏曲爱好者的非常喜爱的一门艺术，国内外都很流行，已经被大家公认为是中华民族传统文化的标识。

图5-29　设置页眉后效果

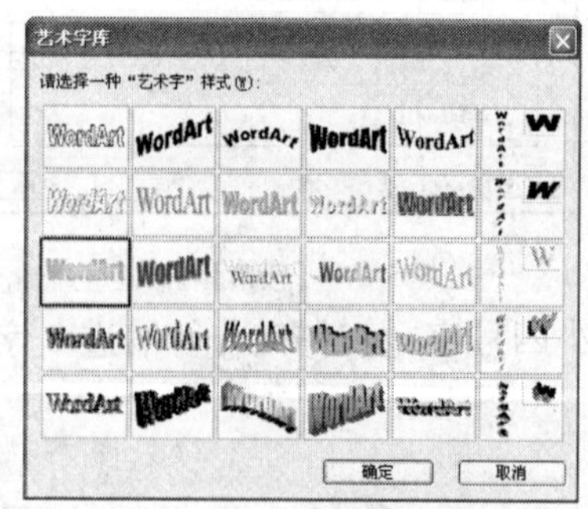

图5-30　【艺术字库】对话框

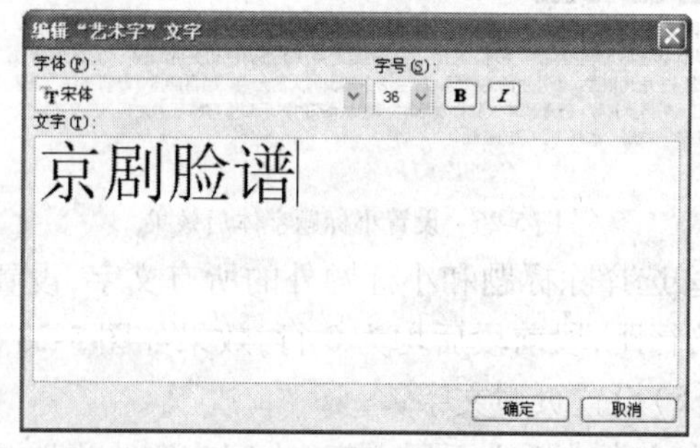

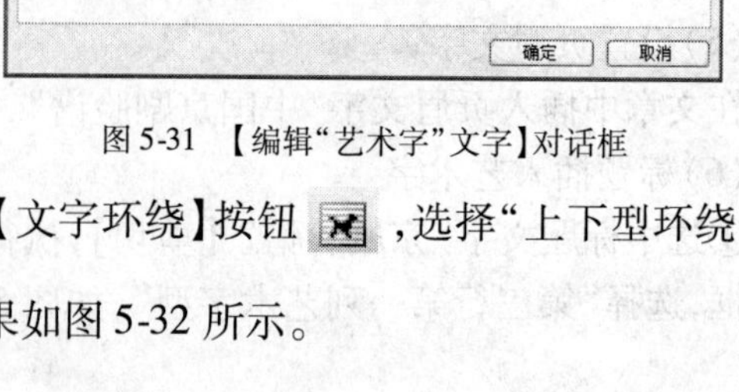

图5-31　【编辑“艺术字”文字】对话框

②选中艺术字,打开【艺术字】工具栏,单击【文字环绕】按钮 ,选择“上下型环绕”,单击【艺术字形状】按钮 ,选择“双波形1”,效果如图5-32所示。

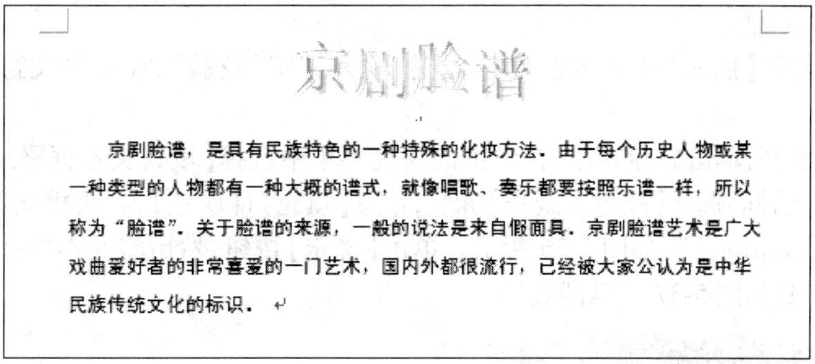

京剧脸谱

京剧脸谱，是具有民族特色的一种特殊的化妆方法。由于每个历史人物或某一种类型的人物都有一种大概的谱式，就像唱歌、奏乐都要按照乐谱一样，所以称为“脸谱”。关于脸谱的来源，一般的说法是来自假面具。京剧脸谱艺术是广大戏曲爱好者的非常喜爱的一门艺术，国内外都很流行，已经被大家公认为是中华民族传统文化的标识。

图 5-32　插入标题艺术字后效果

(7)插入图片并设置版式

①单击【插入】|【图片】|【来自文件】命令，弹出【插入图片】对话框，选择准备好的“花脸.jpg”文件，单击【确定】按钮。

②在插入的图片上双击鼠标左键，弹出【设置图片格式】对话框，选择【大小】标签，将【缩放】的【宽度】和【高度】都设置为“80%”，如图 5-33 所示。

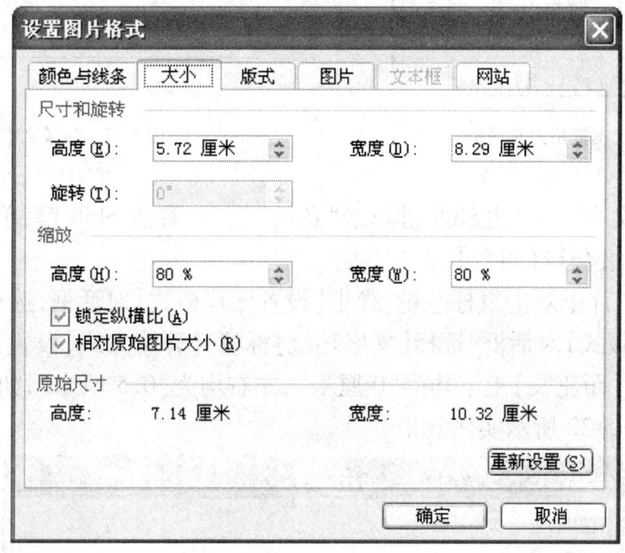


图 5-33　设置图片格式

③在【设置图片格式】对话框中切换到【版式】标签，将【环绕方式】设置为“四周型”，如图 5-34 所示。单击【确定】按钮，然后将图片拖动到合适的位置松开鼠标，得到如图 5-35 所示的效果。

图 5-34　设置版式

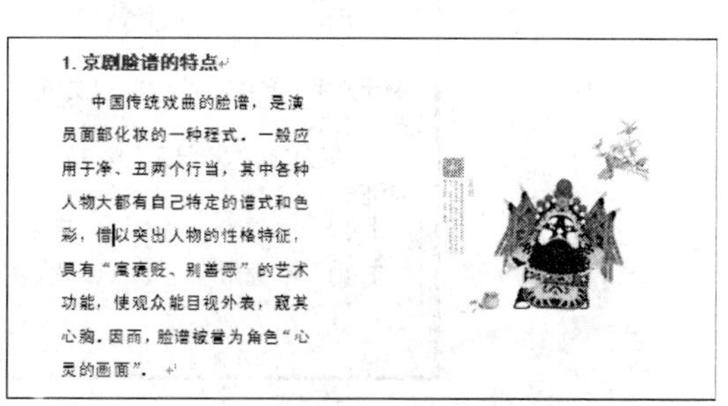


图 5-35　设置版式后的效果

(8)插入文本框

①在图片左侧【插入】|【文本框】|【竖排】,输入文字“花脸”,设置华文行楷、初号、深红色字。

②选中文本框,单击鼠标右键,在弹出的快捷菜单中选择【设置文本框格式】,打开【设置文本框格式】对话框,选择【颜色与线条】标签,设置【填充】|【颜色】为“无填充颜色”,【线条】|【颜色】为“无线条颜色”,如图5-36所示。单击【确定】按钮,然后将文本框拖动到合适的位置松开鼠标,得到如图5-37所示的效果。

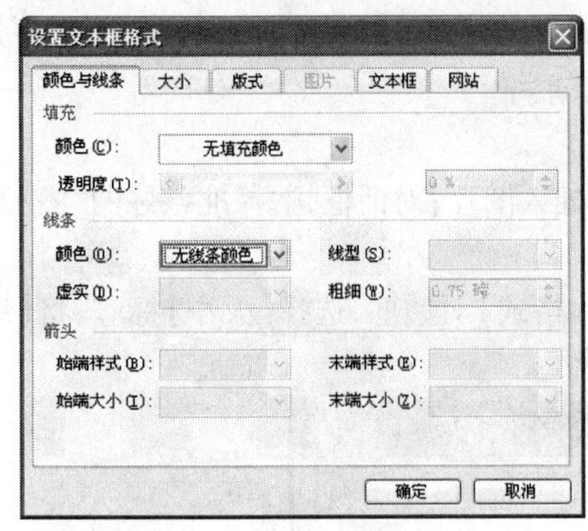


图5-36 设置文本框格式对话框

图5-37 设置文本框后的效果

(9)图文混排

①选择“花脸”文本框,按住Shift键单击“花脸”图片,释放Shift键,单击鼠标右键在弹出的快捷菜单中选择【组合】|【组合】。

②在组合后的图片上双击鼠标左键,弹出【设置图片格式】对话框,选择【版式】标签,单击【高级】,打开【高级版式】对话框,选择【文字环绕】标签,【环绕方式】设置为“四周型”,【环绕文字】“只在左侧”,【距正文】上下均为“0厘米”,左右均为“0.5厘米”,如图5-38所示。逐一【确定】,即可得到图5-22所示实例效果。

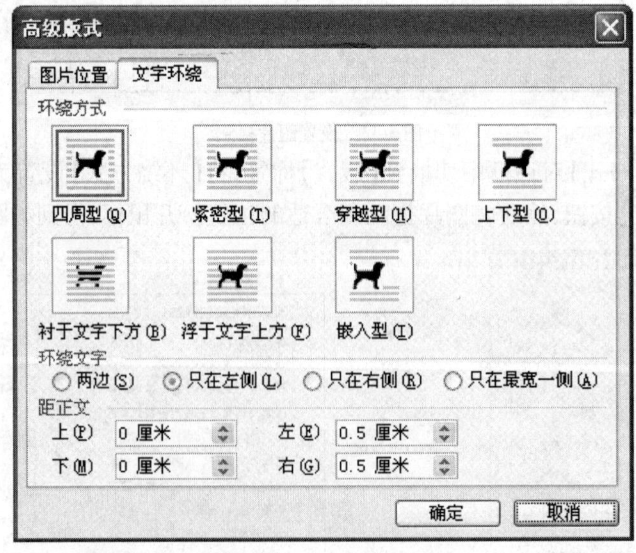


图5-38 【高级版式】对话框

# 第6章　Excel基本应用——制作电子通讯录

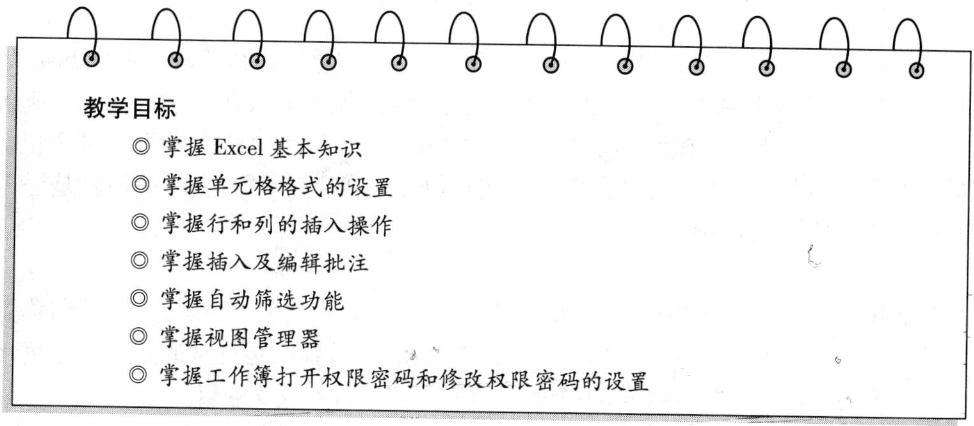


## §6.1　制作通讯录案例分析

### 6.1.1　任务的提出

为了方便公司各部门员工之间的联系沟通，经理要求小张用 Excel 制作一个智能型通讯录，包括员工的姓名、部门、办公电话、手机、QQ 号和 E-mail 地址；能够通过自动筛选方便用户的查阅和修改；为通讯录创建打开和修改权限的密码。

### 6.1.2　解决方案

小张经过认真考虑，最终制作了如图 6-1 所示的通讯录，并给出了创建通讯录的方案。

通讯录

| 姓　名 | 部　门 | 办公电话 | 手机 | QQ号 | E-mail |
|---|---|---|---|---|---|
| 钟　凝 | 销售部 | 87668231 | 13509567997 | 115468 | wyj@sxgs.com |
| 李　凌 | 销售部 | 87668231 | 13956677768 | 2626888 | jiex@tom.com |
| 薛海仓 | 销售部 | 87668231 | 13932408798 | 547896323 | qyl1@sina.com |
| 胡　梅 | 销售部 | 87668231 | 13708932151 | 1158694 | Suy@hncd.cn |
| 周明明 | 财务部 | 87668021 | 13932138679 | 102365925 | hu8@126.com |
| 张和平 | 财务部 | 87668021 | 13683775569 | 5786934 | seadh@vip.sina.com |
| 郑裕同 | 技术部 | 87668039 | 13605424892 | 75236981 | kff@sina.com |
| 郭丽明 | 技术部 | 87668039 | 13676190967 | 5569342 | cju@126.com |
| 赵　海 | 技术部 | 87668039 | 13562184663 | 369583452 | wj@sohu.com |

图 6-1　通讯录

①规划表格结构并输入内容。

②设置自动筛选功能。

③插入并编辑批注。

④创建打开权限密码和修改权限密码。

### 6.1.3 相关知识点

1. 工作簿、工作表和单元格

(1)工作簿

每次启动 Excel 后,它都会自动地创建一个新的空白工作簿,其默认名称是 BookX(X 为 1,2,3,…,$n$)。一个工作簿是由若干张工作表组成(默认为 3 个),在一个工作簿中所包含的工作表都以标签的形式排列在工作簿的底部,当需要进行工作表切换的时候,只要用鼠标单击相应的工作表名称即可。工作簿以文件的形式存放在磁盘上,一个 Excel 文件就是一个工作簿,Excel 文件的扩展名是 xls。

(2)工作表

工作表用于组织和分析数据,它由 256×65 536 个单元格组成,工作表的默认名称是 SheetX(X 是 1,2,3,…,$n$)。在 Excel 中工作簿和工作表的关系就像是日常的账簿和账页之间的关系。一个账簿可由多个账页组成,一个账页可以反映某月的收支账目。

(3)单元格

单元格是 Excel 组织数据的最基本单元。每个单元格都是工作表区域内行与列的交点。工作表中的行号用数字来表示,即 1,2,3,…,65 536;列号用 26 个英文字母及其组合来表示,即 A,B,…,Z,AA,AB,AC,…,IV。

在 Excel 中,单元格是通过位置标识的,即由该单元格所在的列号和行号组成,称作单元格名,这也就是它的"引用地址"。需要注意的是,单元格名列号在前,行号在后。例如单元格 B3 表示 B 列第 3 行单元格。一个单元格名唯一确定一个单元格。每个单元格可以存放多达 3200 个字符的信息。

在引用单元格时(如公式中),就必须使用单元格的引用地址。如果在不同工作表中引用单元格,为了加以区分,通常在单元格地址前加工作表名称,例如 Sheet2!D3 表示 Sheet2 工作表的单元格 D3。如果在不同的工作簿之间引用单元格,则在单元格地址前加相应的工作簿和工作表名称,例如[Book2]Sheet1!B1 表示 Book2 工作簿 Sheet1 工作表中的单元格 B1。

2. 单元格的格式化设置

包括单元格的对齐方式、字体格式、边框及底纹等。

3. 批注

批注是附加在单元格中,与其他单元格内容分开的注释。批注是十分有用的提醒方式,例如注释复杂的公式如何工作,或为其他用户提供反馈。批注可以进行添加和编辑。

4. 创建密码

在打开文件时,要求输入密码,以杜绝未经授权的用户。

输入上面设置的密码允许打开文档,但是要经授权的用户才可以对其进行更改。如果有人更改了文档却不拥有修改文档的密码,则仅能以其他名称保存文档。修改文件时要求输入密码。

密码是区分大小写的,如果用户指定密码时混合使用了大小写字母,用户输入密码时键入的大小写形式必须与指定的完全一致。密码可包含字母、数字、空格和符号的任意组合，并且最长可以为 15 个字符。如果选择了高级的加密选项，可以使用更长的密码。

# §6.2　实 现 方 法

## 6.2.1　规划表格结构

在通讯录中记载了姓名、E-mail 地址和电话号码等多种信息，因此表格的结构就决定于所要记载的信息。

**任务 1　制作如图 6-1 所示的表格结构的通讯录工作簿，将工作表标签命名为“通讯录”**

①启动 Excel。用鼠标单击桌面底部左端的【开始】按钮，并在【所有程序】菜单中的【Microsoft Office】子菜单中单击【Microsoft Office Excel 2003】命令，便可以启动 Excel 应用程序，如图 6-2 所示。

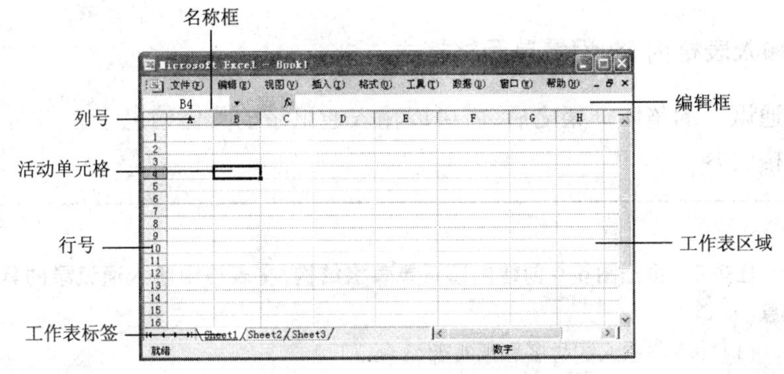


图 6-2　Excel 2003 窗口界面

由于要建立一个包含“姓名”、“部门”、“办公电话”、“手机”、“QQ 号”和“E-mail”等信息在内的通讯录，所以在 Excel 中输入全部信息之前，需要先对表格的信息加以规划。

②更改工作表的名称。将鼠标的指针移到 Sheet1 工作表的标签上，单击鼠标右键，在弹出的快捷菜单中选择【重命名】命令，如图 6-3 所示，然后输入新的

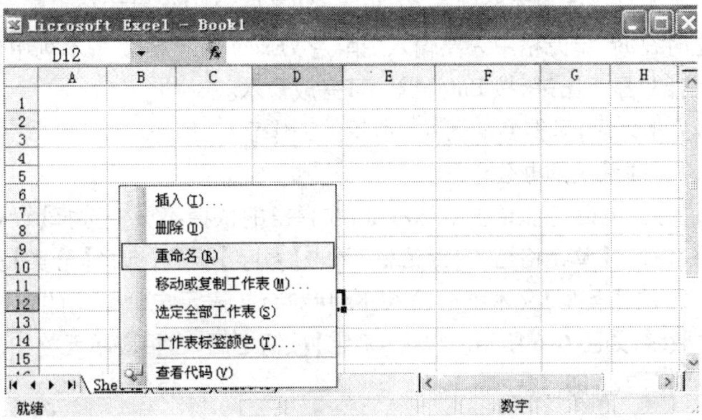

图 6-3　更改工作表名称

续任务 1

名称“通讯录”。

对工作表重命名还可以选择【格式】|【工作表】|【重命名】命令，然后输入新的工作表名称；也可以双击工作表的标签位置，再输入工作表的新名称。

③输入表头。选中单元格 A1，输入文本内容“通讯录”，按 Enter 键结束。在单元格区域 A2: F2 中分别输入“姓名”、“部门”、“办公电话”、“手机”、“QQ 号”和“E-mail”，得到如图 6-4 所示的工作表。

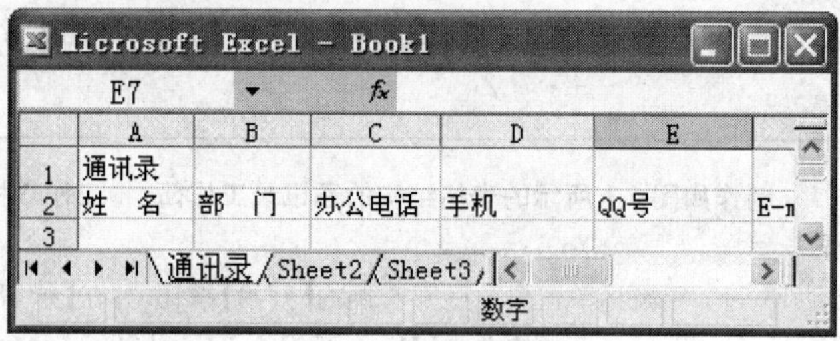


图 6-4　输入表格表头

### 6.2.2　输入表格内容，设置单元格格式

在建立起通讯录的整体框架之后，就可以输入通讯录的具体信息了。

1. 输入表格内容

**任务 2　根据图 6-4 创建的通讯录表格结构，在表格中输入通讯录的具体信息**

(1) 输入联系人的姓名和所在部门

由于联系人所在的部门可能存在许多相同的内容，我们可以利用“复制”、“粘贴”的方法提高输入效率。在单元格 B3 中输入“销售部”之后，单击该单元格，然后按 Ctrl + C 组合键，在该单元格的边框呈现出循环转动的虚线框，接着单击目标单元格 B6，再按 Ctrl + V 组合键，即可把单元格 B3 中的内容复制到单元格 B6 中。

其实在 Excel 中，还有一项功能可以帮助我们快速输入相同的内容，即记忆式键入。例如，在 B3 单元格中输入“销售部”之后，到 B6 单元格也需要输入“销售部”，这时在 B6 单元格中只要输入“销”字，Excel 就会自动将本列中前面输入过的“销售部”显示出来，按 Enter 键即可完成输入。

输入完毕之后，可得到如图 6-5 所示的工作表。

(2) 输入联系人的办公电话

选中“办公电话”列，单击鼠标右键，在弹出的快捷菜单中选择【设置单元格格式】命令，打开【单元格格式】对话框，单击【数字】标签，选择【分类】列表框中的【自定义】，在【类型】文本框中输入“8#######”，表示电话号码的首位为 8，后面跟 7 位数字，如图 6-6 所示。单击【确定】按钮之后，在相应单元格中输入固定电话号码的后 7 位即可。

续任务 2

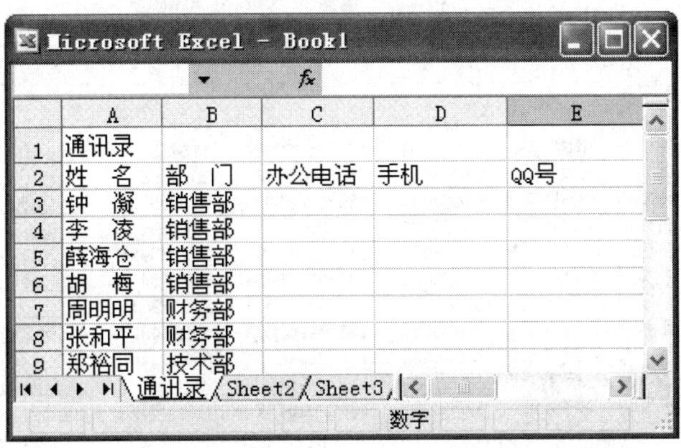


图 6-5　输入姓名和部门内容

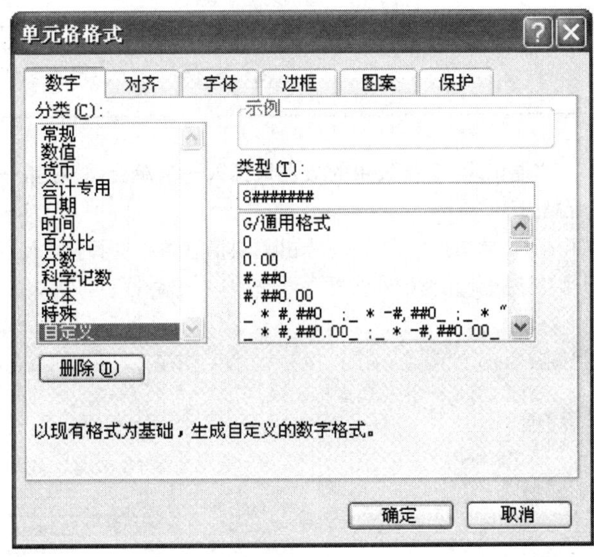


图 6-6　【单元格格式】对话框

更简单的解决办法是在所输入的数字之前加上字符“'”，系统即可将数字的格式作为文本处理。

(3) 输入联系人的 QQ 号和 E-mail 地址

输入 E-mail 地址之后，系统会自动添加链接，E-mail 地址字体显示为蓝色，并加下划线。如果单击 E-mail 地址单元格，会启动电子邮件编辑器(如 Outlook)，并自动填写好邮件收件人的地址，以方便用户发送电子邮件。

以上内容全部正确无误地输入完毕之后，可以得到如图 6-7 所示的工作表。

如果要去掉在输入 E-mail 地址后自动添加的超链接，可以将光标移到单元格上方，单击鼠标右键，在弹出的快捷菜单中选择【取消超链接】命令。

续任务2

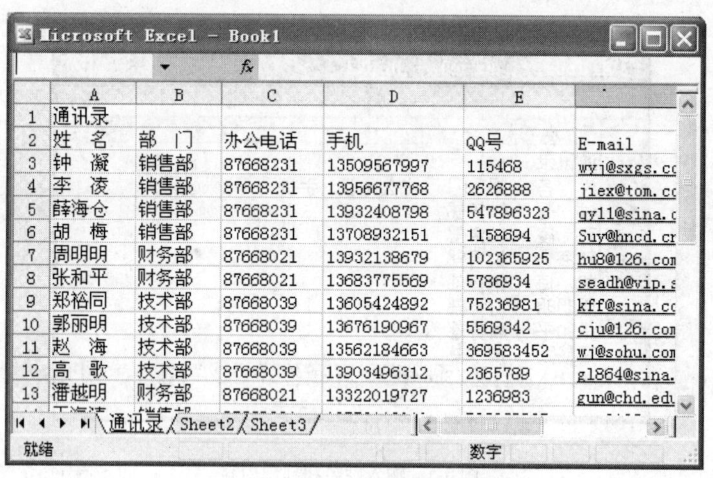


|  | A | B | C | D | E |  |
|---|---|---|---|---|---|---|
| 1 | 通讯录 |  |  |  |  |  |
| 2 | 姓　名 | 部　门 | 办公电话 | 手机 | QQ号 | E-mail |
| 3 | 钟　凝 | 销售部 | 87668231 | 13509567997 | 115468 | wyj@sxgs.cc |
| 4 | 李　凌 | 销售部 | 87668231 | 13956677768 | 2626888 | jiex@tom.cc |
| 5 | 薛海仓 | 销售部 | 87668231 | 13932408798 | 547896323 | gy11@sina.c |
| 6 | 胡　梅 | 销售部 | 87668231 | 13708932151 | 1158694 | Suy@hncd.cr |
| 7 | 周明明 | 财务部 | 87668021 | 13932138679 | 102365925 | hu8@126.com |
| 8 | 张和平 | 财务部 | 87668021 | 13683775569 | 5786934 | seadh@vip.s |
| 9 | 郑裕同 | 技术部 | 87668039 | 13605424892 | 75236981 | kff@sina.cc |
| 10 | 郭丽明 | 技术部 | 87668039 | 13676190967 | 5569342 | cju@126.com |
| 11 | 赵　海 | 技术部 | 87668039 | 13562184663 | 369583452 | wj@sohu.com |
| 12 | 高　歌 | 技术部 | 87668039 | 13903496312 | 2365789 | gl864@sina. |
| 13 | 潘越明 | 财务部 | 87668021 | 13322019727 | 1236983 | gun@chd.edu |

图 6-7　通讯录工作表

## 2. 插入行和列

**任务 3　在"通讯录"工作表中的最左边插入一列单元格，在第一行的上方插入一行单元格**

①选中第 A 列，单击鼠标右键，从弹出的快捷菜单中选择【插入】命令，如图 6-8 所示，即可在该列单元格的左方插入一整列。

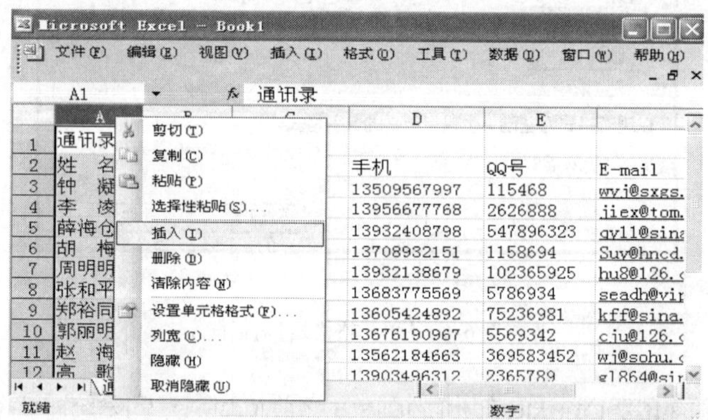


图 6-8　插入列过程

②插入行。选中第一行，重复上述操作，即可在第一行的上方插入一整行。

插入行或列的操作，也可以通过单击【插入】|【行】或【列】命令实现。但插入的行总是在选择的单元格所在行的上方，插入的列总是在选择的单元格所在列的左侧。

执行上述插入列和插入行操作得到的通讯录工作表如图 6-9 所示。

插入行或列时，也可以选中某一单元格，然后单击【插入】|【单元格】命令，在弹出的【插入】对话框中选择【整行】或【整列】单选项，如图 6-10 所示。

续任务 3

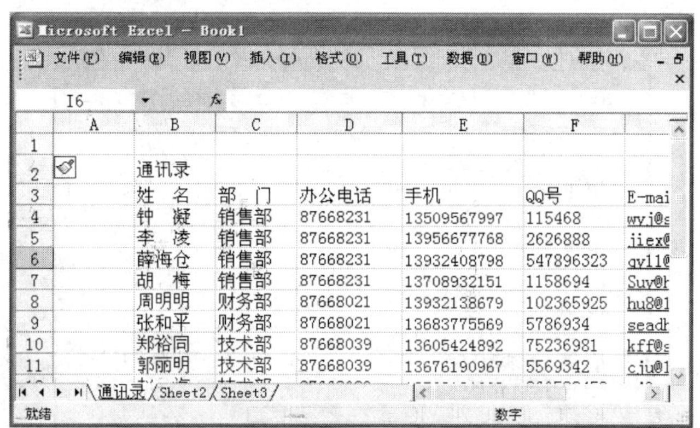


图 6-9 插入行和列

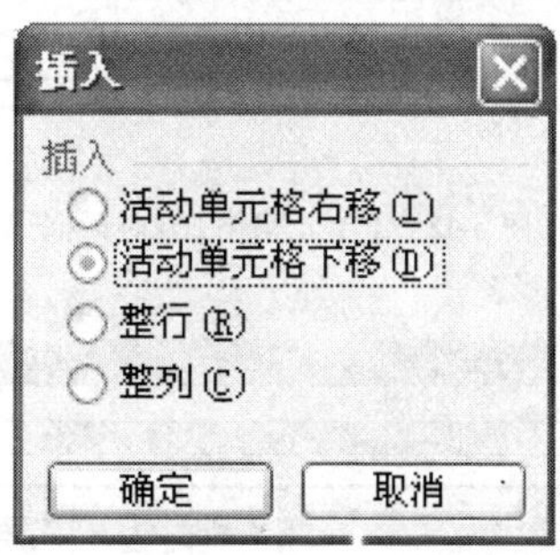


图 6-10 【插入】对话框

当需要删除某行或某列时,只需要选中该行或该列,然后在图 6-8 所示的快捷菜单中选择【删除】命令即可。

3. 设置单元格格式

所有内容输入完毕后,最原始的“通讯录”工作表基本制作完成,接下来对工作表进行单元格格式的设置。

(1)合并单元格

**任务 4 将表头“通讯录”一行的单元格合并,表头和标题行内容居中显示;“姓名”、“部门”、“办公电话”和“手机”列下面的内容居中对齐显示;“QQ 号”和“E-mail”列下面的内容左对齐显示**

①选中单元格区域 B2:G2,单击【格式】|【单元格】命令,打开【单元格格式】对话框,单击【对齐】标签,将【水平对齐】下拉列表设置为“居中”,选中【合并单元格】复选框,如图 6-11 所示。单击【确定】按钮即可。

要在 Excel 中对单元格进行合并,除上述方法之外,还有两种方法可供选择。

方法一:选中所要合并的单元格区域,然后单击鼠标右键,在弹出的快捷菜单中选择【设置单元格格式】命令,如图 6-12 所示,弹出【单元格格式】对话框,再进行相关设置即可。

方法二:选中所要合并的单元格区域,单击【格式】工具栏中的【合并及居中】按钮,即可合并所选区域,并可同时使区域内的文字居中。

续任务 4

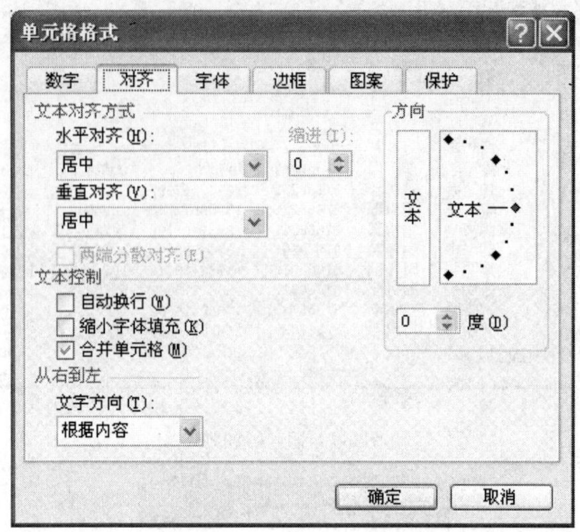


图 6-11 【单元格格式】对话框

图 6-12 合并单元格过程

②选中单元格区域 B3: G3,单击【格式】工具栏中的【居中】按钮,所选区域内的文字居中显示。

按照上述方法,将“姓名”、“部门”、“办公电话”和“手机”等列下的内容信息居中显示。

③选中“QQ 号”和“E-mail”两列下的内容信息,单击【格式】工具栏中的【左对齐】按钮,所选区域内的文字左对齐显示。

在 Excel 单元格中输入内容时,默认的对齐方式取决于数据的类型。文本内容(包括汉字和英文字符)默认为左对齐;数值(包括数字、日期等)默认为右对齐。

设置单元格内容的对齐方式后的效果,如图 6-13 所示。

续任务 4

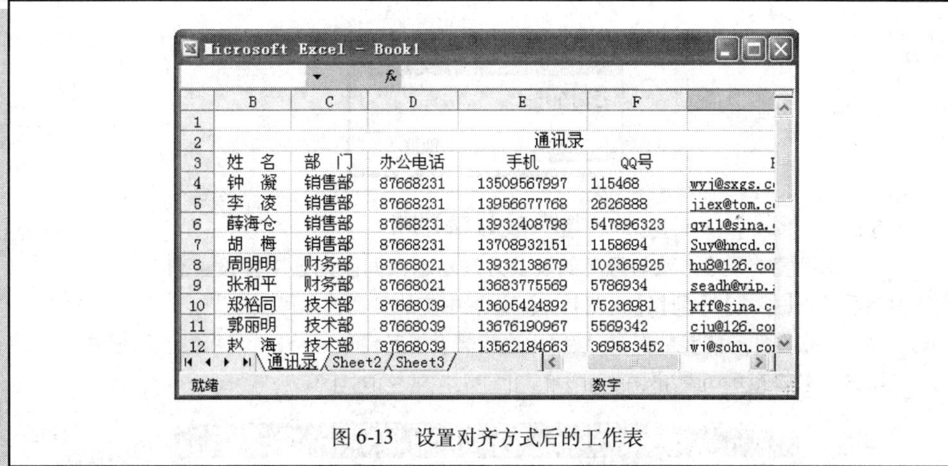

图 6-13　设置对齐方式后的工作表

(2)调整行高和列宽

如果单元格的行高或列宽不合适,可以根据单元格中的内容进行相应调整。

**任务 5　将通讯录标题行下的所有记录通讯信息的单元格,行高设置为"20.25";第一行高度设置为"12.00",第二行行高为"32.25",第三行行高为"22.25";列宽的设置参数如表 6-1 所示**

**列宽设置参数**　　表 6-1

| 列名 | 列宽值 | 列名 | 列宽值 |
|---|---|---|---|
| A | 2.88 | E | 12.13 |
| B | 8.38 | F | 12.13 |
| C | 8.38 | G | 25.00 |
| D | 10.00 | | |

①选中单元格区域 B4: G22,单击【格式】|【行】|【行高】命令,如图 6-14 所示。打开【行高】对话框,在【行高】文本框中输入"20.25",如图 6-15 所示。单击【确定】按钮即可。

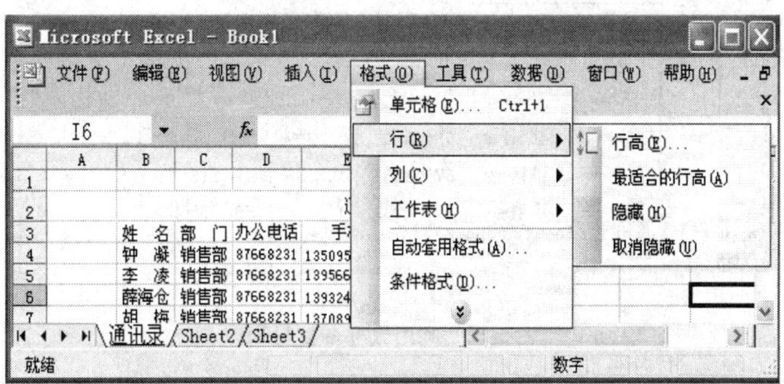

图 6-14　设置行高过程

续任务5

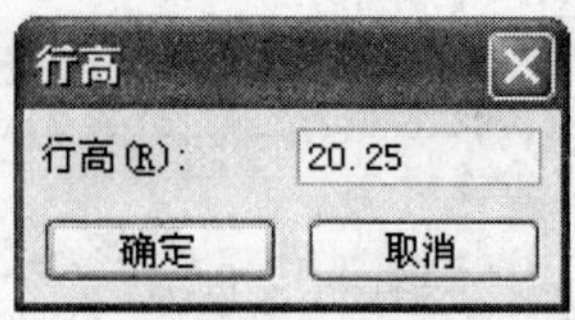


图6-15 【行高】对话

②列宽的设置方法与行高的设置方法基本相同。先选中要设置列宽的列，然后单击【格式】|【列】|【列宽】命令，设置相应的列宽值即可。

③根据任务的参数要求，按照上述步骤设置其他单元格的行高和列宽，设置后的效果如图6-16所示。

Microsoft Excel - Book1

| | A | B | C | D | E | F | |
|---|---|---|---|---|---|---|---|
| 1 | | | | | | | |
| 2 | | | | | 通讯录 | | |
| 3 | | 姓 名 | 部 门 | 办公电话 | 手机 | QQ号 | |
| 4 | | 钟 凝 | 销售部 | 87668231 | 13509567997 | 115468 | wyj@sxgs |
| 5 | | 李 凌 | 销售部 | 87668231 | 13956677768 | 2626888 | jiex@tom |
| 6 | | 薛海仓 | 销售部 | 87668231 | 13932408798 | 547896323 | qy11@sin |
| 7 | | 胡 梅 | 销售部 | 87668231 | 13708932151 | 1158694 | Suy@hncd |
| 8 | | 周明明 | 财务部 | 87668021 | 13932138679 | 102365925 | hu8@126. |

通讯录 Sheet2 Sheet3

就绪 数字

图6-16 设置行高和列宽后效果

上述行高与列宽的设置方法仅局限于单个单元格或一系列行高值或列宽值相同的单元格区域的情况，更常用的方法是直接用鼠标拖动边框线改变行高和列宽。可以把鼠标指针放在该单元格所在行的行号的下边框上，当鼠标指针变成上下双向箭头时，即可按住鼠标左键拖动鼠标对单元格高度进行调整，在鼠标旁边会显示当前调整到的高度值，如图6-17所示。

图6-17 利用鼠标调整行高

(3)设置字体和字号

为了使表头和表格的标题等项目显得更加醒目，可以为其设置字体和字号。

**任务6　将表头"通讯录"设置为"隶书"、"24号"并且"粗体"显示；表格的标题行为"宋体"、"10号"并且"粗体"显示；其余单元格内容为"宋体"和"10号"**

①选中单元格B2，在【格式】工具栏中的【字体】下拉列表中选择"隶书"，在【字号】下拉列表中选择"24" 隶书 24，然后单击【加粗】按钮 **B**，即可完成对该单元格的字体设置。

对字符进行加粗处理时，如果选中没有加粗的内容并单击【加粗】按钮，所选中内容的字体被加粗；如果选中已加粗的内容再单击【加粗】按钮，所选中内容的字体被取消加粗；如果选中的内容同时有加粗和未加粗的字符，单击【加粗】按钮时，所选中内容先取消加粗，再次单击时被加粗。对齐、合并和下划线操作类似。

②按照同样的方法，根据任务要求设置其他单元格的字符格式。

由于"E-mail地址"项目中的内容有下划线（系统默认的链接格式），如果为了打印时效果更好，可以对这些单元格区域进行如下处理。

③选中单元格区域G4:G22，单击【格式】工具栏中的【下划线】按钮 U，即可取消下划线的显示。

④选中单元格区域G4:G22，单击【格式】工具栏中的【字体颜色】按钮 A 处的下拉箭头，在颜色列表中选择【自动】按钮即可，如图6-18所示。

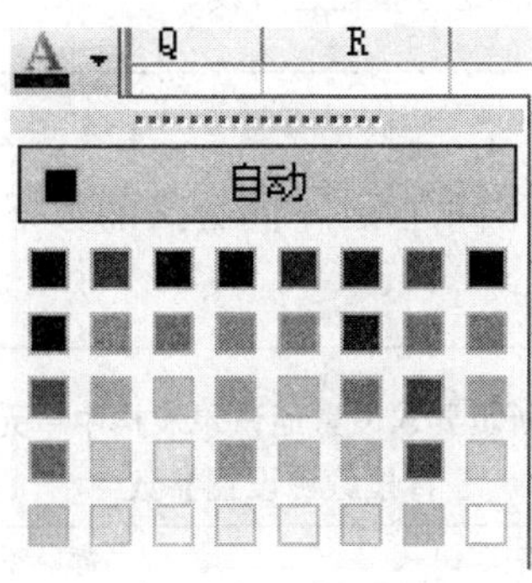


图6-18　设置字体颜色

(4)设置边框

给单元格设置边框可以使工作表更加美观。

进行边框设置时，如果对边框线条有要求，则只能通过【单元格格式】对话框设置。设置时，必须先选中线条样式，然后才能单击边框按钮。如果想设置外边框，可以在【预置】栏中选中【外边框】按钮。

**任务7　将"通讯录"工作表的表头所在的单元格，设置为"粗线条"下边框；将表格内其他单元格均设置为"细线"的下边框和内部边框显示**

①选中单元格B2，单击【格式】|【单元格】命令，打开【单元格格式】对话框，单击【边框】标签。

②选择【线条】区域【样式】列表框中右边的第五根粗线条，单击【边框】区域中 边框 按钮，如图6-19所示。

续任务 7

③单击【确定】按钮，设置好所选单元格的粗线条下边框。

④选中单元格区域 B3: G22，在【单元格格式】对话框的【边框】标签中，选择【线条】区域【样式】列表框中左边的第七根细线条，单击【边框】区域中按钮，然后单击【预置】区域中的【内部】按钮，如图 6-20 所示。

图 6-19　设置表头单元格边框

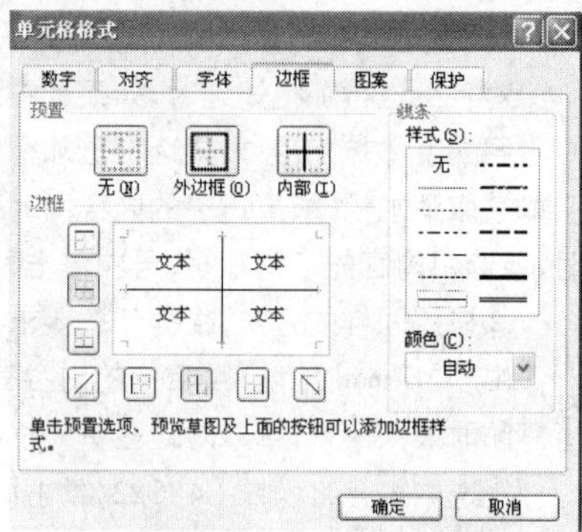

图 6-20　设置其他单元格边框

在选中要设置边框的单元格区域后，也可以在【格式】工具栏中的【边框】按钮的下拉列表中选择相应的边框按钮进行设置。

(5) 设置背景颜色

设置单元格背景颜色，可以使不同性质、不同含义的数据之间的区别更加明显，也可使整个单元格页面更加美观。

**任务 8　按照表 6-2 所示要求设置通讯录表格中单元格的背景颜色**

**背景颜色设置参数**　　表 6-2

| 单元格区域 | 背景颜色 |
|---|---|
| B3: G3 | 灰色 -25% |
| B4: B22 | 茶色 |
| C4: C22、E4: E22、G4: G22 | 浅青绿 |
| D4: D16、F4: F16 | 浅黄 |

①选中单元格区域 B3: G3，单击【格式】工具栏中的【填充颜色】按钮处的下拉箭头，在颜色列表中选中“灰色 -25%”按钮，如图 6-21 所示。

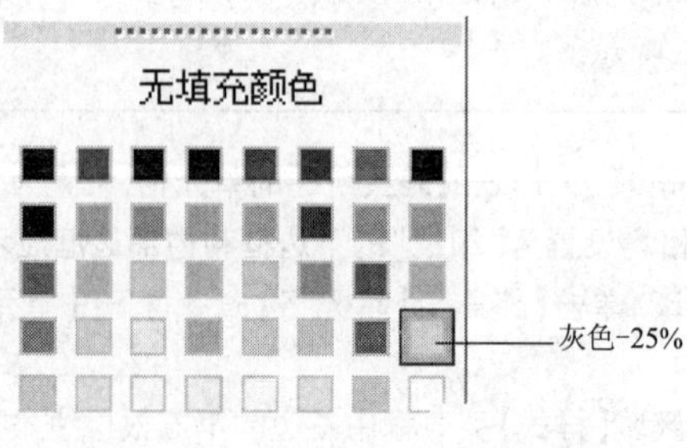


图 6-21　设置“灰色 -25%”背景颜色

续任务 8

②按上述步骤，选中单元格区域 B4: B22，填充颜色设置为“茶色”；格式设置完成后的“通讯录”工作表如图 6-22 所示。

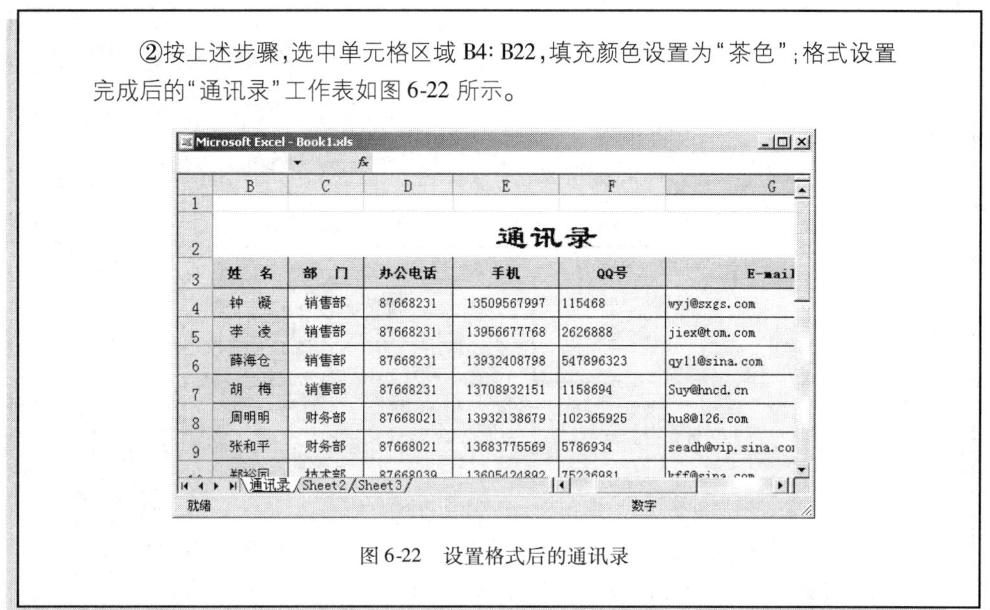


图 6-22　设置格式后的通讯录

某些单元格格式设置相同，可以采用格式刷以提高效率。选中已经设置好格式的单元格，单击【格式】工具栏中的【格式刷】按钮，此时鼠标旁会出现格式刷标志，对要进行相同格式设置的单元格刷新即可。

### 6.2.3 批注的插入与编辑

根据需要对单元格内容添加批注信息，如果单独制作会影响整体效果，可以用插入批注的方法解决。比如在通讯录中出现两个姓名相同的联系人时，就可以采用这种方法进行区分。

批注是对相应单元格中内容的解释或补充，它可以帮助用户更好地记忆和理解单元格中的内容。

**任务 9　为通讯录中“钟凝”加上批注，注明为“销售经理”**

①选中单元格 B4，单击【插入】|【批注】命令，如图 6-23 所示。

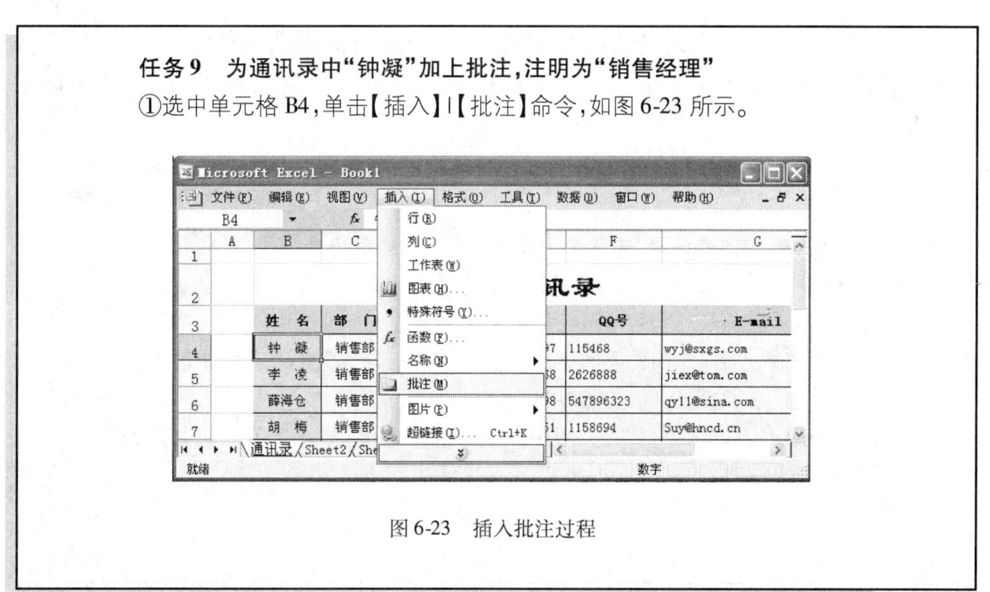


图 6-23　插入批注过程

续任务9

②打开一个批注文本框，在文本框中输入批注内容“销售经理”，如图6-24所示。

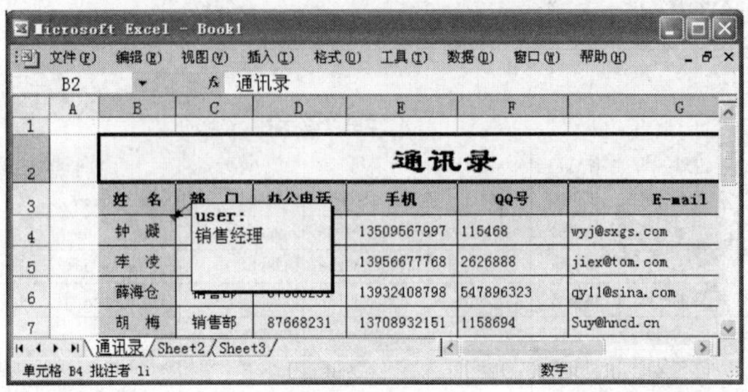

图6-24　输入批注内容

③输入完毕后，用鼠标单击其他任意单元格即可。以后每当鼠标移动到插入批注的单元格上，该单元格的批注会自动显示出来。

插入批注的单元格右上方会出现红色三角形的标记，这对工作表的打印并没有影响。要查看所有的批注，只需单击【视图】|【批注】命令即可。隐藏所有批注要再次选择该命令。

要对已插入的批注进行编辑，在选中要编辑批注的单元格后，单击【插入】|【编辑批注】命令，或者右键单击要编辑批注的单元格，从弹出的快捷菜单中选择【编辑批注】命令，即可打开批注文本框对批注内容进行再次编辑。

要删除批注，在选中要删除批注的单元格后，单击【编辑】|【清除】|【批注】命令，或者右键单击要删除批注的单元格，从弹出的快捷菜单中选择【删除批注】命令即可。

### 6.2.4　自动筛选功能的应用

有时会根据需要查找指定人员的联系方式，可以通过自动筛选功能完成。

自动筛选只是对数据按照简单的筛选条件进行的筛选。更复杂的筛选条件，可以采用高级筛选功能。

**任务10　在“通讯录”中筛选出销售部人员的通讯记录**

①选中单元格B3，单击【数据】|【筛选】|【自动筛选】命令，如图6-25所示。在单元格区域B3:G3中，每个单元格中都显示出一个下拉箭头（如图6-26）。

②单击单元格C3中的下拉箭头，选中“销售部”，如图6-27所示。筛选出“销售部”人员的联系方式，如图6-28所示。

在“部门”筛选清单列表（见图6-27）中选择“全部”即可回到筛选之前的界面，取消筛选任务。

续任务 10

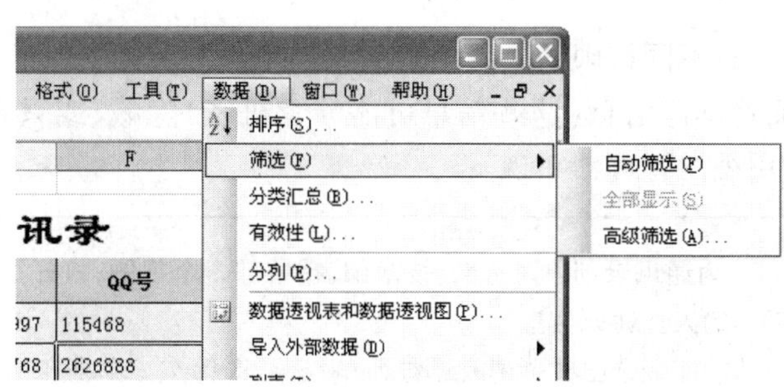

格式(O) 工具(T) 数据(D) 窗口(W) 帮助(H)
排序(S)...
筛选(F)
自动筛选(F)
全部显示(S)
高级筛选(A)...
分类汇总(B)...
有效性(L)...
分列(E)...
数据透视表和数据透视图(P)...
导入外部数据(D)
讯录
QQ号
115468
2626888


图 6-25　自动筛选过程

Microsoft Excel - Book1
F25
通讯录
部　门
办公电话
手机
QQ号
销售部 87668231 13509567997 115468 wyj@sxgs.cc
销售部 87668231 13956677768 2626888 jiex@tom.cc
销售部 87668231 13932408798 547896323 qy11@sina.c
销售部 87668231 13708932151 1158694 Suy@hncd.cr
通讯录 Sheet2 Sheet3
就绪
数字


图 6-26　自动筛选箭头

Microsoft Excel - Book1
F25
通讯录
部　门
办公电话
手机
QQ号
升序排列
降序排列
(全部)
(前 10 个...
(自定义...)
财务部
技术部
销售部
87668231 13509567997 115468 wyj@sxgs.cc
87668231 13956677768 2626888 jiex@tom.cc
87668231 13932408798 547896323 qy11@sina.c
87668231 13708932151 1158694 Suy@hncd.cr
通讯录 Sheet2 Sheet3
就绪
数字


图 6-27　筛选“销售部”过程

Microsoft Excel - Book1
F25
通讯录
部　门
办公电话
手机
QQ号
E-mail
销售部 87668231 13509567997 115468 wyj@sxgs.com
销售部 87668231 13956677768 2626888 jiex@tom.com
销售部 87668231 13932408798 547896323 qy11@sina.com
销售部 87668231 13708932151 1158694 Suy@hncd.cn
通讯录 Sheet2 Sheet3
就绪
数字


图 6-28　筛选结果显示

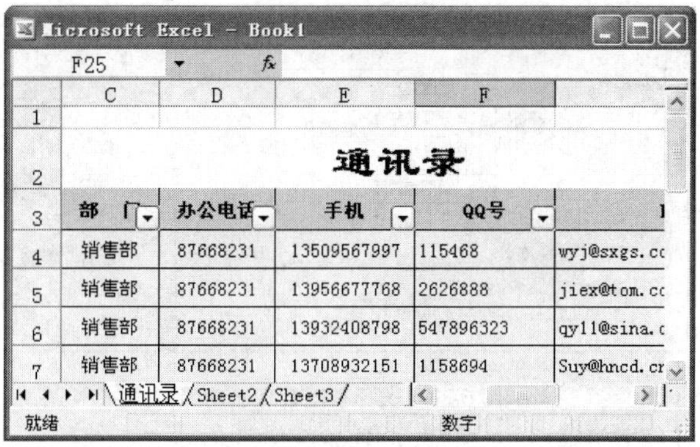

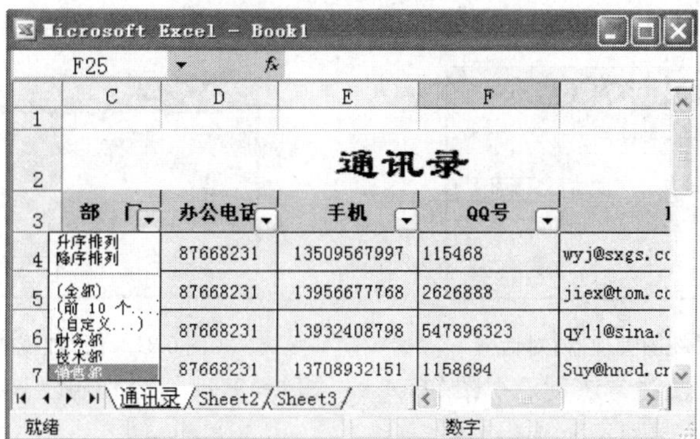

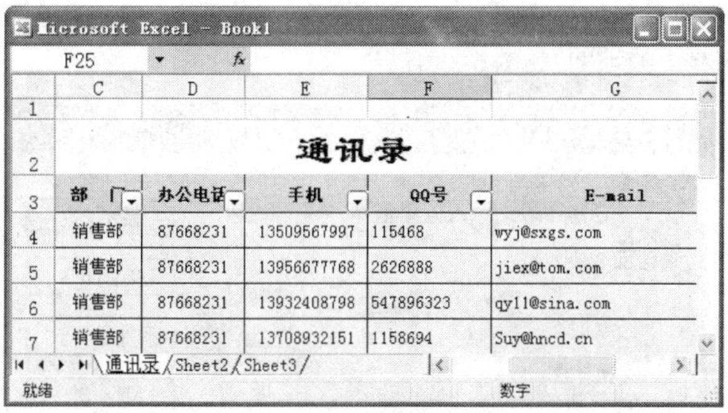

## 6.2.5 视图管理器

同一张工作表对具有不同权限的人可用的信息是不同的。为了保证一张工作表仅向相关人员提供有用信息，而将其他信息（这些信息可能涉及机密）隐藏，或只希望打印出需要的信息。以上要求可以利用视图管理器实现。

**任务 11　为通讯录创建财务部、技术部、销售部 3 个视图，打开财务部视图显示相应部门的人员通讯信息**

①用筛选功能筛选出要创建视图显示的结果，即筛选出财务部人员通讯信息，单击【视图】|【视图管理器】命令，如图 6-29 所示。

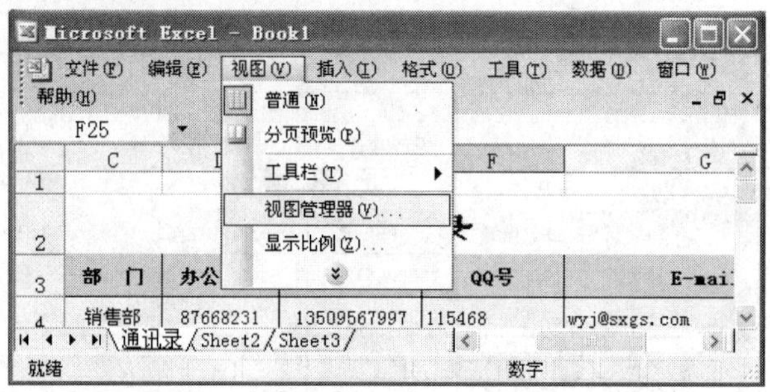


图 6-29　选择视图管理器功能

②打开【视图管理器】对话框，如图 6-30 所示。

③单击【添加】按钮，打开【添加视图】对话框，在【名称】文本编辑框中输入视图名称“财务部”，如图 6-31 所示。单击【确定】按钮完成视图的添加。

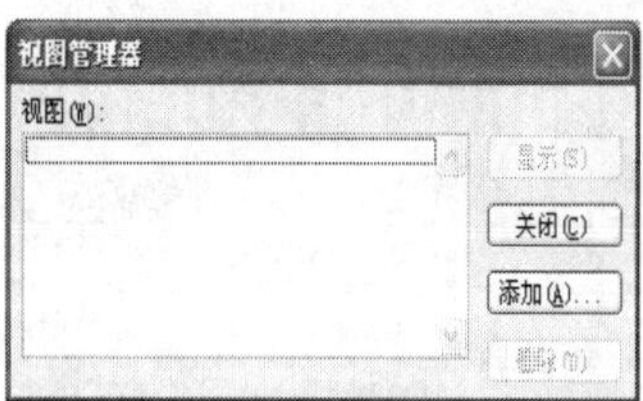


图 6-30　【视图管理器】对话框　　　　图 6-31　【添加视图】对话框

④按照上述方法创建视图“技术部”和“销售部”，分别表示技术部人员列表、销售部人员列表。

⑤创建好全部视图后，单击【视图】|【视图管理器】命令，打开【视图管理器】对话框，选中要显示的视图名“财务部”，如图 6-32 所示。单击【显示】按钮，工作表即可转到相应的视图，如图 6-33 所示。

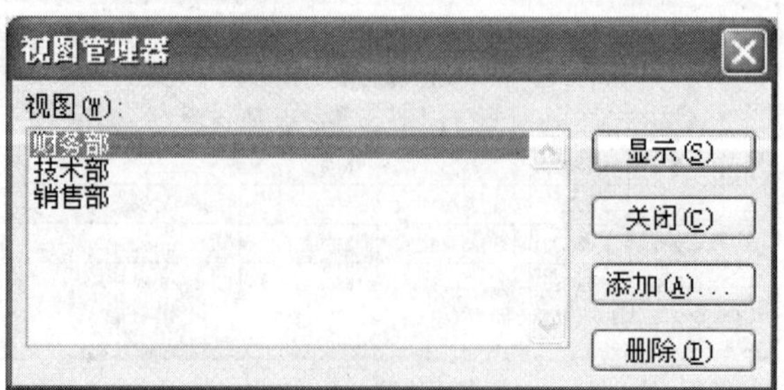


图 6-32　选择打开视图

续任务 11

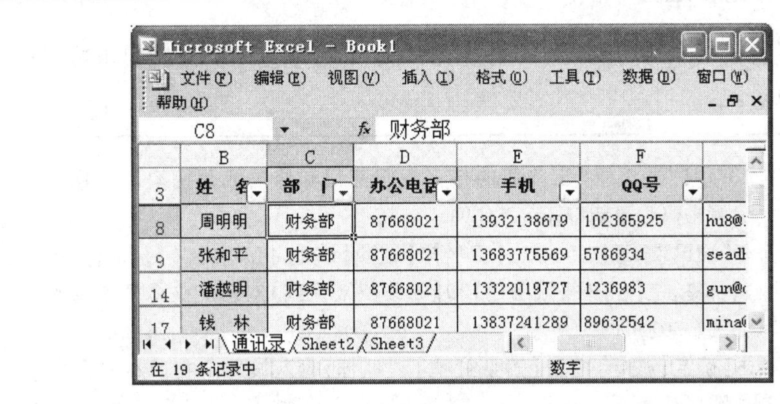

图 6-33　打开“财务部”视图

**任务 12　将通讯录中其他两个“Sheet2”和“Sheet3”工作表删除，保存工作表到“C:盘”中并以“通讯录”命名**

①将鼠标置于工作表标签 Sheet2 上，单击鼠标右键，在弹出的快捷菜单中选择【删除】命令，如图 6-34 所示。

②按照上述方法删除工作表 Sheet3。单击【常用】|【保存】按钮，打开【另存为】对话框。

③选择保存位置。选择 C:盘，在【文件名】文本框中输入文件名称“通讯录”，如图 6-35 所示，单击【确定】按钮即可。

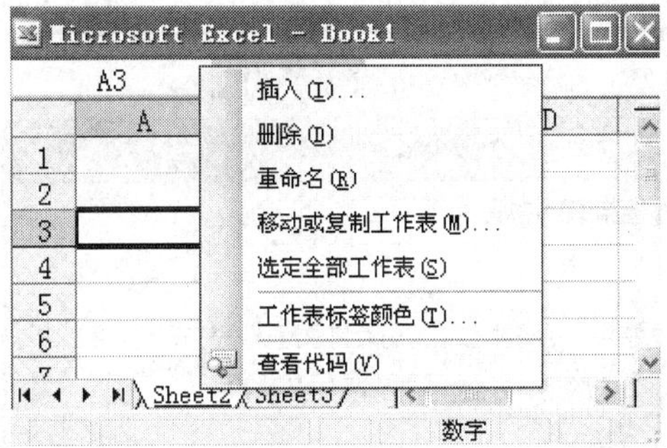


图 6-34　删除工作表

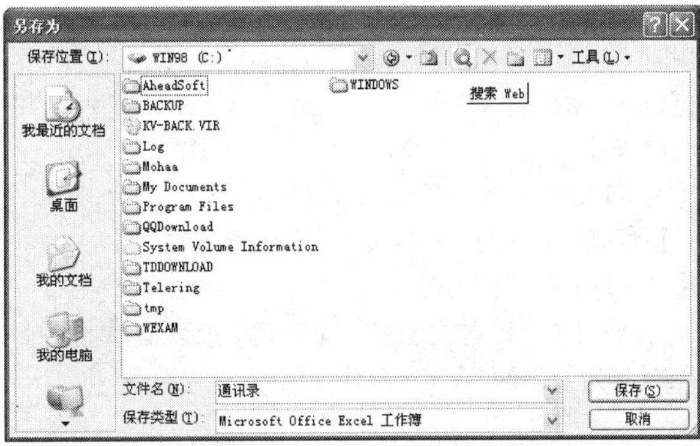


图 6-35　【另存为】对话框

### 6.2.6 为工作簿创建密码

工作簿中含有机密信息,希望别人只能查阅,自己则可以修改。这些要求可以通过设置打开权限和修改权限实现。

**任务 13 将"通讯录"工作簿的打开权限密码和修改权限密码均设置为"12345",设置密码后重新打开该工作簿**

①打开"通讯录"工作簿,单击【工具】|【选项】命令,打开【选项】对话框,单击【安全性】标签,在【打开权限密码】和【修改权限密码】对应的文本框中输入"12345",如图 6-36 所示。

②单击【确定】按钮,打开【确认密码】对话框,输入设置的打开权限密码"12345",如图 6-37 所示。

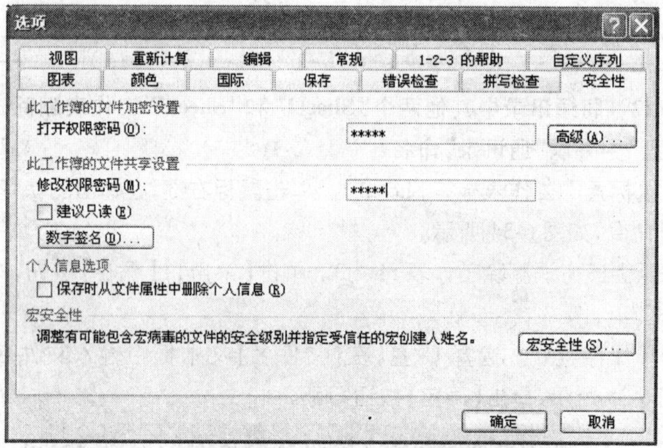


图 6-36 【安全性】标签

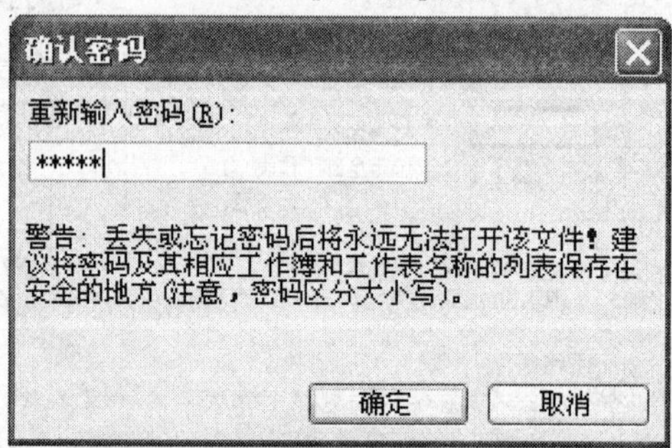


图 6-37 确认打开权限密码

在输入密码时,密码是隐性显示的(即只显示一串"*"),密码可以采用长度为 1~15 的字符串,并且区分大小写。

③单击【确定】按钮后,如果输入正确,则随即会打开另一个如图 6-37 所示的【确认密码】对话框,要求用户输入设置的修改权限密码。

④单击【确定】按钮,工作簿密码创建成功。

⑤再次打开该工作簿,首先会打开【密码】对话框,输入打开权限密码"12345",单击【确定】按钮即可打开工作簿。

# §6.3 案例小结

本章以制作“通讯录”案例为主,介绍了 Excel 的基本操作、内容输入和格式设置等概念,并重点讲解了批注的插入与编辑、视图管理器等的应用。

# §6.4 习　　题

### 上机操作

本实例主要是熟悉在 Excel 2003 中快速输入数据的方法。

**1. 编辑 Sheet1 工作表**

(1)基本编辑

打开 Excel 2003,选中 A1 单元格,输入“学号”,按 Tab 键,在 B2 单元格内输入“姓名”。用相同的方法输入其他表头内容。

在第一行前插入一行,并在 A1 单元格输入:“程序设计语言成绩”,如图 6-38 所示。

Microsoft Excel - 学生成绩表

E13

| | A | B | C | D | E | F |
|---|---|---|---|---|---|---|
| 1 | 程序设计语言成绩 | | | | | |
| 2 | 学号 | 姓名 | 期末成绩 | 平时成绩 | 总成绩 | |
| 3 | | 赵志军 | 76 | 90 | | |
| 4 | | 于铭 | 84 | 91 | | |
| 5 | | 许炎锋 | 73 | 96 | | |
| 6 | | 王嘉 | 75 | 89 | | |
| 7 | | 李新江 | 49 | 87 | | |
| 8 | | 郭海英 | 77 | 85 | | |
| 9 | | 马淑恩 | 60 | 45 | | |
| 10 | | 王金科 | 60 | 93 | | |
| 11 | | 李东慧 | 80 | 94 | | |

Sheet1 / Sheet2 / Sheet3

数字

图 6-38　输入表头

标题格式化:合并及居中 A1:E1 单元格,设置其中的文字格式为楷体、20 磅、加粗,并将底纹填充为浅绿色颜色。

将 A2: E2 单元格文字设置为楷体_GB2312、14 磅、水平居中;列宽 12。

设置行高:第一行为最合适的行高;第二行为 20 磅,其余行 16 磅,如图 6-39 所示。

(2)填充数据

填充“学号”列,学号为 0356201 ~0356235,文本型数据。

**2. 计算总成绩**

填充“总成绩”列,总成绩 = 期末成绩 ×80% + 平时成绩 ×20%,数值型,负数第四种,无小数位。

使用填充柄实现公式复制功能。

所有数据水平居中,设置表格线。

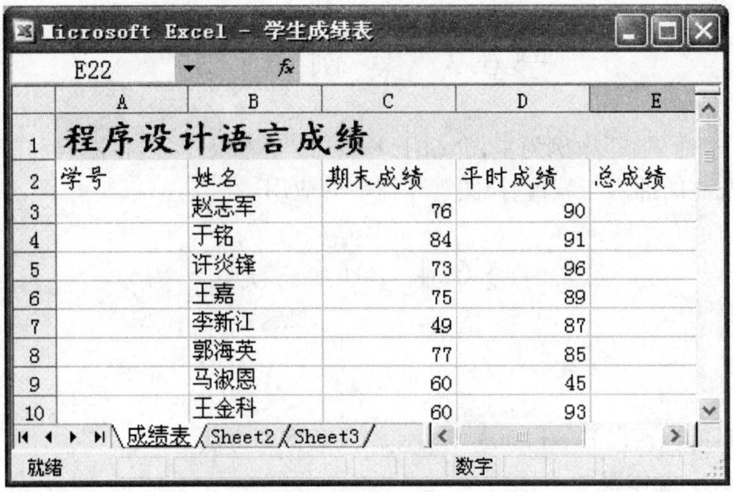

Microsoft Excel - 学生成绩表

E22

| | A | B | C | D | E |
|---|---|---|---|---|---|
| 1 | 程序设计语言成绩 | | | | |
| 2 | 学号 | 姓名 | 期末成绩 | 平时成绩 | 总成绩 |
| 3 | | 赵志军 | 76 | 90 | |
| 4 | | 于铭 | 84 | 91 | |
| 5 | | 许炎锋 | 73 | 96 | |
| 6 | | 王嘉 | 75 | 89 | |
| 7 | | 李新江 | 49 | 87 | |
| 8 | | 郭海英 | 77 | 85 | |
| 9 | | 马淑恩 | 60 | 45 | |
| 10 | | 王金科 | 60 | 93 | |

成绩表 / Sheet2 / Sheet3

就绪 数字

图 6-39　设置效果

### 3. 将 Sheet1 工作表重命名为“成绩表”，如图 6-40 所示

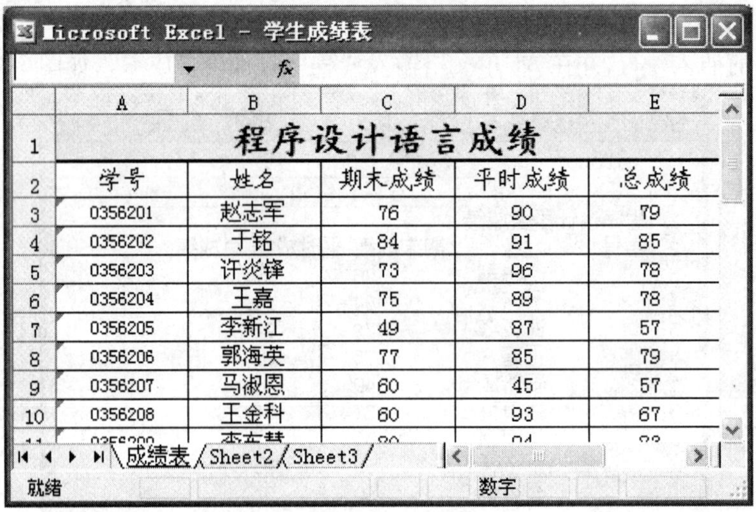

Microsoft Excel - 学生成绩表

| | A | B | C | D | E |
|---|---|---|---|---|---|
| 1 | 程序设计语言成绩 | | | | |
| 2 | 学号 | 姓名 | 期末成绩 | 平时成绩 | 总成绩 |
| 3 | 0356201 | 赵志军 | 76 | 90 | 79 |
| 4 | 0356202 | 于铭 | 84 | 91 | 85 |
| 5 | 0356203 | 许炎锋 | 73 | 96 | 78 |
| 6 | 0356204 | 王嘉 | 75 | 89 | 78 |
| 7 | 0356205 | 李新江 | 49 | 87 | 57 |
| 8 | 0356206 | 郭海英 | 77 | 85 | 79 |
| 9 | 0356207 | 马淑恩 | 60 | 45 | 57 |
| 10 | 0356208 | 王金科 | 60 | 93 | 67 |

成绩表 / Sheet2 / Sheet3

就绪 数字

图 6-40　效果图

# 第7章　Excel综合应用——学生成绩统计与分析

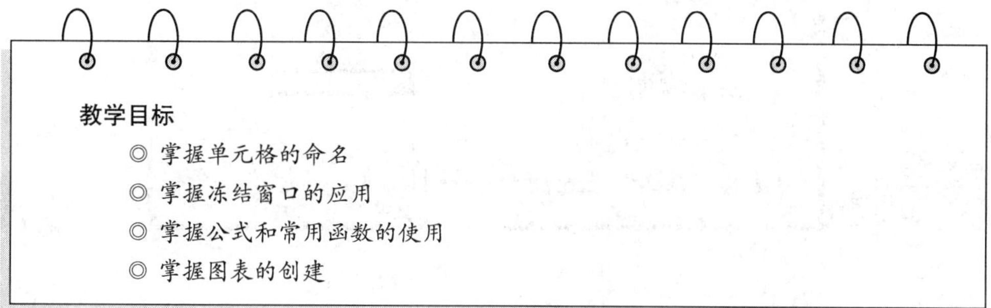


## §7.1　学生成绩统计案例分析

### 7.1.1　任务的提出

期末考试结束。经过紧张的阅卷工作,系里得到了某班40多名学生四门课程(计算机、数学、英语、制图)的考试成绩。满分为100分。

接下来的统计和分析任务就交给Excel完成了——排出班级总名次,并按班级对个人成绩进行分析,即计算个人的平均分、优秀率(平均分达到满分的85%以上为优秀)、及格率(达到满分的60%以上为及格),并制作出各分数段的人数分布图。

### 7.1.2　解决方案

老师根据学生的考试成绩,制作了"成绩总表"和"成绩分析表"工作表,如图7-1(a)、图7-1(b)、图7-1(c)所示。

Microsoft Excel - 成绩统计表

文件(F)　编辑(E)　视图(V)　插入(I)　格式(O)　工具(T)　数据(D)　窗口(W)　帮助(H)

I3　=SUM(E3:H3)

×××系××专业一年级期末成绩统计表

| 总名次 | 班级 | 学号 | 姓名 | 计算机 | 数学 | 英语 | 制图 | 总成绩 | 平均成绩 | 等级 |
|---|---|---|---|---|---|---|---|---|---|---|
| 1 | 1班 | 2009521019 | 吕花国 | 89 | 91 | 98 | 98 | 376.0 | 94.0 | 优秀 |
| 2 | 1班 | 2009521001 | 张华 | 89 | 91 | 95 | 98 | 373.0 | 93.3 | 优秀 |
| 2 | 1班 | 2009521018 | 徐毅 | 90 | 88 | 98 | 97 | 373.0 | 93.3 | 优秀 |
| 4 | 1班 | 2009521002 | 李伟 | 93 | 86 | 97 | 95 | 371.0 | 92.8 | 优秀 |
| 5 | 1班 | 2009521036 | 周晓燕 | 86 | 88 | 96 | 100 | 370.0 | 92.5 | 优秀 |
| 6 | 1班 | 2009521041 | 王磊 | 93.5 | 86 | 85 | 90 | 354.5 | 88.6 | 优秀 |
| 7 | 1班 | 2009521004 | 赵小英 | 80 | 88 | 90 | 89 | 347.0 | 86.8 | 优秀 |
| 7 | 1班 | 2009521022 | 史伟灵 | 80 | 88 | 90 | 89 | 347.0 | 86.8 | 优秀 |
| 9 | 1班 | 2009521021 | 赵彦利 | 80 | 86 | 83 | 96 | 345.0 | 86.3 | 优秀 |
| 10 | 1班 | 2009521006 | 顾凌强 | 87 | 88.6 | 85 | 84 | 344.6 | 86.2 | 优秀 |

成绩总表 / 成绩分析表 / Sheet3

就绪　数字

图7-1(a)　成绩统计表

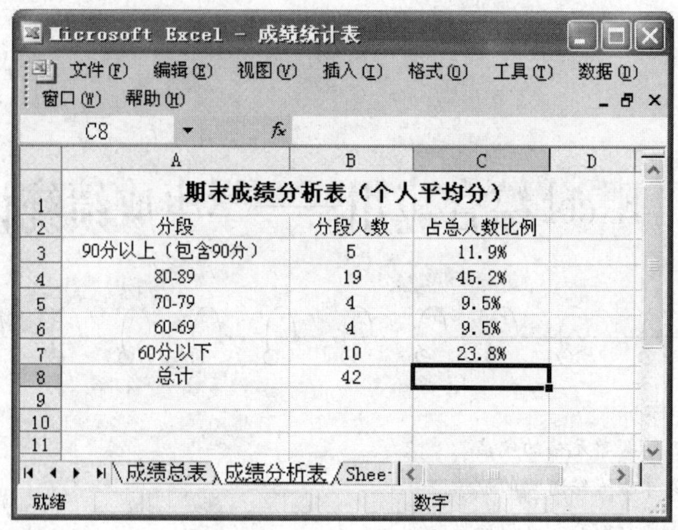

Microsoft Excel - 成绩统计表

文件(F) 编辑(E) 视图(V) 插入(I) 格式(O) 工具(T) 数据(D) 窗口(W) 帮助(H)

C8

| | A | B | C | D |
|---|---|---|---|---|
| 1 | 期末成绩分析表（个人平均分） | | | |
| 2 | 分段 | 分段人数 | 占总人数比例 | |
| 3 | 90分以上（包含90分） | 5 | 11.9% | |
| 4 | 80-89 | 19 | 45.2% | |
| 5 | 70-79 | 4 | 9.5% | |
| 6 | 60-69 | 4 | 9.5% | |
| 7 | 60分以下 | 10 | 23.8% | |
| 8 | 总计 | 42 | | |
| 9 | | | | |
| 10 | | | | |
| 11 | | | | |

成绩总表 成绩分析表 Shee

就绪 数字

图 7-1(b) 各分数段人数

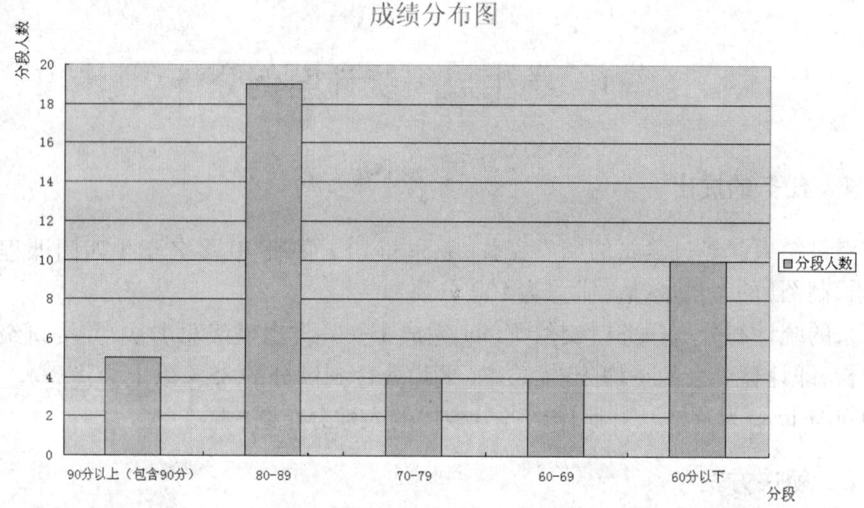


图 7-1(c) 各分数段人数分布图

根据“成绩总表”中的数据，完成“成绩分析表”工作表的制作，再根据“成绩分析表”工作表中的数据，创建期末平均成绩不同分数段人数的统计图。

计算学生名次使用 RANK 函数。统计人数可以使用 COUNT 和 COUNTIF 等函数，制作等级需要使用 IF 函数。

### 7.1.3 相关知识点

1. 冻结窗口

当编辑较长的 Excel 工作表时，需要向下滚动屏幕，表头也会相应滚动，不能在屏幕上显示，搞不清要编辑的数据对应于表头的哪一个信息。冻结窗口功能可将表头锁定，使表头始终位于屏幕上的可视区域。

2. 函数的使用

(1)求和函数 SUM、求平均函数 AVERAGE

(2)统计函数 RANK、COUNT 和 COUNTIF

RANK 函数返回一个数字在数字列表中的排位。

COUNT 函数返回指定范围内数字型单元格的个数。

COUNTIF 函数统计指定区域内满足给定条件的单元格数目。

(3)逻辑判断函数 IF

IF 函数判断给出的条件是否满足,如果满足返回一个值,不满足返回另一个值。

3. 图表

图表具有较好的视觉效果,方便用户查看数据的差异、图案和预测趋势。例如,不必分析工作表中的多个数据列就可以立即看到各个季度销售额的升降,或很方便地对实际销售额与销售计划进行比较等。

# §7.2 实 现 方 法

## 7.2.1 制作班级成绩总表

制作出全班的成绩总表并进行排名。

1. 工作簿的建立

**任务 1 新建一个 Excel 工作簿,将工作表 Sheet1 命名为"成绩总表",文件保存为"成绩统计表";按照图 7-1(a)所示表格创建表格结构;将单元格区域A3:I42 命名为"成绩"**

①启动 Excel 应用程序,将工作表 Sheet1 命名为"成绩总表",并在工作表中创建表格结构,如图 7-2 所示。

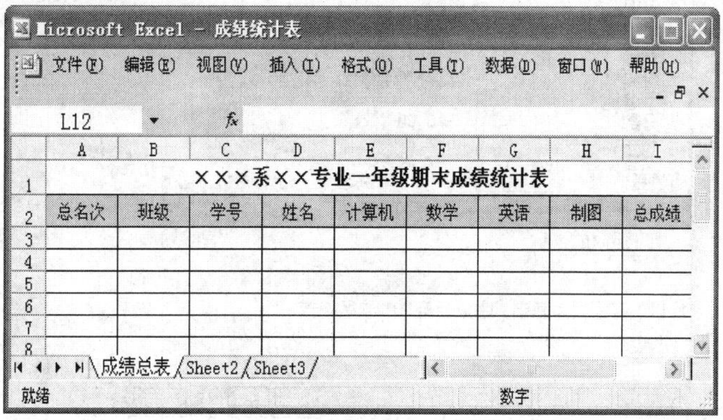

Microsoft Excel - 成绩统计表

文件(F) 编辑(E) 视图(V) 插入(I) 格式(O) 工具(T) 数据(D) 窗口(W) 帮助(H)

L12

| | A | B | C | D | E | F | G | H | I |
|---|---|---|---|---|---|---|---|---|---|
| 1 | ×××系××专业一年级期末成绩统计表 | | | | | | | | |
| 2 | 总名次 | 班级 | 学号 | 姓名 | 计算机 | 数学 | 英语 | 制图 | 总成绩 |
| 3 | | | | | | | | | |
| 4 | | | | | | | | | |
| 5 | | | | | | | | | |
| 6 | | | | | | | | | |
| 7 | | | | | | | | | |
| 8 | | | | | | | | | |

成绩总表 / Sheet2 / Sheet3

就绪 数字

图 7-2 年级成绩总表结构

②该班有 42 名学生,为了后面引用方便,将单元格区域 A3:I42 命名为"成绩"。

选中单元格区域 A3:I42,在【名称框】中输入"成绩",如图 7-3 所示。按 Enter 键,单元格区域命名完毕。再次引用此单元格区域时在【名称框】下拉列表中选择"成绩"即可。

续任务 1

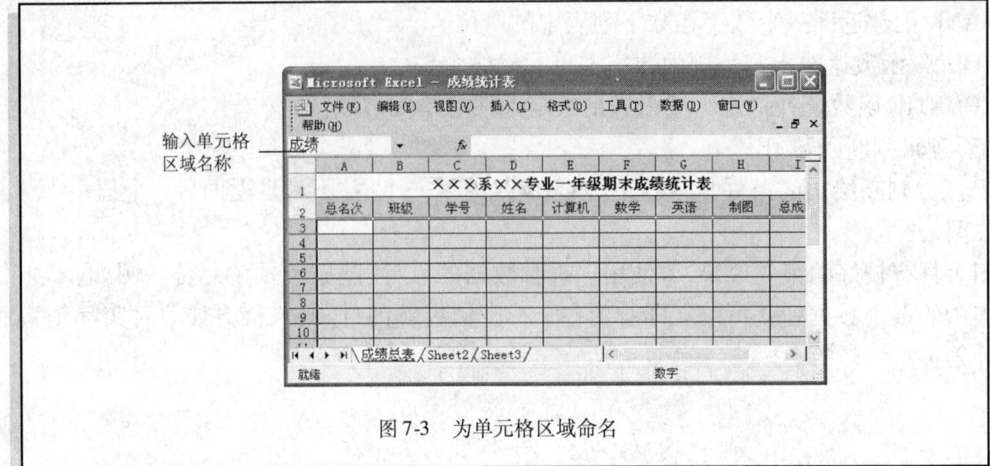


图 7-3　为单元格区域命名

## 2. 设置单元格格式

**任务 2　将"班级"列下方单元格区域显示效果设置为"##班"，"学号"列下方单元格区域设置为文本方式显示**

①选中单元格区域 B3: B42，单击鼠标右键，在弹出的快捷菜单中选择【设置单元格格式】命令，打开【单元格格式】对话框，选中【数字】标签，在【分类】列表框中选择【自定义】选项，并在【类型】文本框中输入"## 班"（引号不必输入），使该列数据的显示效果中出现"班"字样，如图 7-4 所示。

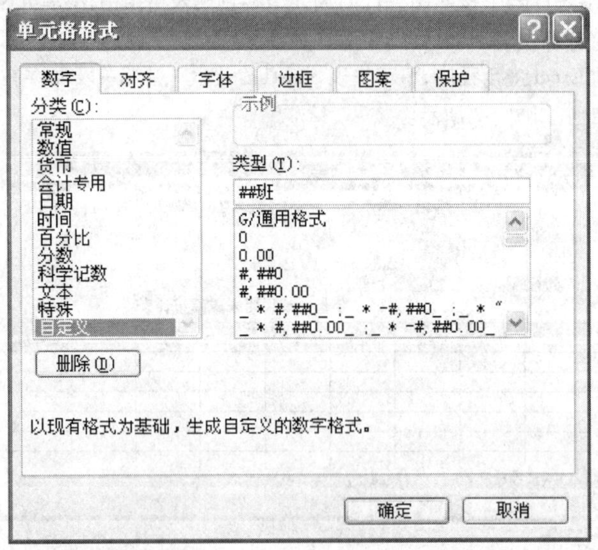


图 7-4　设置单元格区域显示"班"

②单击【确定】按钮。

#代表一位有意义的数字，而不显示无意义的零。比如"##"格式的数字 9 和 11 分别显示为"9"（而不是"09"）和"11"。

③选中单元格区域 C3: C42，单击【单元格格式】对话框中的【数字】标签，在【分类】列表框中选择【文本】选项，使学号可以以文本方式显示，如图 7-5 所示。

续任务 2

④单击【确定】按钮。

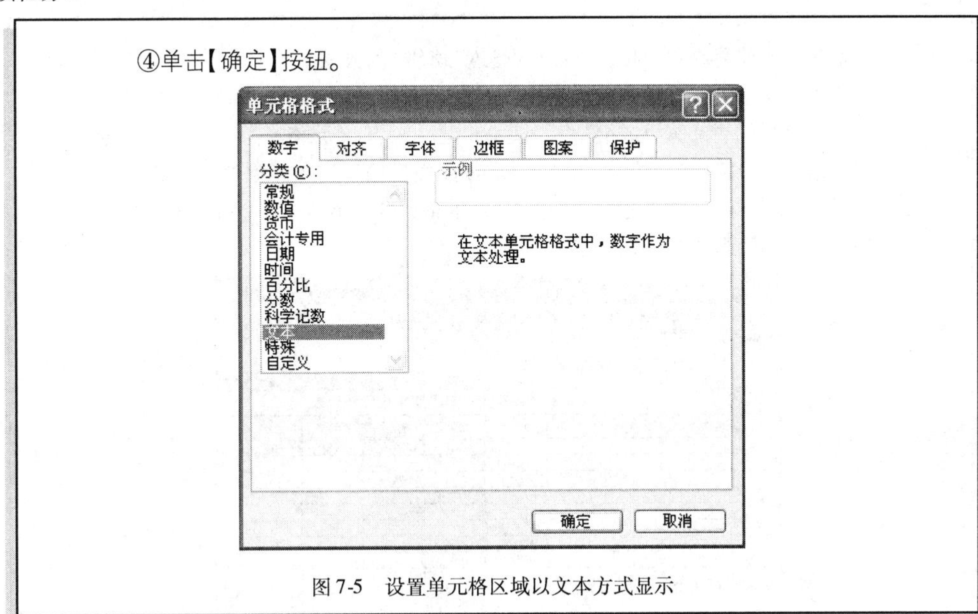


图 7-5　设置单元格区域以文本方式显示

3. 冻结窗口

冻结功能类似于网页中的框架，可以实现表格中固定行和列不动。冻结窗口一般都是对标题行进行冻结，是为了在垂直滚动时始终显示标题行，以方便数据的输入和查看。

**任务 3　将第一行和第二行单元格进行冻结窗口设置**

①选中表格的第三行或者单元格 A3。

②单击【窗口】|【冻结窗格】命令，如图 7-6 所示。

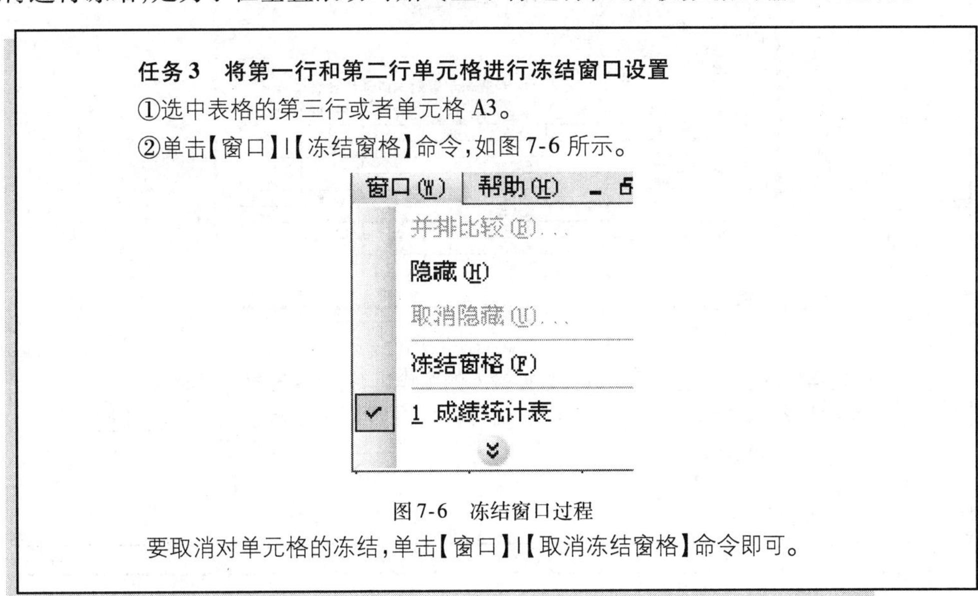


图 7-6　冻结窗口过程

要取消对单元格的冻结，单击【窗口】|【取消冻结窗格】命令即可。

4. 输入数据

**任务 4　输入“姓名”列和“班级”列数据，输入学生的各科成绩**

①输入“姓名”列数据。按学生的学号顺序输入姓名信息。

②输入“班级”列数据。由于之前设置了该列的显示为“班”，所以只需输入班号，然后按 Enter 键，会自动在输入班号后面加上“班”字，并且该单元格下面的

单元格变为当前活动单元格，可以继续输入“班级”列数据。

③输入学生的各科成绩。选中 E3: H42 单元格区域，此时当前单元格为 E3，输入第一个学生的计算机成绩“89”；按 Tab 键后，活动单元格右移，单元格 F3 成为当前活动单元格，输入数学成绩“91”。依此类推输入该名学生制图成绩“98”后，再次按 Tab 键，活动单元格不再向右移动，而是移动到下一行的单元格 E4，继续输入另一名同学的成绩，如图 7-7 所示。

×××系××专业一年级期末成绩统计表

| 总名次 | 班级 | 学号 | 姓名 | 计算机 | 数学 | 英语 | 制图 |
|---|---|---|---|---|---|---|---|
| | 1班 | | 张华 | 89 | 91 | 95 | 98 |
| | 1班 | | 李伟 | | | | |
| | 1班 | | 王建平 | | | | |
| | 1班 | | 赵小英 | | | | |
| | 1班 | | 林玲 | | | | |
| | 1班 | | 顾凌强 | | | | |
| | 1班 | | 黄梅英 | | | | |
| | 1班 | | 宋毅刚 | | | | |

图 7-7　选定单元格区域快速输入数据

输入完学生成绩后的工作表，如图 7-8 所示。

×××系××专业一年级期末成绩统计表

| 总名次 | 班级 | 学号 | 姓名 | 计算机 | 数学 | 英语 | 制图 |
|---|---|---|---|---|---|---|---|
| | 1班 | | 张华 | 89 | 91 | 95 | 98 |
| | 1班 | | 李伟 | 93 | 86 | 97 | 95 |
| | 1班 | | 王建平 | 82 | 83 | 83.5 | 96 |
| | 1班 | | 赵小英 | 80 | 88 | 90 | 89 |
| | 1班 | | 林玲 | 52 | 37 | 45.5 | 56 |
| | 1班 | | 顾凌强 | 87 | 88.6 | 85 | 84 |
| | 1班 | | 黄梅英 | 78 | 67 | 94 | 92 |
| | 1班 | | 宋毅刚 | 67 | 78 | 69 | 56 |

图 7-8　输入学生成绩

使用自动填充功能，可以减少数据输入的工作量，拖动填充柄就可以激活自动填充功能。自动填充功能可进行文本、数字、日期等序列的填充和数据的复制，还能对公式进行复制。

**任务 5　输入“学号”列数据**

①选中单元格 C3，输入学生学号“2009521001”。如果没有设置为文本方式，需要首先输入西文单引号“'”，然后输入学号“2009521001”即可。

②鼠标指针指向单元格 D3 的右下角，鼠标指针变为“+”，如图 7-9 所示。

③按住鼠标左键向下拖动填充柄，在拖动过程中填充柄的右下角显示填充的数据，拖动到目标单元格 C42 时释放鼠标即可，如图 7-10 所示。

续任务 5

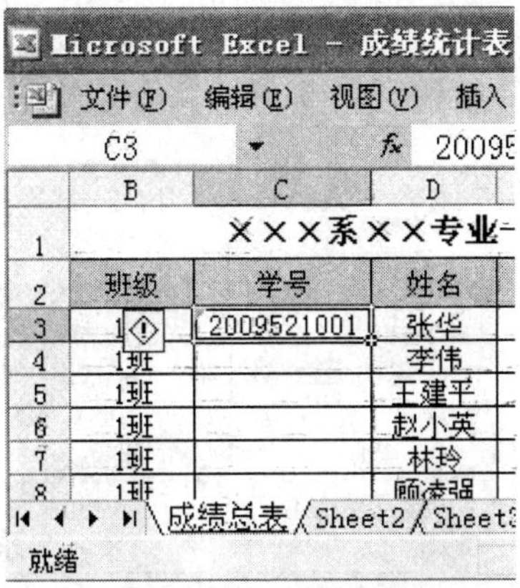

图 7-9 显示填充柄

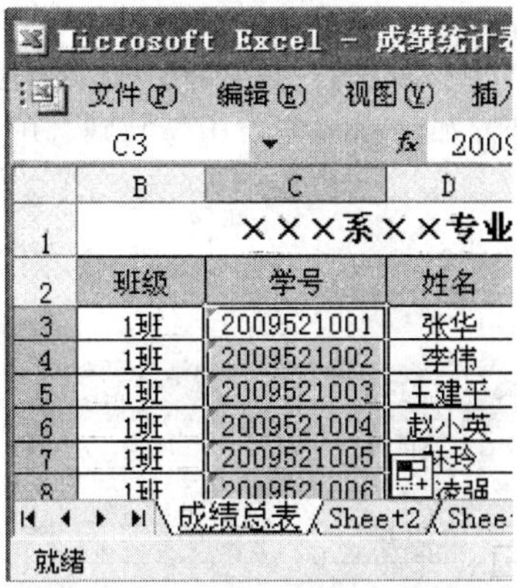

图 7-10 填充数据

“学号”一列左上角有错误标记，是因为以文本方式显示了数字。Excel 认为这种情况可能出错，这种现象可以不必理会。如果要取消显示该标记，可以单击【工具】|【选项】命令，在【错误检查】标签中停止该项错误检查。

## 5. 单元格计算

**任务 6 计算学生的总成绩（总成绩 = 计算机 + 数学 + 英语 + 制图），按照总成绩为学生排出总名次**

①选中单元格区域 E3: I42，单击【常用】工具栏中的【自动求和】按钮，I 列中显示所有学生的总成绩，如图 7-11 所示。

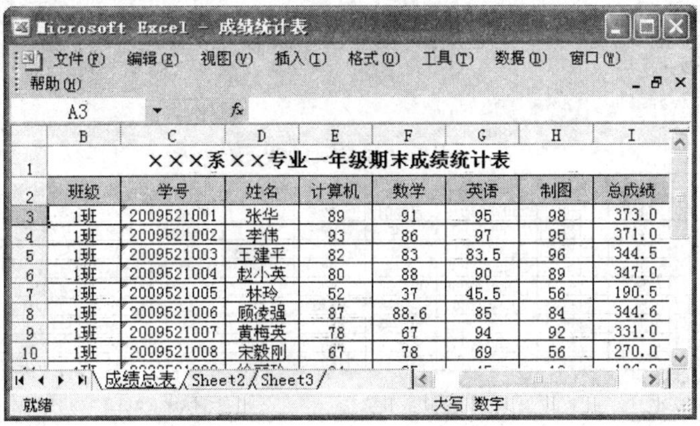

图 7-11 计算学生总成绩

②选中单元格 A3，输入公式“ = RANK(I3,I: I)”，如图 7-12 所示。RANK 函数计算单元格 I3 的内容在 I 列中按从大到小的方式排列的次序。

RANK 函数返回一个数字在数字列表中的排位。数字的排位是其大小与列表中其他值的比值。

RANK 函数的语法如下：

RANK(number,ref,order)

number：需要找到排位的数字。

ref:数字列表数组或对数字列表的引用,ref 中的非数值型参数将被忽略。

order:一个数字,指明排位的方式。如果 order 为 0(零)或省略,则为降序排列。如果 order 不为 0(零),则为升序排列。

③拖动填充柄将单元格的内容填充到单元格区域 A4:A42 中,如图 7-13 所示。

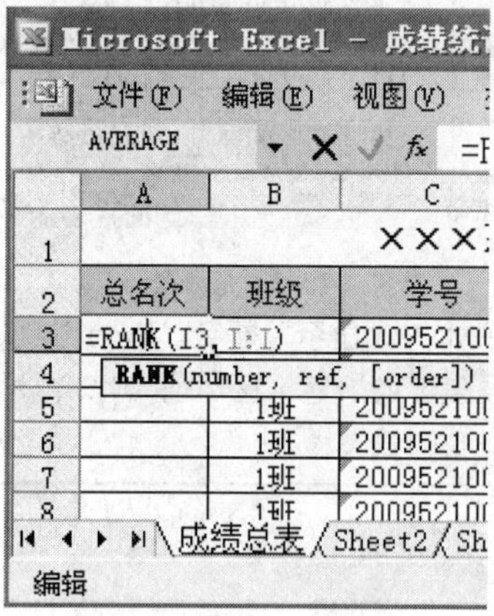

图 7-12　输入公式

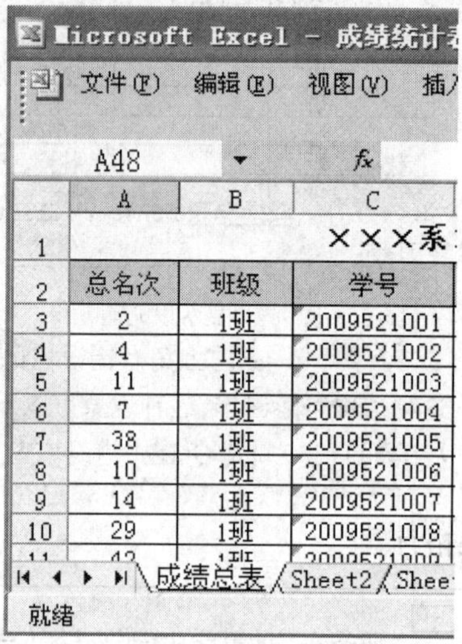

图 7-13　用填充柄输入总名次

④选中 I 列中任意单元格,单击【常用】工具栏中的【降序排序】按钮,即可得到排序后的结果,如图 7-14 所示。

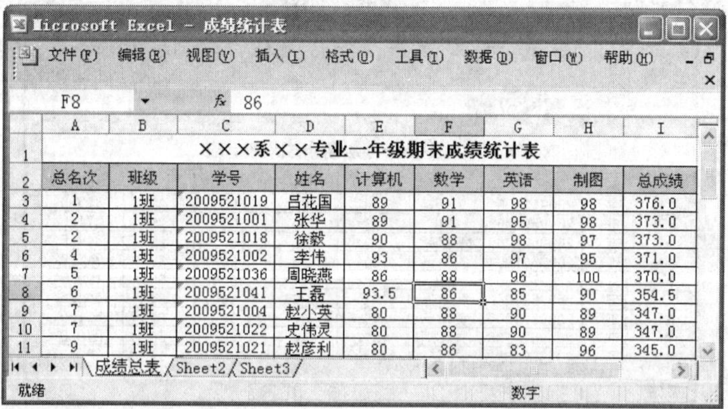

| 总名次 | 班级 | 学号 | 姓名 | 计算机 | 数学 | 英语 | 制图 | 总成绩 |
|---|---|---|---|---|---|---|---|---|
| 1 | 1班 | 2009521019 | 吕花国 | 89 | 91 | 98 | 98 | 376.0 |
| 2 | 1班 | 2009521001 | 张华 | 89 | 91 | 95 | 98 | 373.0 |
| 2 | 1班 | 2009521018 | 徐毅 | 90 | 88 | 98 | 97 | 373.0 |
| 4 | 1班 | 2009521002 | 李伟 | 93 | 86 | 97 | 95 | 371.0 |
| 5 | 1班 | 2009521036 | 周晓燕 | 86 | 88 | 96 | 100 | 370.0 |
| 6 | 1班 | 2009521041 | 王磊 | 93.5 | 86 | 85 | 90 | 354.5 |
| 7 | 1班 | 2009521004 | 赵小英 | 80 | 88 | 90 | 89 | 347.0 |
| 7 | 1班 | 2009521022 | 史伟灵 | 80 | 88 | 90 | 89 | 347.0 |
| 9 | 1班 | 2009521021 | 赵彦利 | 80 | 86 | 83 | 96 | 345.0 |

图 7-14　学生总成绩降序排列

## 7.2.2　制作成绩分析表

### 1. 分析平均成绩

**任务 7　计算个人平均成绩**

①插入平均成绩、等级两列,调整标题,使其居中。

②计算个人平均成绩，选定 J3，输入公式“=AVERAGE(E3:H3)”，如图 7-15 所示，按 Enter 键确认，拖动填充柄将单元格的内容填充到单元格区域 J4:J42 中，如图 7-16 所示。

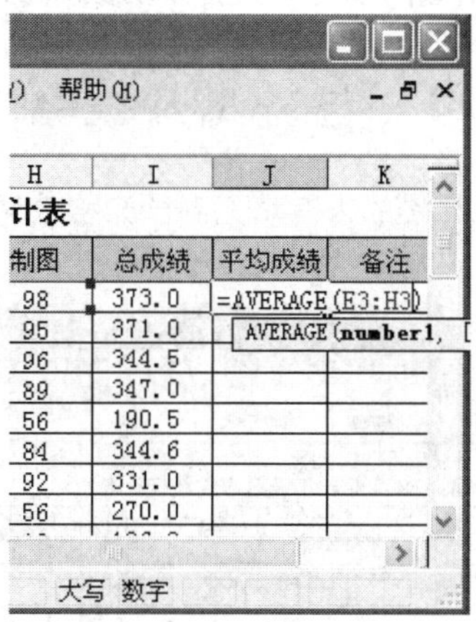


图 7-15　输入公式

Microsoft Excel - 成绩统计表

文件(F)　编辑(E)　视图(V)　插入(I)　格式(O)　工具(T)　数据(D)　窗口(W)　帮助(H)

K3

| | C | D | E | F | G | H | I | J | K |
|---|---|---|---|---|---|---|---|---|---|
| 1 | ×××系××专业一年级期末成绩统计表 | | | | | | | | |
| 2 | 学号 | 姓名 | 计算机 | 数学 | 英语 | 制图 | 总成绩 | 平均成绩 | 等级 |
| 3 | 2009521019 | 吕花国 | 89 | 91 | 98 | 98 | 376.0 | 94.0 | |
| 4 | 2009521001 | 张华 | 89 | 91 | 95 | 98 | 373.0 | 93.3 | |
| 5 | 2009521018 | 徐毅 | 90 | 88 | 98 | 97 | 373.0 | 93.3 | |
| 6 | 2009521002 | 李伟 | 93 | 86 | 97 | 95 | 371.0 | 92.8 | |
| 7 | 2009521036 | 周晓燕 | 86 | 88 | 96 | 100 | 370.0 | 92.5 | |
| 8 | 2009521041 | 王磊 | 93.5 | 86 | 85 | 90 | 354.5 | 88.6 | |
| 9 | 2009521004 | 赵小英 | 80 | 88 | 90 | 89 | 347.0 | 86.8 | |
| 10 | 2009521022 | 史伟灵 | 80 | 88 | 90 | 89 | 347.0 | 86.8 | |
| 11 | 2009521021 | 赵彦利 | 80 | 86 | 83 | 96 | 345.0 | 86.3 | |
| 12 | 2009521006 | 顾凌强 | 87 | 88.6 | 85 | 84 | 344.6 | 86.2 | |

成绩总表 / 成绩分析表 / Sheet3

就绪　　数字

图 7-16　计算平均成绩

几个常用函数

①求和函数 SUM()

SUM()函数的语法如下：

SUM（参数 1，参数 2，……）

参数可以是数值或含有数值的单元格引用，至多包含 30 个参数。

②求平均值函数 AVERAGE()

AVERAGE()函数的语法如下：

AVERAGE（参数 1，参数 2，……）

参数可以是数值或含有数值的单元格引用，至多包含 30 个参数。

③求最大值函数 MAX()

MAX(参数 1，参数 2，……)

④求最小值函数 MIN( )

MIN (参数 1,参数 2, ……)

2. IF 函数的使用

**任务 8　填充等级信息,个人平均分在 85 分或 85 分以上为优秀、60 分或 60 分以上为及格**

①选中单元格 K3,输入公式“ = IF ( J3 > = 85,“优秀”,“及格”)”,按 Enter 键。

②拖动填充柄将单元格的内容填充到单元格区域 K4: K42 中,如图 7-17 所示。

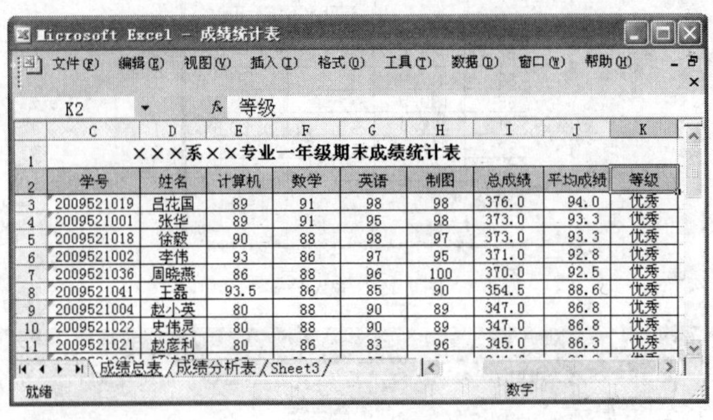

图 7-17　显示效果

IF 函数用来执行真假值判断,根据逻辑计算的真假值,返回不同结果。可以对数值和公式进行条件检测。

IF 函数的语法如下:

IF( logical_test, value_if_true, value_if_false)

logical_test:表示计算结果为 true 或 false 的任意值或表达式。例如,A10 > = 85 就是一个逻辑表达式,如果单元格 A10 中的值大于或等于 85,表达式即为 true,否则为 false。参数可使用任何比较运算符。

value_if_true:logical_test 为 true 时返回的值。

value_if_false:logical_test 为 false 时返回的值。

3. 制作成绩分析表

**任务 9　制作期末平均成绩各个分数段人数的成绩分析表**

①重新命名 Sheet2 为成绩分析表,填充相关内容,如图 7-18 所示。

②在单元格 B3 中输入如下公式:

= COUNTIF( 成绩总表! J3: J44,“ > = 90”), 按 Enter 键, 结果如图 7-19 所示。

③在单元格 B4 中输入如下公式:

= COUNTIF( 成绩总表! J3: J44,“ > = 80”) - COUNTIF ( 成绩总表! J3: J44,“ > =90”), 按 Enter 键。

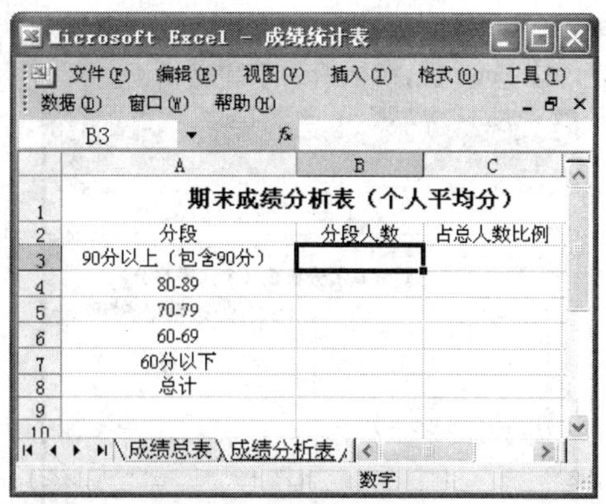


图 7-18　成绩分析

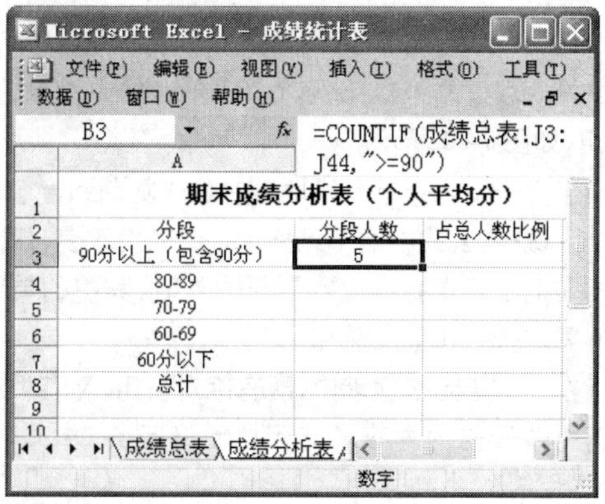


图 7-19　计算分段人数

用上面这个公式就可计算出成绩总表！J3: J44 区域中大于或等于 80 且小于 90 的数字的个数，其中 COUNTIF（成绩总表！J3: J44，"＞＝80"）计算的是大于或等于 80 的数字的个数，COUNTIF（成绩总表！J3: J44，"＞＝90"）计算的是大于或等于 90 的数字的个数，用前者减去后者即可计算出 80 到 89 的数字的个数。可以用此法统计考试成绩中每个分数段的人数。

以此类推，计算出各分数段人数，结果如图 7-20 所示。

Microsoft Excel - 成绩统计表

| | A | B | C |
|---|---|---|---|
| 1 | 期末成绩分析表（个人平均分） | | |
| 2 | 分段 | 分段人数 | 占总人数比例 |
| 3 | 90分以上（包含90分） | 5 | |
| 4 | 80-89 | 19 | |
| 5 | 70-79 | 4 | |
| 6 | 60-69 | 4 | |
| 7 | 60分以下 | 10 | |
| 8 | 总计 | | |
| 9 | | | |
| 10 | | | |

图 7-20　计算结果

续任务 9

④计算总人数,在单元格 B8 中输入如下公式:

=sum(B3:B7),按 Enter 键,结果如图 7-21 所示。

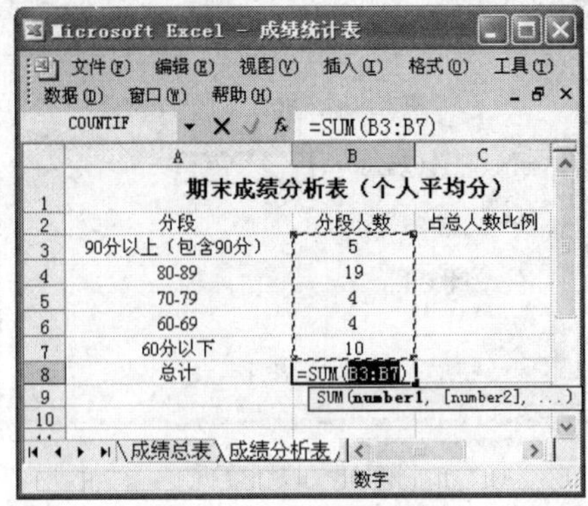

图 7-21　计算总人数

⑤计算各分数段人数占总人数比例,在 C3 单元格中输入公式,其中公式中 $B$8 为绝对引用,如图 7-22 所示。

相对引用是指当把一个含有单元格地址的公式复制到一个新的位置或者用一个公式填入一个区域时,公式中的单元格地址会随之改变,如图 7-16 所示。

绝对引用是指在把公式复制或填入到新位置时,其中的单元格地址保持不变。设置绝对地址需在行号和列号前加"$"。

混合引用是指在一个单元格地址中,既有绝对引用,又有相对引用。

⑥拖动填充柄将单元格的内容填充到单元格区域 C4:C7 中,如图 7-23 所示,用百分比表示。

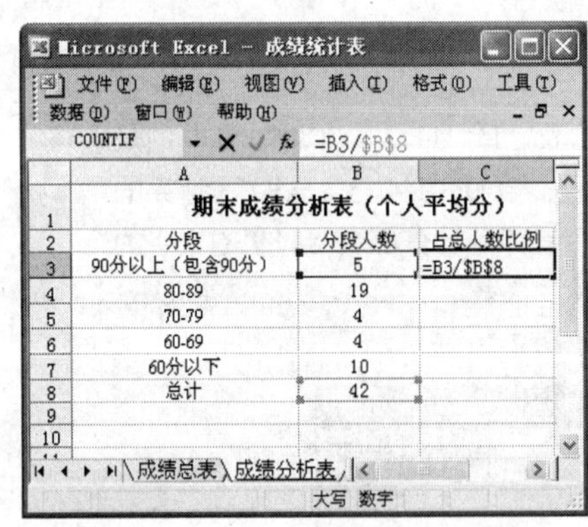

图 7-22　输入公式

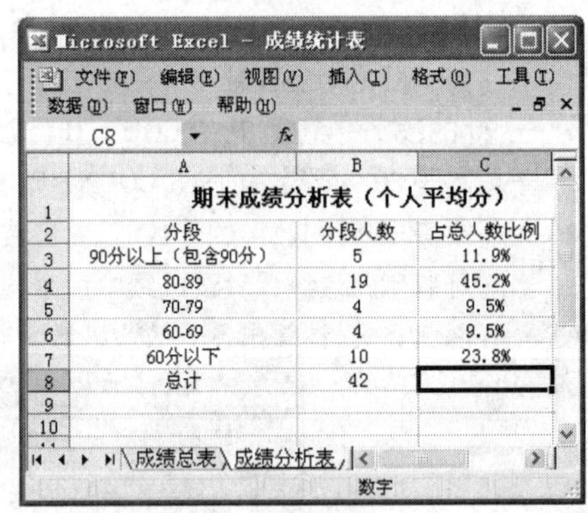

图 7-23　计算结果

COUNT 和 COUNTIF 函数的使用

COUNT 函数返回包含数字以及包含参数列表中数字的单元格的个数,可以计算单元格区域或数字数组中数字字段的输入项个数。

COUNT 函数的语法如下:

COUNT(value1,value2,…)

value1,value2,…:包含或引用各种类型数据的参数(1 ~ 30 个),只有数字类型的数据才能被计算。

函数COUNT在计数时，将把数字、日期或以文本代表的数字计算在内，错误值或其他无法转换成数字的文字将被忽略。如果参数是一个数组或引用，只统计数组或引用中的数字，空白的单元格、逻辑值、文字或错误值都被忽略。要统计逻辑值、文字或错误值，使用函数COUNTIF。

COUNTIF函数可以计算区域中满足给定条件的单元格的个数。

COUNTIF函数的语法如下：

COUNTIF(range,criteria)

range：需要计算其中满足条件的单元格数目的单元格区域。

criteria：确定单元格被计算在内的条件，其形式可以是数字、表达式、单元格引用或文本，例如32、"32"、">32"、"apples"、B4等。

### 7.2.3 创建图表

利用工作表中的数据制作图表，可以更加清晰、直观和生动地表现数据。图表更容易表达数据之间的关系和变化趋势。

**任务10 根据“成绩分析表”工作表中的内容，创建各分数段成绩人数的统计图表**

①单击【常用】工具栏中【图表向导】按钮，打开【图表向导-4步骤之1-图表类型】对话框，在【图表类型】列表框中选择“柱形图”，如图7-24所示。

②单击【下一步】按钮，打开【图表向导-4步骤之2-图表源数据】对话框。选定数据区域“=成绩分析表！$A$2:$B$7”，系列产生在列，如图7-25所示。

图7-24 选择图表类型

③单击【下一步】按钮，打开【图表向导-4步骤之3-图表选项】对话框。在【图表标题】文本框中输入“成绩分布图”，如图7-26所示。

④单击【下一步】按钮，打开【图表向导-4步骤之4-图表位置】对话框，选中【作为新的工作表插入】单选项，如图7-27所示。单击【完成】按钮创建图表效果如图7-28所示。

续任务 10

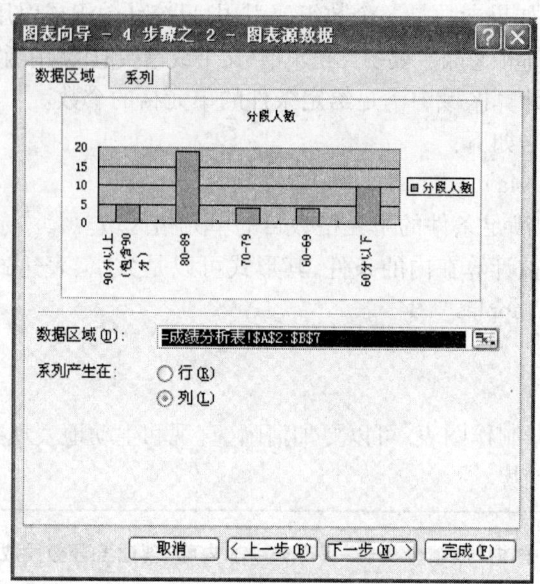


图 7-25　输入图表源数据

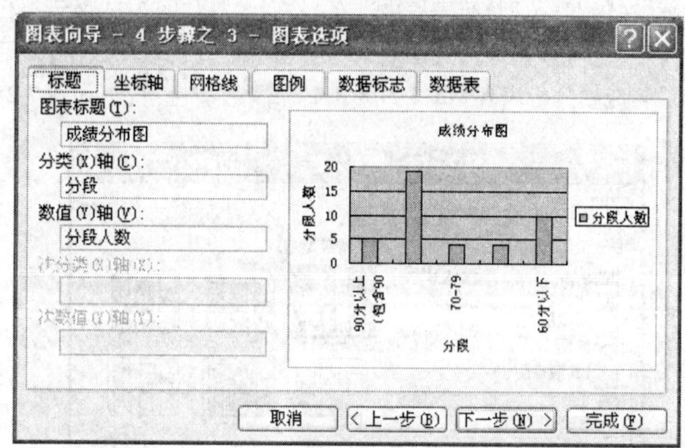


图 7-26　输入图表标题

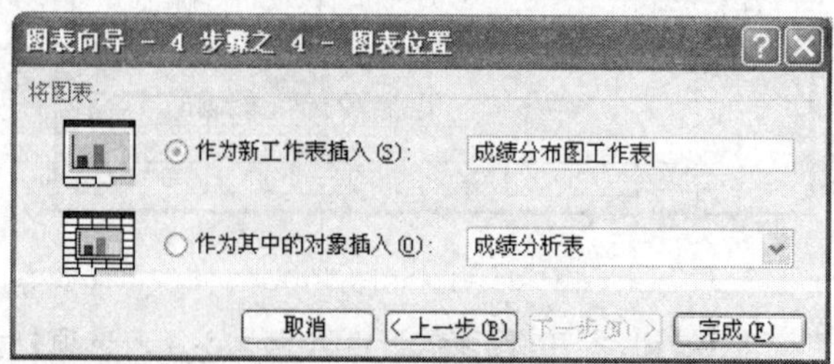


图 7-27　选择图表位置

续任务 10

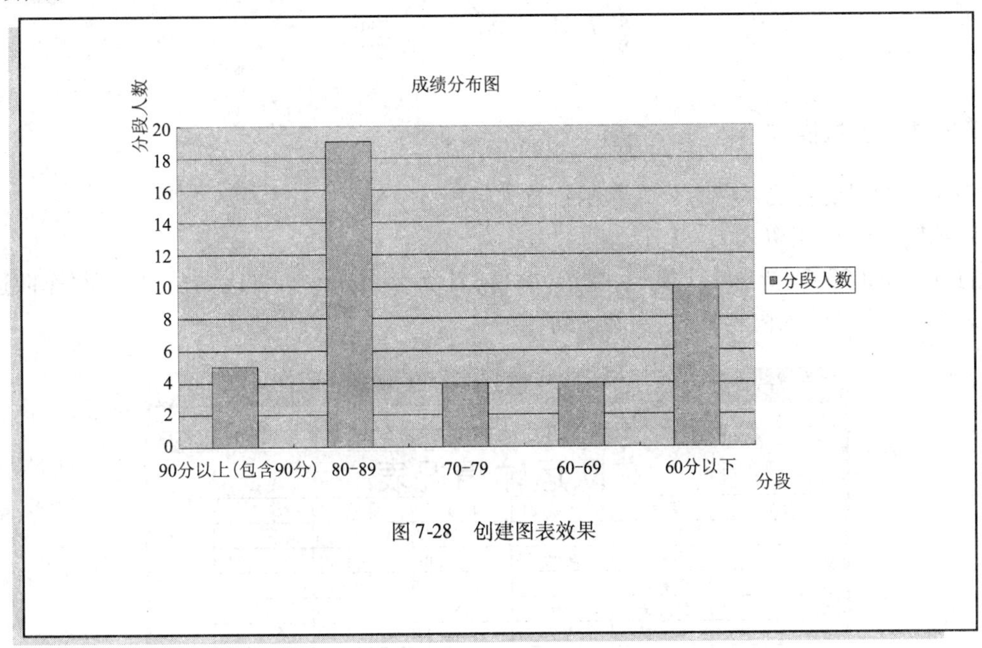


图 7-28　创建图表效果

## §7.3　案 例 小 结

定义单元格不只是在名称框中输入名字那样简单,也不是可有可无的,而是通过单元格定义,可以提高公式的灵活性,完成很多复杂繁琐的工作。

在使用公式和函数计算时,要注意如下几点:

①公式是对单元格中数据进行计算的等式,输入公式前应先输入“=”。

②函数的引用形式为:函数名(参数 1,参数 2,…),参数间用逗号隔开。如果是单独使用函数,要在函数名称前输入“=”构成公式。

③复制公式时,公式中的单元格引用随着所在位置的不同而变化时,使用单元格的相对引用;不随所在位置的不同而变化的使用单元格的绝对引用。

COUNT 和 COUNTIF 函数用于统计指定范围内单元格的个数,区别如下。

①COUNT 函数返回包含数字以及包含参数列表中的数字型的单元格个数。

②COUNTIF 函数返回指定区域内满足给定条件的单元格个数。

使用 COUNTIF 函数时要注意,在复制公式时,如果参数“range”的引用区域固定不变,应使用绝对引用或区域命名方式实现;如果参数“criteria”是表达式或字符串,应使用西文双引号括起来。

使用 IF 函数时要判断给出的条件是否满足,如果满足,返回逻辑值为真时的值;如果不满足,则返回逻辑值为假时的值。如果判断条件超过两个,采用 IF 函数的嵌套,即将一个 IF 函数返回值作为另一个 IF 函数的参数。

图表比数据更易于表达数据之间的关系及数据变化趋势。表现不同的数据关系时,要选择合适的图表类型,特别注意正确选择数据源。创建的图表既可以插入工作表中,生成嵌入图表,也可以生成一张单独的工作表。

# §7.4 习　　题

## 7.4.1 上机操作

该实例的目的主要是熟悉公式和函数及其应用。

1. 编辑 Sheet1 工资表

打开 Excel 2003，新建一个文档，执行【文件】|【另存为】命令，将该文档保存为“车队运输情况表”。在表中输入内容，如图 7-29 所示。

Microsoft Excel - 车队运输情况表

| | A | B | C | D | E | F | G |
|---|---|---|---|---|---|---|---|
| 1 | 车队运输情况表 | | | | | | |
| 2 | 工号 | 司机 | 货物类别 | 毛重 | 皮重 | 净重 | |
| 3 | | 李大方 | 其他 | 75.00 | 25.00 | | |
| 4 | | 李大方 | 其他 | 135.00 | 45.00 | | |
| 5 | | 赵美丽 | 其他 | 75.00 | 25.00 | | |
| 6 | | 张可爱 | 其他 | 150.00 | 50.00 | | |
| 7 | | 赵美丽 | 精粉 | 19.70 | 5.40 | | |
| 8 | | 张可爱 | 精粉 | 20.70 | 5.40 | | |
| 9 | | 张可爱 | 精粉 | 20.60 | 5.40 | | |
| 10 | | 张可爱 | 矿石 | 19.60 | 5.40 | | |
| 11 | | 张可爱 | 精粉 | 20.60 | 5.40 | | |
| 12 | | 张可爱 | 精粉 | 21.10 | 5.40 | | |

Sheet1 / Sheet2 / Sheet3

就绪　数字

图 7-29　车队运输情况表

2. 使用函数

利用 if 函数，根据“司机”列填充“工号”列，李大方、赵美丽、张可爱的工号分别是“01”、“02”、“03”，如图 7-30 所示。

Microsoft Excel - 车队运输情况表

A3　=IF(B3="李大方","01",IF(B3="赵美丽","02","03"))

| | A | B | C | D | E | F | G |
|---|---|---|---|---|---|---|---|
| 1 | 车队运输情况表 | | | | | | |
| 2 | 工号 | 司机 | 货物类别 | 毛重 | 皮重 | 净重 | |
| 3 | 01 | 李大方 | 其他 | 75.00 | 25.00 | | |
| 4 | 01 | 李大方 | 其他 | 135.00 | 45.00 | | |
| 5 | 02 | 赵美丽 | 其他 | 75.00 | 25.00 | | |
| 6 | 03 | 张可爱 | 其他 | 150.00 | 50.00 | | |
| 7 | 02 | 赵美丽 | 精粉 | 19.70 | 5.40 | | |
| 8 | 03 | 张可爱 | 精粉 | 20.70 | 5.40 | | |
| 9 | 03 | 张可爱 | 精粉 | 20.60 | 5.40 | | |
| 10 | 03 | 张可爱 | 矿石 | 19.60 | 5.40 | | |
| 11 | 03 | 张可爱 | 精粉 | 20.60 | 5.40 | | |
| 12 | 03 | 张可爱 | 精粉 | 21.10 | 5.40 | | |

Sheet1 / Sheet2 / Sheet3

就绪　数字

图 7-30　利用 if 函数填充工号序列

3. 使用公式

公式计算净重，净重 = 毛重 − 皮重。计算结果如图 7-31 所示。

Microsoft Excel - 车队运输情况表

| | A | B | C | D | E | F |
|---|---|---|---|---|---|---|
| 1 | 车队运输情况表 | | | | | |
| 2 | 工号 | 司机 | 货物类别 | 毛重 | 皮重 | 净重 |
| 3 | 01 | 李大方 | 其他 | 75.00 | 25.00 | 50.00 |
| 4 | 01 | 李大方 | 其他 | 135.00 | 45.00 | 90.00 |
| 5 | 02 | 赵美丽 | 其他 | 75.00 | 25.00 | 50.00 |
| 6 | 03 | 张可爱 | 其他 | 150.00 | 50.00 | 100.00 |
| 7 | 02 | 赵美丽 | 精粉 | 19.70 | 5.40 | 14.30 |
| 8 | 03 | 张可爱 | 精粉 | 20.70 | 5.40 | 15.30 |
| 9 | 03 | 张可爱 | 精粉 | 20.60 | 5.40 | 15.20 |
| 10 | 03 | 张可爱 | 矿石 | 19.60 | 5.40 | 14.20 |
| 11 | 03 | 张可爱 | 精粉 | 20.60 | 5.40 | 15.20 |
| 12 | 03 | 张可爱 | 精粉 | 21.10 | 5.40 | 15.70 |

Sheet1 / Sheet2 / Sheet3

就绪　数字

图 7-31　计算结果

4. 复制 Sheet1 工作表中的内容到 Sheet2 中，同时将 Sheet1 命名为“运输情况表”。结果如图 7-32 所示。

Microsoft Excel - 车队运输情况表

| | A | B | C | D | E | F |
|---|---|---|---|---|---|---|
| 1 | 车队运输情况表 | | | | | |
| 2 | 工号 | 司机 | 货物类别 | 毛重 | 皮重 | 净重 |
| 3 | 01 | 李大方 | 其他 | 75.00 | 25.00 | 50.00 |
| 4 | 01 | 李大方 | 其他 | 135.00 | 45.00 | 90.00 |
| 5 | 02 | 赵美丽 | 其他 | 75.00 | 25.00 | 50.00 |
| 6 | 03 | 张可爱 | 其他 | 150.00 | 50.00 | 100.00 |
| 7 | 02 | 赵美丽 | 精粉 | 19.70 | 5.40 | 14.30 |
| 8 | 03 | 张可爱 | 精粉 | 20.70 | 5.40 | 15.30 |
| 9 | 03 | 张可爱 | 精粉 | 20.60 | 5.40 | 15.20 |
| 10 | 03 | 张可爱 | 矿石 | 19.60 | 5.40 | 14.20 |

运输情况表 / Sheet2 / Sheet3

就绪　数字

图 7-32　插入工作表

5. 自动筛选

根据“运输情况表”中的数据筛选出“张可爱”所运输的“精粉”，如图 7-33 所示。

Microsoft Excel - 车队运输情况表

D5　fx 75

| | A | B | C | D | E | F |
|---|---|---|---|---|---|---|
| 2 | 工号 | 司机 | 货物类别 | 毛重 | 皮重 | 净重 |
| 8 | 03 | 张可爱 | 精粉 | 20.70 | 5.40 | 15.30 |
| 9 | 03 | 张可爱 | 精粉 | 20.60 | 5.40 | 15.20 |
| 11 | 03 | 张可爱 | 精粉 | 20.60 | 5.40 | 15.20 |
| 12 | 03 | 张可爱 | 精粉 | 21.10 | 5.40 | 15.70 |
| 20 | | | | | | |

运输情况表 / Sheet2 / Sheet3

在 17 条记录中找到 4 个　数字

图 7-33　自动筛选

# 第 8 章 Excel 高级应用——员工工资管理与分析

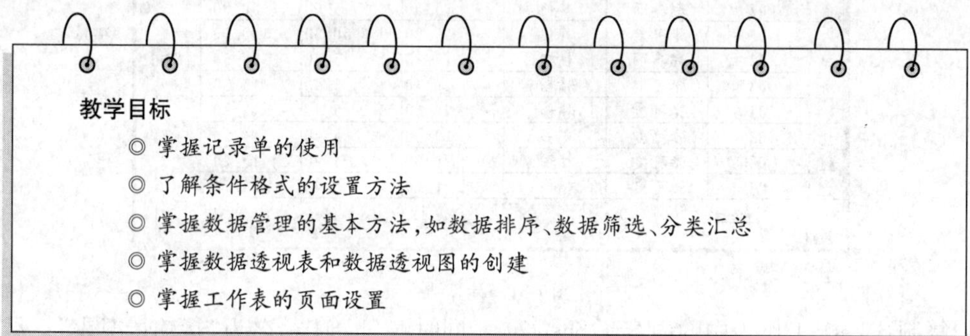

**教学目标**

◎ 掌握记录单的使用
◎ 了解条件格式的设置方法
◎ 掌握数据管理的基本方法,如数据排序、数据筛选、分类汇总
◎ 掌握数据透视表和数据透视图的创建
◎ 掌握工作表的页面设置

Excel 具有强大的数据库管理功能,可以方便地组织、管理和分析大量的数据信息。在 Excel 中,工作表内一块连续不间断的数据就是一个数据库,可以对数据库的数据进行筛选、排序、分类汇总等操作。

## §8.1 员工工资管理案例分析

本章以员工工资数据的管理和分析为例,介绍了 Excel 中记录单的使用,同时还介绍了数据管理的基本方法、数据透视表的创建、工作表的页面设置和工作表的打印等。

### 8.1.1 任务的提出

川夏是某公司财务处的会计,为了提高工作效率和管理水平,她打算使用 Excel 工作表来管理员工工资数据。图 8-1 所示为川夏制作的"工资表记录单",主要包括姓名、部门代码、部门、职务、基本工资、津贴、奖金、扣款、实发工资等。

| | A | B | C | D | E | F | G | H | I |
|---|---|---|---|---|---|---|---|---|---|
| 1 | 工资记录单 | | | | | | | | |
| 2 | 姓名 | 部门代码 | 部门 | 职务 | 基本工资 | 津贴 | 奖金 | 扣款额 | 实发工资 |
| 3 | 周明明 | 0259 | 财务部 | 会计 | ￥1,000.0 | ￥350.0 | ￥400.0 | ￥48.5 | ￥1,701.5 |
| 4 | 张和平 | 0259 | 财务部 | 出纳 | ￥450.0 | ￥230.0 | ￥290.0 | ￥78.0 | ￥892.0 |
| 5 | 潘越明 | 0259 | 财务部 | 会计 | ￥950.0 | ￥290.0 | ￥350.0 | ￥53.5 | ￥1,536.5 |
| 6 | 郑裕同 | 0368 | 技术部 | 技术员 | ￥380.0 | ￥210.0 | ￥540.0 | ￥69.0 | ￥1,061.0 |
| 7 | 郭丽明 | 0369 | 技术部 | 技术员 | ￥900.0 | ￥280.0 | ￥350.0 | ￥45.5 | ￥1,484.5 |
| 8 | 赵海 | 0370 | 技术部 | 工程师 | ￥1,600.0 | ￥540.0 | ￥650.0 | ￥66.0 | ￥2,724.0 |
| 9 | 高歌 | 0371 | 技术部 | 技术员 | ￥880.0 | ￥270.0 | ￥420.0 | ￥56.0 | ￥1,514.0 |
| 10 | 钟凝 | 0132 | 销售部 | 业务员 | ￥1,500.0 | ￥450.0 | ￥1,200.0 | ￥98.0 | ￥3,052.0 |
| 11 | 李凌 | 0132 | 销售部 | 业务员 | ￥400.0 | ￥260.0 | ￥890.0 | ￥86.5 | ￥1,463.5 |
| 12 | 薛海仓 | 0132 | 销售部 | 业务员 | ￥1,000.0 | ￥320.0 | ￥780.0 | ￥66.5 | ￥2,033.5 |
| 13 | 胡梅 | 0132 | 销售部 | 业务员 | ￥840.0 | ￥270.0 | ￥830.0 | ￥58.0 | ￥1,882.0 |
| 14 | 王海涛 | 0132 | 销售部 | 业务员 | ￥1,300.0 | ￥400.0 | ￥1,000.0 | ￥88.0 | ￥2,612.0 |
| 15 | 罗晶晶 | 0132 | 销售部 | 业务员 | ￥930.0 | ￥300.0 | ￥650.0 | ￥65.0 | ￥1,815.0 |

图 8-1 工资记录单

Excel 中每一行是每一位员工工资记录的情况，记录员工姓名、部门代码、部门、职务、基本工资、津贴、奖金、扣款、实发工资等。因为工作表中的数据繁多，如果直接在工作表中输入则是一件很繁琐的事情，因此可以考虑使用记录单快速地输入和浏览数据。

此外，川夏还需要定期对工资情况进行排序比较，统计出不同部门的工资情况和各部门工资最高的个人。

### 8.1.2 解决方案

在此案例中，可以通过以下方法实现对工资记录的管理和分析。

①使用【记录单】命令快速输入大量的记录数据。

②使用【筛选】命令快速查找指定的记录信息。

③使用【分类汇总】命令按"部门"将工资金额进行汇总，便于随时查看工资情况。

④使用【数据透视表】命令，创建立体式的数据分析结果。

### 8.1.3 相关知识点

1. 数据清单

在 Excel 中，数据处理是针对数据清单进行的。数据清单是一张含有多行多列相关数据的二维表格。将数据清单中的列称为字段。列标题称为字段名，标识数据的项目分类，同列数据在性质、类型和分类等方面都相同。清单中的行称为记录，每条记录中包含对应项目的数据。通过 Excel 的【记录单】命令可以建立数据清单，还可以对清单进行添加、查找、修改和删除等操作。

图 8-2 所示为一个数据清单的例子。数据清单必须包括两个部分——列标题和数据。

| | A | B | C | D | E | F | G | H | I |
|---|---|---|---|---|---|---|---|---|---|
| 1 | 工资记录单 | | | | | | | | |
| 2 | 姓名 | 部门代码 | 部门 | 职务 | 基本工资 | 津贴 | 奖金 | 扣款额 | 实发工资 |
| 3 | 周明明 | 0259 | 财务部 | 会计 | ¥1,000.0 | ¥350.0 | ¥400.0 | ¥48.5 | ¥1,701.5 |
| 4 | 张和平 | 0259 | 财务部 | 出纳 | ¥450.0 | ¥230.0 | ¥290.0 | ¥78.0 | ¥892.0 |
| 5 | 潘越明 | 0259 | 财务部 | 会计 | ¥950.0 | ¥290.0 | ¥350.0 | ¥53.5 | ¥1,536.5 |
| 6 | 郑裕同 | 0368 | 技术部 | 技术员 | ¥380.0 | ¥210.0 | ¥540.0 | ¥69.0 | ¥1,061.0 |
| 7 | 郭丽明 | 0369 | 技术部 | 技术员 | ¥900.0 | ¥280.0 | ¥350.0 | ¥45.5 | ¥1,484.5 |
| 8 | 赵海 | 0370 | 技术部 | 工程师 | ¥1,600.0 | ¥540.0 | ¥650.0 | ¥66.0 | ¥2,724.0 |
| 9 | 高歌 | 0371 | 技术部 | 技术员 | ¥880.0 | ¥270.0 | ¥420.0 | ¥56.0 | ¥1,514.0 |
| 10 | 钟凝 | 0132 | 销售部 | 业务员 | ¥1,500.0 | ¥450.0 | ¥1,200.0 | ¥98.0 | ¥3,052.0 |
| 11 | 李凌 | 0132 | 销售部 | 业务员 | ¥400.0 | ¥260.0 | ¥890.0 | ¥86.5 | ¥1,463.5 |
| 12 | 薛海仓 | 0132 | 销售部 | 业务员 | ¥1,000.0 | ¥320.0 | ¥780.0 | ¥66.5 | ¥2,033.5 |
| 13 | 胡梅 | 0132 | 销售部 | 业务员 | ¥840.0 | ¥270.0 | ¥830.0 | ¥58.0 | ¥1,882.0 |
| 14 | 王海涛 | 0132 | 销售部 | 业务员 | ¥1,300.0 | ¥400.0 | ¥1,000.0 | ¥88.0 | ¥2,612.0 |
| 15 | 罗晶晶 | 0132 | 销售部 | 业务员 | ¥930.0 | ¥300.0 | ¥650.0 | ¥65.0 | ¥1,815.0 |

列标题

数据

图 8-2 数列标题示例

要正确创建数据清单，应遵守以下原则。

①避免在一张工作表中建立多个数据清单。

②在数据清单的第一行建立列标题。

③列标题名唯一。

④单元格中数据的对齐方式可以用【单元格格式】命令来设置，不要用输入空格的方法调整。

⑤数据清单中的字段名与工作表中其他信息之间应该至少留出一个空白行（或一个空白列），以便对数据清单中的数据进行处理。

(1)使用记录单添加数据

①选中数据清单中的任意单元格。

②单击【数据】|【记录单】命令,打开【记录单】对话框,如图 8-3 所示。

③单击【新建】按钮,按照顺序依次输入各字段的值,输入结束后,单击【关闭】按钮。

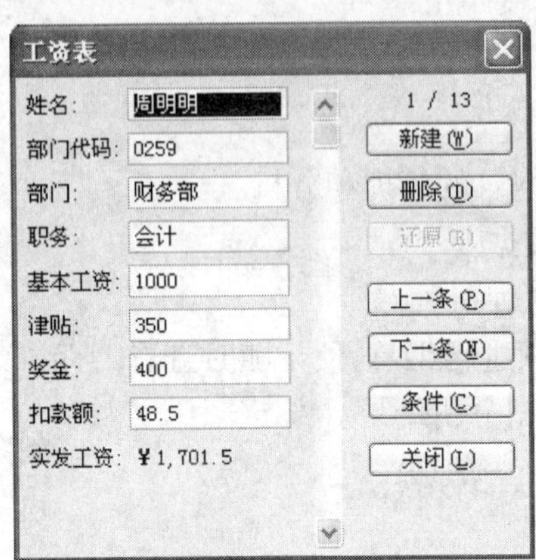


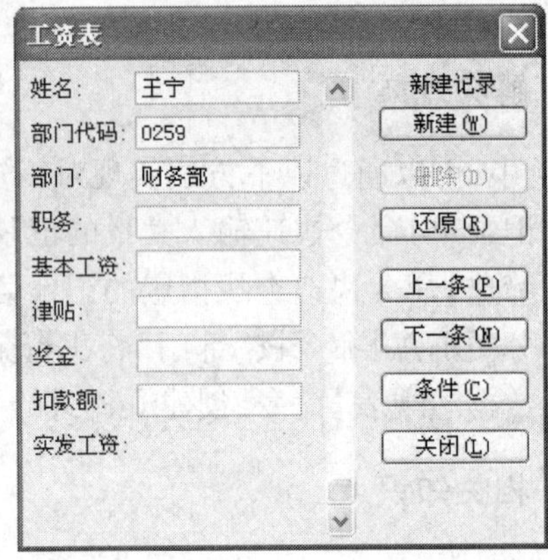


图 8-3 打开【记录单】对话框并输入新记录

(2)使用记录单修改和删除记录

【记录单】对话框中从第一条记录开始显示,可以拖动滚动框或单击【上一条】和【下一条】按钮显示其他的记录内容。另外,还可以根据需要进行记录的添加、删除、条件查询等操作。

(3)使用记录单搜索条件匹配的记录

在【记录单】对话框中,单击【条件】按钮,打开如图 8-4 所示的对话框,在【部门】文本框中输入"财务部",显示符合条件的第一条记录。

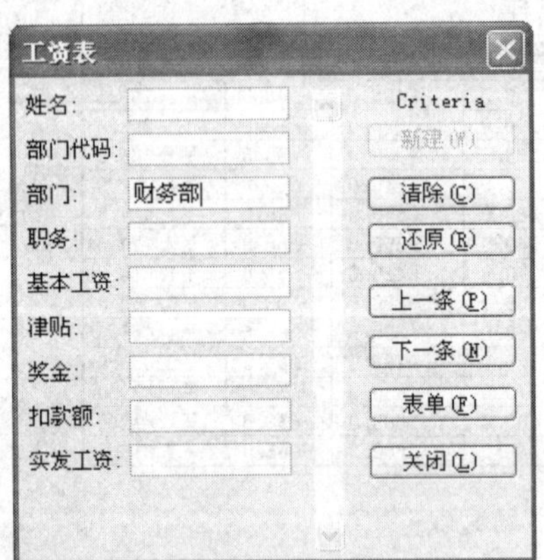

图 8-4 按条件搜索记录

2. 数据排序

排序是指将表中数据按某列或某行递增或递减的顺序进行重新排列。根据一列或多列中的值对行进行排序,称为"按列排序"。根据一行或多行中的值对列进行排序,称为"按行排序"。通常数字由小到大、字母由 A 到 Z 的排序称为升序,反之称为降序。

使用【常用】工具栏中的【升序】按钮或【降序】按钮可以将数据清单中的记录按单一要求进行排序;如果需要多条件的复杂排序,可以利用【数据】|【排序】命令,打开【排序】对话框,

如图 8-5 所示。在此对话框中最多可以设置 3 个层次的排序标准:【主要关键字】、【次要关键字】、【第三关键字】。此外,在【排序选项】对话框中,选择“按行排序”,可将数据清单中的字段顺序进行重新排列。

3. 数据筛选

数据筛选是指在数据清单中只显示符合某种条件的数据,不满足条件的数据被暂时隐藏起来,并未真正被删除;一旦筛选条件被取消,这些数据又重新出现。图 8-6 所示为利用筛选命令,使数据清单中只显示“财务部”的工资情况。

图 8-5 【排序】对话框

| | A | B | C | D | E | F | G | H | I |
|---|---|---|---|---|---|---|---|---|---|
| 1 | 工资记录单 | | | | | | | | |
| 2 | 姓名 | 部门代 | 部门 | 职 | 基本工资 | 津贴 | 奖金 | 扣款 | 实发工资 |
| 3 | 周明明 | 0259 | 财务部 | 会计 | ￥1,000.0 | ￥350.0 | ￥400.0 | ￥48.5 | ￥1,701.5 |
| 4 | 张和平 | 0259 | 财务部 | 出纳 | ￥450.0 | ￥230.0 | ￥290.0 | ￥78.0 | ￥892.0 |
| 5 | 潘越明 | 0259 | 财务部 | 会计 | ￥950.0 | ￥290.0 | ￥350.0 | ￥53.5 | ￥1,536.5 |

自动筛选箭头

图 8-6 利用自动筛选使数据清单只显示“财务部”工资情况

筛选分为自动筛选和高级筛选,前者用于简单条件筛选,后者多用于复杂条件筛选。

单击【数据】|【筛选】|【自动筛选】命令,在各字段名的右端均出现自动筛选箭头,在其下拉列表中显示该字段所包含的可选数据项,可以从中挑选一种筛选方式。再次单击【数据】|【筛选】|【自动筛选】命令,可取消自动筛选。若要进行高级筛选,则需要设置筛选条件区域,然后通过【高级筛选】对话框进行筛选。单击【数据】|【筛选】|【全部显示】命令,可以取消高级筛选。

4. 分类汇总

使用【分类汇总】命令,可以对数据清单中的数据进行分类显示和统计。

进行分类汇总的表格必须带有列标题(字段名),并且已经按分类字段进行了排序。通过【数据】|【分类汇总】命令,即可对表中的数据按分类字段进行汇总。图 8-7 所示为按“部门”

将员工工资的“实发工资”进行分类汇总。

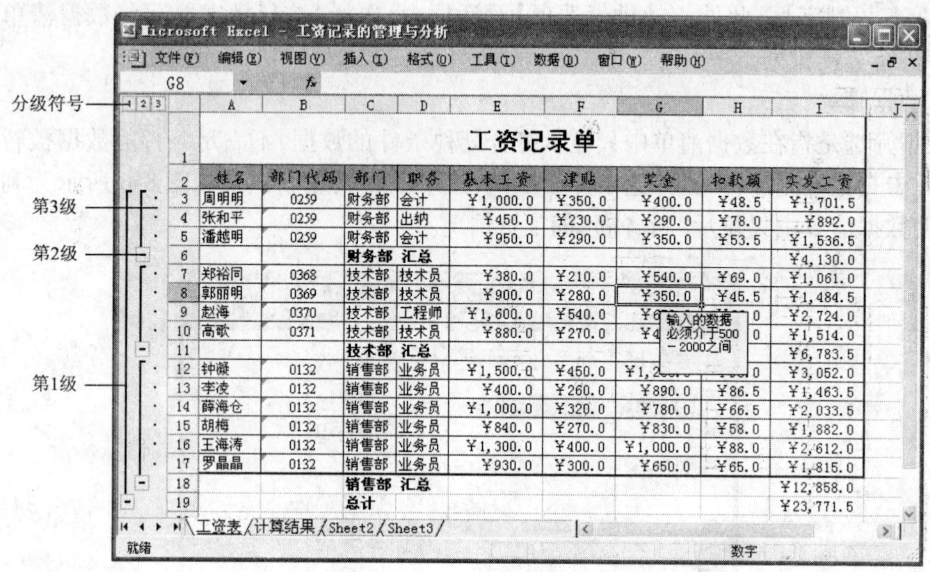


| | A | B | C | D | E | F | G | H | I |
|---|---|---|---|---|---|---|---|---|---|
| 1 | 工资记录单 | | | | | | | | |
| 2 | 姓名 | 部门代码 | 部门 | 职务 | 基本工资 | 津贴 | 奖金 | 扣款额 | 实发工资 |
| 3 | 周明明 | 0259 | 财务部 | 会计 | ¥1,000.0 | ¥350.0 | ¥400.0 | ¥48.5 | ¥1,701.5 |
| 4 | 张和平 | 0259 | 财务部 | 出纳 | ¥450.0 | ¥230.0 | ¥290.0 | ¥78.0 | ¥892.0 |
| 5 | 潘越明 | 0259 | 财务部 | 会计 | ¥950.0 | ¥290.0 | ¥350.0 | ¥53.5 | ¥1,536.5 |
| 6 | | | 财务部 汇总 | | | | | | ¥4,130.0 |
| 7 | 郑裕同 | 0368 | 技术部 | 技术员 | ¥380.0 | ¥210.0 | ¥540.0 | ¥69.0 | ¥1,061.0 |
| 8 | 郭丽明 | 0369 | 技术部 | 技术员 | ¥900.0 | ¥280.0 | ¥350.0 | ¥45.5 | ¥1,484.5 |
| 9 | 赵海 | 0370 | 技术部 | 工程师 | ¥1,600.0 | ¥540.0 | [illegible] | [illegible] | ¥2,724.0 |
| 10 | 高歌 | 0371 | 技术部 | 技术员 | ¥880.0 | ¥270.0 | [illegible] | [illegible] | ¥1,514.0 |
| 11 | | | 技术部 汇总 | | | | | | ¥6,783.5 |
| 12 | 钟凝 | 0132 | 销售部 | 业务员 | ¥1,500.0 | ¥450.0 | [illegible] | [illegible] | ¥3,052.0 |
| 13 | 李凌 | 0132 | 销售部 | 业务员 | ¥400.0 | ¥260.0 | ¥890.0 | ¥86.5 | ¥1,463.5 |
| 14 | 薛海仓 | 0132 | 销售部 | 业务员 | ¥1,000.0 | ¥320.0 | ¥780.0 | ¥66.5 | ¥2,033.5 |
| 15 | 胡梅 | 0132 | 销售部 | 业务员 | ¥840.0 | ¥270.0 | ¥830.0 | ¥58.0 | ¥1,882.0 |
| 16 | 王海涛 | 0132 | 销售部 | 业务员 | ¥1,300.0 | ¥400.0 | ¥1,000.0 | ¥88.0 | ¥2,612.0 |
| 17 | 罗晶晶 | 0132 | 销售部 | 业务员 | ¥930.0 | ¥300.0 | ¥650.0 | ¥65.0 | ¥1,815.0 |
| 18 | | | 销售部 汇总 | | | | | | ¥12,858.0 |
| 19 | | | 总计 | | | | | | ¥23,771.5 |

图 8-7 分类汇总结果

5. 数据透视表

数据透视表可以将数据清单中的数据进行重新组合，建立各种形式的交叉数据列表。数据透视表将筛选和分类汇总等功能结合在一起，可根据不同需要以不同方式查看数据。单击【数据】|【数据透视表和数据透视图】命令，按照向导提示操作，可分 3 个步骤完成创建数据透视表的工作。

# §8.2 实 现 方 法

## 8.2.1 制作工资记录单

本例中的工作表中主要包括表标题和列标题。下面将利用之前学习的知识完成“工资表”的创建。

**任务 1 创建工作簿，并输入表标题和列标题**

①创建一个 Excel 工作簿，并将其保存为“工资记录的管理与分析”。

②调整行 1 的高度，并利用【合并居中】命令，输入表标题“工资记录单”，设置【字体】为“方正黑体简体”，【字号】为“16”。

③在单元格区域 A2: I2 中依次输入“姓名”、“部门代码”、“部门”、“职务”、“基本工资”、“津贴”、“奖金”、“扣款额”和“实发工资”。

④选中单元格区域 A2: I2 的内容，设置【字体】为“宋体”，【字号】为“10”，【水平对齐】为“居中”。单击鼠标右键，在弹出的快捷菜单中选择【设置单元格格式】命令，在【图案】标签中设置单元格底纹为“湖蓝色”，如图 8-8 所示。

⑤将工作表 Sheet1 的名称更改为“工资表”。

续任务 1

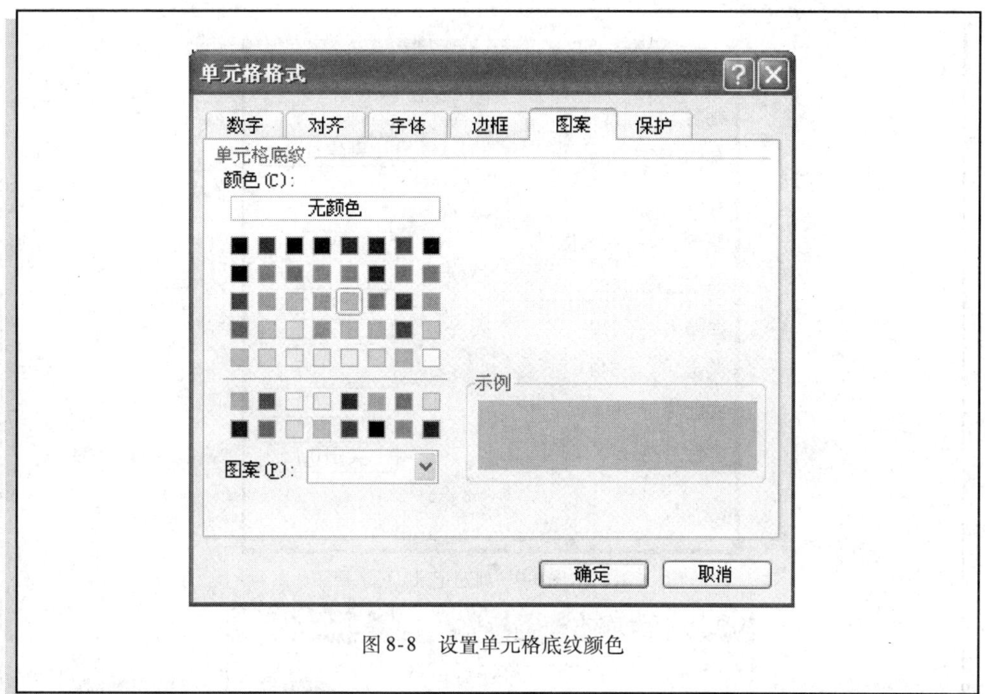

图 8-8　设置单元格底纹颜色

### 8.2.2　使用【记录单】输入与浏览工资数据

记录单就是将 Excel 中一条记录的数据信息按信息段分成几项，分别存储在同一行的几个单元格中。Excel 还提供了记录单的编辑和管理数据的功能，可以很容易地在其中处理和分析数据。

**任务 2　利用记录单的功能向"工资表"中填写数据并格式化**

①选中数据区域中的任意一个单元格，单击【数据】|【记录单】命令，打开【工资表】对话框。对话框右上角的"1/3"表示该工作表中共有 3 条记录，当前显示的是第 1 条记录。

②单击【上一条】和【下一条】按钮，可以查看工作表中的上一条和下一条记录。

③单击【新建】按钮，工资记录单会自动清空文本框，等待用户输入新的记录。输入如图 8-9 所示的记录内容，输入完成后，单击【新建】按钮或按 Enter 键，可将该记录写入工作表，并等待下一次输入。

④在该对话框中自动将数据清单的列标题作为字段名，用户可以逐条地输入每笔工资记录，按 Tab 键或 Shift + Tab 组合键可以在字段之间切换。

⑤完成数据输入后，选中数据区域 A3: I15，设置【字体】为"宋体"，【字号】为"10"。

⑥选中数据区域 E3: I15，打开【单元格格式】对话框，在【数字】标签下，设置【货币】格式，如图 8-10 所示。

⑦选中 I3，在编辑栏中输入公式：I3 = E3 + F3 + G3 – H3，得到第一条记录的结果，使用填充柄得到下面每位员工的实发工资的结果。

续任务 2

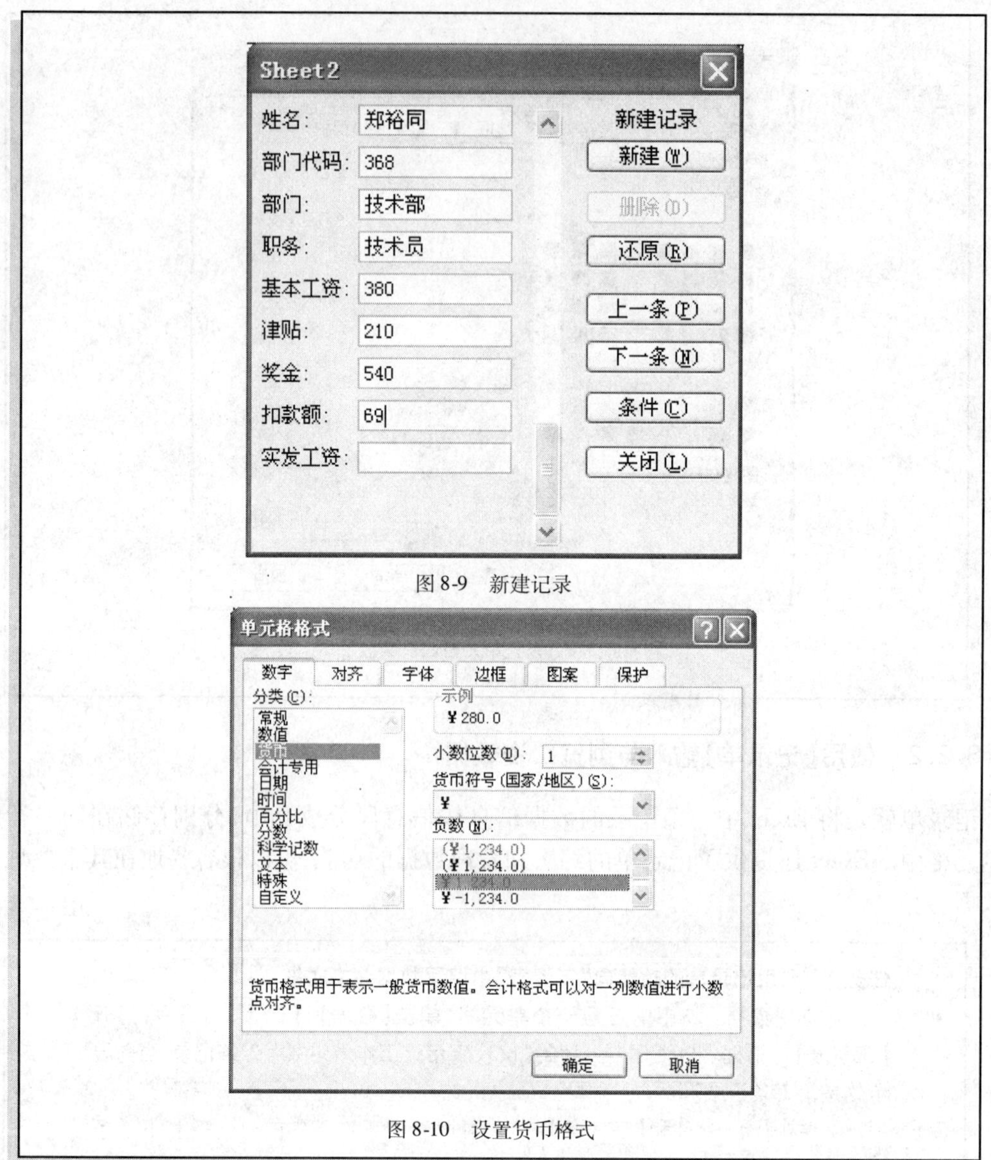


图 8-9 新建记录



图 8-10 设置货币格式

执行以上操作后,“工资表”工作表如图 8-11 所示。

| | A | B | C | D | E | F | G | H | I |
|---|---|---|---|---|---|---|---|---|---|
| 1 | 工资记录单 | | | | | | | | |
| 2 | 姓名 | 部门代码 | 部门 | 职务 | 基本工资 | 津贴 | 奖金 | 扣款额 | 实发工资 |
| 3 | 周明明 | 0259 | 财务部 | 会计 | ¥1,000.0 | ¥350.0 | ¥400.0 | ¥48.5 | ¥1,701.5 |
| 4 | 张和平 | 0259 | 财务部 | 出纳 | ¥450.0 | ¥230.0 | ¥290.0 | ¥78.0 | ¥892.0 |
| 5 | 潘越明 | 0259 | 财务部 | 会计 | ¥950.0 | ¥290.0 | ¥350.0 | ¥53.5 | ¥1,536.5 |
| 6 | 郑裕同 | 0368 | 技术部 | 技术员 | ¥380.0 | ¥210.0 | ¥540.0 | ¥69.0 | ¥1,061.0 |
| 7 | 郭丽明 | 0369 | 技术部 | 技术员 | ¥900.0 | ¥280.0 | ¥350.0 | ¥45.5 | ¥1,484.5 |
| 8 | 赵海 | 0370 | 技术部 | 工程师 | ¥1,600.0 | ¥540.0 | ¥650.0 | ¥66.0 | ¥2,724.0 |
| 9 | 高歌 | 0371 | 技术部 | 技术员 | ¥880.0 | ¥270.0 | ¥420.0 | ¥56.0 | ¥1,514.0 |
| 10 | 钟凝 | 0132 | 销售部 | 业务员 | ¥1,500.0 | ¥450.0 | ¥1,200.0 | ¥98.0 | ¥3,052.0 |
| 11 | 李凌 | 0132 | 销售部 | 业务员 | ¥400.0 | ¥260.0 | ¥890.0 | ¥86.5 | ¥1,463.5 |
| 12 | 薛海仓 | 0132 | 销售部 | 业务员 | ¥1,000.0 | ¥320.0 | ¥780.0 | ¥66.5 | ¥2,033.5 |
| 13 | 胡梅 | 0132 | 销售部 | 业务员 | ¥840.0 | ¥270.0 | ¥830.0 | ¥58.0 | ¥1,882.0 |
| 14 | 王海涛 | 0132 | 销售部 | 业务员 | ¥1,300.0 | ¥400.0 | ¥1,000.0 | ¥88.0 | ¥2,612.0 |
| 15 | 罗晶晶 | 0132 | 销售部 | 业务员 | ¥930.0 | ¥300.0 | ¥650.0 | ¥65.0 | ¥1,815.0 |

图 8-11 输入完数据的“工作表”

### 8.2.3 利用排序分析数据

**任务3 将工资表按“部门”字段进行排序**

①将工作表 Sheet2 更名为“排序”，并将“工资表”中的数据复制到此工作表中。

②以“排序”工作表为当前工作表，选中数据区域中的任意一个单元格，单击【数据】|【排序】按钮，打开【排序】对话框。

③在【主要关键字】下拉列表中选择“部门”；在【次要关键字】下拉列表中选择“实发工资”；在【第三关键字】下拉列表中选择“基本工资”，并将排序方式全部设置为“升序”。

④在【我的数据区域】选项组中选择“有标题行”单选项，表示被选中的单元格区域的第1行将不进行排序，如图8-12所示。

注意：如果需要自定义排序方式，可单击【排序】对话框中的【选项】按钮，在打开的【排序选项】对话框中，自定义排序次序、排序方法、排序方向等，如图8-13所示。

⑤条件设置完成后，单击【确定】按钮，返回工作表。此时工作表先按照“部门”字段升序排列，如果“部门”相同则按“实发工资”字段升序排列，如果“实发工资”相同则按“基本工资”字段升序排列。

图8-12 【排序】对话框

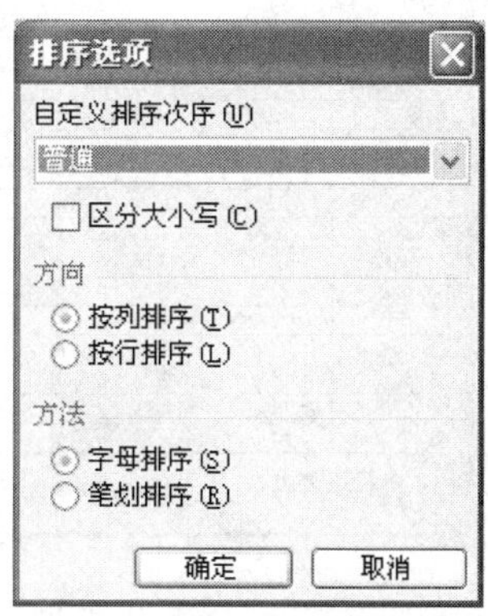


图8-13 【排序选项】对话框

执行以上操作后，“排序”工作表的效果如图8-14所示。

工资记录单

| 姓名 | 部门代码 | 部门 | 职务 | 基本工资 | 津贴 | 奖金 | 扣款额 | 实发工资 |
|---|---|---|---|---|---|---|---|---|
| 张和平 | 0259 | 财务部 | 出纳 | ¥450.0 | ¥230.0 | ¥290.0 | ¥78.0 | ¥892.0 |
| 潘越明 | 0259 | 财务部 | 会计 | ¥950.0 | ¥290.0 | ¥350.0 | ¥53.5 | ¥1,536.5 |
| 周明明 | 0259 | 财务部 | 会计 | ¥1,000.0 | ¥350.0 | ¥400.0 | ¥48.5 | ¥1,701.5 |
| 郑裕同 | 0368 | 技术部 | 技术员 | ¥380.0 | ¥210.0 | ¥540.0 | ¥69.0 | ¥1,061.0 |
| 郭丽明 | 0369 | 技术部 | 技术员 | ¥900.0 | ¥280.0 | ¥350.0 | ¥45.5 | ¥1,484.5 |
| 高歌 | 0371 | 技术部 | 技术员 | ¥880.0 | ¥270.0 | ¥420.0 | ¥56.0 | ¥1,514.0 |
| 赵海 | 0370 | 技术部 | 工程师 | ¥1,600.0 | ¥540.0 | ¥650.0 | ¥66.0 | ¥2,724.0 |
| 李凌 | 0132 | 销售部 | 业务员 | ¥400.0 | ¥260.0 | ¥890.0 | ¥86.5 | ¥1,463.5 |
| 罗晶晶 | 0132 | 销售部 | 业务员 | ¥930.0 | ¥300.0 | ¥650.0 | ¥65.0 | ¥1,815.0 |
| 胡梅 | 0132 | 销售部 | 业务员 | ¥840.0 | ¥270.0 | ¥830.0 | ¥58.0 | ¥1,882.0 |
| 薛海仓 | 0132 | 销售部 | 业务员 | ¥1,000.0 | ¥320.0 | ¥780.0 | ¥66.5 | ¥2,033.5 |
| 王海涛 | 0132 | 销售部 | 业务员 | ¥1,300.0 | ¥400.0 | ¥1,000.0 | ¥88.0 | ¥2,612.0 |
| 钟凝 | 0132 | 销售部 | 业务员 | ¥1,500.0 | ¥450.0 | ¥1,200.0 | ¥98.0 | ¥3,052.0 |

图8-14 排序结果

## 8.2.4 利用筛选功能分析数据

1. 自动筛选

自动筛选可以帮助用户收集有用信息，用户只要给出条件，Excel 就会按照要求返回相关的记录。

**任务4　在工作表中筛选出“财务部”部门中“会计”的工资记录**

①将工作表 Sheet3 更名为“自动筛选”，并将“工资表”中的数据复制到此工作表中。

②以“自动筛选”工作表为当前工作表，选中数据区域的任意一个单元格，单击【数据】|【筛选】|【自动筛选】命令，此时 Excel 会自动为每个列标题添加自动筛选箭头。

③单击【部门】右侧的下拉箭头，在列表中选择“财务部”，如图 8-15 所示，此时工作表中只显示“财务部”部门的记录信息。

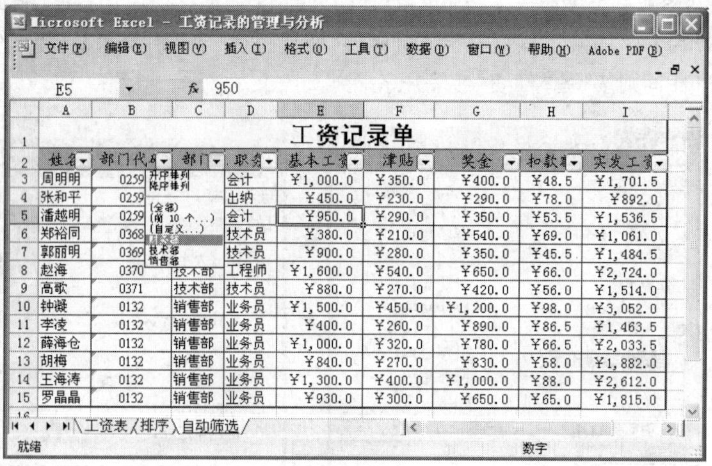

图 8-15　筛选“财务部”部门

④单击【职务】右侧的下拉箭头，在列表中选择“会计”，如图 8-16 所示，此时工作表中只显示“财务部”部门中“会计”的记录信息。

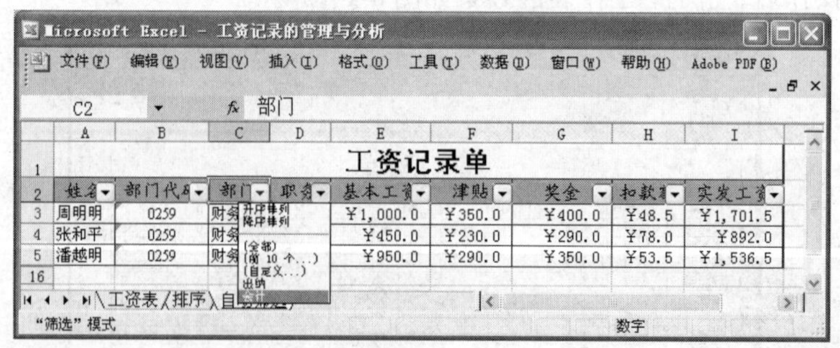


图 8-16　筛选“会计”

执行以上操作后，工作表的筛选效果如图 8-17 所示。

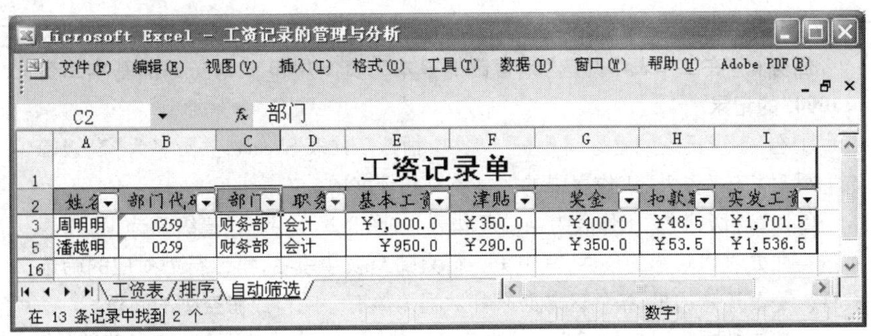

Microsoft Excel - 工资记录的管理与分析

C2 部门

工资记录单

| | 姓名 | 部门代码 | 部门 | 职务 | 基本工资 | 津贴 | 奖金 | 扣款 | 实发工资 |
|---|---|---|---|---|---|---|---|---|---|
| 3 | 周明明 | 0259 | 财务部 | 会计 | ￥1,000.0 | ￥350.0 | ￥400.0 | ￥48.5 | ￥1,701.5 |
| 5 | 潘越明 | 0259 | 财务部 | 会计 | ￥950.0 | ￥290.0 | ￥350.0 | ￥53.5 | ￥1,536.5 |

在 13 条记录中找到 2 个

图 8-17　自动筛选结果

**任务 5　用自动筛选方式显示"实发工资"前 5 名的记录**

①在"自动筛选"工作表中，选中数据区域中任意一个单元格。单击【数据】|【筛选】|【自动筛选】命令，此时在各字段右端出现自动筛选箭头。

②单击【实发工资】右侧筛选箭头，在下拉列表中选择"前 10 个"命令，弹出【自动筛选前 10 个】对话框，如图 8-18 所示，在各列表框中依次选择"最大"、"5"和"项"，筛选后的数据如图 8-19 所示。

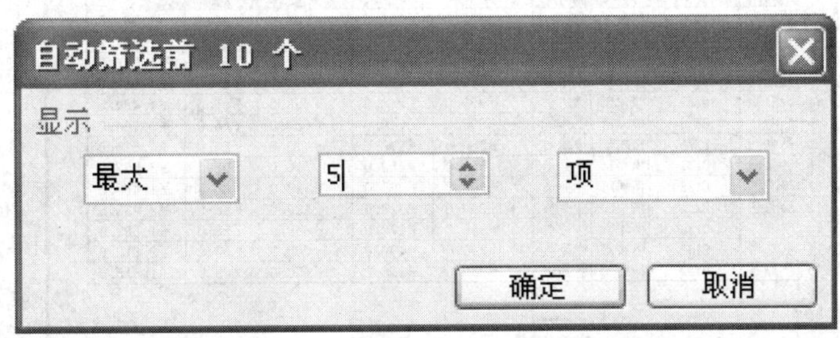


图 8-18　【自动筛选前 10 个】对话框

Microsoft Excel - 工资记录的管理与分析

I8 =E8+F8+G8-H8

工资记录单

| | 姓名 | 部门代码 | 部门 | 职务 | 基本工资 | 津贴 | 奖金 | 扣款 | 实发工资 |
|---|---|---|---|---|---|---|---|---|---|
| 8 | 赵海 | 0370 | 技术部 | 工程师 | ￥1,600.0 | ￥540.0 | ￥650.0 | ￥66.0 | ￥2,724.0 |
| 10 | 钟凝 | 0132 | 销售部 | 业务员 | ￥1,500.0 | ￥450.0 | ￥1,200.0 | ￥98.0 | ￥3,052.0 |
| 12 | 薛海仓 | 0132 | 销售部 | 业务员 | ￥1,000.0 | ￥320.0 | ￥780.0 | ￥66.5 | ￥2,033.5 |
| 13 | 胡梅 | 0132 | 销售部 | 业务员 | ￥840.0 | ￥270.0 | ￥830.0 | ￥58.0 | ￥1,882.0 |
| 14 | 王海涛 | 0132 | 销售部 | 业务员 | ￥1,300.0 | ￥400.0 | ￥1,000.0 | ￥88.0 | ￥2,612.0 |

在 13 条记录中找到 5 个

图 8-19　筛选前 5 个"实发工资"记录

执行过筛选操作的列标题，其右侧的下拉箭头变成蓝色，如果要还原工作表，可依次打开下拉列表，从中选择【全部】命令即可。也可以单击【数据】|【筛选】|【全部显示】命令，显示工作表中的所有记录。

2. 高级筛选

Excel 的高级筛选功能可以帮助用户灵活地查看信息，它打破了单一条件的限制，可以任意地组合查询条件。

**任务6　在工作表中筛选“销售部的基本工资>1000或财务部的基本工资<1000”的记录**

①在“工资记录的管理与分析”文件中插入工作表Sheet4，并更名为“高级筛选”，然后将“工资表”工作表中的数据复制到该表中。

②以“高级筛选”工作表为当前工作表，按图8-20所示在“高级筛选”工作表中的空白处键入筛选的条件，其中第一行为筛选项字段名，第二行为对应的筛选条件。需要注意的是，条件区域必须和数据清单有一空行或者空列的间隔。

③选中数据区域中的任意一个单元格，单击【数据】|【筛选】|【高级筛选】命令，打开【高级筛选】对话框，在【方式】选项组中选择“在原有区域显示筛选结果”单选项，在【列表区域】文本框中显示或选择数据清单所在单元格区域地址（一般为系统自动识别），单击【条件区域】文本框右侧的【拾取】按钮，选择筛选条件所在的单元格区域，如图8-21所示。操作后的结果如图8-22所示。

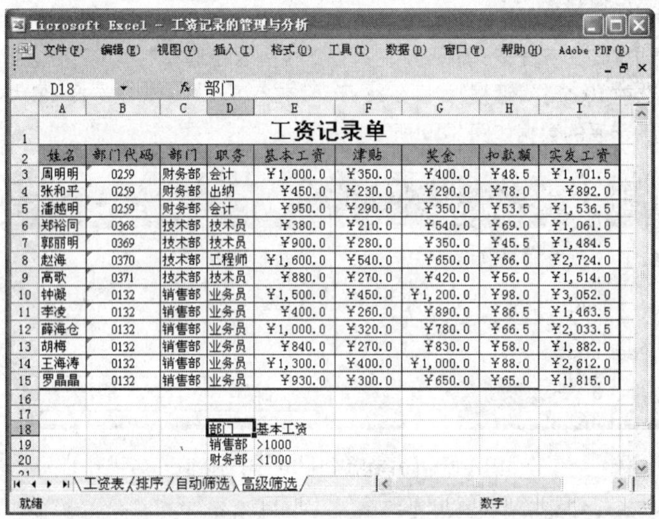

工资记录单

| 姓名 | 部门代码 | 部门 | 职务 | 基本工资 | 津贴 | 奖金 | 扣款额 | 实发工资 |
|---|---|---|---|---|---|---|---|---|
| 周明明 | 0259 | 财务部 | 会计 | ¥1,000.0 | ¥350.0 | ¥400.0 | ¥48.5 | ¥1,701.5 |
| 张和平 | 0259 | 财务部 | 出纳 | ¥450.0 | ¥230.0 | ¥290.0 | ¥78.0 | ¥892.0 |
| 潘越明 | 0259 | 财务部 | 会计 | ¥950.0 | ¥290.0 | ¥350.0 | ¥53.5 | ¥1,536.5 |
| 郑裕同 | 0368 | 技术部 | 技术员 | ¥380.0 | ¥210.0 | ¥540.0 | ¥69.0 | ¥1,061.0 |
| 郭丽明 | 0369 | 技术部 | 技术员 | ¥900.0 | ¥280.0 | ¥350.0 | ¥45.5 | ¥1,484.5 |
| 赵海 | 0370 | 技术部 | 工程师 | ¥1,600.0 | ¥540.0 | ¥650.0 | ¥66.0 | ¥2,724.0 |
| 高歌 | 0371 | 技术部 | 技术员 | ¥880.0 | ¥270.0 | ¥420.0 | ¥56.0 | ¥1,514.0 |
| 钟凝 | 0132 | 销售部 | 业务员 | ¥1,500.0 | ¥450.0 | ¥1,200.0 | ¥98.0 | ¥3,052.0 |
| 李凌 | 0132 | 销售部 | 业务员 | ¥400.0 | ¥260.0 | ¥890.0 | ¥86.5 | ¥1,463.5 |
| 薛海仓 | 0132 | 销售部 | 业务员 | ¥1,000.0 | ¥320.0 | ¥780.0 | ¥66.5 | ¥2,033.5 |
| 胡梅 | 0132 | 销售部 | 业务员 | ¥840.0 | ¥270.0 | ¥830.0 | ¥58.0 | ¥1,882.0 |
| 王海涛 | 0132 | 销售部 | 业务员 | ¥1,300.0 | ¥400.0 | ¥1,000.0 | ¥88.0 | ¥2,612.0 |
| 罗晶晶 | 0132 | 销售部 | 业务员 | ¥930.0 | ¥300.0 | ¥650.0 | ¥65.0 | ¥1,815.0 |

| 部门 | 基本工资 |
|---|---|
| 销售部 | >1000 |
| 财务部 | <1000 |

图8-20　键入筛选条件

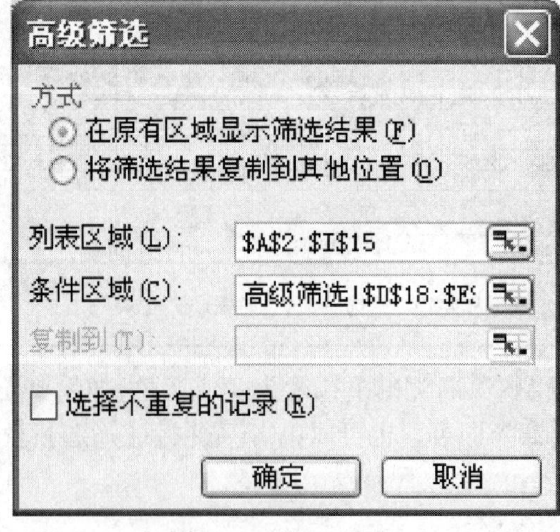


图8-21　【高级筛选】对话框

续任务 6

| 行 | 姓名 | 部门代码 | 部门 | 职务 | 基本工资 | 津贴 | 奖金 | 扣款额 | 实发工资 |
|---|---|---|---|---|---|---|---|---|---|
| 4 | 张和平 | 0259 | 财务部 | 出纳 | ￥450.0 | ￥230.0 | ￥290.0 | ￥78.0 | ￥892.0 |
| 5 | 潘越明 | 0259 | 财务部 | 会计 | ￥950.0 | ￥290.0 | ￥350.0 | ￥53.5 | ￥1,536.5 |
| 10 | 钟凝 | 0132 | 销售部 | 业务员 | ￥1,500.0 | ￥450.0 | ￥1,200.0 | ￥98.0 | ￥3,052.0 |
| 14 | 王海涛 | 0132 | 销售部 | 业务员 | ￥1,300.0 | ￥400.0 | ￥1,000.0 | ￥88.0 | ￥2,612.0 |

| 部门 | 基本工资 |
|---|---|
| 销售部 | >1000 |
| 财务部 | <1000 |



图 8-22　高级筛选结果

使用高级筛选操作后，会自动取消自动筛选的设置。如果还需要进行自动筛选的操作，可再次执行【自动筛选】命令。需要注意的是，应该选中原工作表中的数据单元格，而不是高级筛选后的数据单元格。

## 8.2.5　利用分类汇总功能分析数据

分类汇总功能在工作表的分析中有十分重要的作用，因为分类汇总的操作不仅增加了工作表的可读性，而且能使用户更快捷地获得需要的数据并作出判断。

注意：在执行分类汇总操作前，需要先对进行汇总操作的数据进行排序。

**任务 7　按"部门"字段对工资记录进行分类汇总，以获得不同部门的工资金额的汇总情况**

①在"工资记录的管理与分析"文件中插入工作表 Sheet5，并更名为"分类汇总"，然后将"工资表"工作表中的数据复制到该表中。

②将"分类汇总"工作表作为当前工作表，并以"部门"为主关键字进行升序排列。

③选中数据区域中的任意一个单元格，单击【数据】|【分类汇总】命令，打开【分类汇总】对话框。按图 8-23 所示，在【分类字段】下拉列表中选择"部门"，在【汇总方式】下拉列表中选择"求和"，在【选定汇总项】列表中选择"实发工资"复选项。

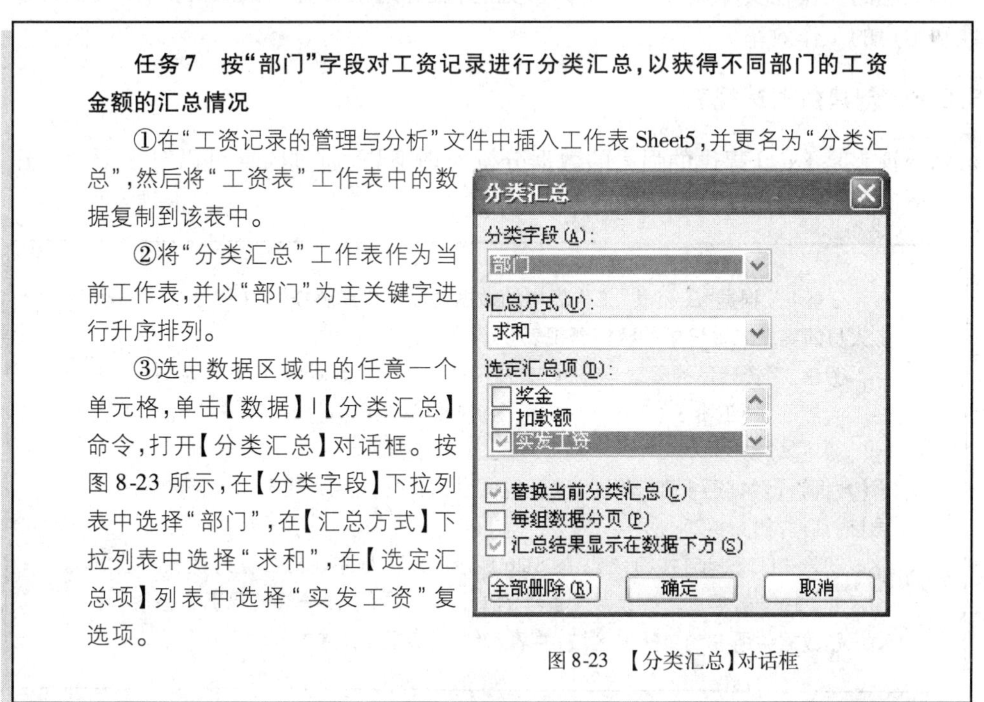


图 8-23　【分类汇总】对话框

分类汇总后的数据如图 8-24 所示。

Microsoft Excel - 工资记录的管理与分析

文件(F) 编辑(E) 视图(V) 插入(I) 格式(O) 工具(T) 数据(D) 窗口(W) 帮助(H) Adobe PDF(B)

G11

| | A | B | C | D | E | F | G | H | I |
|---|---|---|---|---|---|---|---|---|---|
| 1 | 工资记录单 | | | | | | | | |
| 2 | 姓名 | 部门代码 | 部门 | 职务 | 基本工资 | 津贴 | 奖金 | 扣款额 | 实发工资 |
| 3 | 周明明 | 0259 | 财务部 | 会计 | ¥1,000.0 | ¥350.0 | ¥400.0 | ¥48.5 | ¥1,701.5 |
| 4 | 张和平 | 0259 | 财务部 | 出纳 | ¥450.0 | ¥230.0 | ¥290.0 | ¥78.0 | ¥892.0 |
| 5 | 潘越明 | 0259 | 财务部 | 会计 | ¥950.0 | ¥290.0 | ¥350.0 | ¥53.5 | ¥1,536.5 |
| 6 | | | **财务部 汇总** | | | | | | ¥4,130.0 |
| 7 | 郑裕同 | 0368 | 技术部 | 技术员 | ¥380.0 | ¥210.0 | ¥540.0 | ¥69.0 | ¥1,061.0 |
| 8 | 郭丽明 | 0369 | 技术部 | 技术员 | ¥900.0 | ¥280.0 | ¥350.0 | ¥45.5 | ¥1,484.5 |
| 9 | 赵海 | 0370 | 技术部 | 工程师 | ¥1,600.0 | ¥540.0 | ¥650.0 | ¥66.0 | ¥2,724.0 |
| 10 | 高歌 | 0371 | 技术部 | 技术员 | ¥880.0 | ¥270.0 | ¥420.0 | ¥56.0 | ¥1,514.0 |
| 11 | | | **技术部 汇总** | | | | | | ¥6,783.5 |
| 12 | 钟凝 | 0132 | 销售部 | 业务员 | ¥1,500.0 | ¥450.0 | ¥1,200.0 | ¥98.0 | ¥3,052.0 |
| 13 | 李凌 | 0132 | 销售部 | 业务员 | ¥400.0 | ¥260.0 | ¥890.0 | ¥86.5 | ¥1,463.5 |
| 14 | 薛海仓 | 0132 | 销售部 | 业务员 | ¥1,000.0 | ¥320.0 | ¥780.0 | ¥66.5 | ¥2,033.5 |
| 15 | 胡梅 | 0132 | 销售部 | 业务员 | ¥840.0 | ¥270.0 | ¥830.0 | ¥58.0 | ¥1,882.0 |
| 16 | 王海涛 | 0132 | 销售部 | 业务员 | ¥1,300.0 | ¥400.0 | ¥1,000.0 | ¥88.0 | ¥2,612.0 |
| 17 | 罗晶晶 | 0132 | 销售部 | 业务员 | ¥930.0 | ¥300.0 | ¥650.0 | ¥65.0 | ¥1,815.0 |
| 18 | | | **销售部 汇总** | | | | | | ¥12,858.0 |
| 19 | | | **总计** | | | | | | ¥23,771.5 |
| 20 | | | | | | | | | |

工资表 / 排序 / 自动筛选 / 高级筛选 / 分类汇总

就绪　数字

图 8-24　分类汇总效果

从图 8-24 中可以看出，在数据清单的左侧，有“隐藏明细数据符号”（ - ）的标记。单击“ - ”，可隐藏原始数据清单数据而只显示汇总后的数据结果，同时“ - ”变成“ + ”。单击“ + ”可显示明细数据。

如果要取消分类汇总效果，需要再次打开【分类汇总】对话框，单击【全部删除】按钮。

本例中仅对“实发工资”进行汇总操作，在实际工作中，可能需要对多个数据进行汇总，那么在【分类汇总】对话框中选中多个字段进行汇总即可。

分类汇总的操作在实际业务中是十分常见的，熟练地掌握分类汇总的操作，可提高表格的可读性和用户的工作效率。

### 8.2.6　创建数据透视表

数据透视表是 Excel 提供的强大的数据分析处理工具，通过向导可以对平面的工作表数据产生立体的分析效果。

**任务 8　根据“工资表”工作表中的数据创建一个能够按“部门”查找不同职务人员的实发工资记录的数据透视表**

①在“工资记录的管理与分析”文件中插入工作表 Sheet6，并更名为“数据透视表”，然后将“工资表”工作表中的数据复制到该表中。

②将“数据透视表”作为当前工作表，选中数据区域中的任意一个单元格，单击【数据】|【数据透视表和数据透视图】命令，启动【数据透视表和数据透视图向导】对话框，如图 8-25 所示。

③单击【下一步】按钮，在如图 8-26 所示的对话框中建立数据透视表的数据源区域。由于数据清单都是某个连续的单元格区域，所以一般情况下 Excel 会自动识别数据源所在的单元格区域，并填入到“选定区域”文本框中。

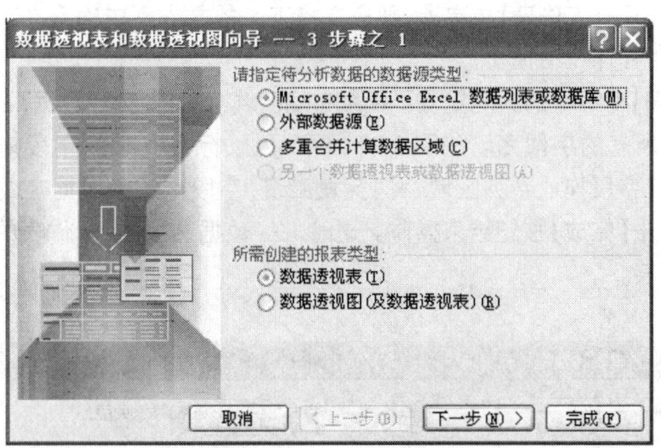


图 8-25 【数据透视表和数据透视图向导-3 步骤之 1】

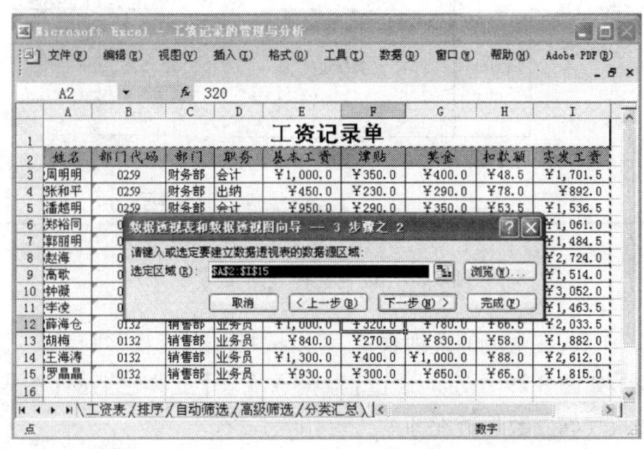


图 8-26 建立数据源区域

④单击【下一步】按钮，在如图 8-27 所示的对话框中确定数据透视表的显示位置和布局。单击【新建工作表】单选项，将数据透视表建立在新建的工作表中。单击【布局】按钮，打开【布局】对话框，为数据透视表设计版面布局。

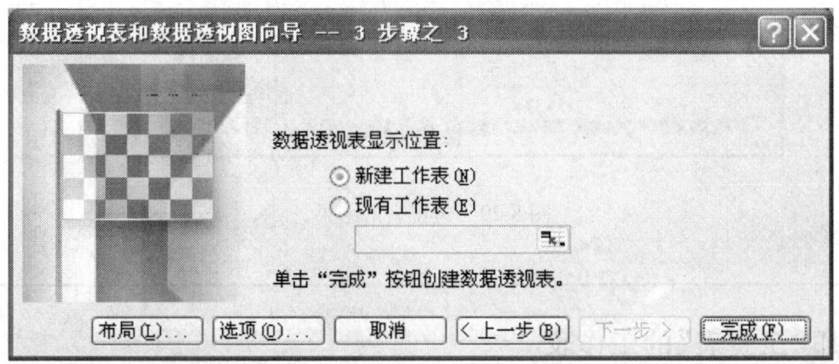


图 8-27 确定数据透视表的显示位置和布局

若单击【现有工作表】单选项，则应在接下来的文本框中输入在当前工作表中要显示数据透视表的位置。

在【布局】对话框的中间提供了 4 个布局区域：页、行、列和数据，右侧列出了数据清单中所有的字段名。按图 8-28 所示，用鼠标将“部门”字段拖放到行区域，将“职务”字段拖放到列区域，将“实发工资”字段拖放到数据区域，单击【确定】按钮，单击【完成】按钮结束操作。这时，在“数据透视表”工作表的旁边建立了一个工作表。

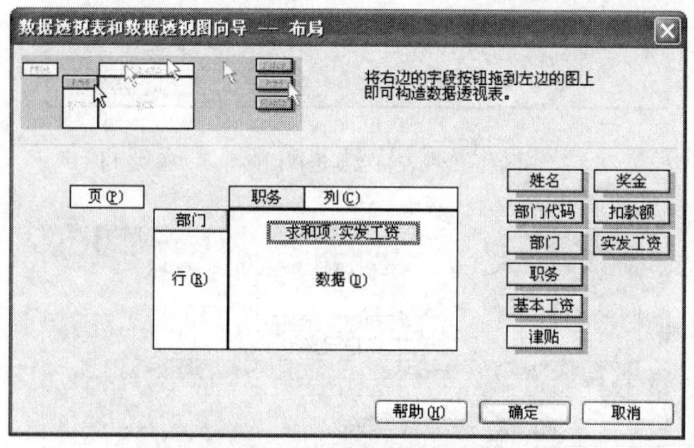


图 8-28　设置透视表的布局

⑤打开工作表，在生成的透视表中，可以按“部门”查找不同职务人员的实发工资记录情况，如图 8-29 所示。通过【数据透视表】工具栏上的【图表向导】按钮，可以为透视表建立数据透视图。

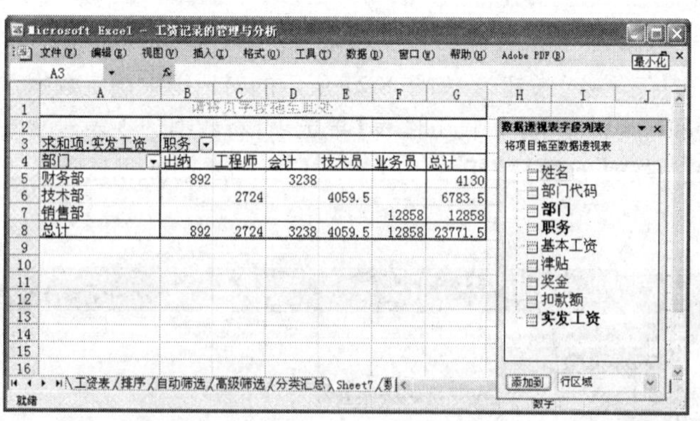

| 求和项:实发工资 | 职务 | | | | | |
|---|---|---|---|---|---|---|
| 部门 | 出纳 | 工程师 | 会计 | 技术员 | 业务员 | 总计 |
| 财务部 | 892 | | 3238 | | | 4130 |
| 技术部 | | 2724 | | 4059.5 | | 6783.5 |
| 销售部 | | | | | 12858 | 12858 |
| 总计 | 892 | 2724 | 3238 | 4059.5 | 12858 | 23771.5 |



图 8-29　透视表的结果

## 8.2.7　打印“工资表”的工作表

完整的 Excel 文件的操作是从建立到添加内容到输出的全过程，在打印输出工作表的过程中还要进行一系列的设置。只有掌握了相关设置，才能适当而正确地完成工作表的打印。

**任务 9　打印“工资表”工作表，并要求在每一页中都打印出列标题**

(1)设置打印页面和重复标题

要将“工资表”打印到纸张上，就必须首先设置纸张的页面大小和打印边距等。

①单击【文件】|【页面设置】命令，打开【页面设置】对话框。单击【页面】标签，设置纸张的方向、大小等，一般使用系统默认值，如图 8-30 所示。

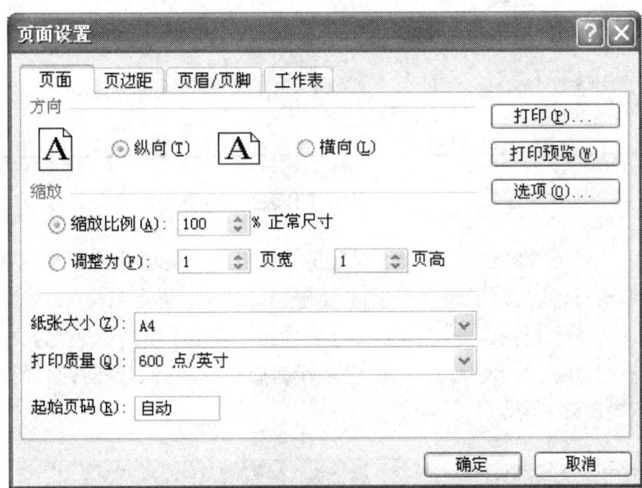


图 8-30　设置页面

②单击【页边距】标签，设置“上”、“下”、“左”、“右”的页边距，使得“工资表”表格在纸张上的布局更合理。在【居中方式】中选择【水平】复选框，如图8-31所示。

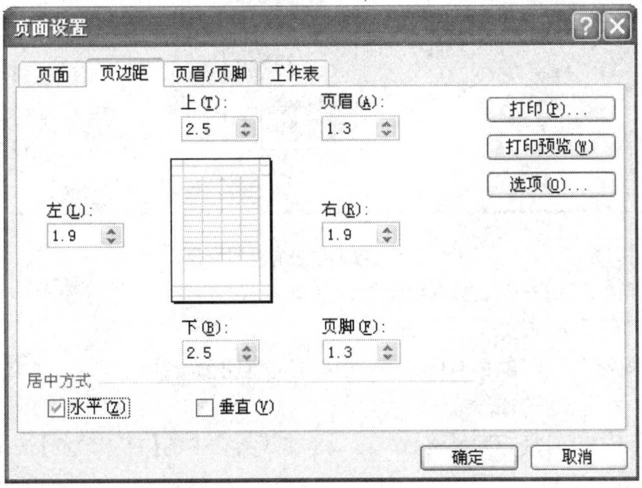

图 8-31　设置页边距

③单击【页眉/页脚】标签,单击【自定义页眉】按钮,打开【页眉】对话框,在"左"、"中"、"右"文本框中输入要显示的页眉内容,也可以单击对话框中的快捷按钮,插入需要的页眉项,如图 8-32 所示。也可以使用此方法设置页脚。

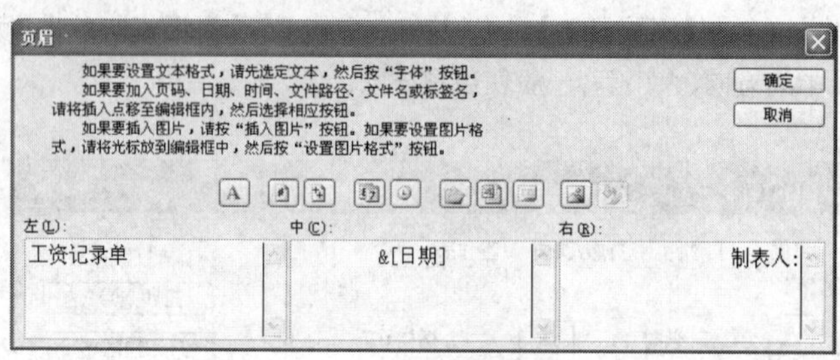


图 8-32　设置工作表页眉

④因为工资记录比较多,所以在设定的一张纸上不能够完全打印出来,当分成多页的形式打印时,需要使每一页都能够打印出"工资记录单"的标题信息。此时,单击【工作表】标签,在【打印标题】选项组中单击【顶端标题行】文本框右侧的拾取按钮,切换到 Excel 工作表,用鼠标选择列标题行。返回【页面设置】对话框后,如图 8-33 所示。

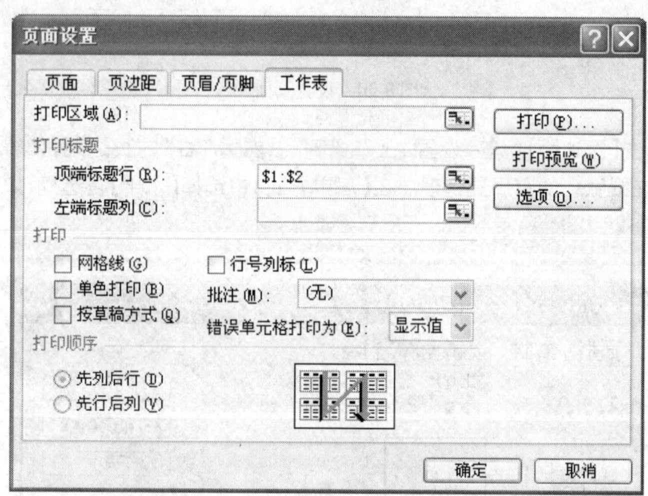


图 8-33　设置工作表的打印标题

⑤单击【确定】按钮,返回工作表。

(2)打印预览

设置好"工资表"的页面格式后,可以先用打印预览模式显示一下实际的打印效果,并为修改提供依据。

①单击【文件】|【打印预览】命令,或单击工具栏中的【打印预览】按钮,打开如图 8-34 所示的预览窗口。

②根据【页面设置】中的参数,表格打印出来的效果与预览窗口显示的效果完全相同。可以根据预览效果,使用窗口上方的按钮对工作表页面进行再次调整。

续任务 9

③单击【关闭】按钮,返回工作表。

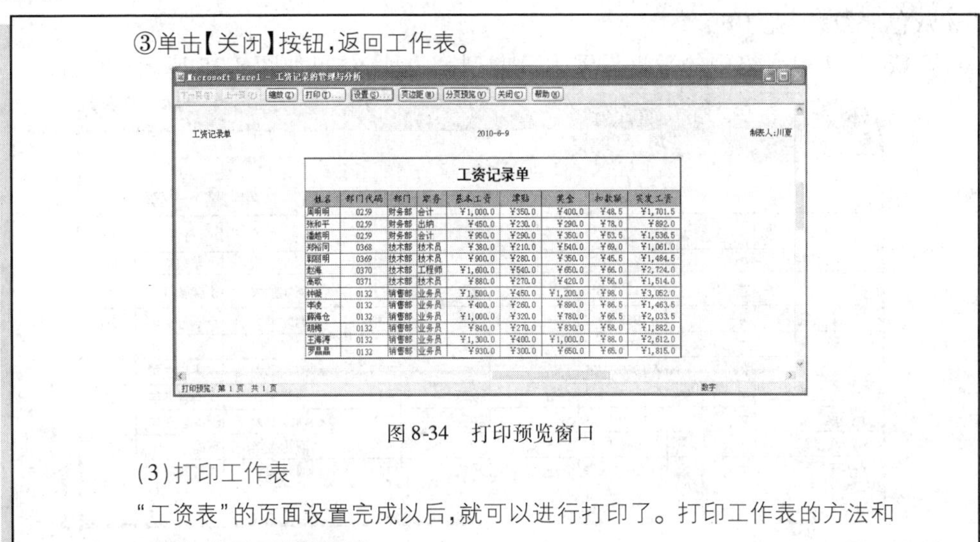

图 8-34　打印预览窗口

(3)打印工作表

“工资表”的页面设置完成以后,就可以进行打印了。打印工作表的方法和 Word 类似,这里不再赘述了。

## §8.3　案 例 小 结

通过工资记录的管理与分析案例,可以充分了解 Excel 在管理大量数据中的应用。首先可以利用【记录单】功能对大批量数据进行类似数据库操作的创建记录、添加记录、浏览记录、删除记录和查找记录等。

使用 Excel 中的排序功能可以使数据按照希望的顺序进行调整;使用分类汇总功能可以使工作表中的数据按照指定的类别对相关信息进行汇总和统计;使用筛选功能可以将重要的数据显示出来。

工作表的打印是经常处理的一个事件。在工作表打印的页面设置中,页眉/页脚的设置对工作表的打印输出十分重要。明确的页眉/页脚信息不但可以增加表格的可读性,也可以方便用户对表格的分析和管理。如果工作表中数据较多,需要多页打印,可以通过设置表格的列标题或行标题,使其能出现在每一个打印页面上。

## §8.4　习　　题

### 上机操作

本实例主要练习 Excel 中数据管理与分析的基本方法。

打开 Teacher. xls 文件(由教师提供),按下列要求操作。

**1. 编辑 Sheet1 工作表**

(1)基本编辑

①将工作表标题设置为隶书、20 磅、蓝色,并在 A1: N1 单元格区域跨列居中。

②删除第 2 行及 A2: B24 区域内的单元格。

③设置 A2: N2 单元格格式。文字为楷体、14 磅、红色、去除自动换行,加浅青绿色,并设置 10% 灰色底纹,列宽 10。

④将 C3: C24 单元格中的数据设置为日期型第一种,结果如图 8-35 所示。

Microsoft Excel - Teacher

G14 河北大学

| | A | B | C | D | E | F | G | H | |
|---|---|---|---|---|---|---|---|---|---|
| 1 | | | | | 2009-2010学年第一学期 | | | | |
| 2 | 姓名 | 性别 | 出生年月 | 职称 | 任教学科 | 学历 | 毕业学校 | 专业 | 毕 |
| 3 | 田荣雪 | 女 | 1963-6-23 | 中一 | 语文 | 专科 | 河北师大 | 小学教育 | 20 |
| 4 | 李俊 | 女 | 1983-8-8 | 小一 | 语文 | 硕士 | 河北师大 | 小学教育 | 20 |
| 5 | 李三柱 | 男 | 1965-8-12 | 小一 | 数学 | 本科 | 河北师大 | 汉语言文学 | 20 |
| 6 | 梁英丽 | 女 | 1978-5-6 | 小一 | 语文 | | | | |
| 7 | 张香亭 | 女 | 1965-7-25 | 小高 | 数学 | 本科 | 河北师大 | 汉语言文学 | 20 |
| 8 | 陈美华 | 女 | 1956-3-6 | 小高 | 语文 | 专科 | 河北电大 | 汉语言文学 | 20 |
| 9 | 袁世尊 | 女 | 1979-5-29 | 小一 | 数学 | 专科 | 河北电大 | 汉语言文学 | 20 |
| 10 | 袁世尊 | 女 | 1980-5-14 | 小一 | 数学 | 专科 | 河北大学 | 英语 | 2 |
| 11 | 王丽霞 | 女 | 1981-6-9 | 小一 | 语文 | 专科 | 河北师大 | 体育教育 | 20 |

Sheet1

就绪 数字

图 8-35 基本编辑

(2)填充数据

①利用 IF 函数,根据“获奖级别”及“获奖次数”填充“获奖金额”列。省级 1 次奖励 600 元、市级 1 次奖励 400 元、县级 1 次奖励 200 元,其他情况为空白。

②利用 IF 函数,根据毕业时间填充“备注”列信息。2007 年毕业的备注为“新聘”,其他情况为空白。结果如图 8-36 所示。

获奖金额 = IF(J3 = "省级", K3 * 600, IF(J3 = "市级", K3 * 400, IF(J3 = "县级", K3 * 200, "")))

备注 = IF(YEAR(I3) = 2007, "新聘", "")

Microsoft Excel - Teacher

| | H | I | J | K | L | M | N |
|---|---|---|---|---|---|---|---|
| 1 | 第一学期教师基本情况统计表 | | | | | | |
| 2 | 专业 | 毕业时间 | 获奖级别 | 获奖次数 | 获奖时间 | 获奖金额 | 备注 |
| 3 | 小学教育 | 2006-6-26 | 市级 | 2 | 1997 | 800 | |
| 4 | 小学教育 | 2007-6-26 | 省级 | 2 | 2008 | 1200 | 新聘 |
| 5 | 汉语言文学 | 2007-6-26 | | | | | 新聘 |
| 6 | | | | | | | |
| 7 | 汉语言文学 | 2007-6-26 | 县级 | 3 | 1986 | 600 | 新聘 |
| 8 | 汉语言文学 | 2004-1-12 | 县级 | 3 | 1997 | 600 | |
| 9 | 汉语言文学 | 2005-1-12 | 县级 | 2 | 2005 | 400 | |
| 10 | 英语 | 2004-7-1 | 县级 | 3 | 2007 | 600 | |

Sheet1

就绪 数字

图 8-36 填充结果

(3)将 Sheet1 更名为“基本表”,并保存。

**2. 数据处理**

(1)在 Teacher. xls 中插入 Sheet2,复制基本表,并更名为“排序”,按年龄由小到大排序,结果如图 8-37 所示

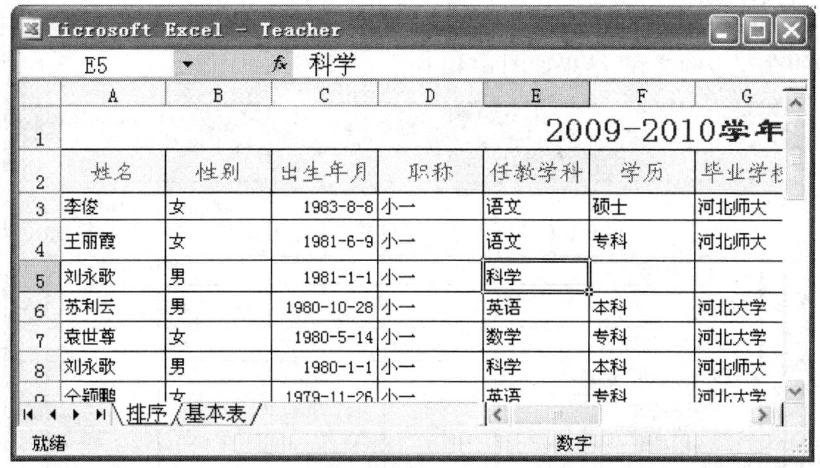

| | A | B | C | D | E | F | G |
|---|---|---|---|---|---|---|---|
| 1 | | | | | | 2009-2010学年 | |
| 2 | 姓名 | 性别 | 出生年月 | 职称 | 任教学科 | 学历 | 毕业学校 |
| 3 | 李俊 | 女 | 1983-8-8 | 小一 | 语文 | 硕士 | 河北师大 |
| 4 | 王丽霞 | 女 | 1981-6-9 | 小一 | 语文 | 专科 | 河北师大 |
| 5 | 刘永歌 | 男 | 1981-1-1 | 小一 | 科学 | | |
| 6 | 苏利云 | 男 | 1980-10-28 | 小一 | 英语 | 本科 | 河北大学 |
| 7 | 袁世尊 | 女 | 1980-5-14 | 小一 | 数学 | 专科 | 河北大学 |
| 8 | 刘永歌 | 男 | 1980-1-1 | 小一 | 科学 | 本科 | 河北师大 |
| 9 | 仝颖鹏 | 女 | 1979-11-26 | 小一 | 英语 | 专科 | 河北大学 |

图 8-37　排序结果

(2)在 Teacher. xls 中插入 Sheet3,复制基本表,并更名为“自动筛选”,筛选出学历为专科,任教学科为语文的教师,结果如图 8-38 所示。

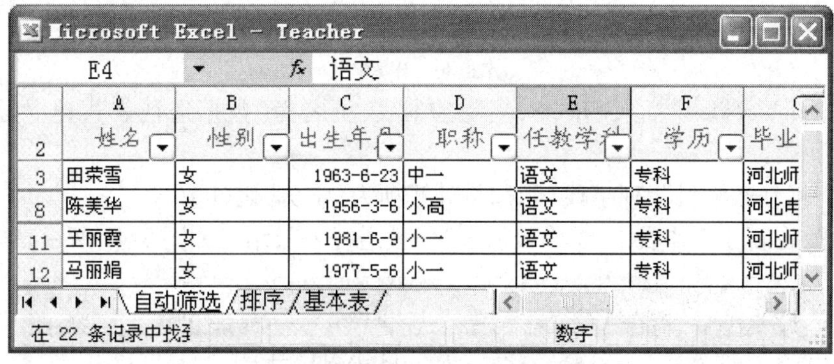

| | A | B | C | D | E | F | G |
|---|---|---|---|---|---|---|---|
| 2 | 姓名 | 性别 | 出生年月 | 职称 | 任教学科 | 学历 | 毕业 |
| 3 | 田荣雪 | 女 | 1963-6-23 | 中一 | 语文 | 专科 | 河北师 |
| 8 | 陈美华 | 女 | 1956-3-6 | 小高 | 语文 | 专科 | 河北电 |
| 11 | 王丽霞 | 女 | 1981-6-9 | 小一 | 语文 | 专科 | 河北师 |
| 12 | 马丽娟 | 女 | 1977-5-6 | 小一 | 语文 | 专科 | 河北师 |

图 8-38　自动筛选结果

(3)在 Teacher. xls 中插入 Sheet4,复制基本表,更名为“高级筛选”,筛选出任课为语文,且获奖级别为省级或市级或县级。

①条件区域:起始单元格定位 C26。

②筛选结果放置 A31 单元格中,结果如图 8-39 所示。

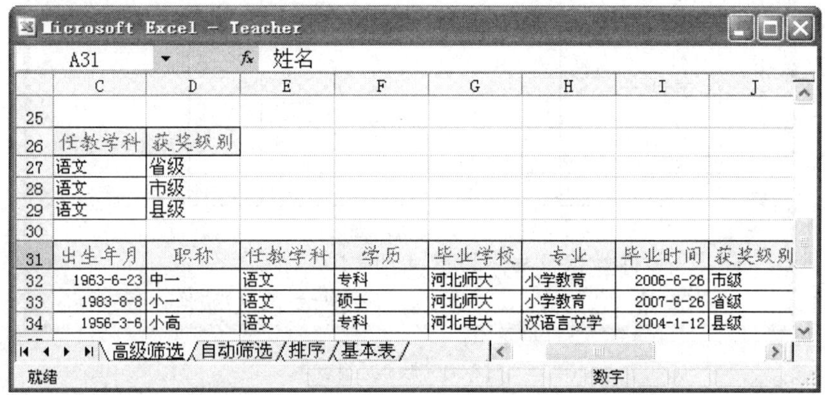

| | C | D | E | F | G | H | I | J |
|---|---|---|---|---|---|---|---|---|
| 25 | | | | | | | | |
| 26 | 任教学科 | 获奖级别 | | | | | | |
| 27 | 语文 | 省级 | | | | | | |
| 28 | 语文 | 市级 | | | | | | |
| 29 | 语文 | 县级 | | | | | | |
| 30 | | | | | | | | |
| 31 | 出生年月 | 职称 | 任教学科 | 学历 | 毕业学校 | 专业 | 毕业时间 | 获奖级别 |
| 32 | 1963-6-23 | 中一 | 语文 | 专科 | 河北师大 | 小学教育 | 2006-6-26 | 市级 |
| 33 | 1983-8-8 | 小一 | 语文 | 硕士 | 河北师大 | 小学教育 | 2007-6-26 | 省级 |
| 34 | 1956-3-6 | 小高 | 语文 | 专科 | 河北电大 | 汉语言文学 | 2004-1-12 | 县级 |

图 8-39　高级筛选结果

(4)在 Teacher. xls 中插入 Sheet5,复制基本表,更名为“分类汇总”,按任教学科排序,汇总出每种学科的获奖金额之和,结果如图 8-40 所示。

Microsoft Excel - Teacher

J4　　　　县级

| | E | K | L | M | N |
|---|---|---|---|---|---|
| 2 | 任教学科 | 获奖次数 | 获奖时间 | 获奖金额 | 备注 |
| 3 | 科学 | | | | |
| 4 | 科学 | 2 | 2003 | 400 | |
| 5 | 科学 | 1 | 2005 | 200 | |
| 6 | **科学 汇总** | | | 600 | |
| 7 | 品德 | | | | |
| 8 | 品德 | | | | |
| 9 | 品德 | | | | |
| 10 | **品德 汇总** | | | 0 | |
| 11 | 品德与社会 | 1 | 2001 | 200 | |
| 12 | **品德与社会 汇总** | | | 200 | |

分类汇总 / 高级筛选 / 自动筛选 / 排

就绪　　求和=613920　　数字

图 8-40　分类汇总

(5)在 Teacher. xls 中插入 Sheet5,复制基本表,更名为“数据透视表”,建立数据透视表,要求:

①行字段“任教学科”、列字段“职称”,计算项为“学历”之计数。

②结果放在新建工作表中,工作表名为“任教透视表”,结果如图 8-41 所示。

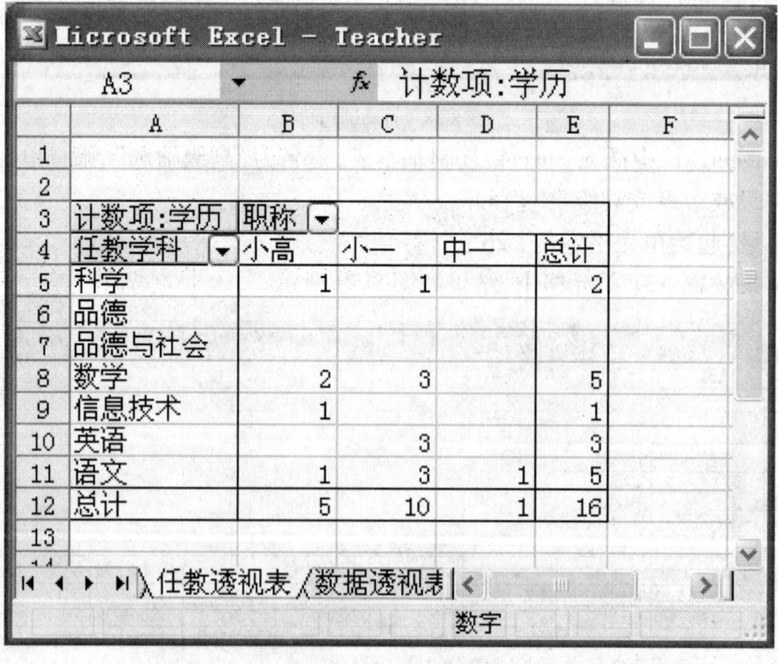

Microsoft Excel - Teacher

A3　　　　计数项:学历

| | A | B | C | D | E | F |
|---|---|---|---|---|---|---|
| 1 | | | | | | |
| 2 | | | | | | |
| 3 | 计数项:学历 | 职称 | | | | |
| 4 | 任教学科 | 小高 | 小一 | 中一 | 总计 | |
| 5 | 科学 | 1 | 1 | | 2 | |
| 6 | 品德 | | | | | |
| 7 | 品德与社会 | | | | | |
| 8 | 数学 | 2 | 3 | | 5 | |
| 9 | 信息技术 | 1 | | | 1 | |
| 10 | 英语 | | 3 | | 3 | |
| 11 | 语文 | 1 | 3 | 1 | 5 | |
| 12 | 总计 | 5 | 10 | 1 | 16 | |
| 13 | | | | | | |

任教透视表 / 数据透视表

数字

图 8-41　数据透视表

(6)保存文件。

# 第9章 PowerPoint 应 用

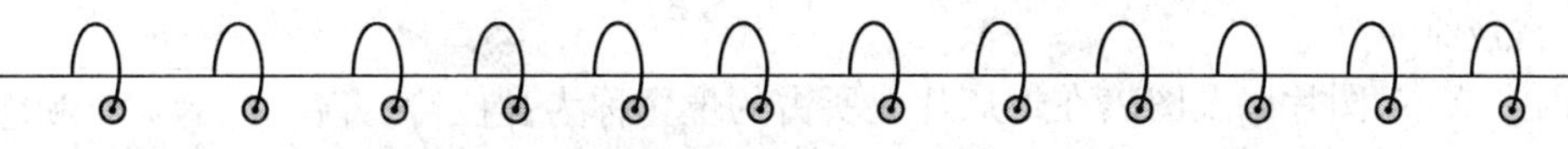

**教学目标**

◎ 掌握利用 PowerPoint 2003 创建演示文稿的基本过程

◎ 掌握演示文稿的基本编辑和操作技巧

◎ 掌握演示文稿的动画设置

◎ 理解超链接的概念,掌握演示文稿中超链接的应用

◎ 掌握演示文稿的放映设置和发布操作

## §9.1 制作世博会场馆介绍案例分析

### 9.1.1 任务的提出

2010 年上海世博会是我国第一次举办的综合类世界博览会。博览会主题是“城市,让生活更美好”,已有 242 个国家、地区和国际组织参展,规划用地 5.28 平方公里,100 多个场馆。PowerPoint 是一个理想的软件,可以生动活泼、引人入胜地介绍世博会场馆。它集文字、图形、声音和视频图像于一体,同时借助超链接功能创建形象生动、高度交互的多媒体演示文稿。

### 9.1.2 解决方案

首先搜集相关的文本素材和多媒体素材,然后通过添加文本、添加图表、格式化幻灯片、添加动画效果等操作,制作上海世博会场馆介绍演示文稿,完成效果如图 9-1 所示。

图 9-1 世博会场馆介绍演示文稿

### 9.1.3 相关知识点

1. 演示文稿和幻灯片

一个 PowerPoint 文件称为一个演示文稿，通常它是由一系列幻灯片构成。制作演示文稿的过程实际上就是制作一张张幻灯片的过程。幻灯片可以包含文字、表格、图片、声音、图像等。制作完成的演示文稿可以通过计算机屏幕、Internet、黑白或彩色投影仪等发布出来。使用 PowerPoint 制作的演示文稿的扩展名为 · ppt。

2. 占位符

标题、文本、图片以及图表在幻灯片上所占的位置称为占位符。占位符的大小和位置一般取决于幻灯片所用的版式。标题、文本占位符一般有编辑状态和选定状态。

①在占位符内单击，会显示由斜线虚框围成的矩形区域，此时进入编辑状态。

②在虚框上单击，占位符变成点状虚框，进入选定状态。选定状态可进行复制、删除等操作。

3. 幻灯片版式

版式用于确定幻灯片所包含的对象以及各对象之间的位置关系。版式由占位符构成，而不同的占位符可以放置不同的对象。例如，标题和文本占位符可以放置文字，内容占位符可以放置表格、图片、图表、剪贴画等。

4. 模板

PowerPoint 提供了两种模板：设计模板和内容模板。

①设计模板包含预定义格式和配色方案，可以应用到任意演示文稿中。

②内容模板除了预定义格式和配色方案外，还增加了针对不同主题的建议内容。

在演示文稿中应用设计模板时，新模板将取代原演示文稿的外观设置，并且插入的每张新幻灯片都会拥有相同的自定义外观。

5. 配色方案

配色方案是由背景颜色、线条和文本颜色以及其他 6 种颜色搭配组成的。可以把配色方案理解成每个演示文稿所包含的一套颜色设置。这些颜色分别应用到幻灯片上的对象中，例如填充图形的颜色、文本和线条的颜色、设置超链接后文本的颜色等。

PowerPoint 中的配色方案有两种：标准方案和自定义方案。

6. 母版

在 PowerPoint 中，母版是一张特殊的幻灯片。当需要演示文稿中每张幻灯片都具有统一的外观效果时，如标题和正文的位置和大小、背景图案、页脚内容等，就可以在母版中设置。PowerPoint 提供了幻灯片母版、标题母版、讲义母版和备注母版。幻灯片母版控制在幻灯片上键入的标题和文本的格式与类型；标题母版控制标题版式幻灯片的格式和位置；讲义母版用于添加或修改幻灯片在讲义视图中每页讲义上出现的页眉或页脚信息；备注母版用来控制备注页版式和文字格式。本章具体介绍常用的幻灯片母版。

7. 超链接

超链接是控制演示文稿播放的一种重要手段，可以在播放时实时地以顺序或定位方式“自由跳转”。用户在制作演示文稿时预先为幻灯片对象创建超级链接，并将链接的目的指向其他地方——演示文稿内指定的幻灯片、另一个演示文稿、某个应用程序，甚至是某个网络资源地址。

超链接本身可能是文本或其他对象,例如图片、图形、结构图、艺术字等。使用超链接可以制作出具有交互功能的演示文稿。在播放演示文稿时使用者可以根据自己的需要单击某个超链接,进行相应内容的跳转。

PowerPoint 提供了两种方式的超链接:以下划线表示的超链接和以动作按钮表示的超链接。

8. 动画效果

动画效果是指当放映幻灯片时,幻灯片中的一些对象会按照某种规律以动画的形式显示出来。PowerPoint 中设置动画效果有两种方法:应用动画方案和自定义动画。

## §9.2 实现方法

在本节中,将依次按照以下步骤完成"世博会场馆介绍演示文稿"的制作过程。

①将 Word 文本插入 PowerPoint 演示文稿中。

②对幻灯片进行编辑和格式化操作。

③对幻灯片中的内容进行筛选、提炼和添加。

④通过使用幻灯片版式、设计模板、配色方案和母版等美化幻灯片。

⑤设置幻灯片上对象的动画效果、切换效果和放映方式。

⑥创建交互式演示文稿。

⑦打印和发布演示文稿。

### 9.2.1 将 Word 文档插入 PowerPoint 演示文稿中

**任务 1 使用"世博会场馆介绍"Word 文档创建 PowerPoint 演示文稿**

①单击【开始】|【所有程序】|【Microsoft Office】|【Microsoft Office PowerPoint 2003】命令,启动 PowerPoint。

②单击【插入】|【幻灯片(从大纲)】命令,打开【插入大纲】对话框,选择"世博会场馆介绍. doc"文档,单击【插入】按钮,Word 文档即可被导入到 PowerPoint 中,如图 9-2 所示。

③以"世博会场馆介绍"为文件名保存演示文稿。

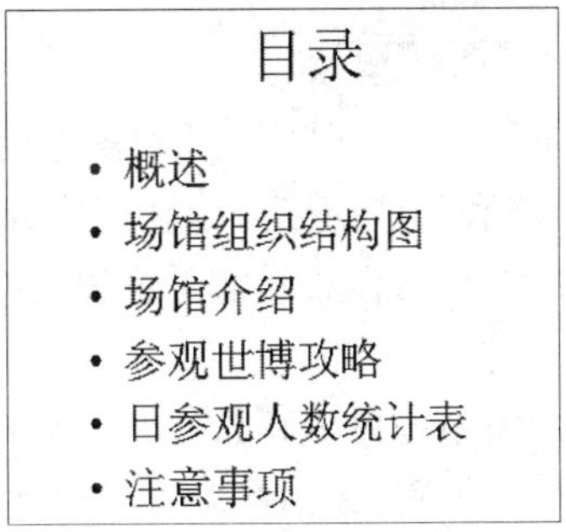

目录

- 概述
- 场馆组织结构图
- 场馆介绍
- 参观世博攻略
- 日参观人数统计表
- 注意事项

图 9-2 插入 Word 文档的一张幻灯片

也可以把演示文稿保存为"PowerPoint 放映"格式,文件的扩展名为. pps,打开文件即可直接放映;或者是"网页"格式,扩展名为. html 或. htm,文稿可以在浏览器中显示。

为了创建演示文稿中的幻灯片,PowerPoint 将使用 Word 文档中的标题样式。例如 Word 文档中的"标题 1"样式将成为新幻灯片的标题,"标题 2"样式将成为新幻灯片的第一级文本,依此类推。

将 Word 文档导入到 PowerPoint 中,也可以使用下列两种方法。

①如果是在 PowerPoint 中编辑,单击【文件】|【打开】命令,在【打开】对话框中查到待导入

的“世博会场馆介绍.doc”文档,单击【打开】按钮。

②如果是在Word中编辑,单击【文件】|【发送】|【Microsoft Office PowerPoint】命令,此时将自动启动PowerPoint,将“世博会场馆介绍.doc”中的大纲内容导入到PowerPoint中。

### 9.2.2 使用不同视图浏览演示文稿

PowerPoint提供了3种视图模式:普通视图、幻灯片浏览视图和幻灯片放映视图。最常使用的两种视图是普通视图和幻灯片浏览视图。位于工作窗口左下角的3个视图按钮,提供了对演示文稿不同视图方式的切换操作,如图9-3所示。

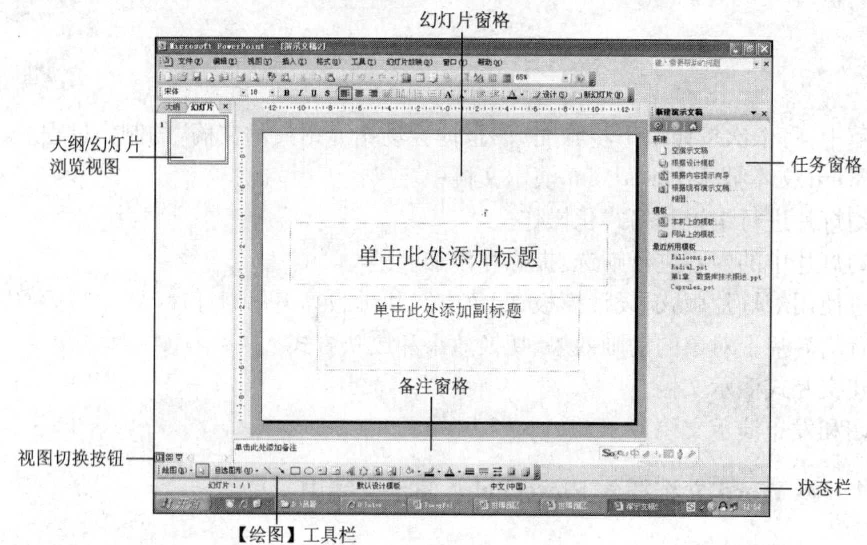


图9-3　PowerPoint的工作界面

(1)普通视图( )

PowerPoint启动后就直接进入普通视图方式,如图9-3所示,窗口被分成3个区域:幻灯片窗格、大纲窗格和备注窗格。拖动窗格分界线,可以调整窗格的尺寸。

使用大纲窗格可以查看演示文稿的标题和主要文字,它为制作者组织内容和编写大纲提供了简明的环境。

在幻灯片窗格中可以查看每张幻灯片的整体布局效果,包括版式、设计模板等;还可以对幻灯片内容进行编辑,包括修饰文本格式,插入图形、声音、影片等多媒体对象,创建超级链接以及自定义动画效果。在该窗格中一次只能编辑一张幻灯片。

使用备注窗格可以添加或查看当前幻灯片的演讲备注信息。备注信息只出现在这个窗格中,在文稿演示中不会出现。

(2)幻灯片浏览视图( )

该视图方式将当前演示文稿中所有幻灯片以缩略图的形式排列在屏幕上。通过幻灯片浏览视图,制作者可以直观地查看所有幻灯片的情况,也可以直接进行复制、删除和移动幻灯片的操作。

(3)幻灯片放映视图( )

在创建演示文稿的过程中,制作者可以随时通过单击【幻灯片放映视图】按钮启动幻灯片放映功能,预览演示文稿的放映效果。需要注意的是,使用【幻灯片放映视图】按钮播放的是当前幻灯片窗格中正在编辑的幻灯片。

按功能键 F6 可以按顺时针方向在普通视图的 3 个区域之间进行切换。

### 9.2.3 幻灯片的编辑操作

直接由 Word 大纲创建的 PowerPoint 演示文稿在结构和内容上还不能令人满意,需要进一步编辑整理。

1. 删除空白幻灯片

在普通视图的【幻灯片】标签中,按住 Ctrl 键,依次单击要删除的幻灯片缩略图,然后按 Delete 键;或者单击鼠标右键,在弹出的快捷菜单中选择【删除幻灯片】命令,可同时删除多个空白或无用的幻灯片。

**任务 2　删除演示文稿中所有空白的幻灯片**

同样,在幻灯片浏览视图下,使用类似的方法也可以同时删除多张幻灯片。

2. 删除演示文稿中的 Word 格式

在普通视图的【大纲】标签中,按组合键 Ctrl + A 选中所有文本,然后按 Ctrl + Shift + Z 组合键取消 Word 格式。

3. 插入新幻灯片

将光标置于最后一张幻灯片之后,单击【插入】|【新幻灯片】命令,或按 Enter 键,依次插入 4 张新幻灯片,默认版式为“标题和文本”。

**任务 3　在“世博会场馆介绍”演示文稿中插入 4 张幻灯片,用于制作和编辑摘要、目录、表格和组织结构图等方面的内容**

4. 移动幻灯片

**任务 4　将插入的“目录”幻灯片移为第 3 张幻灯片,将“概述”幻灯片移为第 4 张幻灯片**

①在普通视图的【幻灯片】标签下,单击“目录”幻灯片。

②按住鼠标左键并向上拖动鼠标,当幻灯片移至第 2 张幻灯片时释放鼠标。

③使用相同方法,将“概述”幻灯片移至目标位置。

5. 在幻灯片中添加内容

在设计演示文稿中应该遵循“主题突出、层次分明;文字精练、简单明了;形象直观、生动活泼”等原则,以便突出重点,给观看者留下深刻印象。为此,在向演示文稿中添加内容之前,一定要对演讲的内容进行精心地筛选和提炼,切忌把 Word 文档中的大段内容进行复制、粘贴。

(1)添加文本

在幻灯片中输入文本,可以采用下列方法。

①在大纲视图下输入文本。

②直接在幻灯片的文本占位符中输入文本。

③通过文本框输入文本。

**任务5　在“世博会场馆介绍”演示文稿中,为“标题”、“目录”、“概述”幻灯片输入提炼后的内容**

①选中第1张幻灯片,转换为“空白幻灯片”版式,将背景设成世博会主题图片。

②第2张幻灯片为“标题幻灯片”版式。输入演示文稿的题目“上海世博会场馆介绍”,格式为“黑体,44磅”;副标题输入“城市让生活更美好,世博让生活更精彩!”,格式为“华文行楷,30磅”。

③在“目录”幻灯片和“概述”幻灯片中分别输入提炼后的文本。

也可以从Word文档中复制目录,然后再“选择性粘贴”到幻灯片中,再删除所有不需要的标题文本。

④将其他幻灯片中不需要的项目符号去掉。方法是:选择文本占位符(或文本),在【格式】工具栏中单击【项目符号】按钮。

⑤调整幻灯片中文本的格式和行距等。

PowerPoint的文本格式化操作与Word大同小异,但是段落格式化操作与Word略有差别。例如,若要设置段落间距,需单击【格式】|【行距】命令,打开【行距】对话框,设置行距、段前和段后间距等;若要设置首行缩进或悬挂缩进,需拖动水平标尺上的滑块来实现。

在幻灯片中除了可以输入文本以外,还可以插入图表、表格和图片等对象,其插入方法类似于Word。

快速调节文字大小。在PowerPoint中输入文字大小不合乎要求或者看起来效果不好,一般情况可选择字体字号加以解决,另外还有一个更加简洁的方法。选中文字后按Ctrl+]是放大文字,Ctrl+[是缩小文字。

(2)添加组织结构图

组织结构图由一系列图框和连线组成,它可以形象地表示一个单位、部门的内部结构、管理层次以及组织形式等。只要有层次结构的对象都可以用组织结构图来描述。

**任务6　在幻灯片中插入“部分场馆组织结构图”,效果如图9-4所示**

①选中第5张幻灯片,单击【格式】|【幻灯片版式】命令,打开【幻灯片版式】任务窗格,在【应用幻灯片版式】列表中,向下拖动滚动条,显示【其他版式】区域。

②将光标指向“标题和图示或组织结构图”版式,单击其右侧的下拉箭头,在弹出的菜单中选择【应用于选定幻灯片】命令,如图9-5所示。

③在标题占位符中输入“部分场馆组织结构图”,格式为“华文细黑,44磅”。双击组织结构图占位符,打开【图示库】对话框,在【选择图示类型】列表中选择“组织结构图”,单击【确定】按钮,即可在幻灯片中插入选择的结构图类型,同时还打开了【组织结构图】工具栏,如图9-6所示。

续任务 6

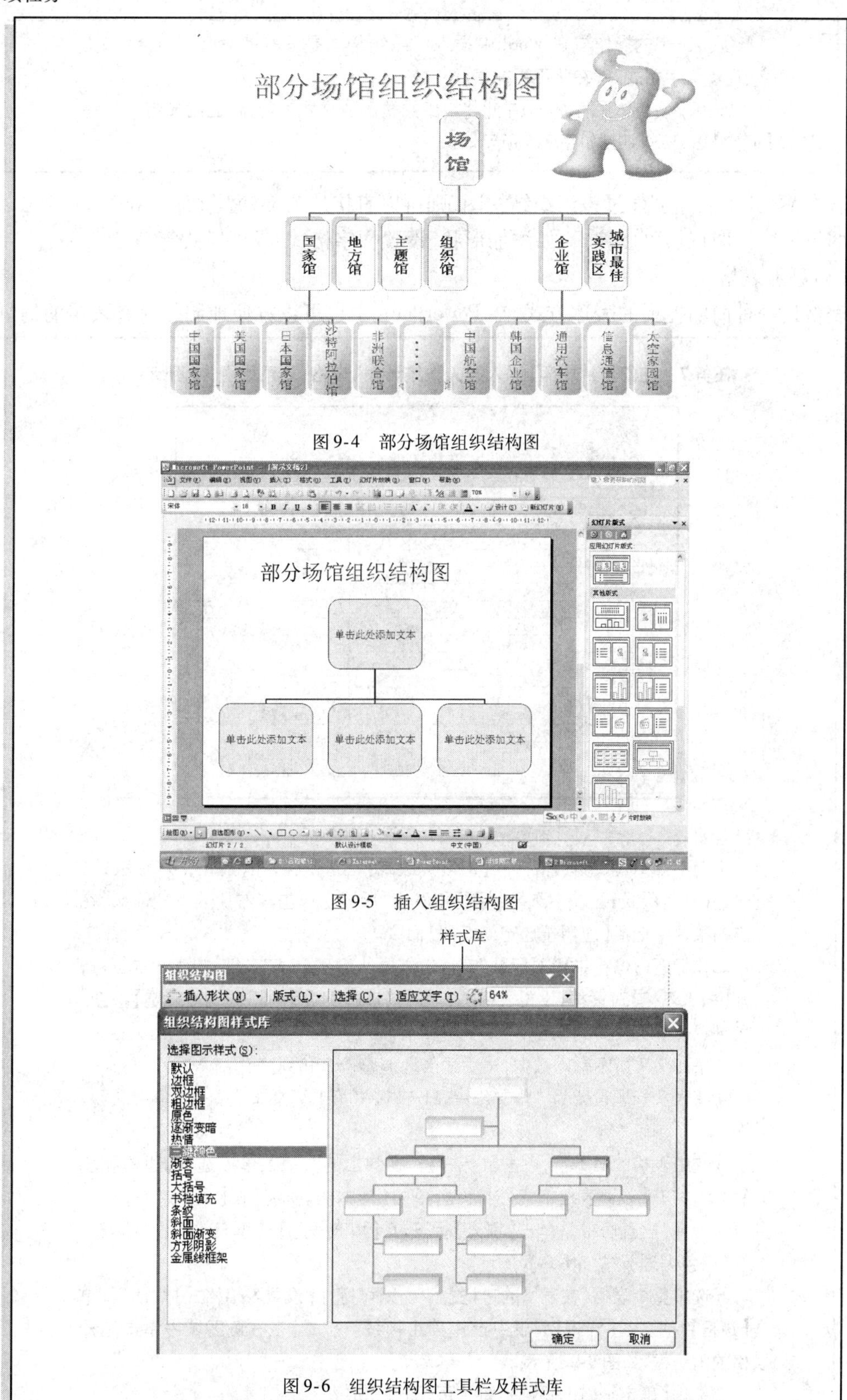


图 9-4　部分场馆组织结构图



图 9-5　插入组织结构图



图 9-6　组织结构图工具栏及样式库

④接下来的操作与在 Word 中插入组织结构图是一样的,即添加形状和文字、设置文字格式等,在此不再重复。

⑤为了使整体风格统一,在此将组织结构图的样式设置为“三维颜色”,单击【确定】后,该幻灯片如图 9-6 所示。

若在 Word 中已经创建过该组织结构图,则可以直接从 Word 复制到 PowerPoint 中来,复制过来的组织结构图仍然可以编辑,如添加形状、设置文字格式、设置样式等。

(3)添加表格

表格是一种简明扼要的表达方式,在 PowerPoint 中也可以方便地制作含有表格的幻灯片。

**任务 7　在幻灯片中添加“入园人数统计表”表格,效果如图 9-7 所示**

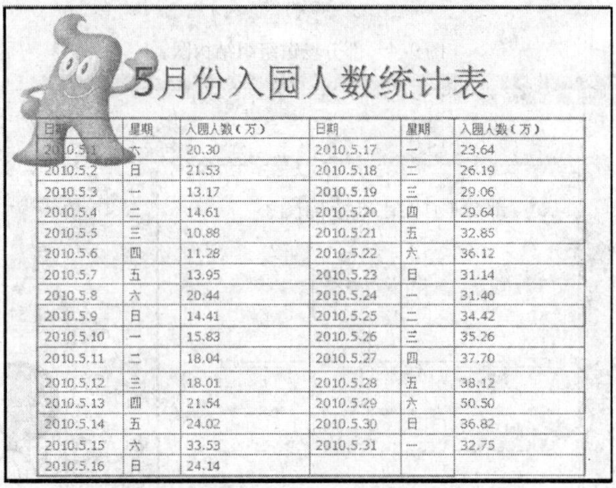

5月份入园人数统计表

| 日期 | 星期 | 入园人数(万) | 日期 | 星期 | 入园人数(万) |
|---|---|---|---|---|---|
| 2010.5.1 | 六 | 20.30 | 2010.5.17 | 一 | 23.64 |
| 2010.5.2 | 日 | 21.53 | 2010.5.18 | 二 | 26.19 |
| 2010.5.3 | 一 | 13.17 | 2010.5.19 | 三 | 29.06 |
| 2010.5.4 | 二 | 14.61 | 2010.5.20 | 四 | 29.64 |
| 2010.5.5 | 三 | 10.88 | 2010.5.21 | 五 | 32.85 |
| 2010.5.6 | 四 | 11.28 | 2010.5.22 | 六 | 36.12 |
| 2010.5.7 | 五 | 13.95 | 2010.5.23 | 日 | 31.14 |
| 2010.5.8 | 六 | 20.44 | 2010.5.24 | 一 | 31.40 |
| 2010.5.9 | 日 | 14.41 | 2010.5.25 | 二 | 34.42 |
| 2010.5.10 | 一 | 15.83 | 2010.5.26 | 三 | 35.26 |
| 2010.5.11 | 二 | 18.04 | 2010.5.27 | 四 | 37.70 |
| 2010.5.12 | 三 | 18.01 | 2010.5.28 | 五 | 38.12 |
| 2010.5.13 | 四 | 21.54 | 2010.5.29 | 六 | 50.50 |
| 2010.5.14 | 五 | 24.02 | 2010.5.30 | 日 | 36.82 |
| 2010.5.15 | 六 | 33.53 | 2010.5.31 | 一 | 32.75 |
| 2010.5.16 | 日 | 24.14 | | | |

图 9-7　“入园人数统计表”表格

①选中第 10 张幻灯片,打开【幻灯片版式】任务窗格,在【应用幻灯片版式】列表的【其他版式】区域中选择“标题和表格”版式。单击其右侧的下拉箭头,在弹出的菜单中选择【应用于选定幻灯片】命令。

②在标题占位符中输入标题“5 月份入园人数统计表”。双击表格占位符,打开【插入表格】对话框,设置表格的行数为“17”,列数为“6”,单击【确定】按钮,即可创建一个 17×6 的表格。

③按图 9-7 所示输入数据,然后适当地调整行高和列宽。

④将表头标题设置为“华文细黑,21 磅”,将第 1 列文本设置为“华文新魏,21 磅”。

⑤选中表格的第 1 行,单击鼠标右键,在弹出的快捷菜单中选择【边框和填充】命令,打开【设置表格格式】对话框,单击【文本框】标签,在【文本对齐】下拉列表中选择“垂直居中”;单击【填充】标签,在【填充颜色】|【填充效果】对话框中选择“白色大理石”,如图 9-8 所示。

⑥选中整个表格,在表格的边框上双击即可打开【设置表格格式】对话框,单击【边框】标签,在【样式】列表中选择第 4 种线条样式,在右侧区域中单击选择表格的内边框,如图 9-9 所示。

⑦单击【确定】按钮,返回幻灯片页,即可完成表格的创建。

续任务 7

图 9-8　设置文本对齐方式和填充效果



图 9-9　设置表格边框

如果上述的表格已经在 Word 文档中创建，那么可以将其作为对象插入到 PowerPoint 幻灯片中，具体操作是：单击【插入】|【对象】命令，打开【插入对象】对话框，选择【由文件创建】单选项，单击【浏览】按钮，选择包含表格的 Word 文档，同时选中【链接】复选框。

### 9.2.4　设置幻灯片的页眉和页脚

**任务 8　为幻灯片添加日期、时间和编号等信息**

①打开"世博会场馆介绍. ppt"演示文稿，单击【视图】|【页眉和页脚】命令，打开【页眉和页脚】对话框。

②在【幻灯片】标签中选中【自动更新】单选项，在【页脚】文本框中输入上海世博会场馆介绍，然后选择【幻灯片编号】和【标题幻灯片中不显示】复选框，如图 9-10 所示。

③单击【全部应用】按钮，返回幻灯片页，并保存演示文稿。

续任务 8

在【页眉和页脚】对话框中选择【自动更新】单选项，则日期与系统时钟的日期一致；如果选择【固定】单选项，并输入日期，则演示文稿显示的是用户输入的固定日期，不能自动更改。选中【幻灯片编号】复选框，可以对演示文稿进行编号，当删除或增加幻灯片时，编号会自动更新。

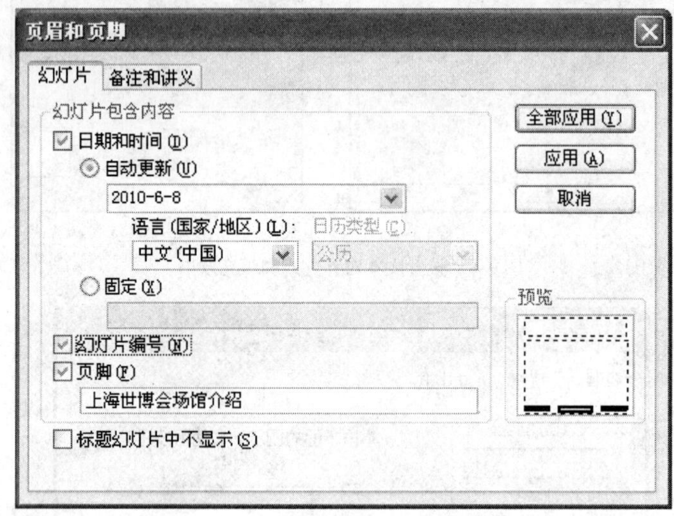


图 9-10　设置页眉和页脚

## 9.2.5　幻灯片的外观设置

本节主要介绍美化演示文稿的方法，包括设计模板的选用、背景和配色方案的设置、母版的使用。

1. 应用设计模板

设计模板是 PowerPoint 提供的由专家制作完成并存储在系统中的文件，是统一修饰演示文稿外观最快、最有利的一种方法。

**任务 9　将“balloons. pot”模板应用于所有幻灯片**

①单击【格式】|【幻灯片设计】命令，打开【幻灯片设计】任务窗格。

②在【应用设计模板】列表中选择并单击“balloons. pot”模板，则所有的幻灯片都应用了该模板。

**任务 10　将“balloons. pot”模板应用于某张幻灯片**

①选中某张幻灯片。

②在【应用设计模板】列表中选择“balloons. pot”模板，单击其右侧的下拉箭头，在弹出的菜单中选择【应用于选定幻灯片】命令。

执行以上操作的部分效果如图 9-11 所示。

图 9-11　应用模板的幻灯片效果图

2. 应用配色方案

**任务 11　为“概述”幻灯片更换一种配色方案**

①选中“概述”幻灯片。

②在【幻灯片版式】任务窗格中选择【配色方案】命令，在【应用配色方案】列表中显示当前设计模板中所包含的默认配色方案以及可选的其他配色方案。

③选择一种配色方案，单击其右侧的下拉箭头，在弹出的菜单中选择【应用于所选幻灯片】命令，则“概述”幻灯片的背景、标题、文本等颜色都发生改变，如图 9-12 所示。

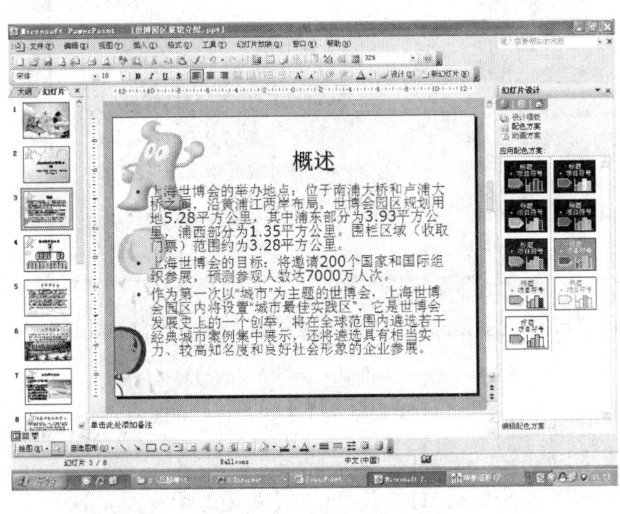


图 9-12　应用配色方案

如果对系统的预设配色方案不满意，可以修改，具体方法是：在【幻灯片设计】任务窗格底部单击【编辑配色方案】链接，打开【编辑配色方案】对话框。在【自定义】标签中可以更改背景、文本、填充等项目的颜色，最后单击【应用】按钮即可，如图 9-13 所示。

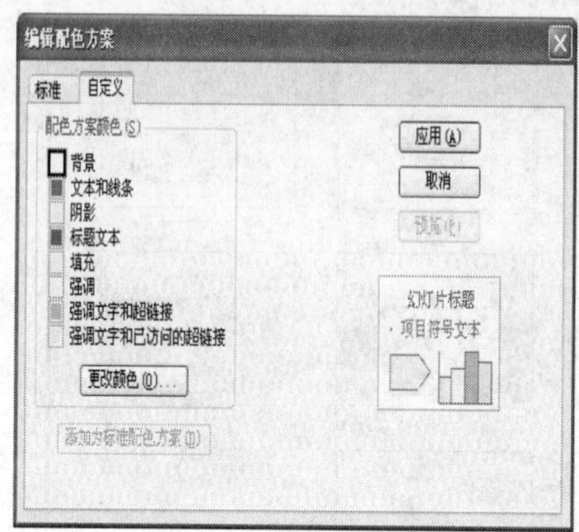


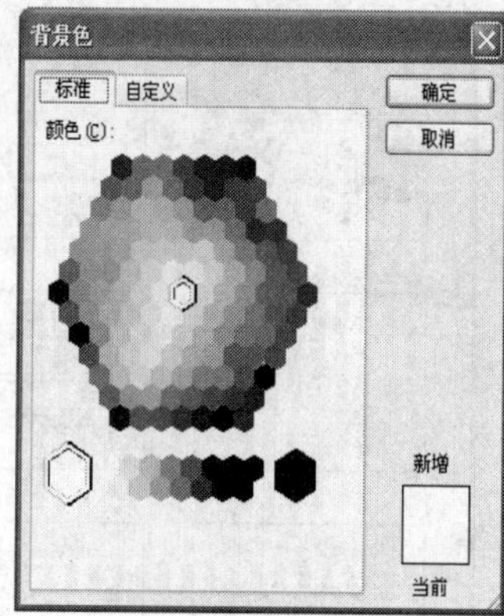


图 9-13　更改配色方案

## 3. 应用幻灯片母版

**任务 12　插入世博吉祥物图片，并使吉祥物图片同时出现在使用"balloons. pot"模板的幻灯片中**

①任选一张基于"balloons. pot"模板的幻灯片。

②单击【视图】|【母版】|【幻灯片母版】命令，进入幻灯片母版编辑状态。当前幻灯片区域显示的母版是基于"balloons. pot"模板的幻灯片母版，如图 9-14 所示。

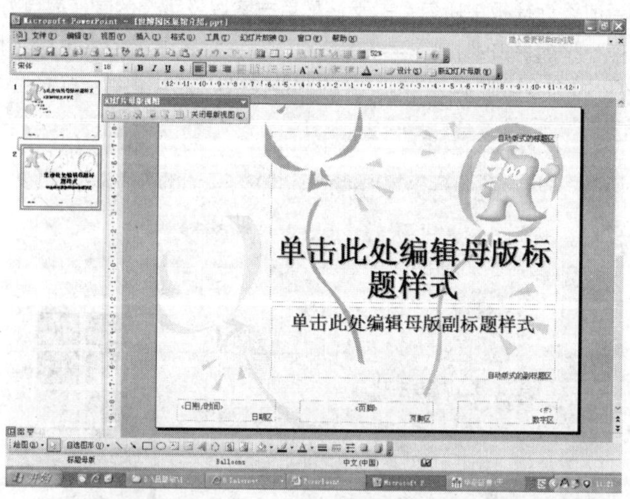


图 9-14　基于"balloons. pot"模板的幻灯片母版

③单击【插入】|【图片】|【来自文件】命令，插入世博吉祥物图片文件，并将其拖至幻灯片母版的左上角。

④单击【幻灯片母版视图】工具栏中的【关闭母版视图】按钮，返回到普通视图。可以看到，应用了"balloons. pot"模板的所有幻灯片的左上角都出现了世博吉祥物。

也可以使用母版统一更改标题、正文等的文本格式。

如果将多个应用模板应用于演示文稿，则将拥有多个幻灯片母版。所以，如果要更改整个演示文稿，就需要更改每个幻灯片母版。

4. 设置幻灯片背景

**任务 13　为演示文稿中的第 1 张“标题”幻灯片的背景插入一张图片**

①选择第 1 张幻灯片。

②单击【格式】|【背景】命令，打开【背景】对话框。单击【背景填充】下拉按钮，在弹出的对话框中选择【填充效果】命令，打开【填充效果】对话框。

③在【图片】标签中，单击【选择图片】按钮，在打开的对话框中选择背景图片，单击【插入】按钮，如图 9-15 所示。

④单击【确定】按钮，返回【背景】对话框，可单击【预览】按钮，查看填充效果，如图 9-16 所示。如果满意，则单击【应用】按钮，该图片即可成为标题幻灯片的背景。

图 9-15　插入背景图片

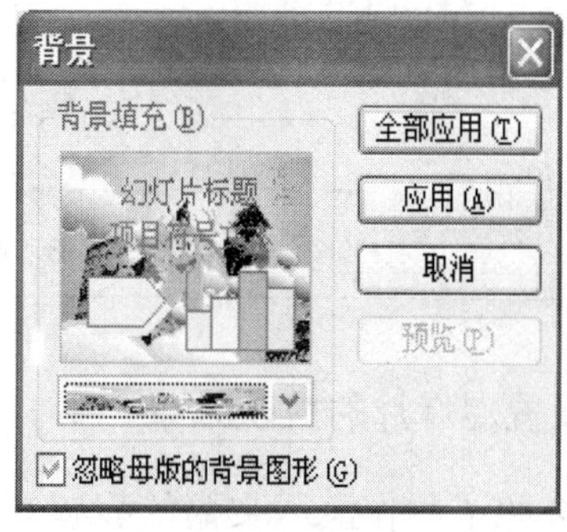


图 9-16　效果预览

⑤插入了背景图片，但是原来母版的背景图形还存在，如何取消呢？再次打开【背景】对话框，选中【忽略母版的背景图形】复选框，单击【应用】按钮，此时背景图形完全消失。最后调整标题和副标题的字体大小和颜色，最终效果如图 9-17所示。

图 9-17　设置背景的最终效果

5. 更改项目符号

如果觉得系统默认的项目符号不美观，可以进行更改。

**任务 14　将“目录”幻灯片中的二级文本项目符号更换为**

①选定“目录”幻灯片中的“文本”占位符，或选择相应的二级文本。

②单击【格式】|【项目符号和编号】命令，在【项目符号】标签中选择第 2 行第 3 个样式，同时调整符号的大小和颜色，然后单击【确定】按钮，如图 9-18 所示。也可以单击【自定义】按钮，自定义项目符号的样式。

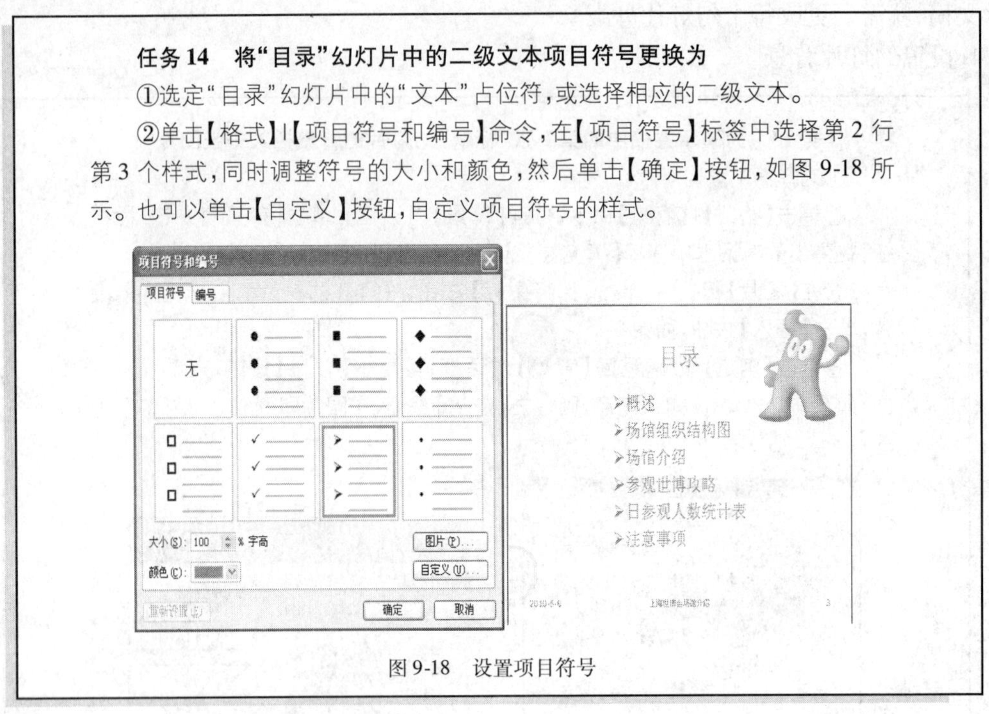


图 9-18　设置项目符号

## 9.2.6　设置幻灯片的放映效果

前面只是介绍了制作演示文稿的静态效果，要想真正体现 PowerPoint 的特点和优势，还在于演示文稿的动态效果。本小节主要介绍幻灯片的播放、动画方案、自定义动画、放映方式等。

1. 放映幻灯片

在 PowerPoint 中启动幻灯片的放映，可直接单击【幻灯片放映】|【观看放映】命令，或者直接按快捷键 F5。在演示文稿的放映过程中，单击鼠标右键，将打开演示快捷菜单，如图 9-19 所示。例如，可以使用【定位至幻灯片】命令直接跳转到指定的幻灯片；使用【指针选项】中的【圆珠笔】命令将鼠标指针变为一支笔，在播放过程中使用这支笔在幻灯片上作适当的批注。

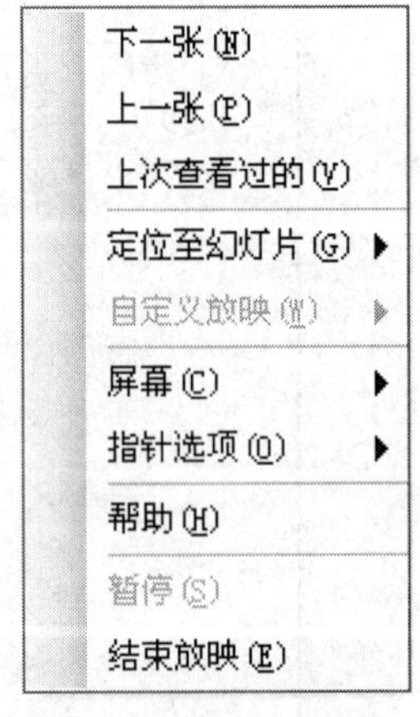


图 9-19　演示快捷菜单

2. 设置幻灯片的放映效果

(1)利用动画方案创建动画效果

动画方案是 PowerPoint 为幻灯片提供的预设效果。每个方案通常包括幻灯片的标题效果和应用于幻灯片的项目符号或段落效果。

**任务 15　利用动画方案为“目录”幻灯片添加动画效果**

①选中“目录”幻灯片。

续任务 15

②单击【幻灯片放映】|【动画方案】命令,打开【动画方案】任务窗格。在【应用于所选幻灯片】列表中选择"标题弧线",如图 9-20 所示,即可在窗格中预览动画效果。

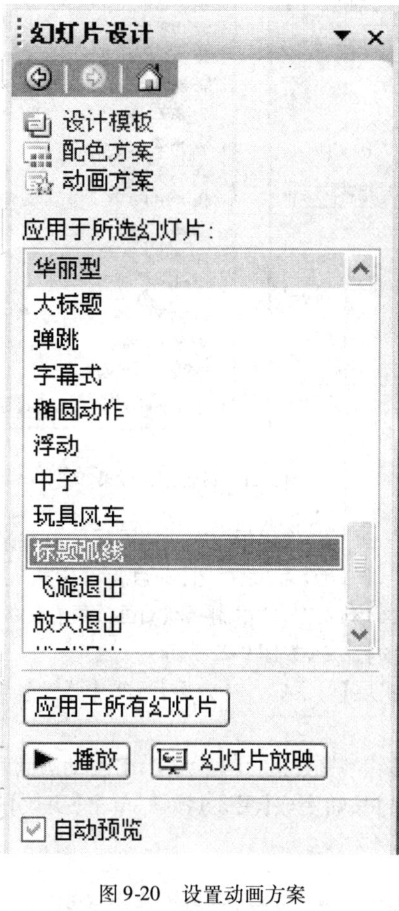


图 9-20 设置动画方案

若要删除幻灯片上添加的动画方案,在【应用于所选幻灯片】列表中选择"无动画"即可。若要为所有幻灯片加上相同的动画效果,单击【应用于所有幻灯片】按钮。

(2)利用自定义动画设置动画效果

"动画方案"命令简单直观,但动画效果却是有限的。利用"自定义动画"不仅可以同时设置多个对象的动画和声音效果,还可以调整各个对象在放映时的顺序、时间等。

**任务 16 为第 1 张幻灯片自定义动画效果**

①选中第 1 张幻灯片的"标题"占位符,单击【幻灯片放映】|【自定义动画】命令,打开【自定义动画】任务窗格。

②单击【添加效果】|【进入】|【其他效果】命令,在打开的【添加进入效果】对话框中选择"百叶窗",单击【确定】按钮。

③在【开始】下拉列表中选择"单击时",在【速度】下拉列表中选择"非常快"如图 9-21 所示。

续任务 16

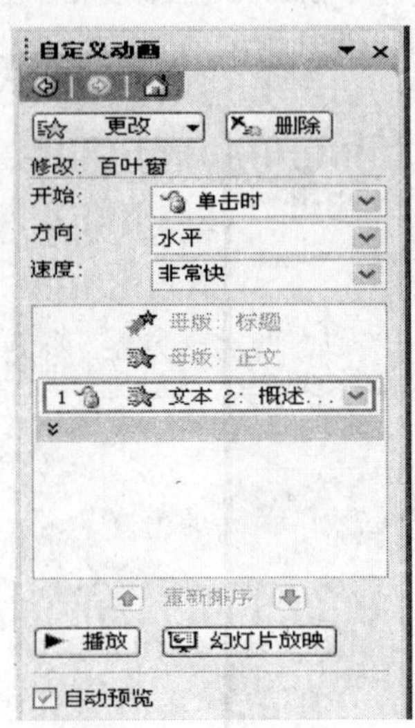


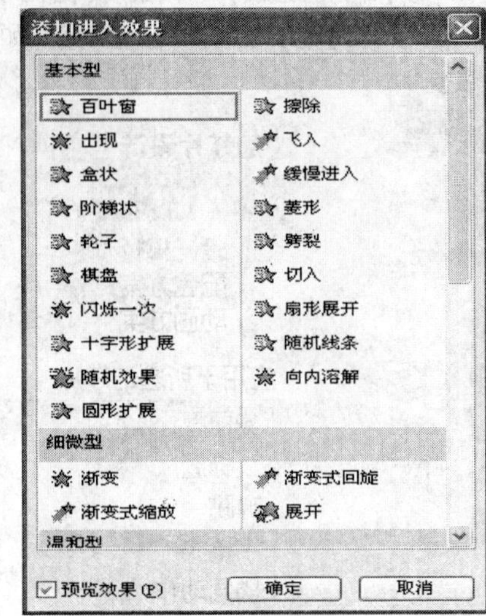


图 9-21　设置进入效果

④选中“副标题”占位符，使用相同方法将副标题自定义的“进入”动画效果设置为“十字形扩展”，【开始】为“之后”，【速度】为“中速”。

⑤在【自定义动画】列表中，单击副标题动画效果右侧的下拉箭头，在弹出的菜单中选择【效果选项】命令，如图 9-22 所示。

⑥打开【十字形扩展】对话框，在【效果】标签中设置【声音】为“风铃”，如图 9-23 所示。

⑦单击【播放】按钮预览效果。若不满意，可在动画列表中选择对应的动画选项，此时【添加效果】按钮变成【更改】按钮，单击【更改】按钮，重新设置动画效果。

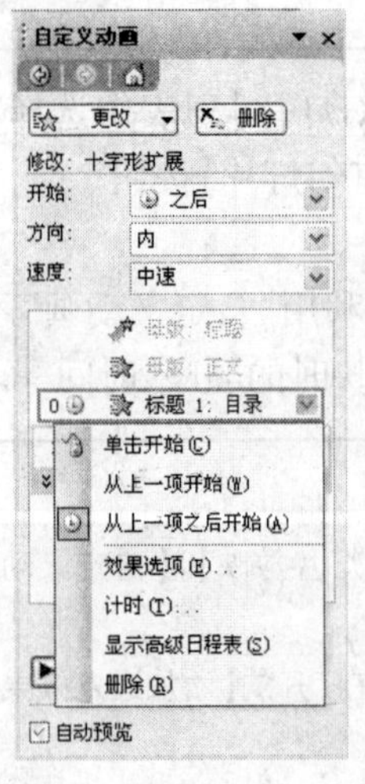


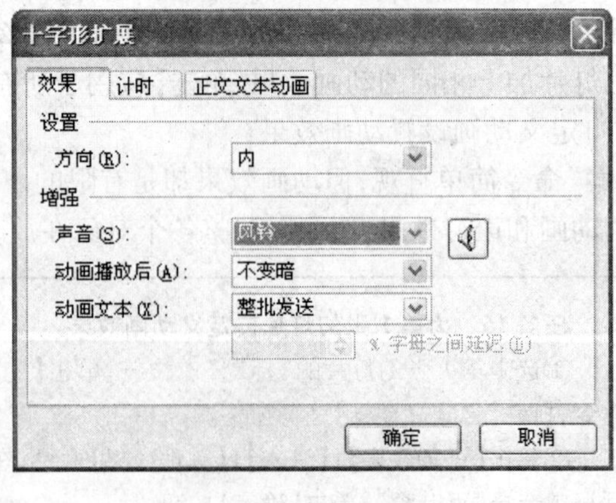


图 9-22　设置动画效果选项　　　　图 9-23　设置动画播放声音

3. 添加背景音乐

**任务 17　为演示文稿添加背景音乐**

①选择第 1 张幻灯片，单击【插入】|【影片和声音】|【文件中的声音】命令，打开【插入声音】对话框。

②选择需要插入的声音，单击【确定】按钮，在弹出如图 9-24 所示的对话框中单击【自动】按钮。

③此时，在幻灯片页面上出现一个“喇叭”图标，右键单击该图标，在弹出的快捷菜单中选择【编辑声音对象】命令，打开如图 9-25 所示的【声音选项】对话框，选择【幻灯片放映时隐藏声音图标】复选框。

图 9-24　设置自动播放声音

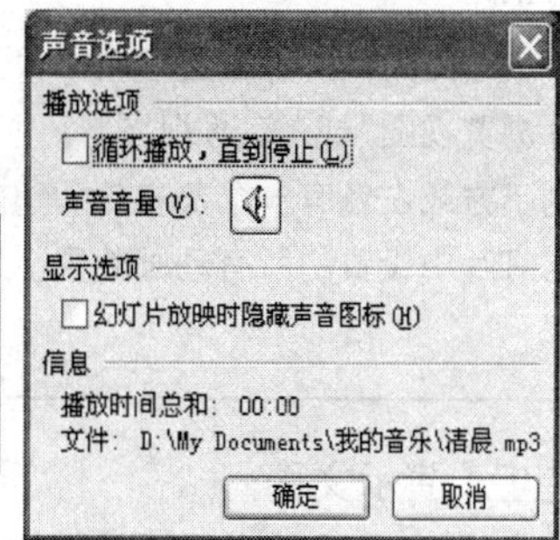


图 9-25　【声音选项】选项对话框

④在【自定义动画】窗格中，单击插入声音右侧的下拉按钮，在弹出的快捷菜单中选择【效果选项】命令，打开【播放声音】对话框。在【效果】标签中设置【开始播放】为“从头开始”，设置【停止播放】为“在 11 张幻灯片后”，如图 9-26 所示。设置完成后，单击【确定】按钮。

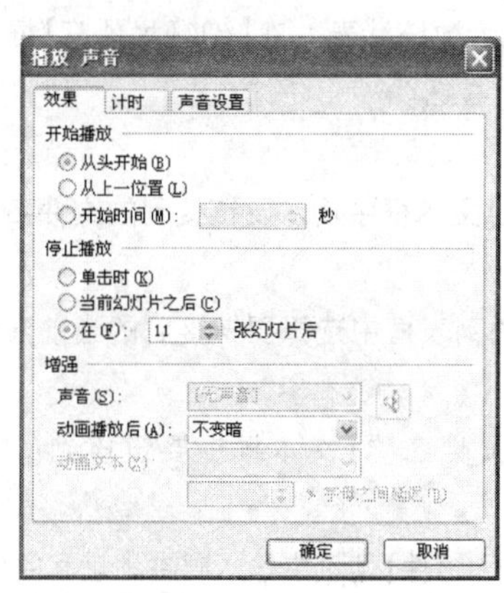

图 9-26　设置声音播放效果

4. 设置幻灯片切换效果

幻灯片的切换效果是指在幻灯片的放映过程中，播放完的幻灯片如何消失，下一张幻灯片如何显示。PowerPoint 可以在幻灯片之间设置切换效果从而使幻灯片放映效果更加生动。

**任务 18　设置幻灯片的切换效果**

①选中演示文稿中的第 1 张幻灯片，单击【幻灯片放映】|【幻灯片切换】命令，打开【幻灯片切换】任务窗格。

②在【应用于所选幻灯片】列表中选择"新闻快报"，设置【速度】为"中速"，【声音】为"风铃"，【换片方式】设置为"单击鼠标时"，如图 9-27 所示。

③单击任务窗格底部的【播放】按钮观看切换效果。

④使用同样的方法为其他幻灯片设置相应的切换效果。

一旦为幻灯片设置了动画效果、切换方式，在"幻灯片浏览视图"或"普通视图"下可以发现幻灯片缩略图的下方或左侧有一个☆按钮，单击此按钮可以观看当前幻灯片中设置的所有动画效果。

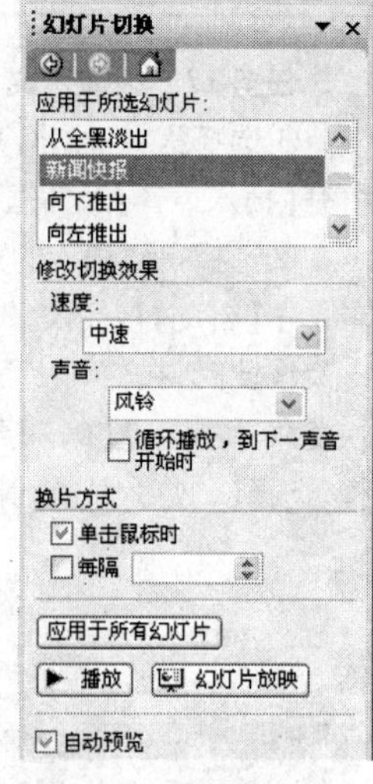


图 9-27　设置幻灯片切换

5. 创建交互式演示文稿

创建交互式演示文稿的方法包括动作设置、超链接和动作按钮的使用等。

**任务 19　为"目录"幻灯片中的文本创建超链接**

①在"目录"幻灯片中选中文本"日参观人数统计表"。单击【插入】|【超链接】命令，或单击鼠标右键，打开【插入超链接】对话框。

②在左侧【链接到】列表中选择"在文档中的位置"；在【请选择文档中的文档】列表中选择幻灯片标题"日参观人数统计表"；在【幻灯片预览】框中显示当前选择的幻灯片缩略图，单击【确定】按钮。

在对话框的左侧有 4 个按钮可供选择：

【原有文本或网页】：可在【地址】文本框中输入要链接到的文件名或者 Web 页名称。

【本文档中的位置】：可在右边的列表框中选择要链接到的当前演示文稿中的幻灯片。

【新建文档】：可在右边【新建文档名称】文本框中要链接到的新文档的名称。

【电子邮件地址】：可在右边【电子邮件】地址中输入邮件地址和主题。

此时，文本"日参观人数统计表"下多了一条下划线，且文本的颜色也改变了，表明这个文本具有超链接功能。

③播放幻灯片时，当鼠标经过具有超链接的文本时，光标变成👆形状，单击文本，幻灯片就跳转到标题为"日参观人数统计表"的幻灯片中。需要注意的是：超链接只有在幻灯片放映时才有效，如图 9-28 所示。

续任务 19

图 9-28 播放时的链接效果

④使用同样的方式为其他文本创建超链接，以便在放映的过程中可以跳转到相应标题的幻灯片中。

⑤改变链接文字的默认颜色。PowerPoint 2003 中如果对文字做了超链接或动作设置，那么 PowerPoint 会给它一个默认的文字颜色和单击后的文字颜色。但这种颜色可能与预设的背景色很不协调，可以点击菜单命令“格式—幻灯片设计”，在打开的“幻灯片设计”任务窗格下方的“编辑配色方案…”。在弹出的“编辑配色方案”对话框中，点击“自定义”选项卡，然后就可以对超链接或已访问的超链接文字颜色进行相应的调整了。

为了在幻灯片内容演讲完后，继续选择其他的内容，需要在幻灯片上添加“返回目录”的功能。

**任务 20　在“日参观人数统计表”幻灯片的左上角添加一个动作按钮“返回目录”**

①选择“日参观人数统计表”幻灯片，单击【幻灯片放映】|【动作按钮】命令，在打开的子菜单中选择【自定义】按钮。【动作按钮】子菜单提供了很多按钮，这些按钮都是易于理解的常用符号，将光标在按钮上停留片刻，便会显示该按钮相应的含义。

②当鼠标指针变成 + 形状，在当前幻灯片的右侧底端画出一个按钮，同时弹出【动作设置】对话框。在【单击鼠标】标签中选择【超链接到】单选项，同时在下拉列表中选择“幻灯片...”，打开【超链接到幻灯片】对话框，在【幻灯片标题】列表中选择“目录”，如图 9-29 所示，依次单击【确定】按钮。

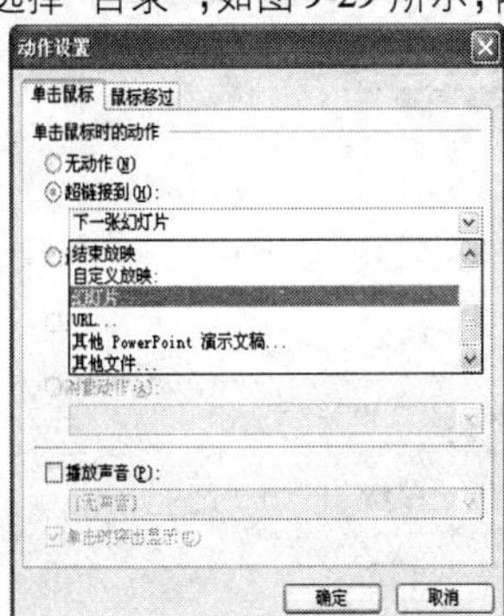


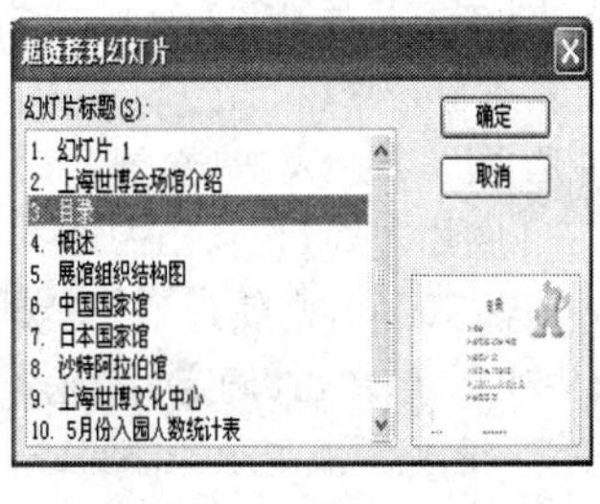


图 9-29 设置动作按钮链接

续任务 20

③为了明确按钮的含义，可以在按钮图标上添加文本。方法是：在动作按钮上单击鼠标右键，在弹出的快捷菜单中选择【添加文本】命令，输入"返回目录"，并设置文本的格式，调整按钮的大小和位置。

④按 F5 键观看放映效果，单击【返回目录】按钮，即可跳转到"目录"幻灯片中。

⑤复制【返回目录】按钮，粘贴到其他需要按钮的幻灯片中。

### 6. 自动循环放映幻灯片

在一些展览会场上，播放演示文稿不需要人为干预而是自动运行。实现自动循环放映幻灯片的方法是：首先为演示文稿设置排练时间，然后再为演示文稿设置放映方式。

**任务 21　为"世博会场馆介绍. ppt"设置放映排练时间**

①打开"世博会场馆介绍. ppt"演示文稿，单击【幻灯片放映】|【排练计时】命令，系统自动从第 1 张幻灯片开始放映。此时幻灯片左上角出现【预演】工具栏，在对话框中自动显示当前幻灯片的停留时间，如图 9-30 所示。

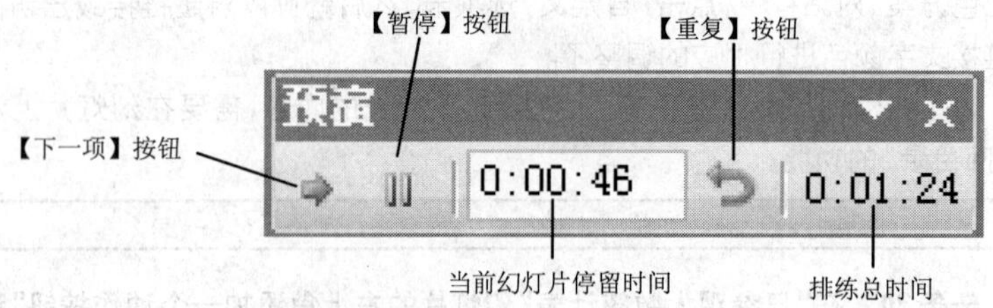


图 9-30　【预演】工具栏

②按 Enter 键，或单击鼠标来控制幻灯片的放映速度。

③放映完最后一张幻灯片时，系统弹出一个对话框，显示幻灯片放映的总时间，并询问是否保留新的幻灯片排练时间，单击【是】按钮，在"幻灯片浏览视图"下可以看到在每张幻灯片的下方自动显示放映该幻灯片所需要的时间；单击【否】按钮，则放弃本次的时间设置。

**任务 22　为"世博会场馆介绍. ppt"设置展台放映方式**

①单击【幻灯片放映】|【设置放映方式】命令，在打开的【设置放映方式】对话框中选择【在展台浏览（全屏幕）】单选项，在【换片方式】选项组中选择【如果存在排练时间，则使用它】单选项，如图 9-31 所示，单击【确定】按钮。

②按 F5 键观看放映效果，按 Esc 键终止播放。

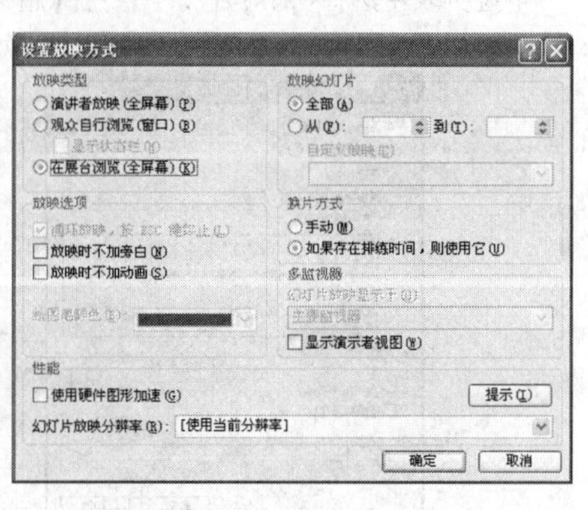


图 9-31　设置放映方式

PPT 编辑放映两不误。

按住 Ctrl 不放，单击"幻灯片放映"菜单中的"观看放映"就可以了，此时幻灯片将演示窗口缩小至屏幕左上角。修改幻灯片时，演示窗口会最小化，修改完成后再切换到演示窗口就可看到相应的效果了，按 Esc 键终止播放。

7. 保存并打印演示文稿

**任务 23　将演示文稿保存为"以放映方式打开"的类型**

①打开"世博会场馆介绍. ppt"演示文稿，单击【文件】|【另存为】命令，在打开的【另存为】对话框中选择【保存类型】为"PowerPoint 放映（＊. pps）"类型。

②退出 PowerPoint，此时在保存位置出现图标，单击该图标即可自动放映演示文稿。

演示文稿可以用多种形式打印，例如"幻灯片"、"讲义"、"备注页"和"大纲视图"。其中"讲义"打印形式就是将演示文稿中的若干张幻灯片按照一定的组合方式打印在纸张上，以便发给观众参考。

此外，用户还可根据需要，将 PPT 演示文稿保存为图片，方法如下：

打开要保存为图片的演示文稿，单击"文件|另存为"，将保存的文件类型选择为"JPEG 文件交换格式"，单击"保存"按钮，此时系统会询问用户"想导出演示文稿中的所有幻灯片还是只导出当前的幻灯片?"，根据需要单击其中的相应的按钮就可以了。

**任务 24　以"讲义"的形式打印"世博会场馆介绍. ppt"演示文稿**

①单击【文件】|【打印】命令，打开【打印】对话框。

②在打印机【名称】下拉列表中选择安装的打印机，单击【属性】按钮可进一步设置打印属性。

③设置【打印范围】为"全部"，在【打印内容】下拉列表中选择"讲义"，并在【讲义】选项组中设置【每页幻灯片数】为"6"，【顺序】为"水平"，如图 9-32 所示。

④根据需要设置打印份数，单击【确定】按钮，开始打印。

打印清晰可读的 PPT 文档。通常 PPT 文稿被大家编辑得图文声色并茂，但用黑白打印机打印出来，可读性就较差。若要在黑白打印机打印出清晰可读的演示文稿，需要设置打印对话框的"颜色/灰度"框中，单击"纯黑白"。

图 9-32　设置打印参数

8. 打包演示文稿

对于创建完成的演示文稿,如果要将其放到另外一台计算机上进行演示,就可以利用PowerPoint 提供的"打包"功能,将演示文稿及其所链接的图片、声音和影片等打包在一起,然后在其他计算机上运行。

**任务 25　将"世博会场馆介绍"演示文稿打包成 CD**

①打开"世博会场馆介绍"演示文稿,然后将 CD 放入刻录机中。

②单击【文件】|【打包成 CD】命令,打开【打包成 CD】对话框。

③在【将 CD 命名为】文本框中输入 CD 的名称"世博会场馆介绍",如图 9-33 所示。

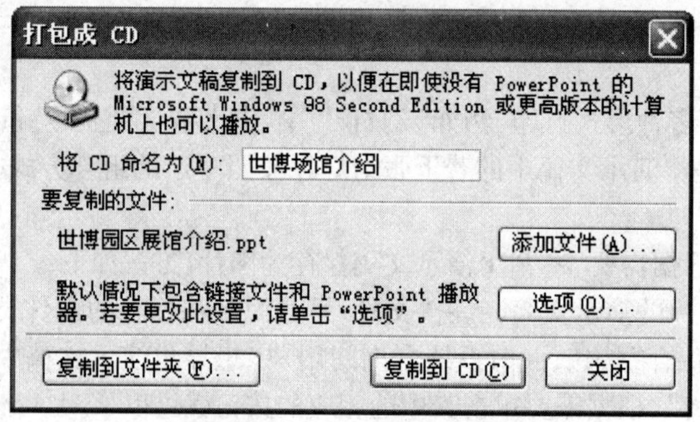


图 9-33　【打包成 CD】对话框

④如果需要将多个演示文稿刻录到同一张光盘上,可单击【添加文件】按钮,打开【添加文件】对话框,选中要打包的文件,单击【添加】按钮即可。

⑤添加了多个演示文稿后,在默认情况下,演示文稿被设置为按照【要复制的文件】列表中排列的顺序进行自动播放。若要更改播放顺序,可选择一个演示文稿,然后单击【上移】按钮或【下移】按钮。

⑥设置完成后,单击【确定】按钮,返回【打包成 CD】对话框,然后单击【复制到 CD】按钮,即可开始将演示文稿打包成 CD。

演示文稿打包完成后,如果用户的计算机上已经安装有 PowerPoint 2003,可以直接将打包的演示文稿解压后放映;如果没有安装 PowerPoint 2003,则可以使用 Microsoft Office PowerPoint Viewer 播放器打开演示文稿。将播放器程序 PPtview · exe 安装到相同的文件夹中,启动播放器程序,再单击需要运行的演示文稿,就可以在没有安装 PowerPoint 上的计算机中放映演示文稿了。

## §9.3　案例小结

本章通过制作世博会场馆介绍演示文稿,主要介绍了演示文稿静态、动态效果的制作方法。

演示文稿静态效果的制作主要包括幻灯片的基本操作(插入、复制、删除、移动等)、幻灯片各种版式的应用、插入和编辑幻灯片上的各种对象(图片、组织结构图、声音、表格等)、幻灯片的格式化等。幻灯片的外观设置有 3 种方法:母版、配色方案和设计模板。另外,通过设置背景，也可以达到美化幻灯片的作用。

演示文稿动态效果的制作主要包括设置动画效果（动画方案和自定义动画）、在幻灯片之间设置切换效果、创建幻灯片之间的交互效果（动作设置和超链接）、设置演示文稿的放映方式等。这些功能使幻灯片充满了吸引力。

利用 PowerPoint 制作幻灯片的基本步骤包括：

（1）选择模板

（2）确定版式

（3）输入内容

（4）添加动画效果

（5）放映演示文稿

（6）浏览修改

## §9.4 习　　题

### 9.4.1 理论练习

**1. 单选题**

（1）在 PowerPoint 2003 中保存演示文稿时，默认的扩展名是________。

A. ptt　　B. ppt　　C. pot　　D. png

（2）在 PowerPoint 中，________视图模式主要显示文本信息。

A. 普通视图　　B. 大纲视图

C. 幻灯片视图　　D. 幻灯片浏览视图

（3）幻灯片中占位符的作用是________。

A. 表示文本长度　　B. 限制插入对象的数量

C. 表示图形大小　　D. 对文本、图形预留位置

（4）在 PowerPoint 2003 中，演示文稿打包后，将在目标位置生成一个名为________的可执行文件。

A. Pngsetup. exe　　B. PPTview. exe　　C. Setup. exe　　D. Press. ppz

（5）下列方法中，________不能用于插入一张新幻灯片。

A. 单击【插入】|【新幻灯片】命令　　B. 按 Ctrl + M 组合键

C. 按 Ctrl + N 组合键　　D. 在大纲窗格或幻灯片窗格内按 Enter 键

（6）在演示文稿中，超链接中所链接的目标，不能是________。

A. 另一个演示文稿　　B. 同一个演示文稿中的某张幻灯片

C. 其他应用程序的文档　　D. 幻灯片中的某个对象

（7）下列________方式不能用于放映幻灯片。

A. 按 F6 键　　B. 按 F5 键

C. 单击【视图】|【幻灯片放映】命令　　D. 单击【幻灯片放映】|【观看放映】命令

（8）通过【幻灯片放映】菜单的________命令来设置幻灯片中的动画效果。

A.【动作按钮】　　B.【动画方案】

C.【自定义动画】　　D.【幻灯片切换】

(9)结束幻灯片放映,不可以使用的操作是________。

A. 按 Esc 键　　B. 按 End 键

C. 按 Alt + F4 组合键　　D. 执行【结束放映】菜单命令

(10)下列关于 PowerPoint 的叙述中,错误的是________。

A. 备注页的内容与幻灯片的内容分别存储在不同的文件中

B. 一个演示文稿中只能有一张“标题幻灯片”母版的幻灯片

C. 任何时候幻灯片视图中只能编辑一张幻灯片

D. 在幻灯片上可以插入多种对象,除了可以插入图形、图表外,还可以插入公式、声音和视频等对象

(11)在 PowerPoint 中,不能对幻灯片内容进行编辑修改的视图方式是________。

A. 大纲视图　　B. 普通视图

C. 幻灯片浏览视图　　D. 幻灯片视图

(12)【格式】菜单中的________命令可以改变幻灯片的布局。

A. 幻灯片版式　　B. 背景

C. 字体　　D. 幻灯片配色方案

(13)如果要将 Word 创建的文档导入到 PowerPoint 中,应该在________中进行。

A. 幻灯片视图　　B. 大纲视图

C. 普通视图　　D. 备注页视图

(14)在 PowerPoint 中默认情况下,插入到演示文稿中的图表类型是________。

A. 三维柱形图　　B. 条形图

C. 饼图　　D. 锥形图

**2. 填空题**

(1)PowerPoint 的一大特色就是可以使演示文稿的所有幻灯片具有一致的外观。控制幻灯片外观的方法主要是使用 。

(2)幻灯片的放映类型分为______________、______________和______________“在展台浏览”3 种。

(3)在 PowerPoint 中的浏览视图下,按住 Ctrl 键并拖动某幻灯片,可完成________________操作。

(4)在一个演示文稿中,________________(能、不能)同时使用不同的模板。

(5)PowerPoint 中提供了插入“艺术字”的功能,并且对插入的艺术字作为________________对象来处理。

(6)打印演示文稿时,在【打印内容】下拉列表框中选择____________________,每页打印纸最多能输出 9 张幻灯片。

### 9.4.2 上机操作

**1. 制作画册**

通过制作精美画册,主要练习添加幻灯片、在幻灯片中插入图片和艺术字、幻灯片的放映等操作。

(1)插入图片

(2)插入艺术字

(3)插入声音文件(背景音乐)

(4)为目录创建超链接

(5)设置幻灯片切换方式

在【应用于所选幻灯片】列表中选择“顺时针回旋,3 根轮辐”,设置【速度】为“慢速”,【声音】为“无声音”,【换片方式】为每隔“00:05”,如图 9-35 所示。

(6)自定义动画

本实例的最终效果如图 9-34 所示。

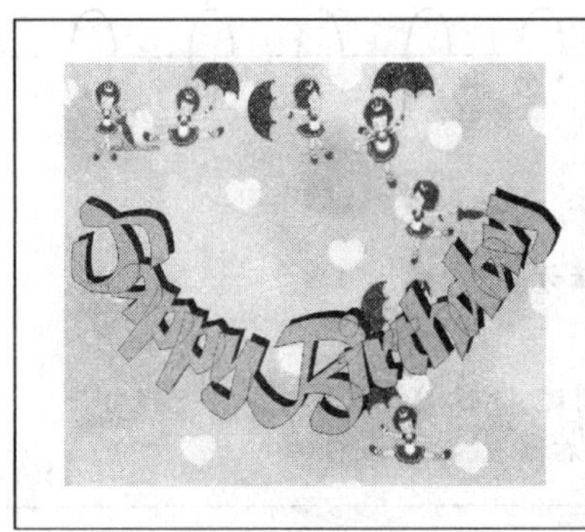

图 9-34　精美画册的最终效果

**2. 制作新春贺卡**

(1)插入图片,体现我国的民族特色。

(2)插入声音:喜庆的音乐或者鞭炮声。

(3)自定义动画生动活泼。

最终效果如图 9-35 所示。

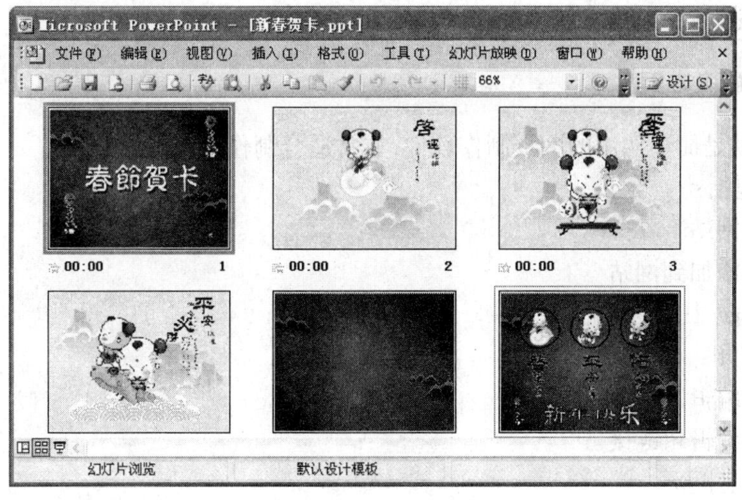


图 9-35　新春贺卡效果

# 第10章　FrontPage 应用——制作网页

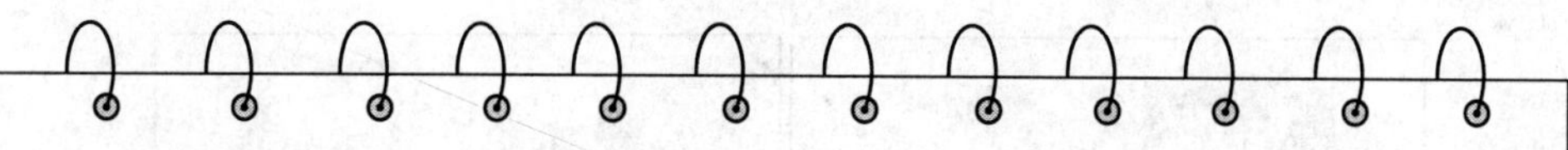

**教学目标：**

◎ 掌握网站与网页的基本操作

◎ 掌握表格的使用，框架的创建和编辑方法

◎ 熟练应用网页编辑的技术

◎ 掌握在 FrontPage 中网页超链接的创建、属性的设置等

◎ 掌握动态网页的设计以及网页的发布

## §10.1　FrontPage 网页制作案例分析

### 10.1.1　任务的提出

在学习了 Word、Excel、PowerPoint 之后，可以做出图文并茂的文档、表格、图表，接下来考虑能否将作品发布到网上去。

### 10.1.2　解决方案

FrontPage 就是简单实用的网页制作软件，非常适合制作个人网站。

主要操作包括：

(1)创建新网站

(2)将网页添加到网站

(3)FrontPage 中的网页布局

(4)编辑网页

(5)插入和编辑图像

(6)创建和编辑超链接

(7)设计动态网页

(8)网页的发布

### 10.1.3　相关知识点

1. FrontPage 2003 概述

FrontPage 2003 是 Office 2003 的组件之一，是 Microsoft 公司推出的专门用于设计和制作网页的软件，同时也是建立和管理专业网站的简易工具，还是一个 Internet 的出版工具。

它可以编辑 Internet 上以 HTML 格式保存的所有文件(即所谓的网页),并可以利用 Image Composer 和 Microsoft GIF Animator 等软件编辑处理网页中的图像和动画。还可以在网页中插入各种插件,包括 Java、ActiveX、JavaScript,产生各种特殊效果。利用不同的方式查看各个网页之间的关系,调整网站的组织结构,使整个网站的条理清晰。同时,它还提供了网络发布工具,可以轻松完成网站的发布上传。

2. FrontPage 2003 的功能和特点

FrontPage 2003 集网站创建、管理,网页设计、编辑、发布等多种功能于一体,具有以下功能和特点。

①网页制作。操作界面简易,界面风格与操作方法与 Word 等其他 Office 应用软件类似。所见即所得,即用户无须了解 HTML 语言格式,只要使用工具栏或功能表,系统就会自动把页面文件编译为 HTML 文件。用户还可以切换不同的视图方式直接编辑 HTML 文本以及预览网页效果。对于初学者,可以直接使用系统提供的模板、向导及主题制作网页。

②建立和管理网站。直接在屏幕上建立组织结构图,并且自动在页面中加入链接导航栏。

3. FrontPage 2003 的启动和退出

(1)启动 FrontPage 2003

启动 FrontPage 2003 的方法很多,我们这里介绍两种最常用的方法。

使用【开始】菜单启动 FrontPage 是最常用的方法,操作简单、直观。

在 Windows XP 操作系统下,单击【开始】|【所有程序】|【Microsoft Office】|【Microsoft Office FrontPage 2003】命令就可以启动 FrontPage 2003,如图 10-1 所示。

图 10-1 使用【开始】菜单启动 FrontPage

另一种方法是使用【运行】对话框启动。

①单击【开始】菜单中的【运行】命令,如图 10-2 所示。

②在【运行】对话框的【打开】组合框中输入 FrontPage 软件所在的位置"C:\Program Files\Microsoft Office\OFFICE11\FRONTPG. EXE",如图 10-3 所示,然后单击【确定】按钮就可以启动了。

图 10-2 选择【运行】命令

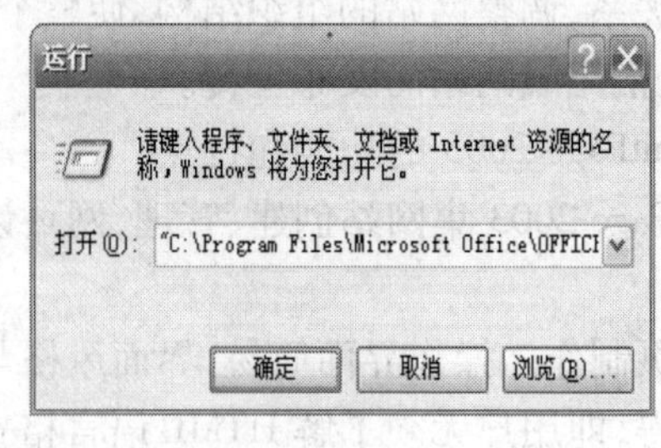


图 10-3 使用【运行】对话框启动 FrontPage

此外,我们还可以在桌面上建立一个 FrontPage 的快捷方式,只要在需要时双击它,就可以启动 FrontPage 了。但需要注意的是:如果在桌面上为每个应用程序都建立一个快捷方式,桌面就会很乱,所以还要根据自己的习惯做出选择。

(2)退出 FrontPage 2003

退出 FrontPage 2003 的方法有以下几种:

单击 FrontPage 窗口右上角的【关闭】按钮。

执行【文件】|【退出】菜单命令,如图 10-4 所示。

按住 Alt + F4 快捷键。

利用标题栏中的控制菜单的【关闭】命令。

在执行关闭操作时,如果没有对文件进行修改,则可以立即关闭并退出 FrontPage;如果有未保存的修改,会弹出对话框询问是否保存修改,在做出选择后才关闭 FrontPage。

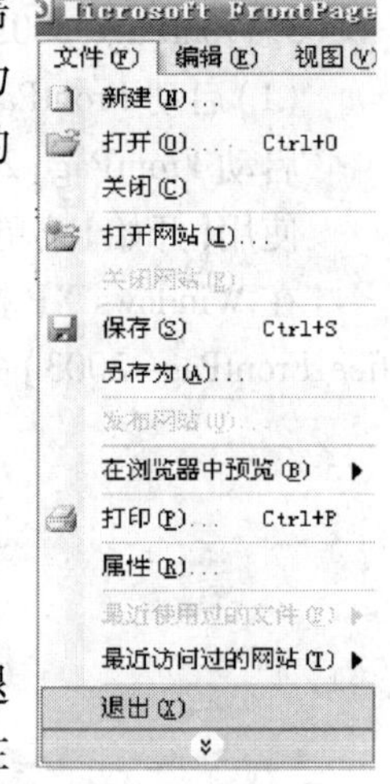


图 10-4 使用菜单退出 FrontPage

4. FrontPage 2003 的主窗口

启动 FrontPage 后,就可以看到如图 10-5 所示的主窗口。

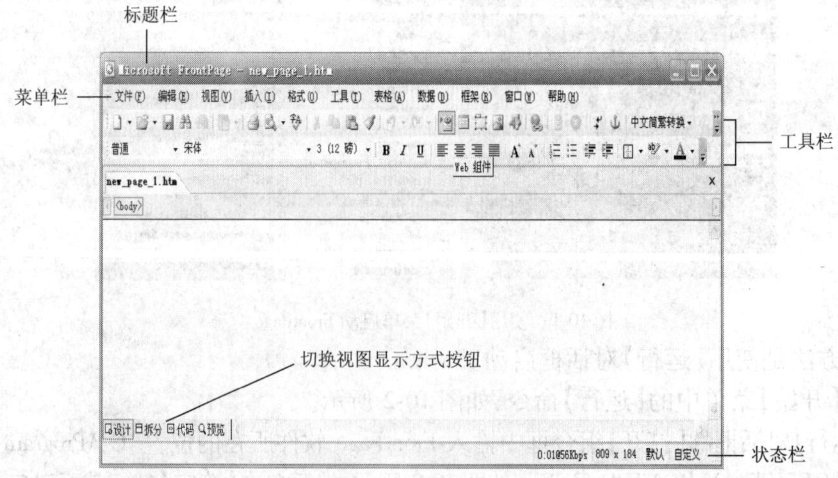


图 10-5 FrontPage 工作窗口

与大多数 Office 的组件一样，FrontPage 窗口也包含了标题栏、菜单栏、【常用】工具栏和状态栏等。在网页编辑窗口的底部提供用于切换视图显示方式的按钮，通过单击这些按钮可以快速切换到不同的视图显示方式，以实现不同的操作功能。

例如，可以在【设计】视图下以可视化方式创建并编辑页面内容，而在【代码】视图下则可以查看和编辑对应的 HTML 代码，在【预览】视图下预览所编辑的网页的最终效果等。

# §10.2 实 现 方 法

## 10.2.1 网站的基本操作

在 FrontPage 中，网站是所创建的一组网页的集合并且被发布在服务器上。创建网站的过程实际上是建立一系列网页文件的过程。

**任务 1 创建新网站**

创建新网站有两种方式：一种是从使用向导开始，另一种是从空白网站开始。下面就分别介绍这两种方式。

(1) 使用向导创建

①单击工具栏上的【新建普通网页】下的三角按钮，从下拉列表中选择【网站】命令。打开如图 10-6 所示的【网站模板】对话框。在右侧的【指定新网站的位置】组合框中可更改新建网站的保存位置，在这里我们使用默认位置。

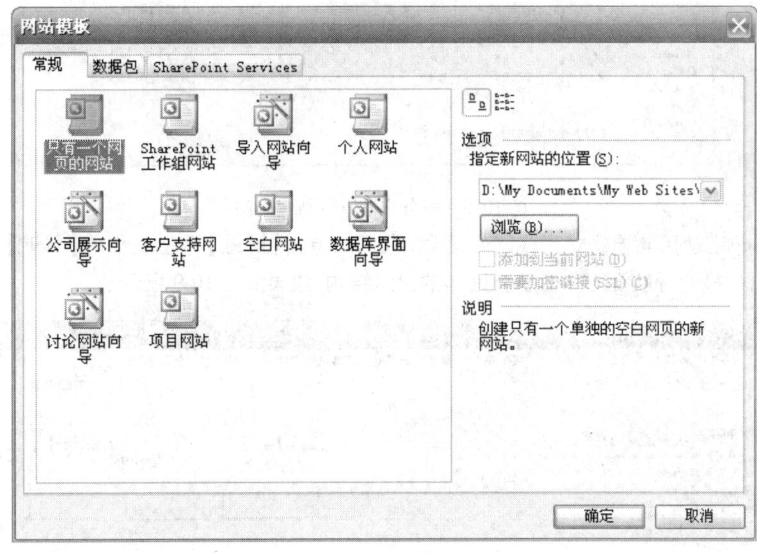


图 10-6 【网站模板】对话框

②在【常规】选项卡中选择相应的网站模板向导，这里选择的是【公司网站建立向导】，单击【确定】按钮，弹出如图 10-7 所示的对话框。

③逐步单击【下一步】按钮，对网站中的网页内容进行相应的设置。在最后一个对话框中单击【完成】按钮，完成网站的设置。

④设置完成后，任务视图下的网站效果如图 10-8 所示。

续任务 1

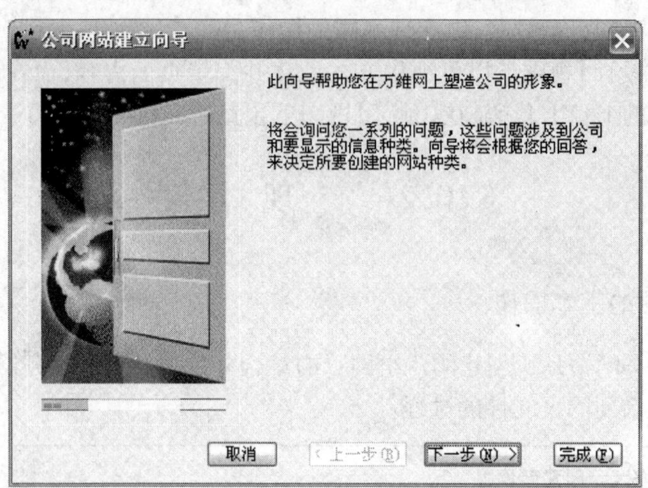


图 10-7 【公司网站建立向导】对话框图

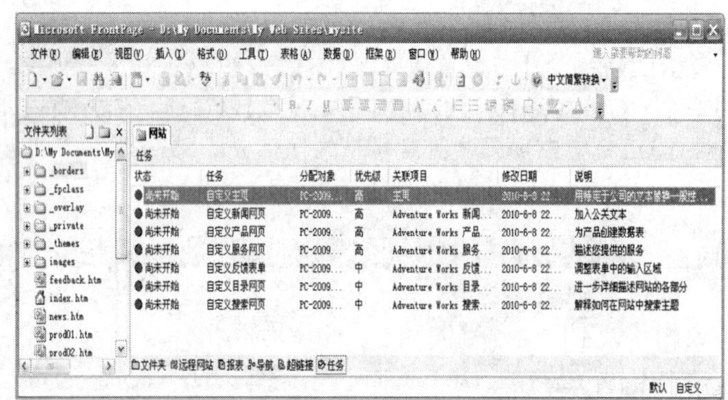

图 10-8 任务视图下的新建网站

在使用向导建立完成网站之后，也可以单击【网站】标签底部的【导航】按钮，切换到导航视图下查看新网站的组织结构，效果如图 10-9 所示。

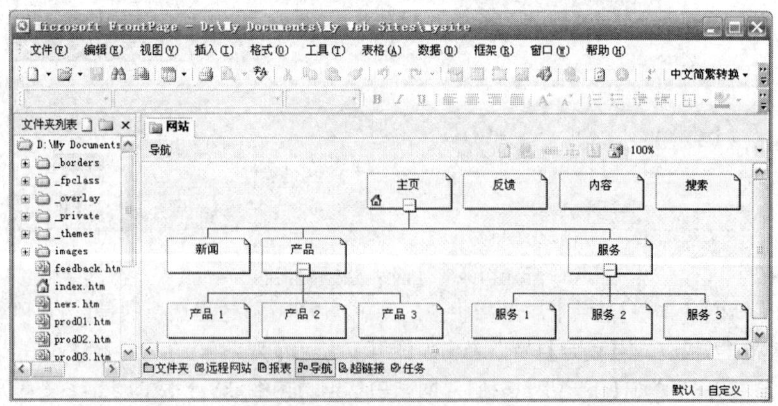


图 10-9 导航视图下的新建网站

(2)使用空白网站创建

单击工具栏上的【新建网页】下的三角按钮,从下拉列表中选择【网站】命令。在打开的【网站模板】对话框中选择【空白网站】选项。单击【确定】按钮后会建立一个空白的网站,此时还没有任何网页文件,如图 10-10 所示。

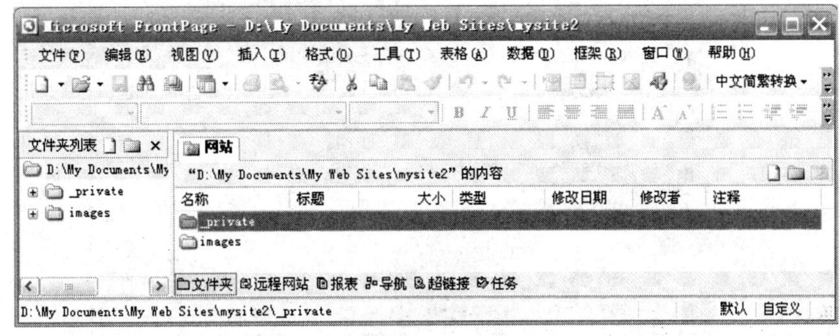

图 10-10　创建的空白网站

**任务 2　将网页添加到网站**

网站创建完成以后,用户可以在网站中新建网页,也可以将设计好的网页添加到新建的网站中。

①要新建网页,可以执行【文件】|【新建】菜单命令,此时会在窗口右侧显示任务窗格。单击其中的【空白网页】命令,即可新创建一个网页。

②另外,也可以将设计好的网页添加到当前网站中。执行【文件】|【导入】菜单命令,如图 10-11 所示。

③此时会弹出【导入】对话框,在【导入】对话框中单击【添加文件】按钮,如图 10-12 所示。

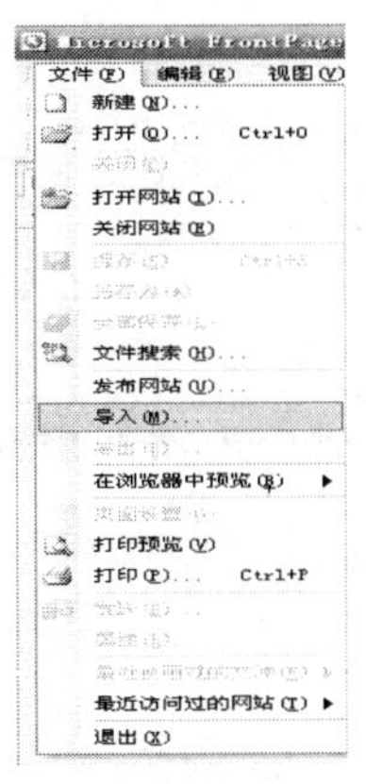

图 10-11　【导入】命令

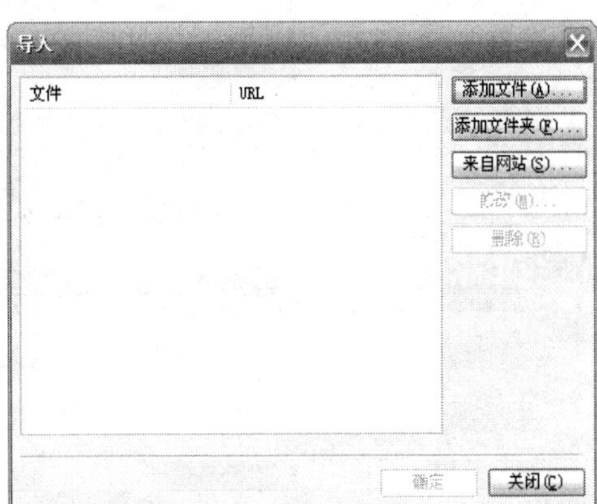

图 10-12　【导入】对话框

④打开【将文件添加到导入列表】对话框,选中要添加到网站的网页,单击【打开】按钮,如图 10-13 所示。

⑤返回到【导入】对话框,可以看到添加的网页,如图 10-14 所示。

⑥单击确定按钮,可以看到网页已经被添加到网站上了,如图 10-15 所示。

续任务 2

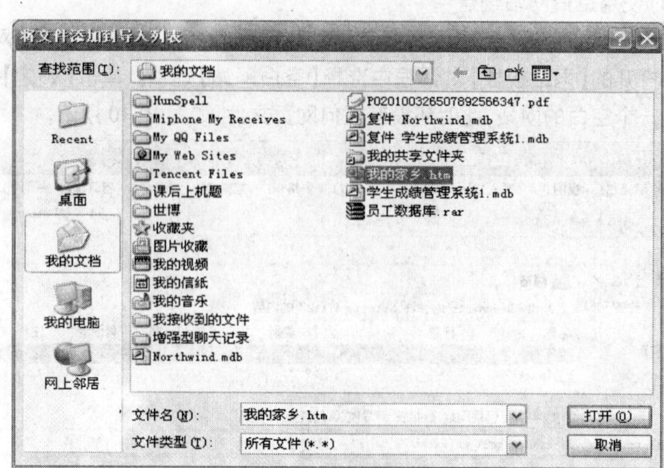


图 10-13　选择网页文件

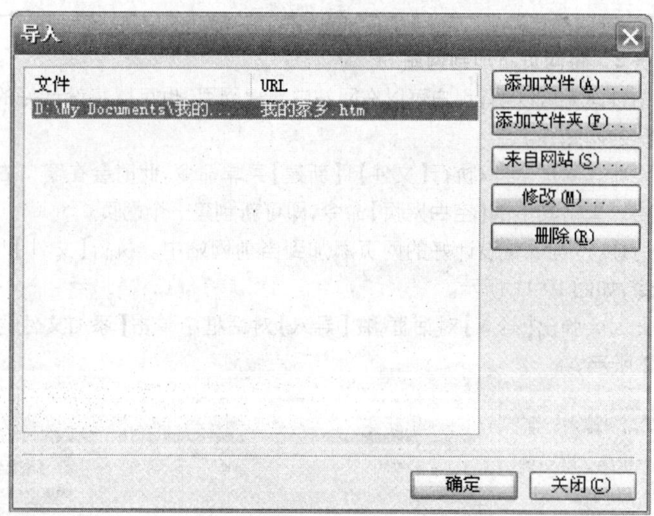


图 10-14　导入网页

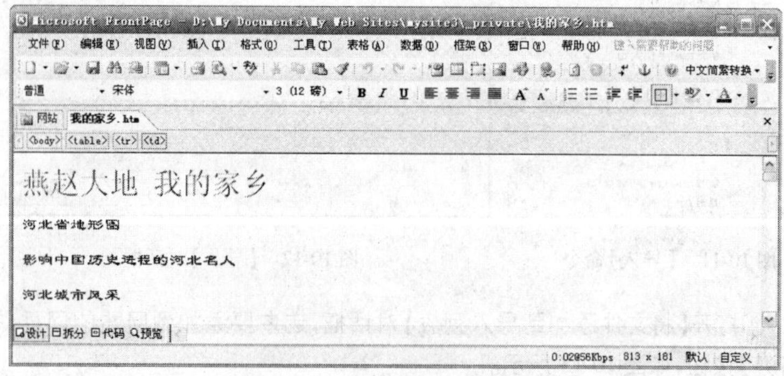


图 10-15　插入到网站中的网页

**任务 3　修改网站的结构**

打开一个网站，单击视图栏的【导航】按钮，在右侧的网页编辑窗口中可以看到此网站的结构，如图 10-16 所示。

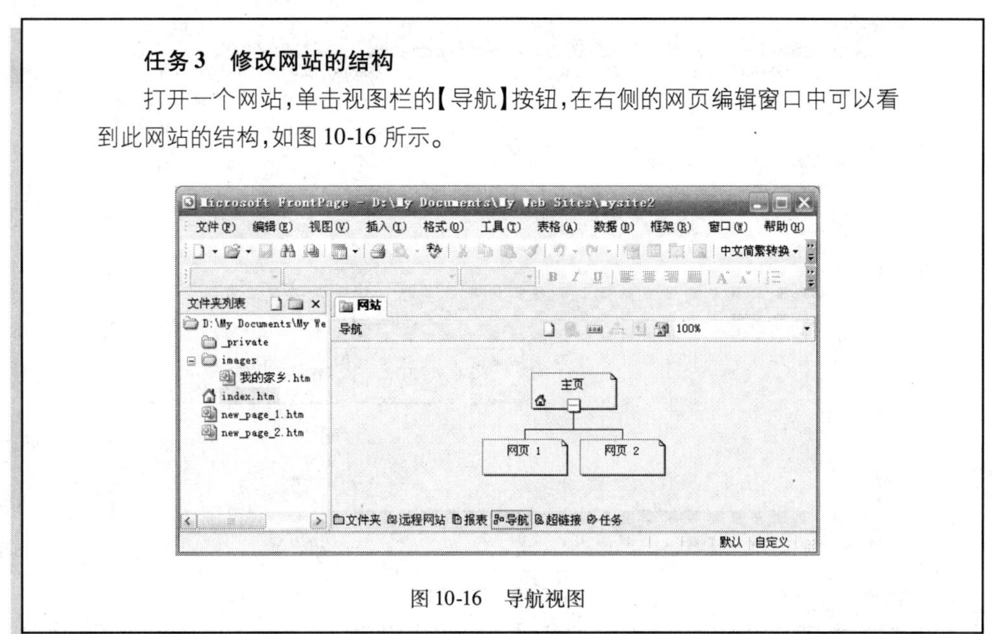


图 10-16　导航视图

在 FrontPage 中网站结构的建立和修改主要是在 FrontPage 的导航视图中进行的。

(1)在导航视图中新建网页

将视图切换到导航视图下，右击【主页】，在快捷菜单中选择【新建】|【网页】命令，如图 10-17、图 10-18 所示。

(2)在导航视图中移动网页

①鼠标指向【网页 1】，按住左键拖动到【网站 2】下，指针变形时，目标区域会显示虚线框，如图 10-19 所示。

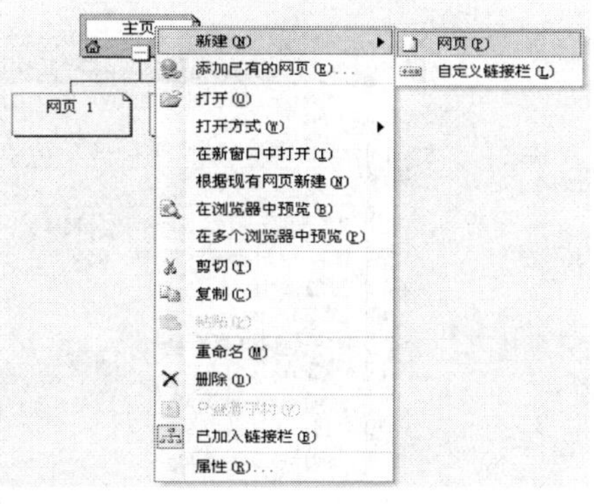


图 10-17　新建网页

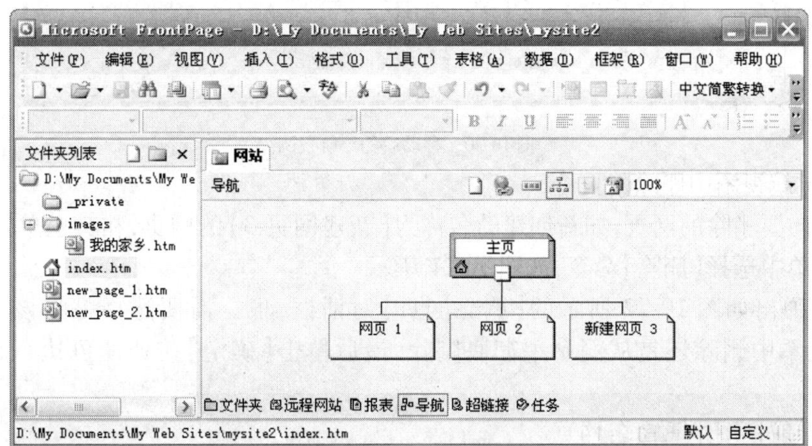


图 10-18　完成网页的新建

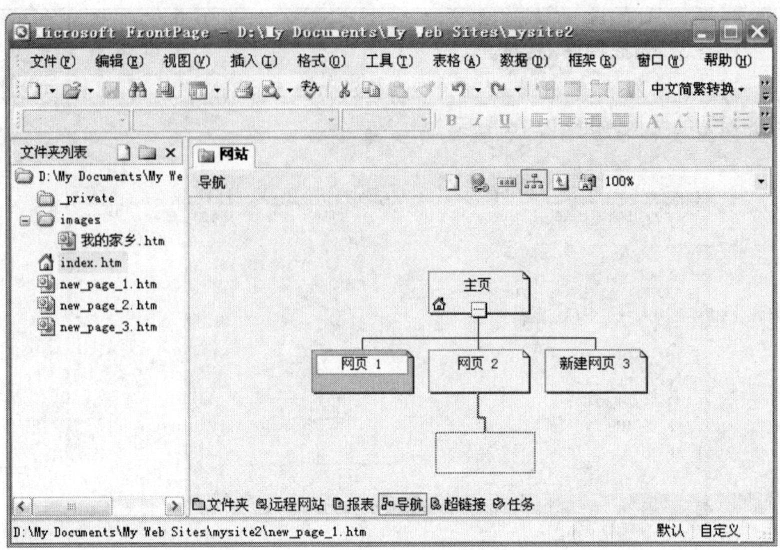


图 10-19 移动网页

②松开鼠标左键,就可以完成网页的移动了,如图 10-20 所示。在图中可以看到【网页 1】已经被移动到【网页 2】的下方,成为它的子网页。

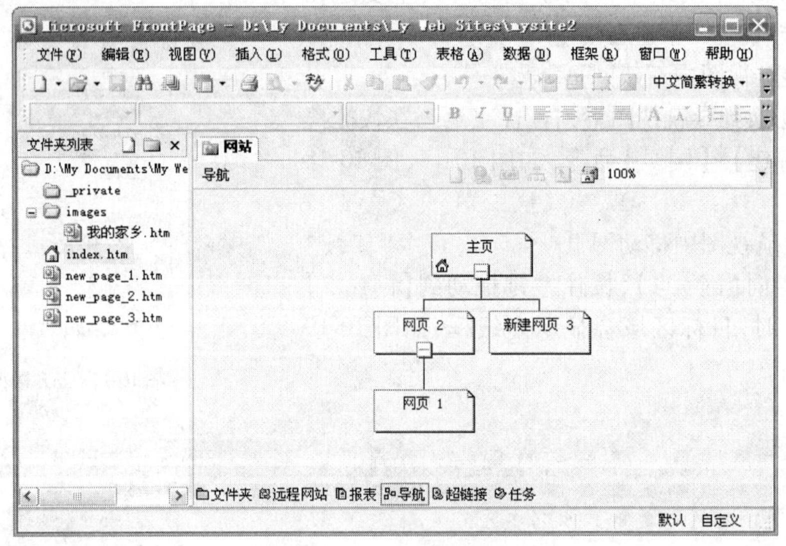


图 10-20 移动后的导航视图

(3)在导航视图中删除网页

鼠标指向要删除的网页,如新创建的名称为【新建网页 3】的网页,在其上单击右键,在弹出的快捷菜单中选择【删除】命令,如图 10-21 所示。

此时会弹出如图 10-22 所示的【删除网页】对话框,根据需要选择是将该网页仅仅从导航链接关系中删除还是从网站中彻底删除,最后单击【确定】按钮即可执行相应的删除指令。

(4)在导航视图中重命名网页

右击要重命名的网页,在弹出的快捷菜单中选择【重命名】命令,此时网页名称处于可编辑状态,输入新的名称即可为网页重命名。

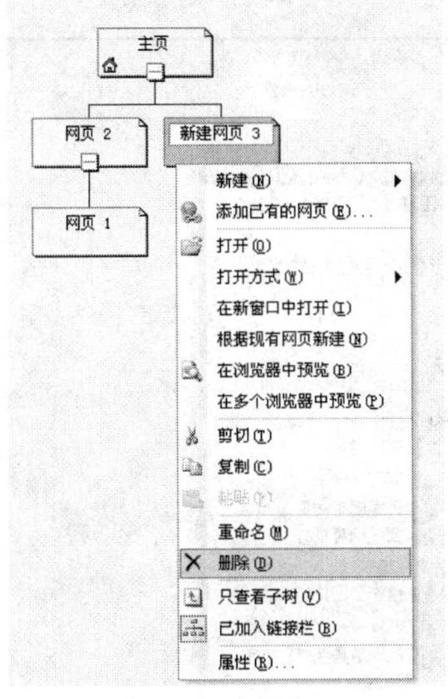


图 10-21 删除【新建网页 3】网页

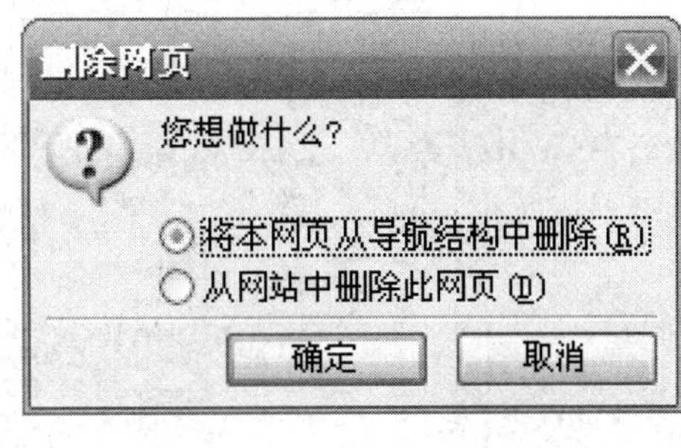


图 10-22 【删除网页】对话框

**任务 4 保存网站**

退出 FrontPage 时需要先将网站保存起来,保存文件的方法有以下几种。

直接单击工具栏中的【保存】按钮。

文件保存还可以在关闭文档时进行,在 FrontPage 出现的保存提示对话框中,单击【是】按钮即可。

使用快捷键 Ctrl + S。

**任务 5 删除网站**

删除网站有以下几种方法。

鼠标右击要删除的网站,在弹出的快捷菜单中选择【删除】命令。

鼠标选中要删除的网站,然后单击【编辑】菜单中的【删除】命令。

在【打开网站】对话框中进行【删除网站】的操作。

### 10.2.2 网页的基本操作

**任务 6 创建网页**

创建网页的方法有以下几种。

单击工具栏中的【新建普通网页】的下三角按钮,在弹出的下拉列表中选择【网页】命令。

单击【文件】|【新建】菜单命令,此时在窗口右侧显示任务窗格,如图 10-23 所示。单击其中的【空白网页】命令,即可直接创建一个空白网页。如果要使用网页模板可以单击任务窗格中的【其他网页模板】命令,在弹出的【网页模板】对话框中选择合适的网页模板,如图 10-24 所示。最后单击【确定】按钮完成新网页的创建。

直接单击工具栏中的【新建普通网页】按钮。

续任务 6

使用快捷键 Ctrl + N。

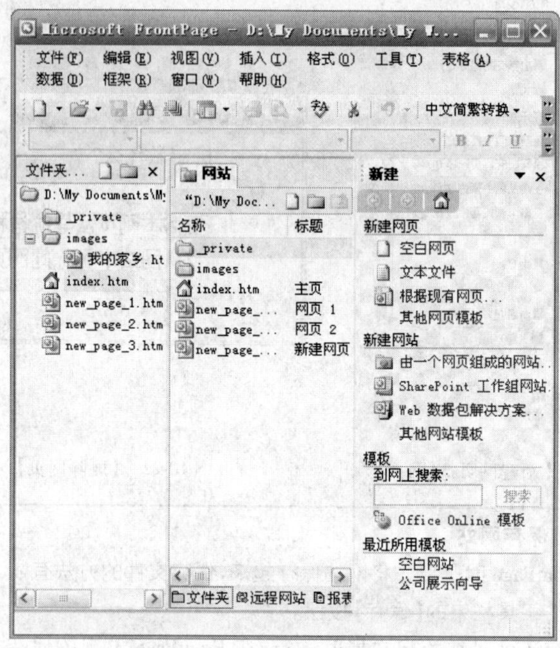

图 10-23　使用任务窗格命令

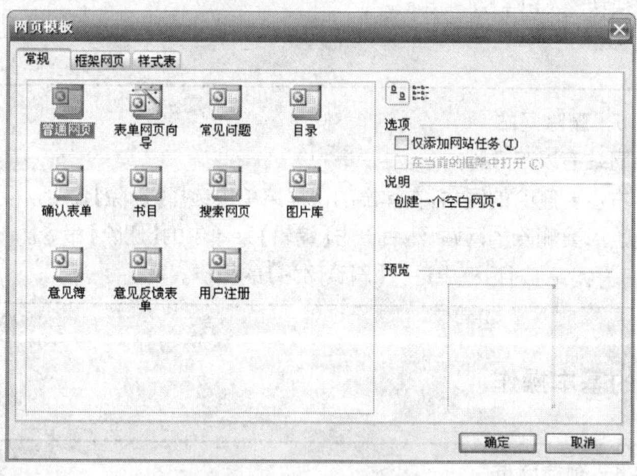

图 10-24　【网页模板】对话框

**任务 7　打开网页**

①单击【文件】|【打开】菜单命令或者单击【常用】工具栏中的【打开】按钮。

②在弹出的【打开文件】对话框中选择要打开的网页，如果要打开的网页没有出现在对话框中可以单击【查找范围】下拉列表框，在下拉列表中选择要打开的文件，然后单击【打开】按钮，即可打开网页文件。

### 10.2.3 FrontPage 中的网页布局

在 FrontPage 中表格的使用对网页的布局起着重要的作用，不仅可以在表格中体现一些有规律的数据，而且还可以利用表格放置一些文本和图片，从而达到对网页的合理布局。

**任务 8　创建表格**

创建表格的方法有以下几种：

将光标定位到要插入表格的位置，然后单击工具栏中的【插入表格】按钮，拖动鼠标，选择要插入的表格行列数，如图 10-25 所示。

单击【表格】|【插入】|【表格】菜单命令，弹出【插入表格】对话框，在该对话框中对表格进行设置。如图 10-26 所示。

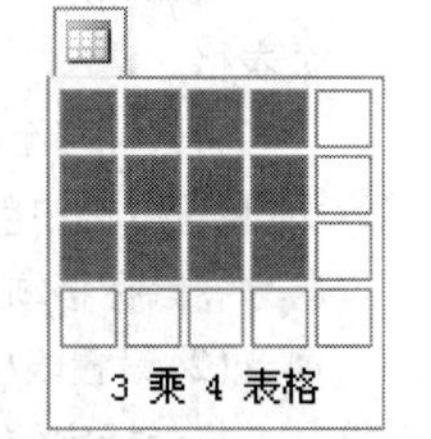


图 10-25　选择表格的行列数

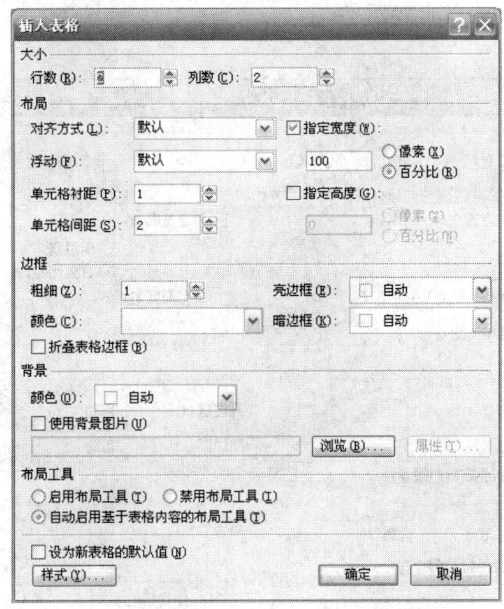


图 10-26　【插入表格】对话框

单击【表格】|【手绘表格】菜单命令，弹出表格工具栏，选择笔状按钮，即可画出表格。

创建完成后的表格如图 10-27 所示。

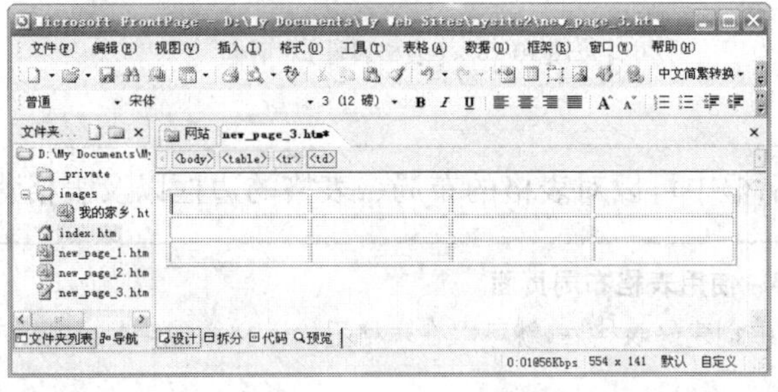


图 10-27　创建完成的表格

**任务9　编辑表格**

在 FrontPage 中对表格的编辑主要是对网页中表格的布局、标题以及边框颜色、背景颜色或图案等的编辑。

(1)选定表格

选定表格的方法有以下几种。

将光标定位于表格内,选择【表格】|【选择】|【表格】菜单命令,即可选中整个表格。

将鼠标移至表格的左上角,当鼠标指针变成指向左上方的箭头时,单击鼠标,也可以选中整个表格。

将鼠标移动到表格外边框的左侧,双击鼠标左键,可以选择整个表格。

(2)设置表格属性

将光标定位于表格内,单击【表格】|【表格属性】|【表格】菜单命令;或在表格中右击,在弹出的快捷菜单中选择【表格属性】命令,弹出【表格属性】对话框,如图 10-28 所示。

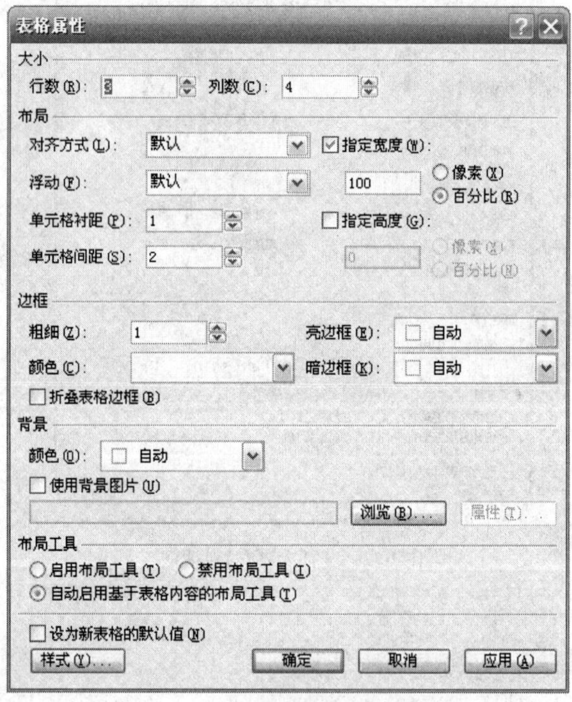


图 10-28　【表格属性】对话框

在【表格属性】对话框中可以对表格的布局、表格的边框以及表格背景进行设置。

**任务10　使用表格布局页面**

在网页中创建好表格后,就可以在表格里输入文本或者插入图片,对页面进行布局。

①先将光标置于表格中,右击,在弹出的快捷菜单中选择【表格属性】命令。

②弹出【表格属性】对话框，在【边框】栏的【粗细】数值框中输入“0”，然后单击【确定】按钮。设置完成后的表格效果如图 10-29 所示。

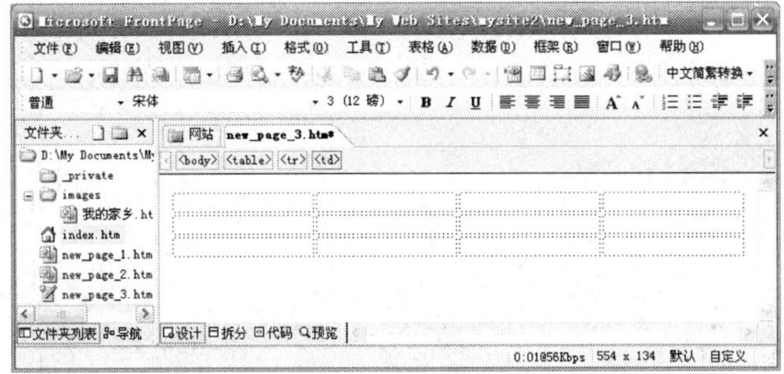


图 10-29　设置表格的粗细

③选中表格的第一行，右击，在快捷菜单中选择【合并单元格】命令，将第一行的单元格进行合并。

④将光标定位于第一行，输入文字“花卉欣赏”作为标题，如图 10-30 所示。

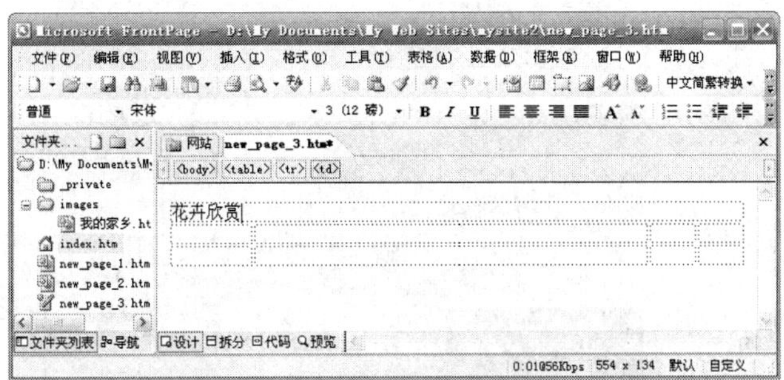


图 10-30　输入标题

⑤在表格的相应位置输入文字，如图 10-31 所示。

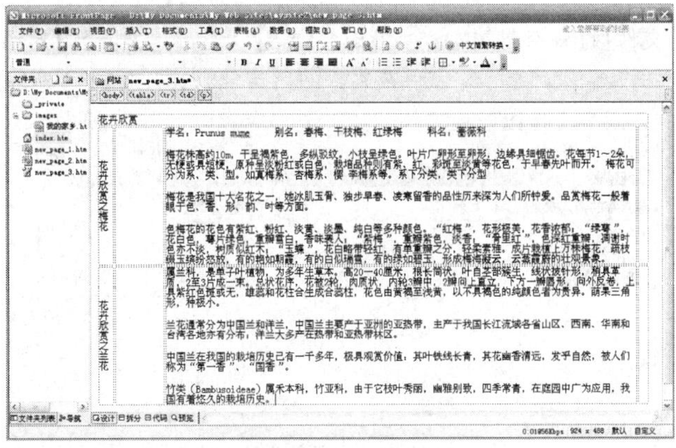


图 10-31　在表格中输入文字

⑥单击【插入】|【图片】|【来自文件】，如图 10-32 所示。

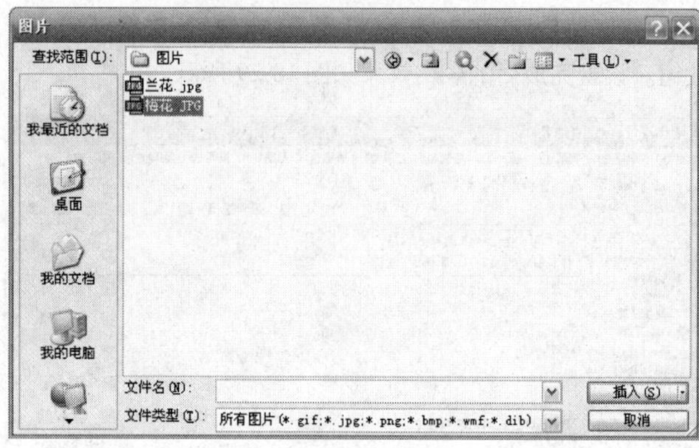


图 10-32　插入图片

⑦切换到 FrontPage 软件窗口，将光标定位到要插入图片的单元格，然后执行【插入】命令，将所选剪辑图片粘贴进来。

⑧使用同样方法继续在其他单元格插入图片，此时表格内的图片与文字排列效果如图 10-33 所示。

图 10-33　插入图片后的网页

单击【文件】|【保存】菜单命令，此时会弹出【保存嵌入式文件】对话框，提示对于网页中插入的图片是否一同保存在网站目录中，如图 10-34 所示。单击【确定】按钮，保存网页文件以及相应的图片。

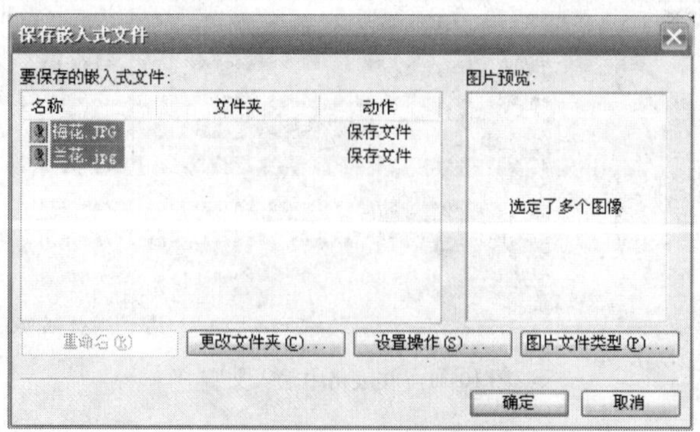


图 10-34　【保存嵌入式文件】对话框

续任务 10

单击工具栏中的【Mircosoft Internet Explorer 中的预览】按钮，会启动 IE 浏览器并预览网页效果，如图 10-35 所示。

图 10-35　在浏览器中预览的网页效果

**任务 11　框架的创建**

①选择【文件】|【新建】菜单命令，在窗口右侧显示【新建】任务窗格，单击其中的【其他网页模板】按钮，打开【网页模板】对话框。切换到【框架网页】选项卡，如图 10-36 所示。

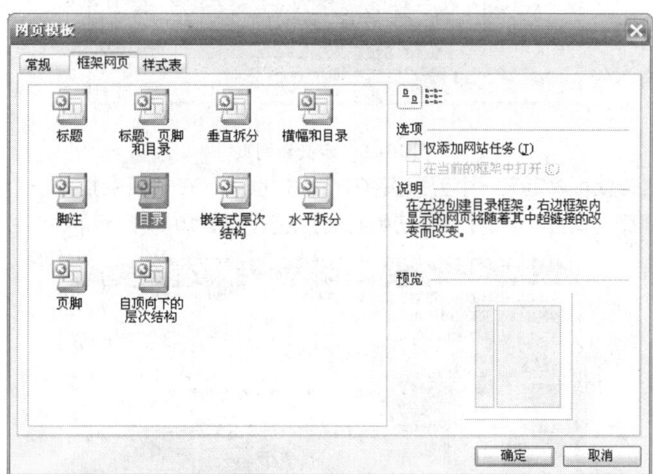


图 10-36　【网页模板】对话框

②在【框架网页】选项卡中选择【目录】，然后单击【确定】按钮，完成框架的创建，如图 10-37 所示。

续任务 11

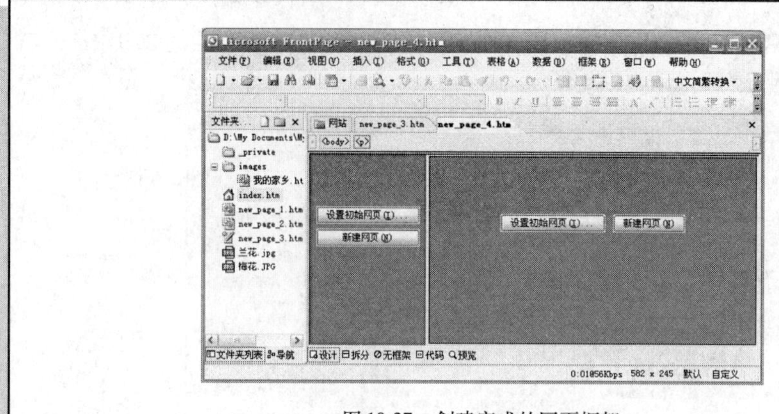

图 10-37　创建完成的网页框架

**任务 12　框架的编辑填充**

在图 10-37 中 FrontPage 把新建的网页拆分为左右两个框架，并在两个框架中分别设置了两个按钮。

①单击左侧框架的【新建网页】按钮，如图 10-38 所示。

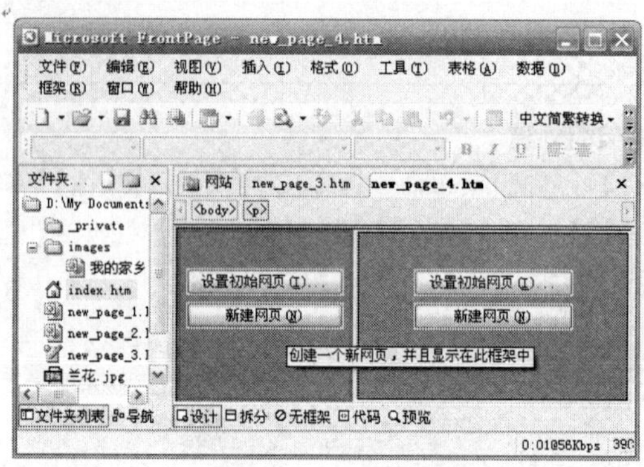

图 10-38　定义新网页

②这样就可以定义一个新网页了。当然，也可以在框架中插入一个事先编辑好的网页。单击右侧的【设置初始网页】按钮，如图 10-39 所示。

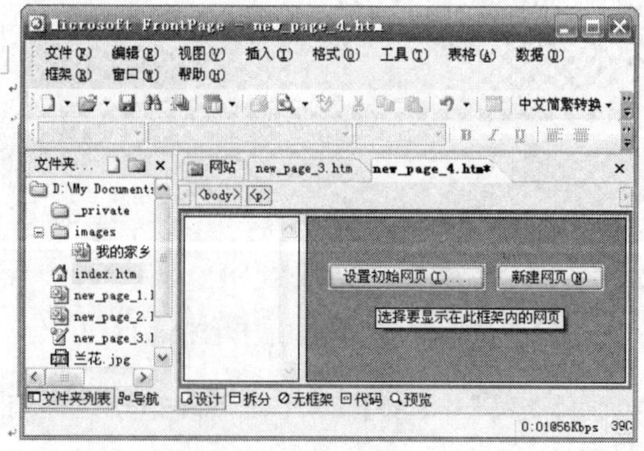

图 10-39　设置初始网页

续任务 12

③在弹出的【插入超链接】对话框中选择相应的网页文件，如图 10-40 所示。单击【确定】按钮，主页就被放在右边的框架上了，框架设置完成。

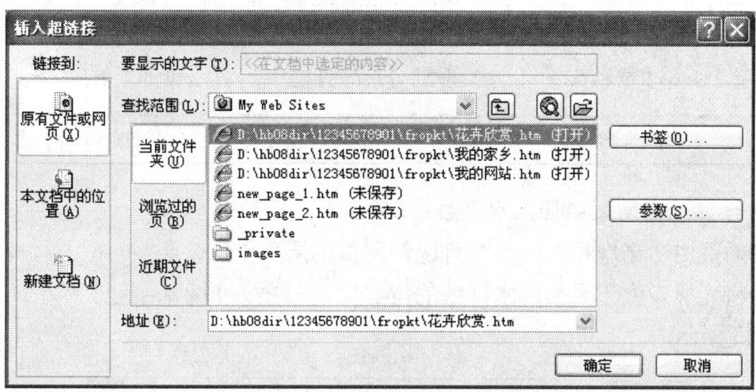


图 10-40 【插入超链接】对话框

## 10.2.4 编辑网页

**任务 13 文本的编辑和格式化**

(1)字体设置

选中网页中的文字，单击工具栏中的【字体】下拉列表，在下拉列表中选择相应的字体。如果浏览网页的人使用的计算机没有所选的字体，那么浏览器会用系统默认的字体代替。

(2)字号设置

选中文字，在工具栏的【字号】下拉列表中选择相应字号。

(3)字体颜色的设置

单击工具栏中的【字体颜色】三角按钮，选择适当的颜色。

(4)字形设置

单击工具栏上加粗、倾斜、下划线按钮，为文本设置不同的字形。

此外，单击【格式】|【字体】菜单命令，弹出【字体】对话框，在【字体】对话框中可以进一步对网页中的文字进行设置。如图 10-41 所示。

①单击【字符间距】标签，打开【字符间距】选项卡，如图 10-42 所示。单击

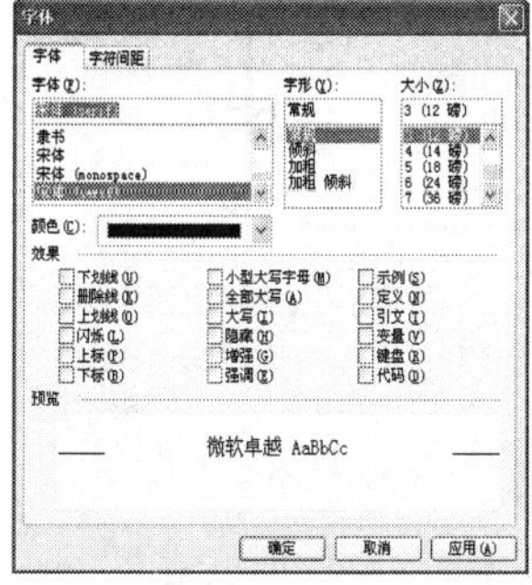

图 10-41 【字体】对话框

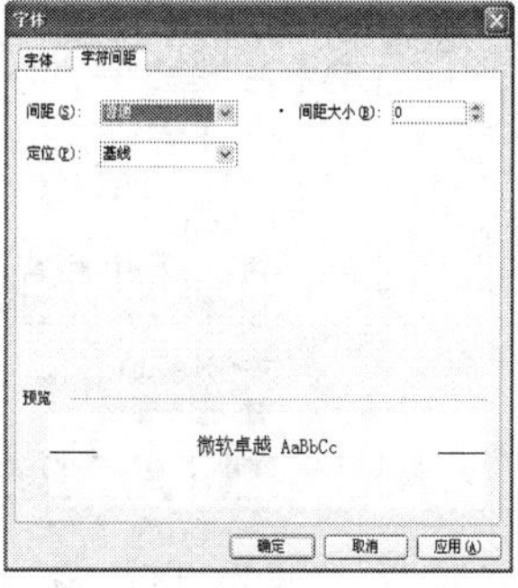

图 10-42 【字符间距】选项卡

【间距】下拉列表框，在下拉列表框中设置字符的间距，在下面的【预览】框中可以看到字符间距的变化。

②定位就是指文字相对于底线的距离，也就是上下移动文字。单击【定位】下拉列表框，在下拉列表中选择相应的命令。

选择【上移】表示文字会向上移动，【预览】框中的黑线就是行的底线。

**任务 14　在网页中插入水平线**

在网页中适当地插入水平线可以使网页的层次更加分明。

①将光标定位于要插入水平线的位置，单击【插入】|【水平线】菜单命令，如图 10-43 所示。

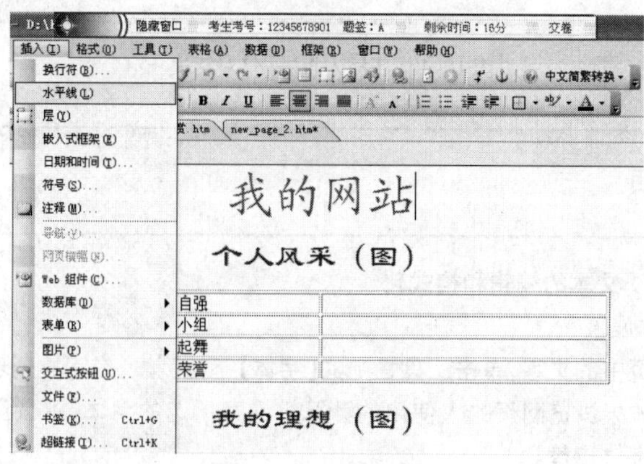


图 10-43　插入水平线

②双击插入的水平线，弹出【水平线属性】对话框，单击【颜色】下拉列表框，选择名为【酸橙色】的一种绿色，然后单击【确定】按钮，如图 10-44 所示。

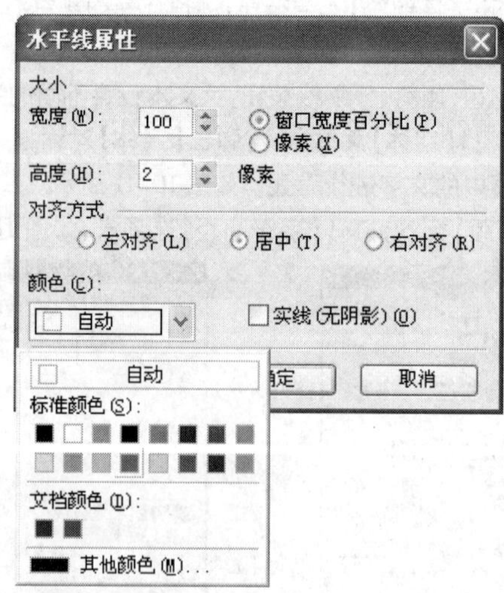


图 10-44　【水平线属性】对话框

续任务 14

③设置完成的效果如图 10-45 所示。

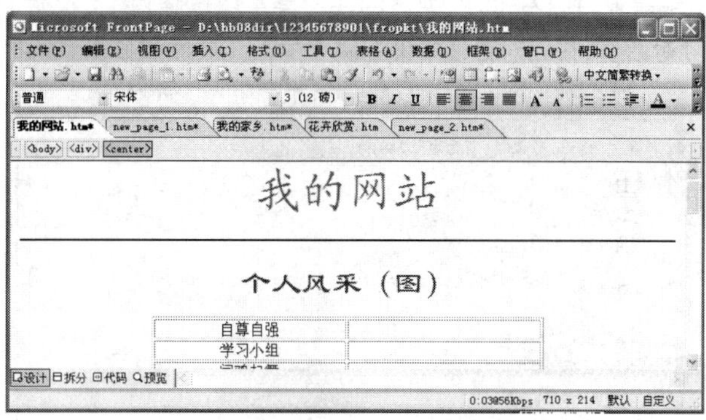

图 10-45　添加水平线后的效果

**任务 15　时间标记的插入**

在浏览网页时经常会看到网页上显示网页的更新时间，这是怎么做到的呢？

①首先在页面末尾处适当位置输入“更新时间”字样。

②将光标定位在“更新时间”后，单击【插入】|【日期与时间】菜单命令，弹出【日期时间属性】对话框。单击【日期格式】下拉列表框，在下拉列表中选择合适的日期格式，在【时间格式】下拉列表中设置时间格式。时间标记的当前活动网页被重新编辑或自动更新之后，会自动改变。

**任务 16　设置列表格式**

①选中要列表的内容，单击【格式】工具栏上的【项目符号】按钮，或者单击【格式】|【项目符号和编号】菜单命令，打开【项目符号和编号】对话框。在【图片项目符号】选项卡中单击【浏览】按钮，如图 10-46 所示。

②弹出【选择图片】对话框，如图 10-47 所示。选择合适的图片文件后单击【确定】按钮。

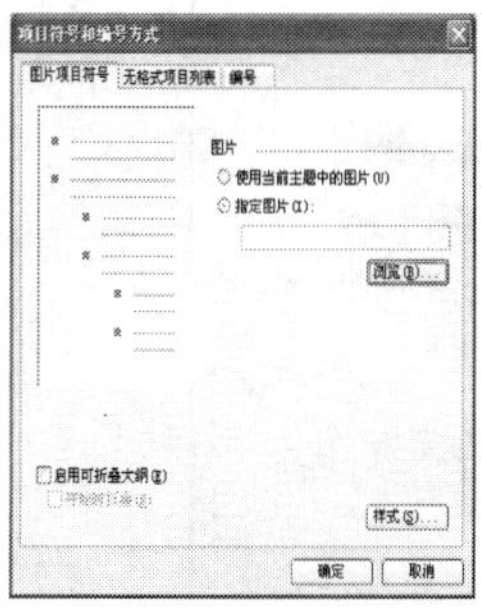

图 10-46　【项目符号和编号方式】对话框

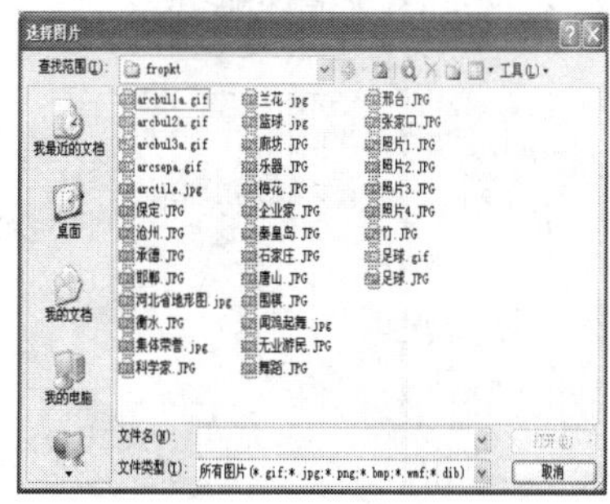

图 10-47　【选择图片】对话框

### 任务 17 设置网页属性

在网页编辑窗口中右击，在弹出的快捷菜单中选择【网页属性】命令，弹出【网页属性】对话框，在此对话框中设置网页的相关属性。如图 10-48 所示。

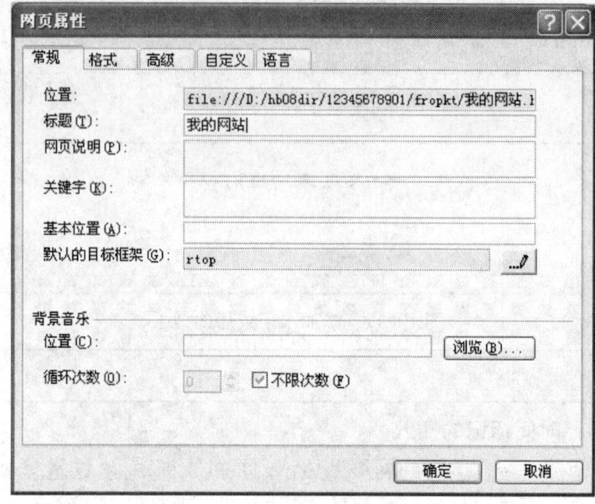


图 10-48 【网页属性】对话框

(1) 设置网页标题

在【常规】选项卡中的【标题】文本框中输入"我的网站"。

(2) 设置网页的背景音乐

单击【常规】选项卡中【背景音乐】下方的【浏览】按钮，可以选择相应的音乐，在【循环次数】文本框中设置音乐循环的次数。

(3) 网页背景颜色、背景图案

单击【格式】选项卡中【背景】栏中的【浏览】按纽，选择相应的图片，或者单击【颜色】栏中的【背景】下拉列表框，在其下拉列表中选择相应的颜色。如图 10-49 所示。

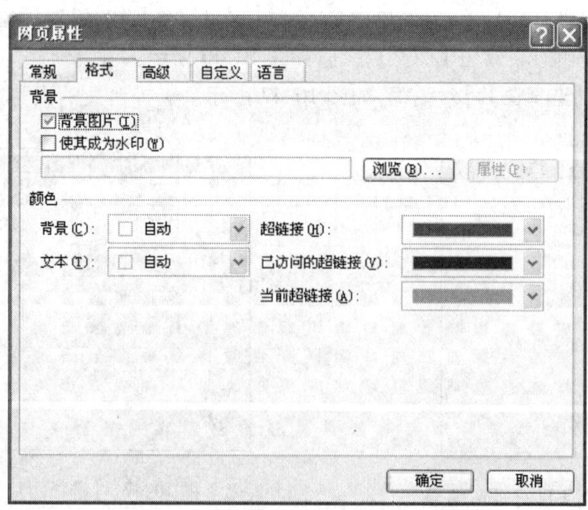


图 10-49 设置网页的背景

(4) 设置网页中文本和超链接的颜色

续任务 17

在【颜色】栏中【文本】下拉列表框中可以改变网页中文本的颜色。在右侧【超链接】下拉列表框中可以改变超链接的颜色。

(5)设置网页的页边距

在【高级】选项卡中，可对网页的上边距和左边距进行设置，如图 10-50 所示。

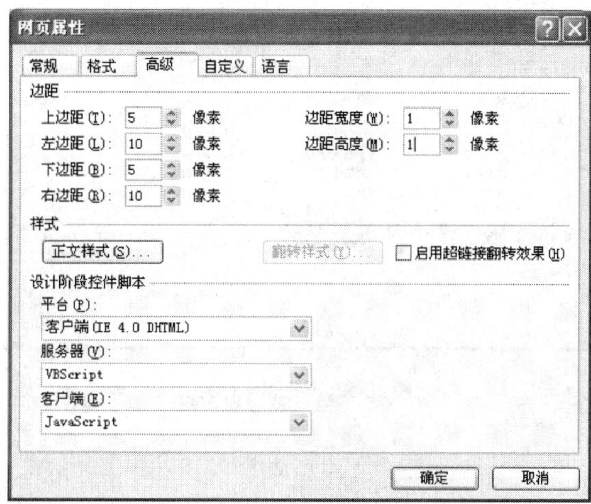


图 10-50　设置网页的页边距

设置完成后的网页效果如图 10-51 所示。

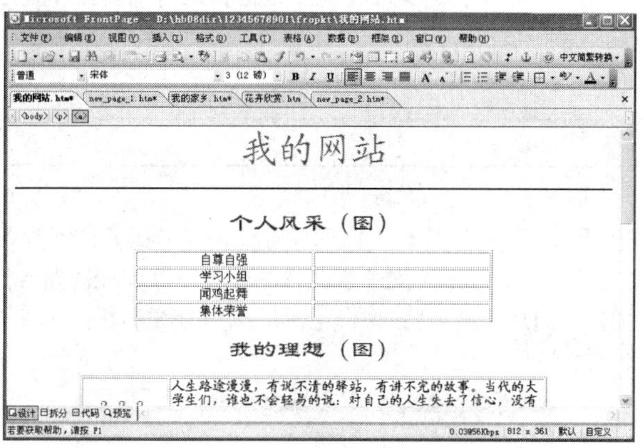


图 10-51　设置完成后的网页效果

**任务 18　插入和编辑图像**

利用 FrontPage 菜单中的【插入】命令，可以将剪贴画、来自文件的图片和来自扫描仪的图片等插入网页中，使网页看起来更加美观、丰富多彩。

1. 插入图像

只有扩展名为.GIF 和.JPEG 的图像文件才可以插入到网页中去。这两种图形格式不仅应用广泛，而且有利于节省存储空间，图片的质量相对比较高，网页打开的速度较快。

续任务 18

在网页中插入图片的步骤如下：

①将光标定位于要插入图片的位置，单击【插入】|【图片】命令。

②弹出【图片】对话框，选择要插入的图片，如图 10-52 所示，单击【确定】按钮，选中的图片会被插入到网页中。

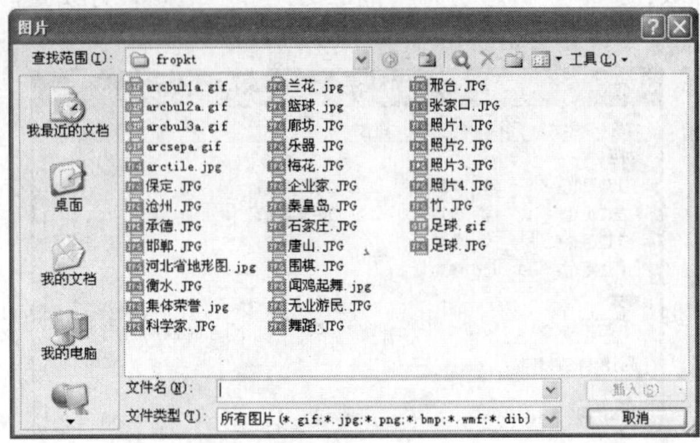


图 10-52 【图片】对话框

2. 编辑图像

利用图片工具栏可以在图片上添加文字，可以进行图片的剪裁、旋转，设置图片对比度和亮度、冲蚀、凹凸，添加"热点"进行超链接，以完成对图片的修饰。

3. 图像定位

选中图片，单击图片工具栏中的【绝对定位】按钮，拖曳图片至指定位置，单击空白处即可。利用表格布局，在单元格内放置图片，可将图片放在指定的位置。

**任务 19 插入书签**

利用 FrontPage 菜单中的【插入】命令，插入书签，作为一个链接点。

插入书签的方法：将光标定位在要插入书签的位置，单击【插入】|【书签】命令，在打开的【书签】对话框中输入书签名称，单击【确定】按扭，如图 10-53 所示，出现一个标志。

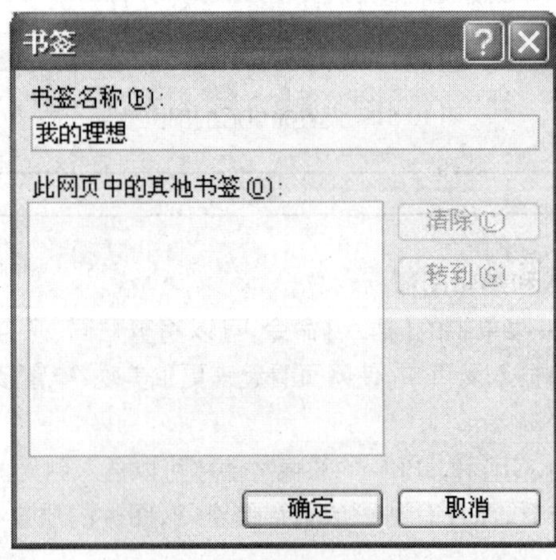


图 10-53 【书签】对话框

### 10.2.5 创建超链接

超链接是指网站内不同网页之间、网站与网站之间的一种链接关系，它不仅使网站内的每一个网页有机地联系在一起，而且使不同的网站之间建立了联系。使用超链接，浏览者可以从一个网页转到另一个网页，从一个网站转到其他的网站。除了指向网页和网站，超链接还可以指向图片、电子邮件地址、多媒体文件，甚至指向一个程序。

**任务 20　创建文字超链接**

①选中要进行链接的文字“集体荣誉”，单击【插入】|【超链接】菜单命令，如图 10-54 所示。

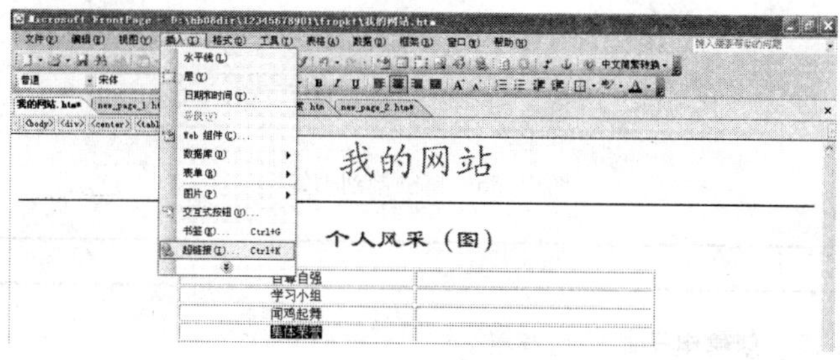


图 10-54　选择超链接命令

②弹出【插入超链接】对话框，选择要链接的文件或者在地址栏输入要链接的网址，然后单击【确定】按钮。如图 10-55 所示。

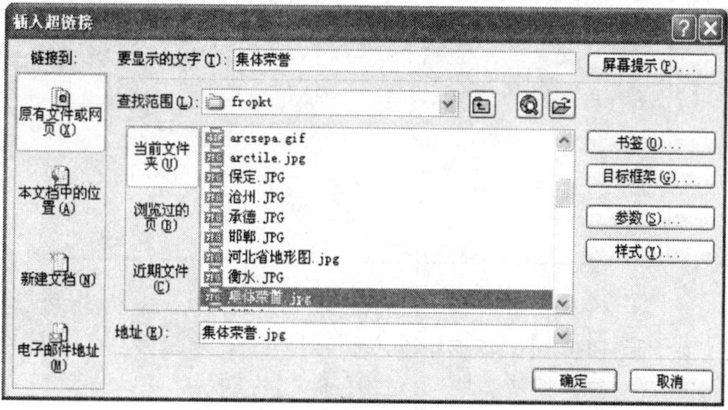


图 10-55　【插入超链接】对话框

此时可看到“集体荣誉”文字的颜色发生了变化。在 IE 浏览器中预览网页，当鼠标指向“集体荣誉”时鼠标指针变成手形，单击即可打开链接文件或网页。

**任务 21　超链接到书签**

单击【插入】|【超链接】菜单命令，弹出【插入超链接】对话框，单击右侧的【书签】按扭，选中要链接的书签，单击【确定】按扭。如图 10-56 所示。

续任务 21

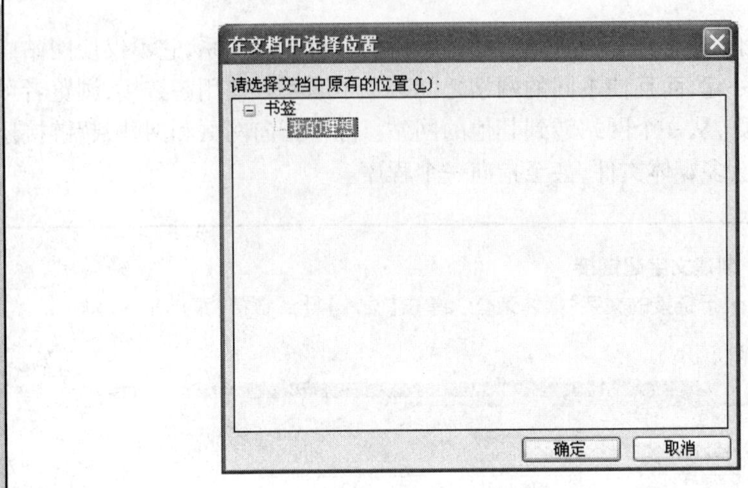


图 10-56　超链接到书签

**任务 22　创建电子邮件超链接**

①首先选中要作为链接到邮箱地址的文本，单击【插入】|【超链接】菜单命令，弹出【插入超链接】对话框。单击左侧【电子邮件地址】按钮，对话框切换为如图 10-57 所示。

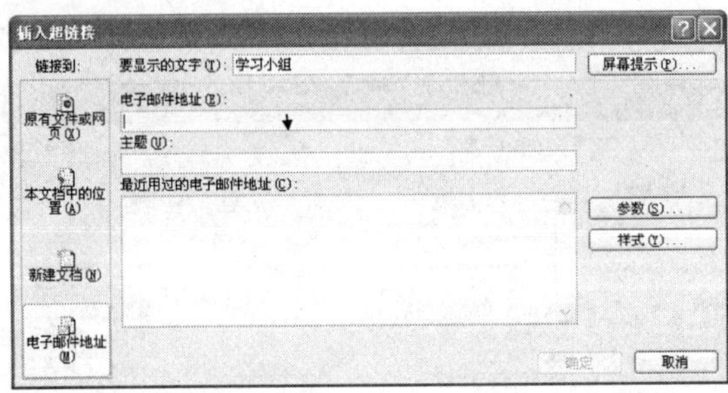


图 10-57　【插入超链接】对话框

②在【电子邮件地址】文本框中输入邮箱地址后，系统会自动在邮件地址前面添加"mailto:"文字。设置完毕后，单击【确定】按钮。

图形的超链接和文字的超链接制作方法是一样的，只要在建立超链接时选择图形就可以了。

超链接创建好以后，可以通过【超链接属性】命令对超链接进行设置。

①选中超链接文本，右击，在弹出的快捷菜单中选择【超链接属性】命令，在弹出的【编辑超链接】对话框中的【URL】文本框中更改超链接的地址。

②单击【样式】按钮，弹出【修改样式】对话框，单击【格式】按钮，即可修改超链接的字体、段落等。

鼠标悬停的链接对象变换效果在网页设计中是经常见到的。在【设计】视图下，右击，在弹出的快捷菜单中选择【网页属性】命令，在弹出的【网页属性】对话框中选中【高级】选项卡中【样本】栏中【启用超链接翻转效果】选项，这时【翻转样式】按钮变为可用状态，点击进行具体的设置，即鼠标悬停后的样式，如图 10-58 所示。

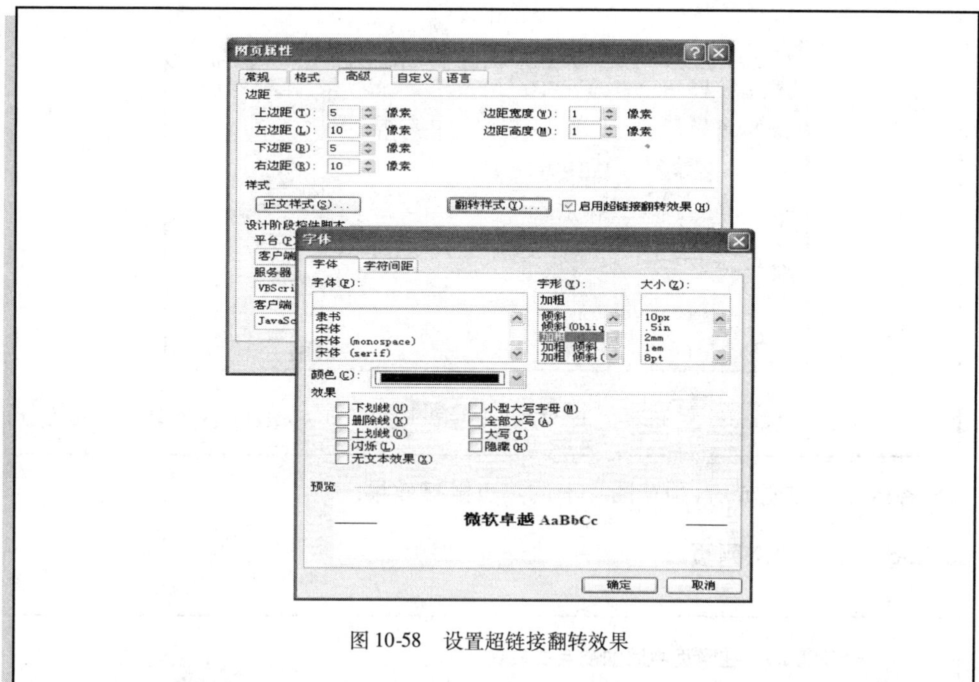


图 10-58　设置超链接翻转效果

**任务 23　图像映射**

所谓图像映射，是指本身包含多重链接的图形。图像映射与常规的链接图片不同之处在于，单击图像中的不同位置，将激活不同的链接。

图像中每一个可以单击的区域称为热区，每一个热区都可以建立超链接。在 FrontPage 2003 中，使用图片工具栏按钮，可以方便地在一幅图片上绘制多个热区，并建立链接。

具体操作步骤如下：

①建立一个空白的新网页。

②在新网页中插入图片——河北省地形图。

③打开【图片】工具栏，单击其中的【长方形热点】按钮，在地图上秦皇岛的位置绘制一个大小适当的矩形，即长方形热点，如图 10-59 所示，在弹出的【插入超链接】对话框中，将这一区域链接到“秦皇岛.jpg”，如图 10-60 所示。

图 10-59　创建热点超链接

续任务 23

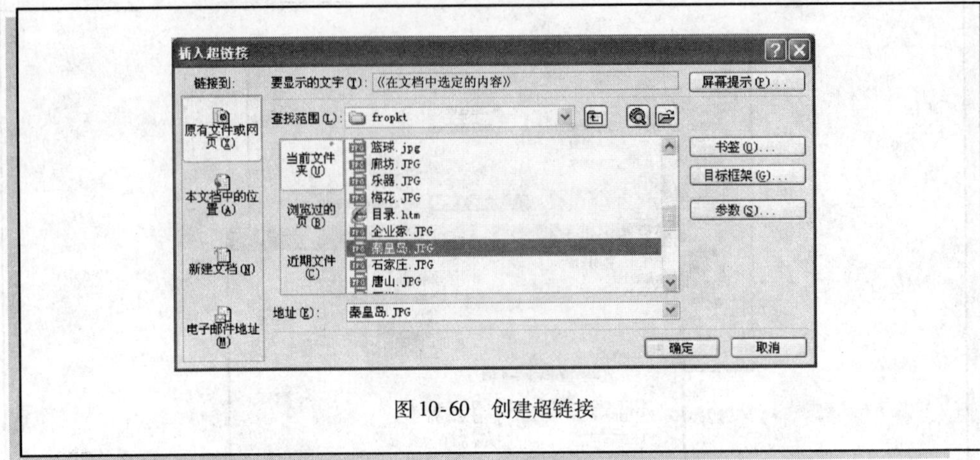


图 10-60　创建超链接

各区域创建完成后,预览图片上的热点链接效果。

## 10.2.6　设计动态网页

**任务 24　在网页中添加交互式按钮**

同一般的文字或图片链接一样,交互式按钮也可以含有指向其他网页或文件的超链接。然而,当网站访问者单击或指向交互式按钮时,该按钮还能够发光、显示自定义的颜色或图片等,无形中又为网页增加了一些丰富的动画效果。在网页中添加交互式按钮的步骤如下:

①选择要插入交互式按钮的位置,单击【插入】|【交互式按钮】命令,打开如图 10-61 所示的【交互式按钮】对话框。

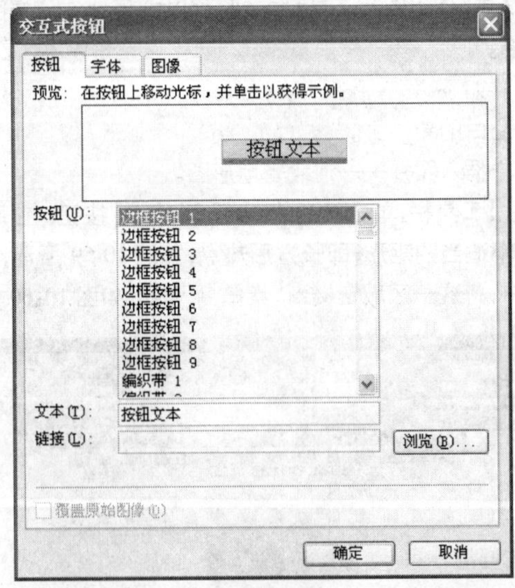


图 10-61　【交互式按钮】对话框

②在【按钮】列表中选择一种合适的交互式按钮外观,此时在上方的预览区中可以预览当前选择按钮的效果。将鼠标掠过或单击该预览按钮,查看交互式按钮的动态交互效果。

③在【文本】文本框中输入要在按钮上显示的文字。

④在【链接】文本框中输入交互式按钮所链接的网页文件，或者单击右侧的【浏览】按钮，打开如图 10-62 所示的【编辑超链接】对话框，选择要链接到的网页或文件。

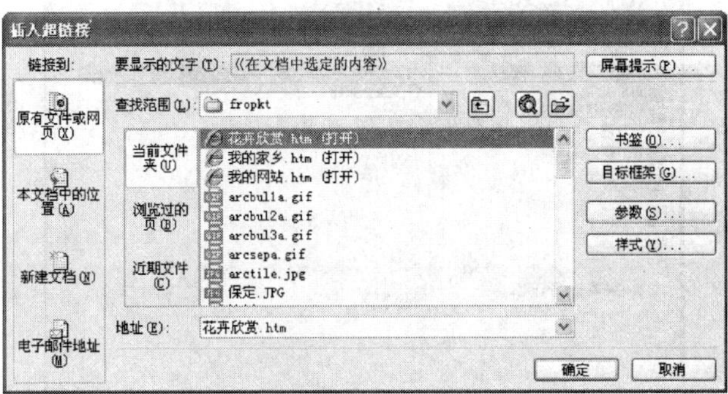

图 10-62 【编辑超链接】对话框

⑤选择好链接以后，回到【交互式按钮】对话框。还可以切换到【字体】选项卡自定义按钮中文字的属性，或切换到【图像】选项卡中自定义按钮的大小或颜色等，最后单击【确定】按钮，创建交互式按钮。

添加交互式按钮后的网页效果如图 10-63 所示。

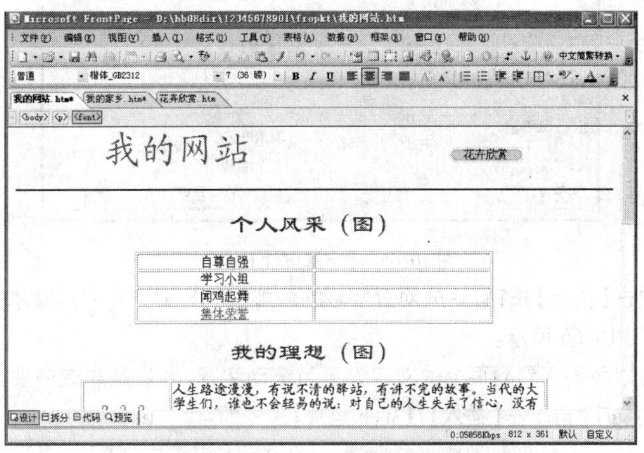

图 10-63 添加交互式按钮的网页效果

**任务 25 在网页上添加滚动字幕**

在网页上添加一些动态效果，会让网页看起来更生动、更吸引人。例如在网页上添加字幕就是一种动态的网页修饰。操作步骤如下：

①选择要插入字幕的位置，单击【插入】|【Web 组件】菜单命令，打开如图 10-64 所示的【插入 Web 组件】对话框。

②在左侧的【组件类型】列表中选择【动态效果】，然后在右侧的列表中选择【字幕】选项。

③单击【完成】按钮，此时会打开【字幕属性】对话框，如图 10-65 所示。

续任务 25

④在【文本】文本框中输入要显示的滚动文字信息，然后设置字幕的动态效果。如选择文字移动的方向、表现方式等。

⑤单击【样式】按钮，打开【修改样式】对话框，单击底部的【格式】按钮，调整字体、段落等。

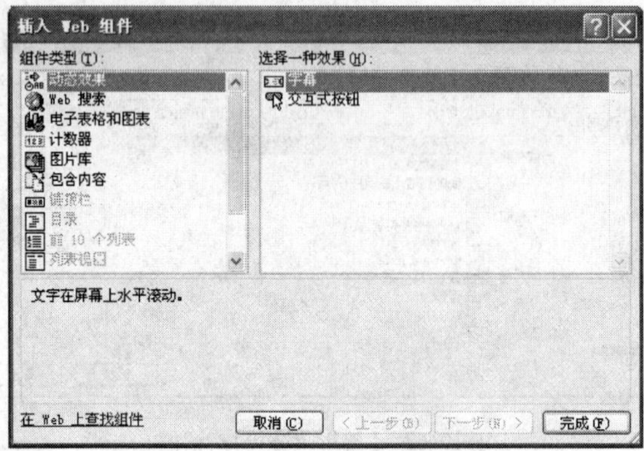


图 10-64 【插入 Web 组件】对话框

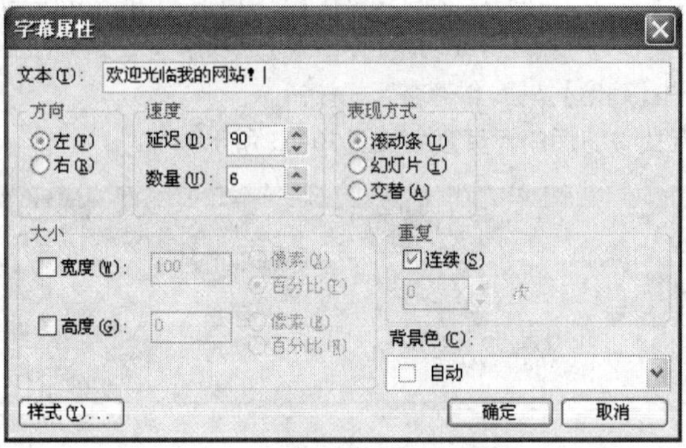

图 10-65 【字幕属性】对话框

⑥单击【确定】按钮，完成网页字幕的添加，在 IE 浏览器中观看水平滚动的效果，如图 10-66 所示。

也可以将输入到网页上的文字设置为滚动字幕，方法是先选中要设置为滚动字幕的文字，再单击【插入】|【Web 组件】命令即可。

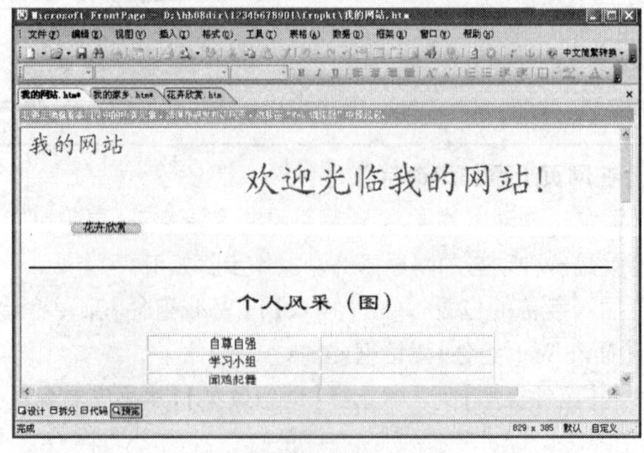


图 10-66 动态字幕水平滚动效果

### 10.2.7 网页的发布

网页的发布其实是将创建完成的网站复制到服务器指定的 URL 的过程，然后就可以在这个网站上进行信息的浏览了。

在发布网页之前，先要向网页服务器申请 URL，以便得到 URL 和密码。

**任务 26　发布网站**

①单击【文件】|【发布网站】菜单命令，打开如图 10-67 所示的对话框。

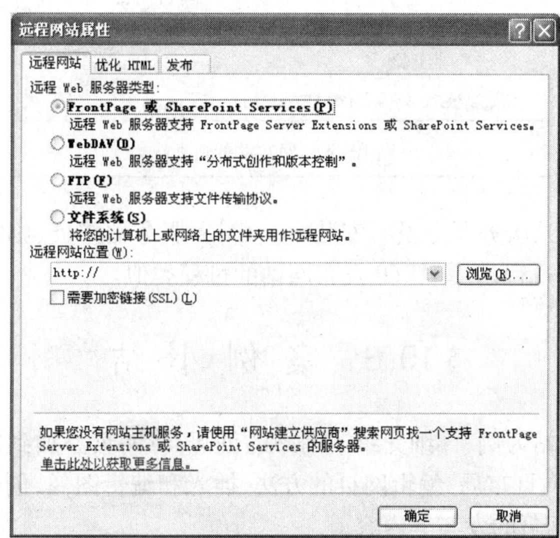


图 10-67　【远程网站属性】对话框

②在【远程网站】选项卡中指定远程 Web 服务器类型和网站要发布的网上 URL 地址，设置完毕后单击【确定】按钮。此时进入【远程网站】显示视图，同时显示本地网站中的文件以及远程网站中的文件结构，如图 10-68 所示。

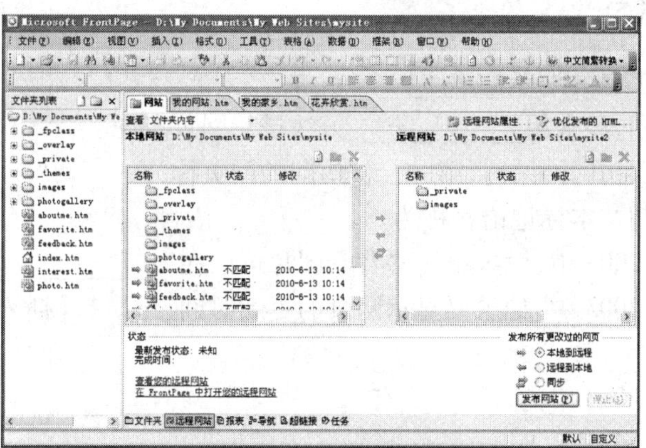

图 10-68　远程网站视图

③确认无误后，单击窗口右下角的【发布网站】按钮，开始发布。网站发布完毕后会在窗口底部显示发布状态，同时远程网站中会显示更新的网页文件等，如图 10-69 所示。

续任务 26

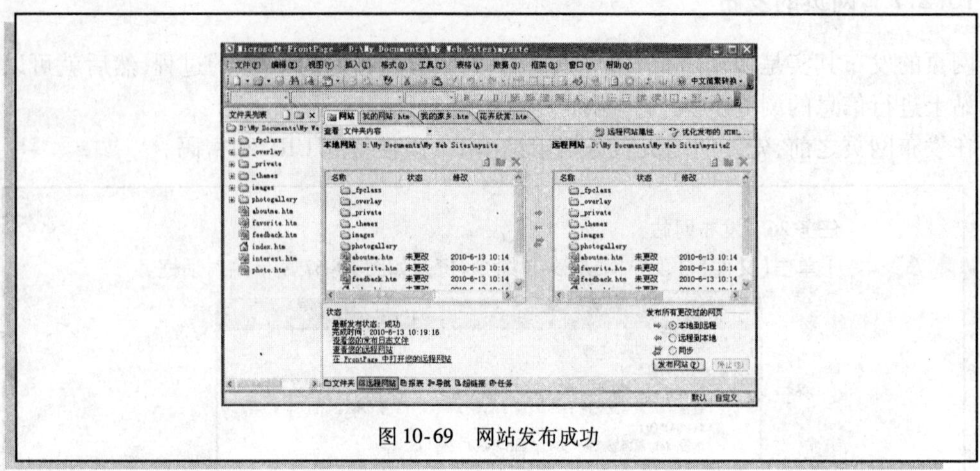

图 10-69　网站发布成功

如果要发布到的网站服务器上没有安装 FrontPage 服务器扩展，则需要使用 FTP（文件传输协议）发布网站，发布过程与用 HTTP 发布网站的过程类似。

## §10.3　案 例 小 结

本章以制作个人网站为例，详细介绍了网站的创建，将网页添加到网站的方法，修改网站的结构，FrontPage 中的网页布局，编辑网页的方法，插入和编辑图像，创建超链接，建立图像映射，动态网页的设计和网页的发布等内容。

## §10.4　习　　题

### 10.4.1　理论练习

(1)网页文件的扩展名为____________。

(2)在网页设计中，经常用____________方法进行网页布局。

(3)在使用浏览器访问网站时，第一个被访问的网页称为____________。

(4)网页制作的超文本标记语言称为____________语言。

(5)在 FrontPage 2003 中，设置单元格背景图片可以在____________中进行。

(6)用 FrontPage 2003 中，如果要显示网页的更新时间，可执行【插入】菜单中的____________命令实现。

(7)在 FrontPage 2003 中的视图方式有____________、____________、____________、____________和____________。

(8)在 FrontPage 2003 中，按钮的作用是____________。

### 10.4.2　上机操作

自己动手创建一个网页，然后对其进行超链接的设置，再将其发布到网上。

# 第11章　计算机网络基础——Internet应用

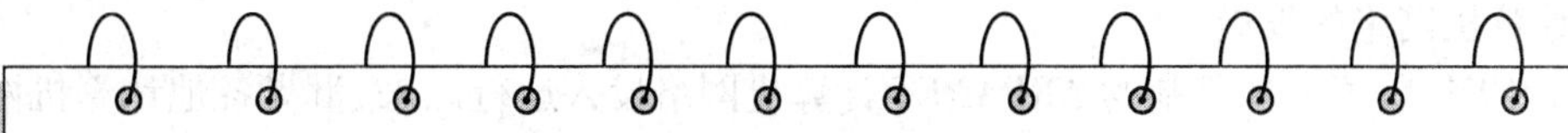

**教学目标**

◎ 掌握计算机网络基本知识

◎ 熟练浏览 Internet 网页、下载信息、收发电子邮件、进行网络购物操作

信息化社会的基础是计算机和计算机的信息网络。信息网络已成为十分重要的基础设施。计算机网络萌芽于20世纪六七十年代兴起,80年代继续发展和逐渐完善,而90年代则出现了世界信息化、网络化的高潮。

在信息化社会里,我们必须学会在网络环境下使用计算机,通过网络进行交流和获取信息。本章主要介绍 Internet 的基础知识、网络资源的搜索与下载、收发电子邮件等内容。

## §11.1　Internet应用案例分析

### 11.1.1　任务的提出

网络世界丰富多彩,通过网络可以学习和了解许多新的东西或休闲、娱乐、购物。大家现在越来越习惯通过网络查看新闻;在网络上搜索和下载一些学习资料、音乐、电影等;通过电子邮件和同学、家人、朋友进行沟通、交流资料;利用网络商城购买一些自己喜欢的东西。

那么对于一个网络新手,该如何学习和应用 Internet 工具呢?

### 11.1.2　解决方案

①利用网络浏览器,比如 Internet Explorer 或 Firefox,上网搜索、查看相关的新闻、资料,将有保留价值的网页保存或下载到自己的计算机中,或用打印机直接打印出来。

②要通过 FTP 服务器和同学交换资料、文档,既可以使用操作系统自带的 FTP 工具,也可以使用专门的 FTP 工具 Cute FTP。

③利用电子邮件客户端软件 Outlook Express,或从网站申请一个免费的电子邮箱,收发电子邮件。

④开通网上银行业务,通过网络商城进行网络购物。

### 11.1.3 相关知识点

1. 计算机网络的概念

所谓的计算机网络是由地理位置分散的、具有独立功能的多台计算机,利用通信设备和传输介质互相连接,并配以相应的网络协议和网络软件,以实现数据通信和资源共享的计算机系统。

计算机网络的功能主要包括资源共享、数据传输、分布式数据处理和均衡负载。

2. 计算机网络的发展

自 1969 年美国主持研制的 ARPANET 计算机网络投入运行以来,世界各地计算机网络建设迅速发展,接入节点越来越多,连接的区域越来越大,逐渐形成了连接许多不同子网的网际网,成为了最早的 Internet 网。一般将计算机网络的形成和发展分为 4 个阶段。

第一阶段:20 世纪 50 年代中期至 60 年代,以通信技术和计算机技术为基础,建成最初的以单台计算机为中心的远程联机系统的计算机网络。

第二阶段:20 世纪 60 年代末期至 70 年代,以计算机通信网络为基础发展起来的计算机网络,例如美国国防部建立的 ARPANET。

第三阶段:20 世纪 80 年代至 90 年代,建立了 OSI(Open System Interconnection)开放式系统互连参考模型和 TCP/IP(传输控制协议/网际协议)两种国际标准的网络体系结构。

第四阶段:20 世纪 90 年代至今,以宽带综合业务数字网和 ATM 技术为核心建立的计算机网络。随着光纤通信技术的应用和多媒体技术的迅速发展,计算机网络向全面综合化、高速化和智能化方向发展。

目前人们已经认识到分离的语音、数据、视频网络必将逐渐融合成为集多种业务于一体的、分组 IP 的、开放式的下一代通信网络。

3. 计算机网络的拓扑结构

计算机网络的拓扑结构是指网络中的通信线路和节点(计算机或设备)相互连接的几何排列形式。通常拓扑结构分为总线型、星型、环型和网状型。

4. IP 地址

(1)IP 地址

在 TCP/IP 网络中,每个主机都有唯一的地址,它通过 IP 协议来实现,IP 协议要求在每次与 TCP/IP 网络建立连接时,每台主机都必须为这个连接分配一个唯一的 32 位地址,因为在这个 32 位地址中,不但可以识别某一台主机,而且还隐含着网际间的路径信息。这里的主机是指网络上的一个节点,不能简单地理解为一台计算机,实际上 IP 地址是分配给计算机的网卡的,一台计算机有多少个网卡,就可以有多少个 IP 地址,一个网卡适配器就是一个节点。

IP 地址由类别标识、网络地址和主机地址三部分组成。IP 地址共有 32 位地址,一般以 4 个字节表示,每个字节的数又用十进制表示,即每个字节的数的范围是 0 ~ 255,且每个数之间用“.”隔开。例如,166.111.68.10 就是一个 IP 地址,其中 166.111 表示清华大学,68 表示计算机系,10 表示主机。

(2)IP 地址的分类

目前,Internet 地址采用 IPv4 方式,共分为 5 类,分别是 A 类、B 类、C 类、D 类和 E 类,其中 A 类、B 类和 C 类是国际上流行的基本的 Internet 地址,如图 11-1 所示。

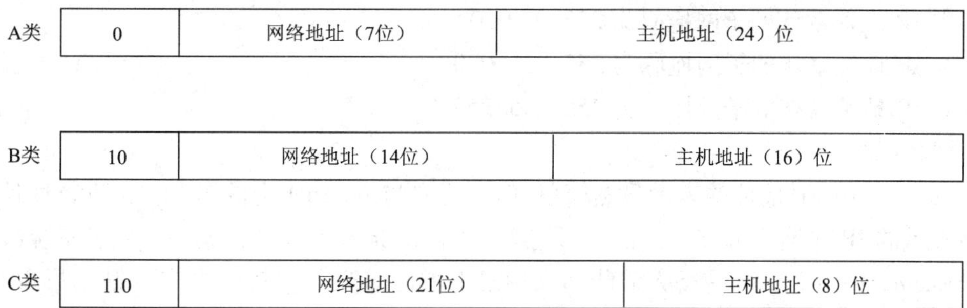


图 11-1　Internet 上的地址类型

A 类 IP 地址：高端类别标识码为“0”占 1 位，网络标识占 7 位，网络数为 126 个，主机标识占 24 位，每一个网络的主机数为 16 777 216 台。它主要用于拥有大量主机的网络。它的特点是网络数少，而主机数多。

B 类 IP 地址：高端类别标识码为“10”占 2 位，网络标识占 14 位，网络数为 16 384 个，主机标识占 16 位，每一个网络的主机数为 65 536 台。它主要用于中等规模的网络，它的特点是网络数和主机数相差不多。

C 类 IP 地址：高端类别标识码为“110”占 3 位，网络标识占 21 位，网络数为 2 097 152 个，主机标识占 8 位，每一个网络的主机数为 256 台。它主要用于小型局域网。它的特点是网络数多，而主机数少。

各类 IP 地址的特性参见表 11-1。

**各类 IP 地址的特性**　　表 11-1

| 类　别 | 第一字节范围 | 应　用 |
|---|---|---|
| A | 1 ~ 127 | 用于大型网络 |
| B | 128 ~ 191 | 用于中型网络 |
| C | 192 ~ 223 | 用于小型网络 |
| D | 224 ~ 239 | 多目地址发送 |
| E | 240 ~ 247 | Internet 试验和开发 |

例如，确定一个 32 位二进制地址所表示的网络类别、网络号和主机号：

11000000 10101000 00001010 10010101

确定网络类别：第一个字节是 11000000，前 3 位为 110，所以网络类别是 C 类。

确定网络地址：C 类地址的前 3 个字节是它的网络地址 11000000.10101000.00001010，用十进制数表示为 192.168.10。

确定主机地址：C 类地址的主机地址是第四个字节，即 10010101，用十进制表示为 149。所以该主机所在的网络类别是 C 类，网络号是 192.168.10，主机号是 149 。

(3)子网和子网掩码

为了解决因 IP 地址所表示的网络数有限，在制定编码方案时造成网络数不够的问题，我们可以采用另外的办法——子网。它将部分主机划分为网络中的一个个子网，而将剩余的主机作为相应子网的主机标识。划分的数目应根据实际情况而定。

子网掩码是一个 32 位的二进制地址，它规定的子网是如何进行划分的？各类 IP 地址默认的子网掩码为：

A 类 IP 地址默认的子网掩码为255.0.0.0

B 类 IP 地址默认的子网掩码为255.255.0.0

C 类 IP 地址默认的子网掩码为255.255.255.0

5. 域名系统

在 Internet 中,IP 地址的表示虽然简单,但在用户与 Internet 上的多个主机进行通信时,单纯数字表示的 IP 地址非常难以记忆,于是就产生了 IP 地址的转换方案——域名系统(Domain Name System,DNS)。DNS 使得人们能够采用具有实际意义的字符串来表示既不形象又难记忆的 IP 地址。例如,使用"www.mydesk.com"字符串代表具体的 IP 地址 193.168.1.13。

DNS 采用树型层次结构,按地理区域或机构区域进行分层。在书写时,采用圆点"."将各个层次域隔开。

格式:……三级域名.二级域名.顶级域名

最左边的一个字段为主机名。每一级域名均由英文字母或阿拉伯数字组成,长度不超过 63 个字符,字母不区分大小写。一个完整域名的总字数不得超过 255 个字符。

例如,www.sina.com.cn 是新浪网域名,其中 www 为 Web 服务器主机,sina 为新浪公司名,com 代表商业域名,cn 为中国国家域名。

顶级域名分为两大类:机构性域名和地理性域名。目前共有 14 种机构性域名,参见表 11-2。地理域指明了该域名源自的国家或地区,参见表 11-3。

**机构性域名** 表 11-2

| 域名 | 意　义 | 域名 | 意　义 | 域名 | 意　义 |
|---|---|---|---|---|---|
| com | 盈利性商业实体 | edu | 教育机构或设施 | gov | 政府组织 |
| int | 国际性机构 | mil | 军事机构或设施 | net | 网络资源 |
| org | 非盈利性组织 | firm | 商业或公司 | store | 商场 |
| arts | 文化娱乐 | ar | 消遣性娱乐 | info | 信息 |
| nom | 个人 | web | WWW 有关的实体 | | |

**地域性域名** 表 11-3

| 域名 | 意　义 | 域名 | 意　义 | 域名 | 意　义 |
|---|---|---|---|---|---|
| au | 澳大利亚 | gb | 英国 | nl | 荷兰 |
| br | 巴西 | us | 美国 | cn | 中国 |
| de | 德国 | jp | 日本 | tw | 中国台湾 |
| fr | 法国 | kr | 韩国 | ca | 加拿大 |

那么,这些域名是怎样解释的呢?在因特网中,每个域都有各自的域名服务器,由它们负责注册该域内的所有主机,即建立本域中的主机名与 IP 地址的对照表。当该服务器收到域名请求时,将域名解释为对应的 IP 地址,对于本域内未知的域名则回复没有找到相应域名项信息。而对于不属于本域的域名则转发给上级域名服务器去查找对应的 IP 地址。正是因为域名服务器的存在,才使得我们又多了一种访问一台主机的途径——域名方式。

需要注意的是,在因特网中,域名和 IP 地址的关系并非一一对应。注册了域名的主机一定有 IP 地址,但不一定每个 IP 地址都在域名服务器中注册域名。

6. 信息搜索技巧

使用浏览器可以在 Internet 上搜索信息。搜索引擎是目前网络检索的最常用的工具。按照其工作方式的不同通常分为两种:全文搜索引擎(Full Text Search Engine)和目录索引类搜索引擎(Search Index/Directory)。

全文搜索引擎是名副其实的搜索引擎,它们都是通过从互联网上提取的各个网站的信息(以网页文字为主)而建立的数据库中,检索与用户查询条件匹配的相关记录,然后按一定的排列顺序将结果返回给用户。常用的全文搜索引擎有 baidu、Google、AlltheWeb 等。

目录索引类搜索引擎中的数据是各个网站自己提交的,它就像一个电话号码簿一样,按其性质,把网站地址分门别类地组织在一起,大类下面包含小类,一直到各个网站的详细地址,一般还会提供网站的内容简介。常用的目录索引类搜索引擎有 Yahoo、Sogou 等。

搜索引擎为用户查找信息提供了极大的方便,一般只需要输入几个关键字,世界各地的信息就会汇集到你的电脑前,但其中也包含大量的无关信息。如何使搜索结果范围更加精确,从而提高搜索效率呢?下面就介绍一些常用的高级搜索技巧。

(1)把搜索范围限定到网页标题中——intitle

网页标题通常是对网页内容提纲挈领式的归纳。把查询内容限定在网页标题中,可使查询结果更精确。

格式:“intitle:”<搜索关键词>

例如,找上海世博会的图片,在搜索框中输入“图片 intitle:上海世博会”。

注意,“intitle:”和后面的关键词之间不要有空格。

(2)把搜索范围限定在特定站点中——site

如果知道某个站点中有自己需要找的东西,就可以把搜索范围限定在这个站点中,提高检索效率。

格式:<查询内容>“site:站点域名”

例如,在天空网中下载 Flashget,在搜索框中输入“Flashget site:skycn. com”。

注意,“site:”后面跟的站点域名不要带“http://”和“/”符号; site:和站点名之间不要有空格。

(3)把搜索范围限定在 url 链接中——inurl

网页 url 中的某些信息常常有某种有价值的含义。

格式:“inurl:”<需要在 url 中出现的关键词>

例如,搜索 word 的使用技巧,在搜索框中输入“word inurl:技巧”,这个查询串中的“word”可以出现在网页的任何位置,而“技巧”则必须出现在网页 url 中。

注意,“inurl:”和后面的关键词之间不要有空格。

(4)精确匹配——双引号和书名号

如果输入的关键词中包含空格,例如武侠小说作家“古龙”,百度会认为这是两个独立的关键词,那么在搜索结果中就会出现一些无关的信息,如“对付古墓 2 代恶龙的绝招”。为了避免这种结果,可以使用英文双引号将其括起来,即"古龙",搜索引擎就会判断这是一个词,其搜索结果也更加准确。

书名号是百度独有的一种特殊查询语法。在其他搜索引擎中,书名号会被忽略,而在百度中,书名号是可被查询的。比如,搜索电影“手机”,如果不加书名号,大多搜索的结果是通信工具——手机,而加上书名号后,其结果就都是关于电影《手机》方面的了。

(5)要求搜索结果中不含特定查询词

如果你发现搜索结果中有某些网页是不需要的,那么用“ -”语法,就可以去除所有含有特定关键词的网页。

例如,搜索中国古典小说《红楼梦》,搜索结果中却有很多关于电视剧方面的网页,此时就可以输入查询条件“红楼梦 - 电视剧”。

注意,前一个关键词和减号之间必须有空格,否则减号会被当成连字符处理。减号和后一个关键词之间有无空格均可。

# §11.2 实 现 方 法

## 11.2.1 浏览与检索

1. 信息浏览

任何一个人都能够通过浏览器在 Internet 上自由地浏览网站和网页。浏览器主要分为两大类:UNIX 系统中的浏览器和 Windows 系统中的浏览器。目前,Windows 系统中的浏览器以美国微软公司的 Internet Explorer 和 Mozilla 公司的 Firefox 最为流行。下面以 IE 浏览器为例,介绍信息浏览的一般方法。

(1)使用 URL 浏览

如果已经知道某资源的 URL,则可在 IE 地址栏中输入地址,然后按 Enter 键,让 IE 直接打开并显示该页面。例如,已经知道“河北交通职业技术学院”的域名地址为 http://www.hejtxy.edu.cn,就可直接输入该地址,即可打开“河北交通职业技术学院”的主页,如图 11-2 所示。

图 11-2 “河北交通职业技术学院”主页

下面可以尝试一下使用地址栏访问网站,常用地址:

http://www.sohu.com 搜狐

http://www.xdowns.com 绿色软件联盟

http://www.cctv.com.cn 中央电视台

http://www.youku.com 优酷网

URL 是 Uniform Resource Locator 的缩写,即统一资源定位器。URL 包括协议、主机地址、目录或文件名。利用 URL,用户就可以指定要访问什么协议类型的服务器,互联网上的哪台服务器,以及服务器上的哪个文件。

(2)使用超链接浏览

当打开一个 Web 页面后,一级级浏览下去,就可以漫游整个 WWW 资源。超链接的形式多种多样,包括文字、图片、按钮等。当浏览的页面很多时,可使用 IE 工具栏上的【后退】、【前进】、【主页】等按钮实现返回前页、转入后页、返回主页等浏览功能。若要中断传送,可随时单击【停止】按钮。

超链接(Hyperlink)包含在每一个页面中能够链接到互联网上其他页面的链接信息。用户可以点击这个链接,跳转到它所指向的页面上。

(3)收藏夹的使用

对于经常需要访问的网页,可将网页链接的快捷方式添加到收藏夹中,以后只要在【收藏】菜单中选择相应的网页名就能快速打开该网页。

**任务1　将“河北交通职业技术学院”网页添加到“工作”收藏文件夹中**

①在如图 11-2 所示已打开的网页中单击【收藏】|【添加到收藏夹】命令,打开【添加到收藏夹】对话框。

②在【名称】文本框中显示或键入网页的名称,如图 11-3 所示。

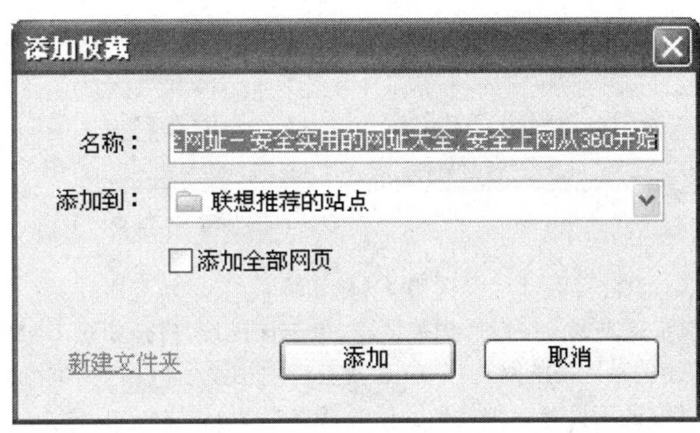


图 11-3　添加网页到收藏夹

也可单击【新建文件夹】按钮,创建新的网页收藏夹。

2. 信息搜索

**任务2　制订一份去四川九寨沟的双飞7日和双卧9日的旅游策划书,策划书中包括:九寨沟的景点介绍、根据九寨沟的位置制定旅游线路、火车的车次(飞机的航班)、三星级酒店和当地的交通工具。下面以 baidu 为例,介绍如何在 Internet 上搜索信息**

具体步骤如下:

①打开 IE 浏览器,在地址栏中输入“www. Baidu. com”,打开如图 11-4 所示的“baidu 搜索引擎”的主页。

②在搜索条件文本框中输入“四川省,九寨沟旅游”,单击【baidu 搜索】按钮,打开如图 11-5 所示的有关九寨沟旅游信息的搜索结果页面。

续任务 2

图 11-4　baidu 搜索主页

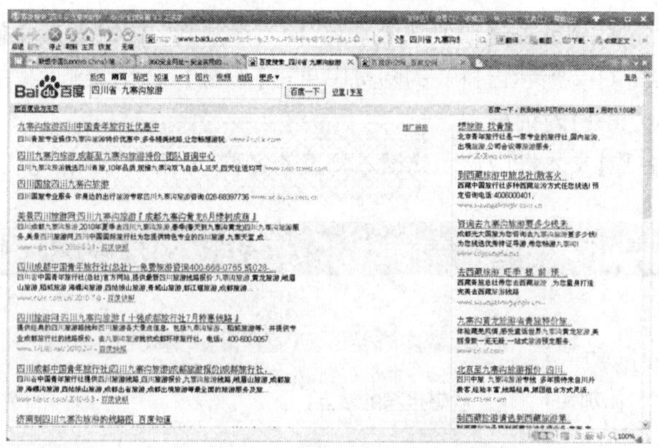

图 11-5　搜索结果

③在搜索结果页面中选择相关话题，单击该链接，打开如图 11-6 所示的有关九寨沟旅游的某网站的网页，从中查找旅游的相关信息（包括景点介绍、旅游路线、酒店和交通工具等），把找到的信息保存在 Word 文档中，作为指定旅游计划的依据。

图 11-6　九寨沟旅游网页

④搜索酒店。在 baidu 搜索文本框中输入"四川省，成都市三星级酒店"，单击【baidu 搜索】按钮，弹出搜索到的有关成都市三星级酒店情况的相关站点，单

续任务 2

击其中的链接，从中找到合适的酒店信息，如图 11-7 所示。

图 11-7　酒店查询结果

⑤查询“北京－成都”和“成都－北京”的列车信息以及北京国际机场的飞机航班，安排出发日期和时间。

a. 查询列车信息。在 baidu 文本框中输入“北京西站火车时刻表查询”，单击【baidu 搜索】按钮，在弹出的搜索结果窗口中选择某一链接，在打开的查询窗口中分别输入起始站和终点站名称，然后单击【站站查询】按钮，则列出北京到成都的所有车次的详细信息，如图 11-8 所示。

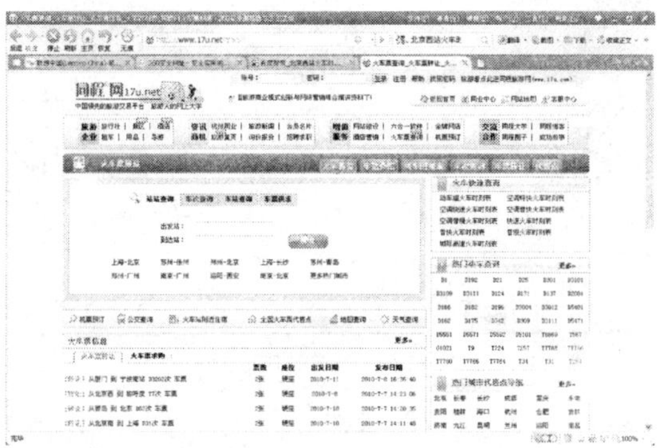

图 11-8　查询列车信息

b. 查询飞机航班。在 baidu 文本框中输入“中国国际航空票务网”，单击【baidu 搜索】按钮，在搜索结果中单击相关链接，进入“中国国际航空票务网”首页，选择【国内航班】，分别选择出发和到达的城市，以及出发日期，单击【查询】按钮，则列出所有符合条件的航班的具体信息，如图 11-9 所示。

图 11-9　查询航班信息

⑥汇总和整理所查询到的信息，编写旅游策划书。

### 11.2.2 网络下载

现在有很多专用的网络下载工具，使用它们可以提高资源的下载效率，不必为下载时间长、网络常常断线而烦恼。常用的网络下载工具有 FlashGet（网际快车）、Thunder（迅雷）、eMule（电驴）等。

**任务3 使用 FlashGet 下载周杰伦的歌曲"千里之外.mp3"，并保存在"d:\Downloads"文件夹下**

FlashGet 是一款流行的免费下载软件，其现有的功能主要有：通过多线程、断点续传、镜像等技术最大限度地提高下载速度。它可以把一个文件最多分成 10 个部分同时下载，而且最多可以设定 8 个任务同时下载。支持镜像功能可通过 FTP Search 自动查找镜像站点，并且可选择最快的站点下载。具有优秀的文件管理功能，可创建不同的目录类别，把下载文件分门别类放到指定目录。支持插件扫描功能，在下载过程中自动识别文件中可能含有的间谍程序及灰色插件，并对用户进行有效提示。

具体下载过程如下：

①双击 FlashGet 在桌面上的快捷方式图标，启动该软件，弹出如图 11-10 所示的操作界面。

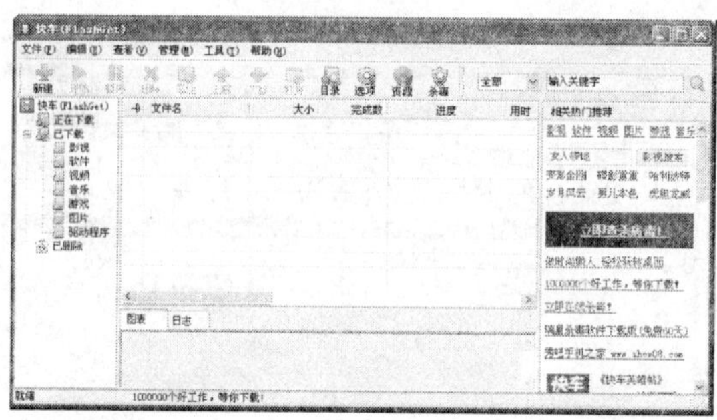

图 11-10 FlashGet 操作界面

②利用搜索引擎找到歌曲的下载链接，右键单击要下载的歌曲，在弹出的快捷菜单中选择【使用快车（FlashGet）下载】命令，如图 11-11 所示。

③在弹出的【添加新的下载任务】对话框中，设置【最大任务数】为"5"，设置保存路径为"d:\Downloads"，重命名歌曲名称为"千里之外"，单击【类别】文本框右侧的按钮，在弹出的下拉列表中指定下载文件的类别（即将下载的文件分类存放在相应的文件夹中），如图 11-12 所示。

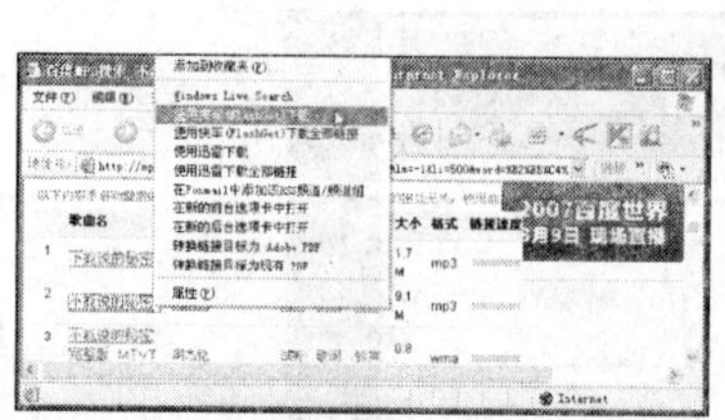

图 11-11 选择下载命令

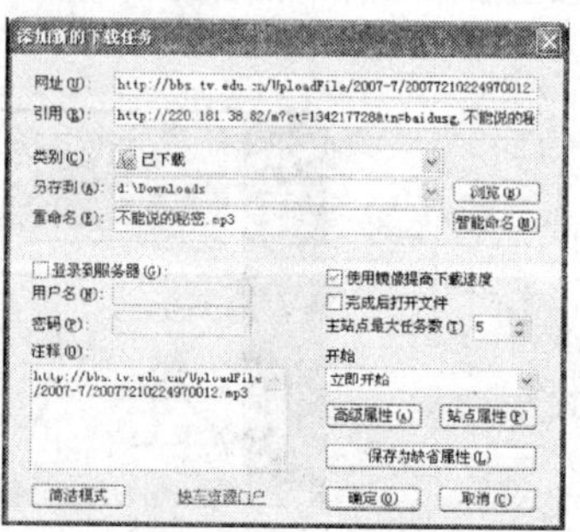

图 11-12 设置下载任务相关信息

④设置完成后单击【确定】按钮，即可开始下载。在 FlashGet 窗口中，显示正在下载的“千里之外”的文件信息，包括下载的文件名、大小、完成数、百分比、用时等。单击选中正在下载的文件，再单击【图表】标签，就可以看到文件的下载进度，如图 11-13 所示。

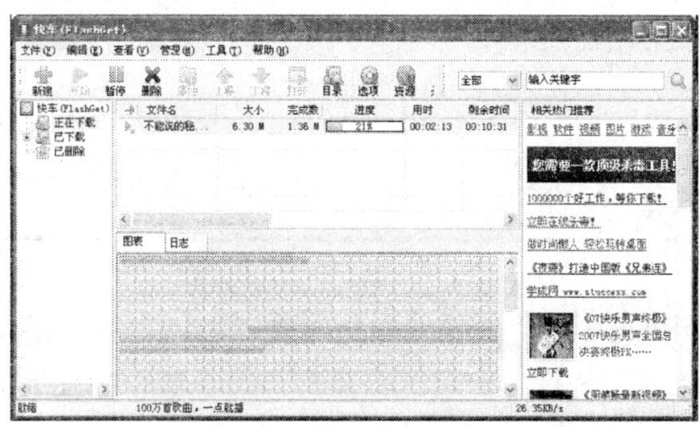


图 11-13 文件的下载进程

在当前下载任务的前面有一个小图标，它表示文件正在下载中。除此以外，还有其他几种图标，它们的含义如下：

：任务正在等待其他的任务下载完成后执行。

：下载成功完成。

：下载失败。

：任务目前处于暂停状态。

：任务处于计划下载状态。

在某个任务上单击鼠标右键，可从弹出的快捷菜单中选择对该任务所进行的操作，比如【暂停】、【删除】、【属性】等。

如果当前下载的文件比较多，可以选择【工具】|【完成后关机】命令，FlashGet 下载完成所有任务后就会自动调用关机程序，关闭计算机。

⑤文件下载完毕，单击【退出】按钮，或单击【文件】|【退出】命令，即可退出 FlashGet 的运行窗口。

**任务 4 使用迅雷下载电影“蜘蛛侠 3”**

迅雷是一款基于 P2SP(Point to Server Point)技术的下载软件，它能够将网络上存在的服务器和计算机资源进行有效的整合，构成独特的迅雷网络。通过迅雷网络，各种数据文件能够以最快的速度进行传递。更新后的迅雷可以对服务器资源进行均衡，降低了服务器的负载，支持和优化了 BT 协议下载，更新了 FTP 资源探测，更新了影视资源的相关信息等。

具体下载过程如下：

①启动迅雷软件，弹出如图 11-14 所示的操作界面。

②单击迅雷工具栏中的【资源】按钮，打开“迅雷在线”首页，根据分类目录，找到电影“蜘蛛侠 3”的下载资源。

③右键单击要下载的资源，在弹出的快捷菜单中选择【使用迅雷下载】命令，弹出【建立新的下载任务】简介模式对话框，在【网址】文本框中自动识别显

续任务 4

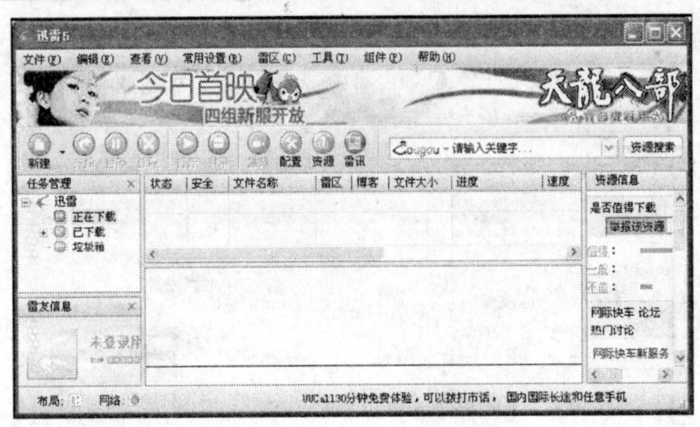


图 11-14　Thunder 操作界面

示要下载资源的链接地址,【存储分类】默认为“已下载”,然后设置存储资源的路径和文件名,对话框底部显示当前路径下可用和需要的磁盘空间,确保磁盘有足够大的空间存放下载文件,如图 11-15 所示。

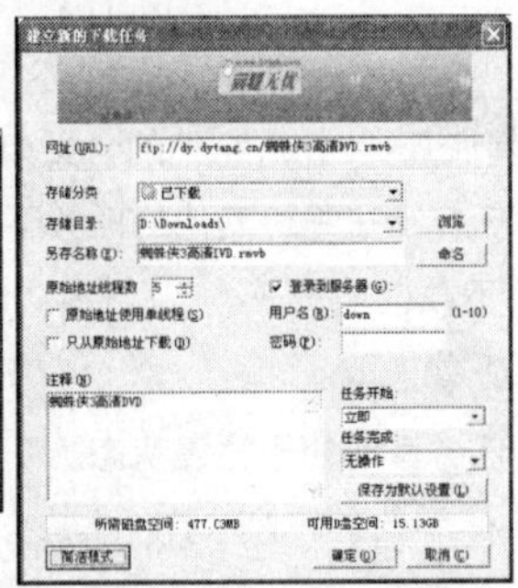


图 11-15　下载文件设置

④单击【更多选项】按钮,展开下载任务的其他设置,比如设置线程数、添加注释、设置任务开始和完成状态等。

⑤设置完成后,单击【确定】按钮,即可开始下载任务,如图 11-16 所示。

图 11-16　文件下载进程

另外,迅雷提供的批量下载功能可以方便地创建多个包含共同特征的下载任务,比如说电视连续剧。例如网站提供了 10 个文件下载地址 http://www. x. com/01. rm、http://www. x. com/02. rm、……、http://www. x. com/10. rm,其中只有数字的部分不同。我们可以用通配符( * )表示不同的部分,下载地址即可以统一写成 http://www. x. com/( * ). rm。

**任务5　使用迅雷批量下载电视连续剧“武林外传”**

①单击迅雷工具栏中【新建】按钮右侧的下拉箭头，在打开的列表中选择【新建批量任务】命令，打开【新建批量任务】对话框。

②因为“武林外传”各集的下载地址分别位于“http://www.ffdy.cn:7030/电视剧/武林外传/”下的武林外传01.rmvb、武林外传02.rmvb、……、武林外传80.rmvb这80个文件中，因此，在【URL】文本框中输入“武林外传”资源下载地址的统一形式 http://www.ffdy.cn:7030/电视剧/武林外传(*).rmvb。

③设置通配符区间，从“01”到“80”，通配符的长度为2。设置完成后，单击【确定】按钮，如图11-17所示。

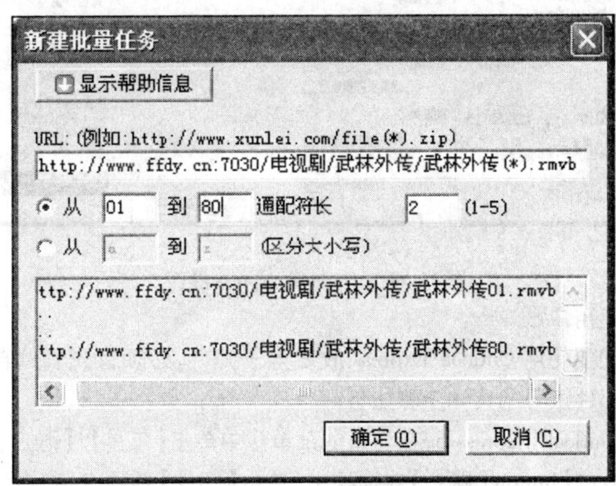


图11-17　批量下载文件

### 11.2.3　收发电子邮件

电子邮件E-mail(Electronic mail)是一种利用计算机网络交换电子信件的通信手段，是Internet上使用最多、最受欢迎的一种服务。将电子邮件发送到收信人的邮箱中，收信人随时可以读取。电子邮件不仅可以传递文字信息，还可以传递图像、声音、动画等多媒体信息。

Internet的电子邮件地址格式如下：

用户名@电子邮件服务器名

它表示以用户名命名的信箱是建立在符号“@”后面的电子邮件服务器上，该服务器就是向用户提供电子邮政服务的“邮局”机。例如：kitty@goldhuman.com，其中goldhuman.com就是一个POP3服务器名。

电子邮箱分为免费电子邮箱和普通电子邮箱。目前，许多Internet站点都提供免费的电子邮件服务，用户可以在这些网站上申请，并通过这些网站收发电子邮件。普通电子邮箱一般是用户向ISP申请的或是工作单位的网络中心分配给职工的。这类电子邮箱一般使用电子邮件客户端程序，例如Outlook Exprcss、Foxmail、Messenger等收发电子邮件。

**任务6　利用 Windows XP 内置的 Outlook Express 收发电子邮件**

(1)了解 Outlook Express 的外观

Outlook Express 是 Windows XP 的标准组件,单击【开始】|【所有程序】|【Outlook Express】命令,即可启动 Outlook Express,窗口界面如图 11-18 所示。

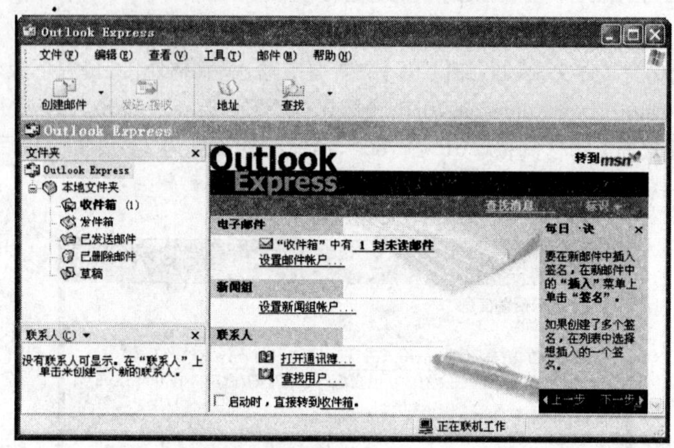


图 11-18　Outlook Express 界面

(2)创建用户账户

如果我们要使用 Outlook Express 收发电子邮件,必须首先创建自己的邮件账号。创建邮件账号的具体步骤如下:

①启动 Outlook Express 6,在窗口的菜单栏中单击【工具】|【账户】命令。

②在打开的【Internet 账户】对话框中,单击【邮件】选项卡,在右侧的按钮组中选择【添加】|【邮件】命令,以添加一个邮件账户,如图 11-19 所示。

③在打开的图 11-20 所示的对话框中,输入用户名称。当其他人收到你用该账号发送的邮件时,此名字将显示在邮件的"发件人"位置,邮件的接收者可以利用此信息直接判断邮件是何人发送来的。

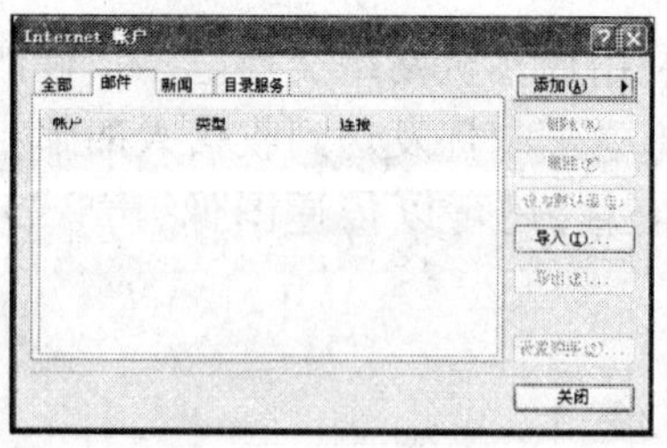

图 11-19　【Internet 账户】对话框

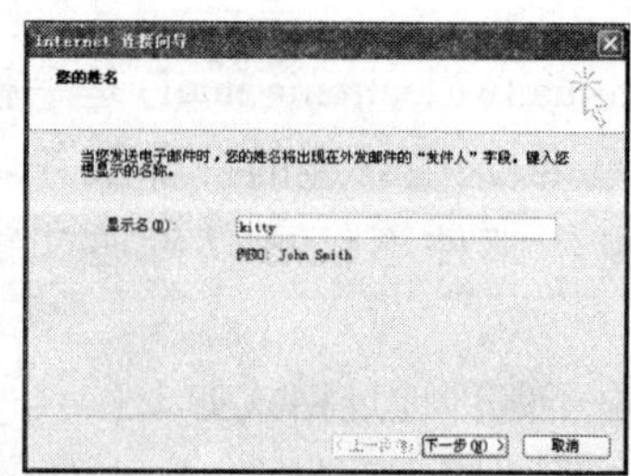

图 11-20　输入账户名称

④名称输入完毕后单击【下一步】按钮,在图 11-21 所示的对话框中输入你的电子邮件的地址。

⑤单击【下一步】按钮,在图 11-22 所示的对话框中选择服务器的类型,并输入接收邮件(POP3)和发送邮件(SMTP)的服务器名称。

POP3 和 SMTP 服务器一般有以下几种形式:

smtp. xxxx. xxx pop. xxxx. xxx

xxxx. xxx xxxx. xxx

smtp. xxxx. xxx pop3. xxxx. xxx

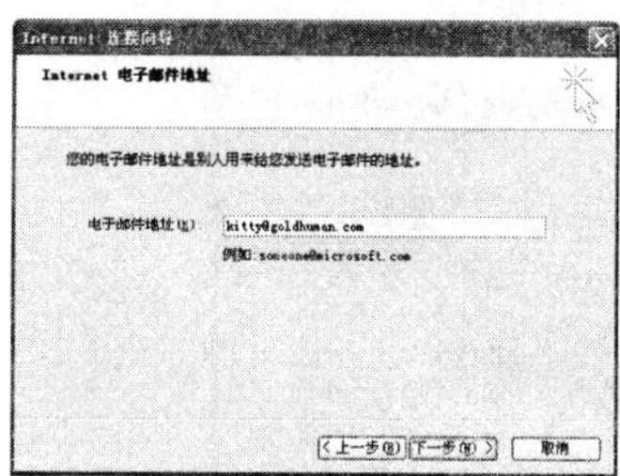

图 11-21 输入电子邮件地址

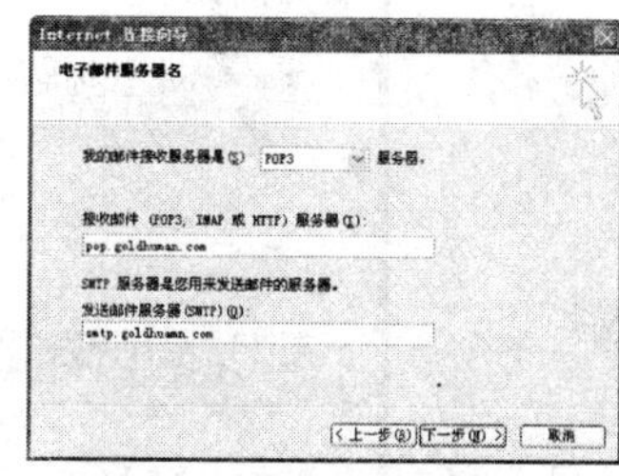

图 11-22 设置收发邮件的服务器

⑥单击【下一步】按钮，在图 11-23 所示的对话框中输入邮箱的账号名和密码。如果是自己的计算机，则在输入完密码后，可以选择其中的【记住密码】复选框，这样计算机将记住邮箱的密码，在访问邮箱时不需要每次都输入密码。

⑦单击【下一步】按钮，即可完成创建过程，如图 11-24 所示。最后单击【完成】按钮，返回到【Internet 账户】对话框。

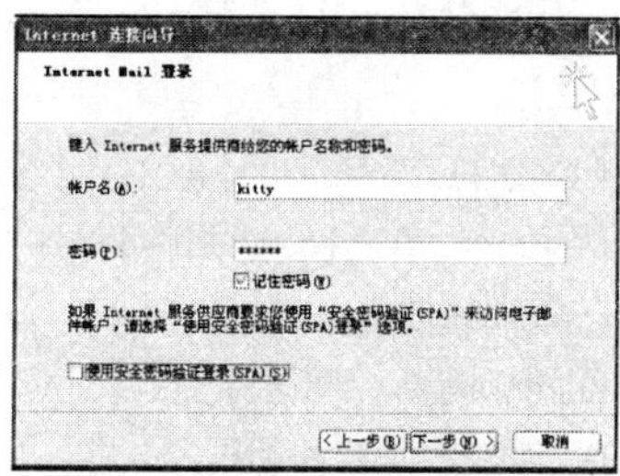

图 11-23 输入账户名和密码

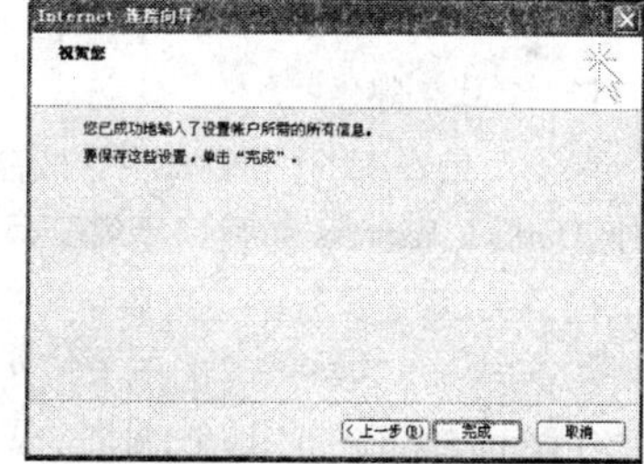

图 11-24 完成创建

⑧在如图 11-25 所示的对话框中添加了一条账户信息，选中刚添加的账户信息，单击【属性】按钮。在打开的【pop. goldhuman. com 属性】对话框中，单击【服务器】选项卡，然后选中【我的服务器要求身份验证】复选框，如图 11-26 所示。

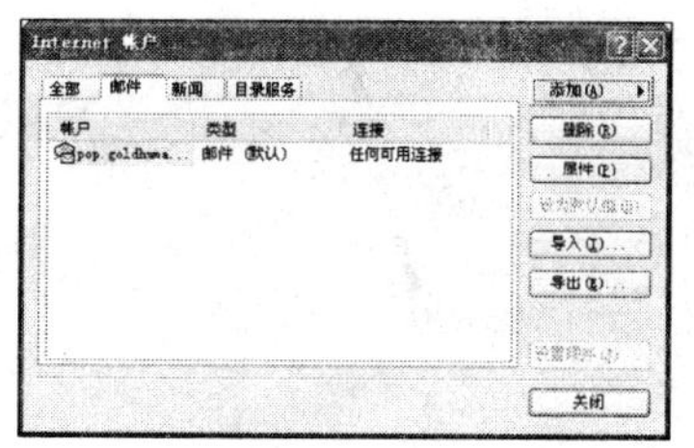

图 11-25 创建完成的账户信息

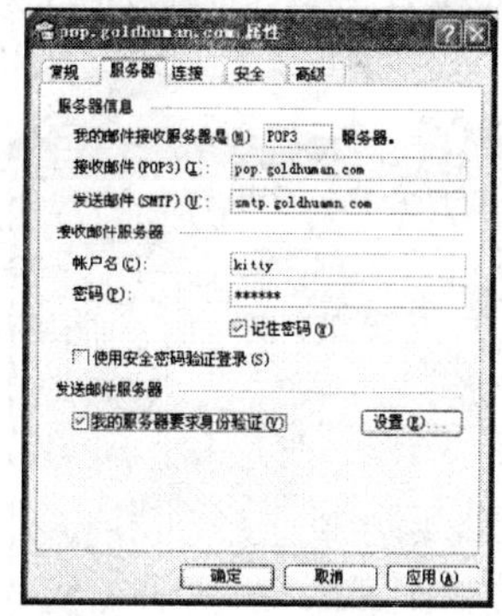

图 11-26 【服务器】选项卡

⑨单击【安全】选项卡，如图 11-27 所示。可使用数字标识对邮件进行数字签名和加密。数字签名邮件可以保证收件人收到的邮件确实是你发的。加密能保证只有设置的收件人才能阅读该邮件。

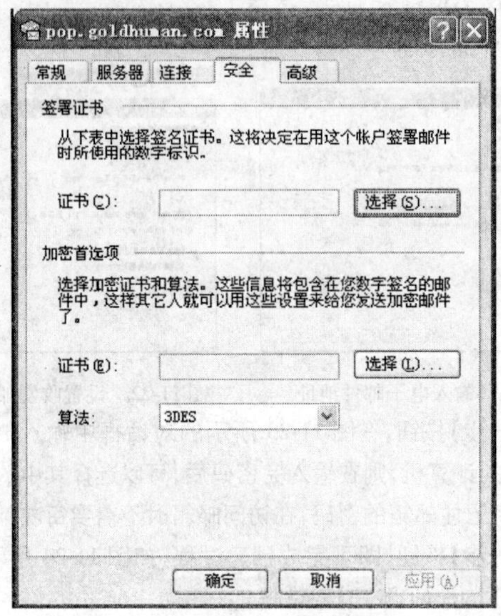


图 11-27 【安全】选项卡

(3)编写新邮件

单击工具栏中的【创建邮件】按钮，出现如图 11-28 所示的【新邮件】窗口。另外，Outlook Express 为我们提供了很多漂亮的信纸，单击【创建邮件】按钮右侧的下拉箭头，可在打开的下拉菜单中选择自己喜欢的信纸样式。

①首先填写“收件人”的电子邮件地址，当需要将邮件发送给多个人时，可在此项中同时填入他们的地址，地址之间可以用“，”或“；”号分隔开。

②“抄送(CC)”是把一封信同时发送给多个人时使用的。单击【抄送】按钮，出现如图 11-29 所示的【选择收件人】对话框，然后从左边联系人列表中选定联系人，再单击相应的按钮，设置好收件人、抄送人和密件抄送人后，单击【确定】按钮返回。

③填写“主题”，能让收信人快速地了解邮件的大意。最后在邮件的编辑区内输入邮件的正文。

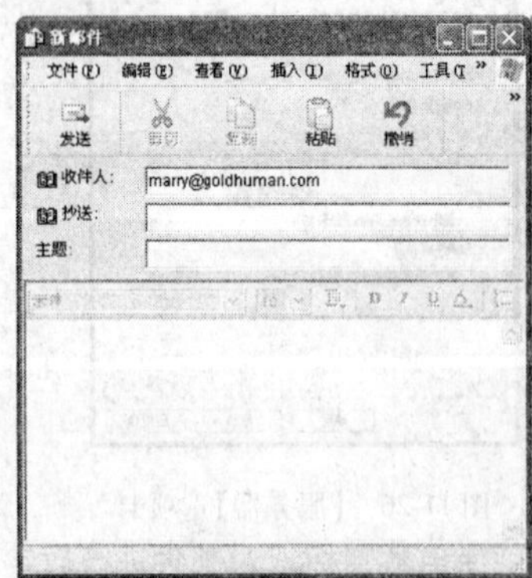


图 11-28 【新邮件】窗口

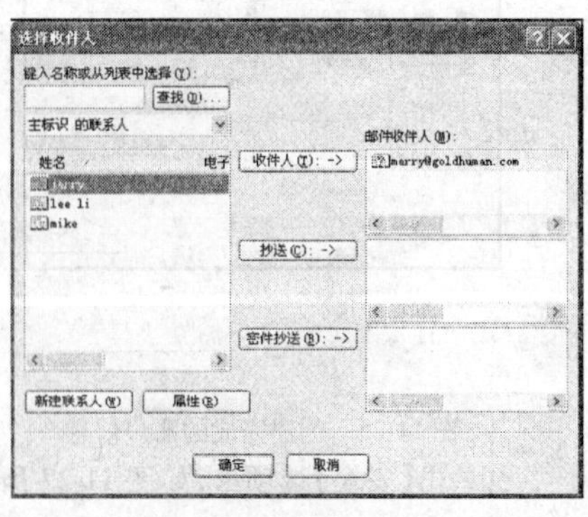


图 11-29 【选择收件人】对话框

④还可以在邮件中添加附件。单击工具栏上的【附件】按钮，或者单击【插入】|【文件附件】命令，打开如图 11-30 所示的【插入附件】对话框。在此对话框中选择要发送的文件，然后单击【附件】按钮。这时，在“主题”下方出现了一个新文本框，里面是附件的图标、名称和大小。图 11-31 所示为一封完成的新邮件。

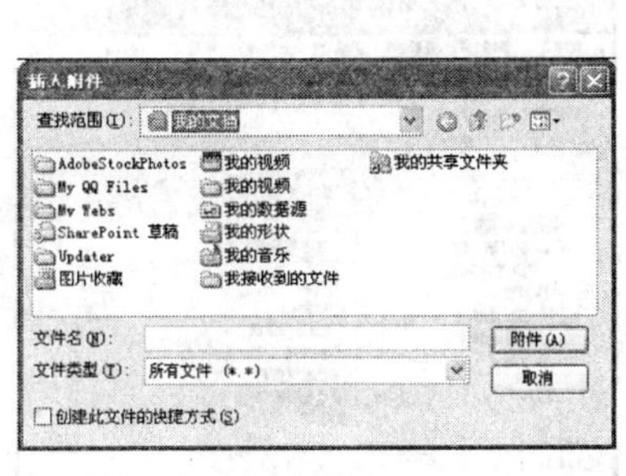


图 11-30 【插入附件】对话框

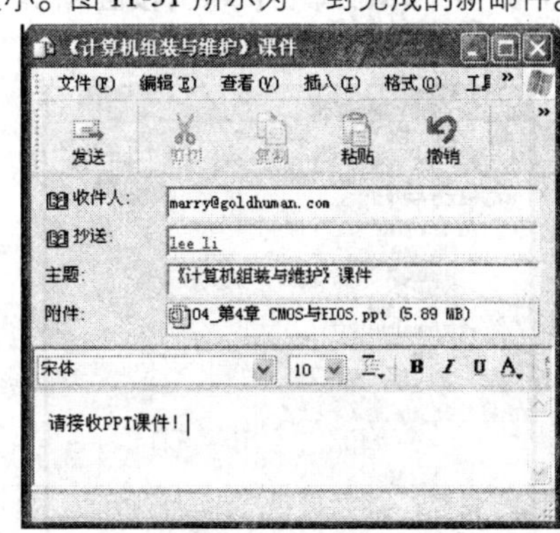


图 11-31 一封新邮件

⑤邮件写好后，单击【发送】按钮即可。

(4) 邮件的接收与回复

①邮件的接收很简单，只需要单击工具栏上的【发送/接收】按钮，就会弹出如图 11-32 所示的邮件接收进度对话框。其实，每次启动 Outlook Express 时，它都会自动帮助我们接收邮件。左边“收件箱”栏中的“收件箱”旁边标出的蓝色数字表示收到的新邮件数目。单击“收件箱”，在右边窗格中就可以看见信箱里的信了，刚收到的邮件的标题都以粗体显示。带有附件的邮件，在“发件人”前面都有一个蓝色的“别针”。

②Outlook Express 提供了方便的邮件回复方式：选择要回复的信件，再单击工具栏中的【答复】按钮，打开回复窗口如图 11-33 所示。

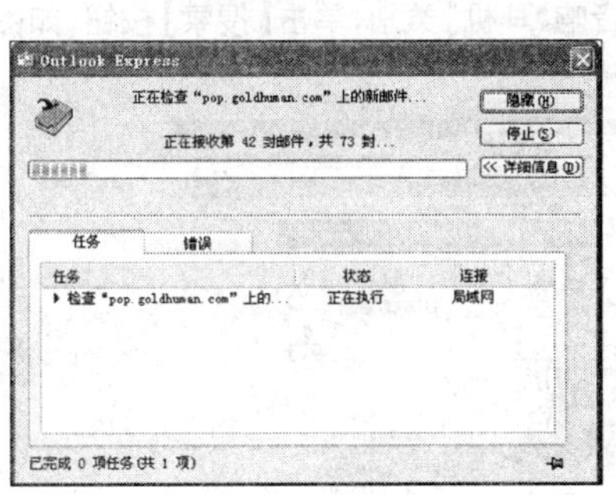


图 11-32 接收邮件

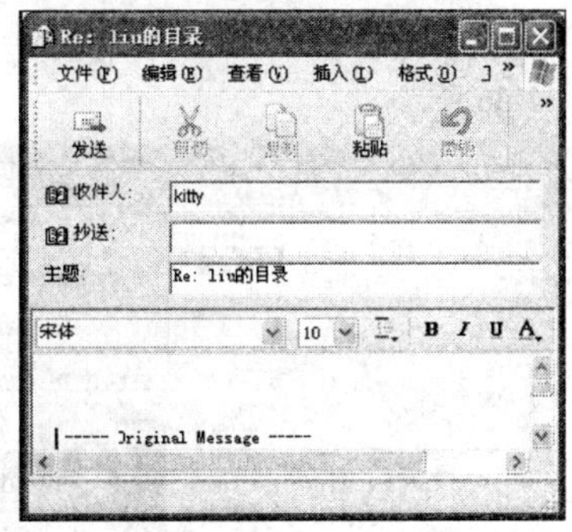


图 11-33 邮件回复

“收件人”和“主题”都自动填写好了，主题是在所收信件的主题前面加上“Re:”。邮件正文中也引用了原信的内容，最上面写着“ - - - - Original Message - - - - ”。在正文的光标停留处，输入回复的内容，就可以发送了。

(5) 邮件的管理

随着收到的邮件不断增多，收件箱里堆满了信，管理起来会很麻烦。我们可以建立不同的“文件夹”，即“目录”，把邮件分门别类地放在不同的“文件夹”中。比如，可以建立名为“工作信件”的文件夹，专门用来存放工作上的信件。在 Outlook Express

续任务 6

主界面左侧的【本地文件夹】上单击鼠标右键，在弹出的快捷菜单中选择【新建文件夹】命令，打开【创建文件夹】对话框，如图 11-34 所示。在“文件夹名”文本框中输入“工作信件”，在下面的列表框中选择新文件夹创建的位置，比如选择“收件箱”，然后单击【确定】按钮返回。

这时，在左侧“收件箱”中便出现了“工作来信”的文件夹，如图 11-35 所示。

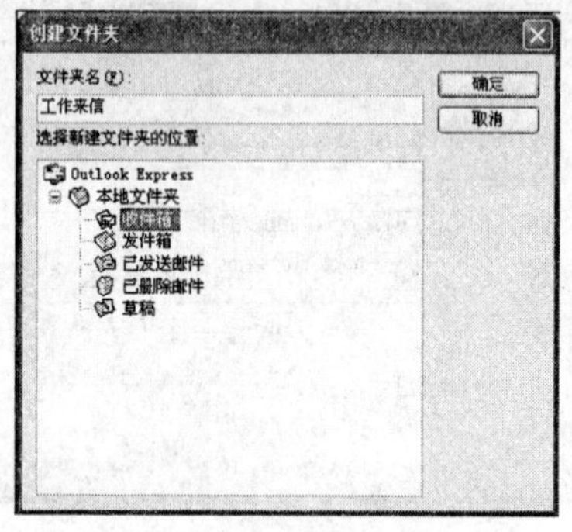


图 11-34 【创建文件夹】对话框

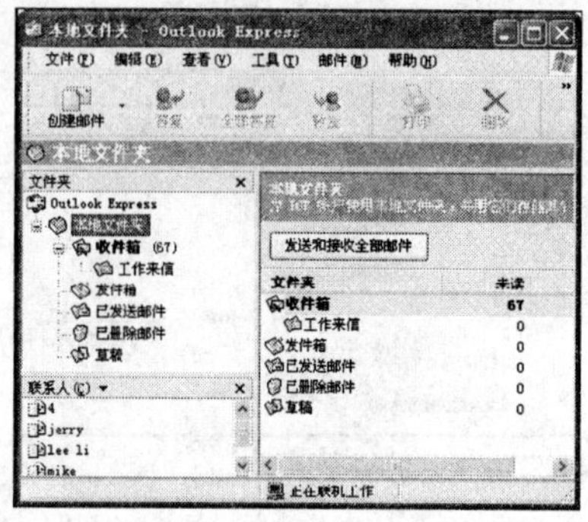


图 11-35 “工作来信”文件夹

## 11.2.4 网上购物

随着 Internet 的蓬勃发展，网上购物已经成为现代生活的时尚。目前，Internet 上已经有了许多销售商品的网站，淘宝网是其中比较有名的。

**任务 7 在淘宝网上购买一副 SONY 的耳麦**

具体购买方法如下：

①打开 IE 浏览器，在地址栏中输入“www. taobao. com”，打开淘宝网的主页。

②直接利用淘宝网所提供的搜索引擎，在文本框中输入“SONY 耳麦”，在【分类】下拉列表中选择“家用电器、hifi 音响、耳机”类别，单击【搜索】按钮，如图 11-36 所示。

图 11-36 淘宝网主页

③弹出搜索结果页面，所有与搜索主题相匹配的信息将都被显示出来，如图 11-37 所示。我们也可以根据需要按照“价格顺序”或“所在地”进行浏览。根据需要从中选择要购买的链接。

续任务 7

④打开如图 11-38 所示的产品购买界面。在该窗口中包含有关所购买商品的详细信息，如商品卖家的详细信息、商品名称、商品价格、所在地、邮购费用、可购买数量以及商品的功能介绍等。

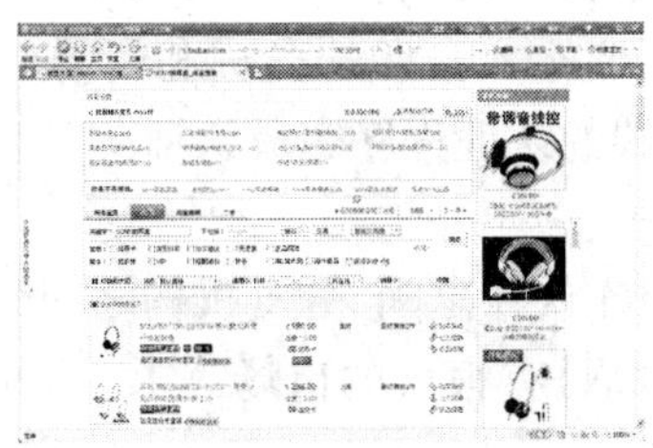

图 11-37　搜索结果页面

图 11-38　产品信息窗口

⑤如果对产品满意，可单击【立即购买】按钮，弹出如图 11-39 所示的【购买确认信息】窗口。在该窗口中填写收货地址、购买数量、运费方式等，然后单击【确认无误，购买】按钮。如果没有在淘宝网注册过，则需要先注册为淘宝网的会员，才能购买商品。选购好商品后要通过支付宝支付货款。打开如图 11-40 所示的支付界面，淘宝网为用户提供了一些购买商品的相关事宜和多种付款方式。通常我们使用"网上银行付款"的方式(前提是必须先开通银行卡的网上银行服务)，选择一种支付方式和相关银行，然后根据支付向导完成付款。

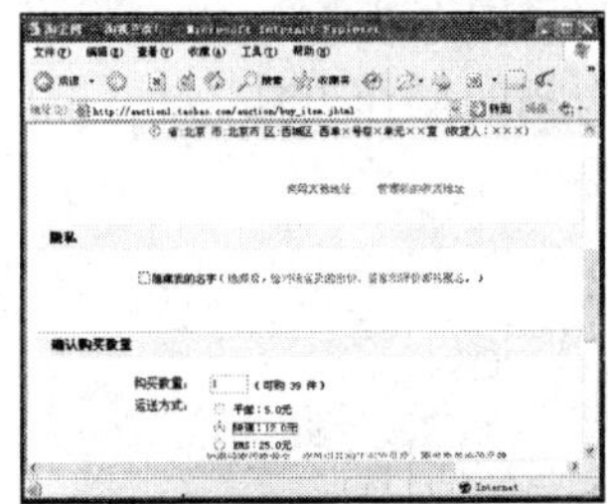

图 11-39　确认购买信息

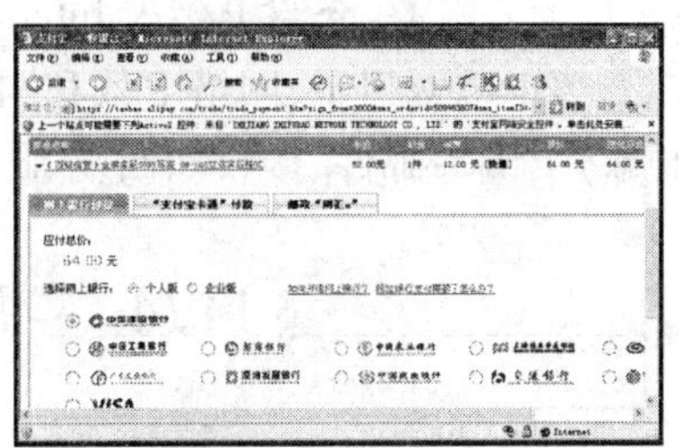

图 11-40　付款到支付宝

⑥付款完成后，即可完成网上购买的任务，等待卖家发货。当收到卖家的货物并确认完好后，再将支付宝里面的货款支付给卖家。

支付宝交易的具体使用规则和功能，可访问 http://help. alipay. com 网址做进一步的了解。

### 11.2.5　网络安全

随着网络技术的飞速发展和网络时代的到来，网络安全问题变得越来越严重。据统计，全球约 20s 就有一次计算机入侵事件发生；约 1/4 的网络防火墙被突破；约有 70% 以上的网络信息主管人报告因机密信息泄漏而遭到了损失。

保证计算机的网络安全，就是要保护网络信息在存储和传输过程中的保密性、完整性、可用性、可控性和真实性。从技术角度而言，Internet 的安全技术包括以下几类：

(1)逻辑隔离技术

以防火墙为代表的逻辑隔离技术将逐步向大容量、高效率、基于内容的过滤技术等方向发展，形成具有统计分析功能的综合性网络安全产品。

(2)防病毒技术

防病毒技术将逐步实现由单机防病毒向网络防病毒方式过渡,而防病毒网关产品的病毒库更新效率和服务水平将是今后防病毒产品竞争的核心要素。

(3)身份认证技术

身份认证是查验用户是否具有他所出示的对某种资源的使用和访问权利。例如,使用网络购物网站提供的交易平台进行支付时,用户首先要输入自己的名称和密码用于证明自己的身份,然后向对方提供自己的证书,最后通过客户端的认证程序完成认证。

(4)加密和虚拟专用网技术

在一个单位中,员工外出、移动办公、单位和合作伙伴之间、分支机构之间通过公用的互联网通信是必需的,因此,加密通信和虚拟专用网(VPN)有很大的市场需求。IPSee 已经成为市场的主流和标准。

(5)网管

网络安全越完善,体系架构就越复杂。管理网络的多台安全设备需要集中网管。集中网管是目前安全市场的一大趋势。

# §11.3 案例小结

本章在介绍计算机网络基础时,介绍了计算机网络的产生和发展、分类和应用、拓扑结构,Internet 的基础知识、主要服务,介绍了接入 Internet 的常用方式。

此外,本章还介绍了搜索引擎、网络下载和网上购物的操作方法,介绍了如何收发电子邮件,包括创建用户账户、编写邮件、接收和回复、邮件管理等。

# §11.4 习题

## 11.4.1 理论练习

**1. 单选题**

(1)计算机网络的目标是实现________。

A. 文件检索　　B. 数据处理
C. 资源共享和数据传输　　D. 信息传输

(2)不能作为计算机网络中传输介质的是________。

A. 光纤　　B. 微波　　C. 光盘　　D. 双绞线

(3)计算机网络按照其覆盖的地理范围可以分为________基本类型。

Ⅰ. 局域网　　Ⅱ. 城域网　　Ⅲ. 数据通信网　　Ⅳ. 广域网

A. Ⅰ、Ⅱ和Ⅳ　　B. Ⅲ和Ⅳ　　C. Ⅰ和Ⅱ　　D. Ⅱ和Ⅳ

(4)关于"链接",下列说法中正确的是________。

A. 链接指将约定的设备用线路连通　　B. 链接将指定文件与当前文件合并
C. 点击链接就会转向链接指向的地方　　D. 链接为发送电子邮件做好准备

(5)Internet 上直接用于文件传输的软件是________。

A. E-mail　　B. HTTP　　C. FTP　　D. Telnet

(6)在 Internet 主机域名中,下面________代表商业组织机构。

A. gov　　B. com　　C. edu　　D. net

(7)家庭计算机用户上网可使用的技术是________。

①电话线加上 Modem　　②有线电视电缆加上 Cable Modem

③电话线加上 ADSL　　④光纤到户(FTTH)

A. ①③　　B. ②③④　　C. ②③　　D. ①②③④

(8)下面 IP 地址中,属于 C 类地址的是________。

A. 26.26.48.89　　B. 162.115.46.99

C. 190.112.164.34　　D. 212.192.128.64

(9)浏览 WWW 页面时所看到的 WWW 页面文件一般称为________文件。

A. WPS　　B. Doc　　C. 超文本　　D. 二进制

(10)在发送电子邮件的用户界面中,其中"抄送"的功能是________。

A. 邮件标题　　B. 收信人地址

C. 将邮件同时发送给多个收信人　　D. 邮件内容

(11)以下 URL 中书写正确的是________。

A. http://www. sina. com\index. html　　B. http://www. sina. com/index. html

C. http://www sina. com\index. html　　D. http:www. . sina. com\index. html

(12)放在 Outlook Express 收件箱中的邮件 。

A. 收件人阅读后即自动被删除

B. 收件人阅读后即自动被保存在新文件夹中

C. 能够自动分类保存在新文件夹中

D. 可以由收件人分类保存到新文件夹中

**2. 填空题**

(1)为用户提供网络服务的机构或单位被称为________。

(2)在 Internet 中,WWW 的中文含义是________;FTP 的中文含义是________;E-mail 的中文含义是________。

(3)要想保存某个打开的网页,应选择 IE【文件】菜单中的________。

(4)计算机网络的功能主要包括________、________、________和________。

(5)zhangsan@ citiz. net 中 zhangsan 是指________,citiz. net 是指________。

**3. 简答题**

(1)自定义浏览器主页的方法是什么?

(2)什么是 URL? URL 是如何组成的?

(3)如何在 Outlook Express 中设置个人电子邮件账号?

### 11.4.2 上机操作

**1. IE 的使用**

(1)为了加快网页的下载速度,请修改 Internet 选项,使得 IE 在下载网页时不显示网页上的图片,播放网页中的动画,播放网页中的声音,播放网页中的视频,不在媒体栏显示联机媒体内容。

操作步骤:打开 IE 浏览器,单击【工具】|【 Internet 选项】|【高级】标签,选择【多媒体】栏

下的【显示图片】复选框，然后单击【确定】按钮。

(2)设置 www. sina. com. cn 为主页，并网页保存 10 天历史记录。

操作步骤：打开 IE 浏览器，单击【工具】|【Internet 选项】|【常规】命令。

(3)设置 Internet Explorer，禁止用户访问所有可能含有暴力内容的网站，监督人密码设为 4444。

操作步骤：打开 IE 浏览器，单击【工具】|【Internet 选项】|【内容】|【分级审查】的【启用】按钮，在【内容审查程序】对话框中单击【常规】标签，单击【创建密码】按钮，设置密码。单击【级别】选项卡，设置禁止项目和移动滚动条至无暴力，然后单击【确定】按钮。

(4)不再保存访问 Internet 的临时文件，但是保存现有的临时文件转存至 D：\考核\temp。

操作步骤：打开 IE 浏览器，单击【工具】|【Internet 选项】|【常规】标签，在 Internet 临时文件夹栏目组中单击【设置】按钮，在打开的【设置】对话框中，单击【移动文件夹】按钮，然后选择"D：\考核\temp"，单击【确定】按钮，在【检查所存网页的较新版本下】，选择【不检查】，最后单击【确定】按钮。

(5)将新浪网页(www. sina. com. cn)添加到收藏夹的新建文件夹"商业网站"中，并命名为"新浪主页"。

操作步骤：打开 IE 浏览器，在地址栏中输入网址"www. sina. com. cn"。然后单击【收藏】|【添加收藏夹】命令，在名称栏输入"新浪主页"，在【创建到】列表中新建文件夹，并命名"商业网站"，选中商业网站，单击【确定】按钮。

(6)为了让你的电脑随时在比较安全的状态下，请修改 Internet 选项，使得在安全和非安全模式之间转换时发出警告，检查下载程序的签名和关闭浏览器的时清空 Internet 临时文件夹。

操作步骤：打开 IE 浏览器，单击【工具】|【Internet 选项】命令，单击【高级】选项卡，然后选中 3 项安全复选项。

(7)在 Internet Explorer 中，将 www. ccb. cn 加入可信站点，并禁止从 Internet 上下载 ActiveX 控件。

操作步骤：打开 IE 浏览器，单击【工具】|【Internet 选项】|【安全】选项卡，单击【受信任的站点】图标，并添加 https：//www. ccb. cn，然后单击【Internet】图标，自定义级别中设置禁止未签名和已签名下载。

(8)为 Internet Explorer 中 Internet 区域的 Web 内容指定安全设置，禁止对没有标记为安全的 ActiveX 控件进行初始化和脚本运行，启用未签名的 ActiveX 控件。

操作步骤：打开 IE 浏览器，单击【工具】|【Internet 选项】|【安全】标签，单击【Internet】图标，在自定义级别中进行设置。

(9)给 IE 指明代理服务器的参数，相关的地址参数是：代理服务器 IP 地址是 10.0.0.1，服务程序的端口号为 8080。

操作步骤：

①单击浏览器中【工具】|【Internet 选项】命令，打开【Internet 选项】对话框。

②在【连接】标签中，单击【局域网设置】按钮，打开【局域网(LAN)设置】对话框。

③在对话框中，选择【为 LAN 使用代理服务器】复选框。在【地址】文本框中输入"10.0.01"，在【端口】文本框中输入"8080"，选择【对于本地地址不使用代理服务器】复选框。

④依次单击【确定】按钮即可。

(10)下载网页的源代码、图片和全部资源格式。

操作步骤:

①打开 IE 浏览器,在地址栏中输入"www. sohu. com",打开 sohu 网站。

②单击【查看】|【源文件】命令,在打开的【记事本】程序中显示该网页的 HTML 代码。

③在 IE 浏览器窗口中,单击【文件】|【另存为】命令,在打开的对话框中,输入文件名称,设置【保存类型】为"网页,全部",单击【确定】按钮。

④将光标指向某个图片时,单击鼠标邮件,在弹出的快捷菜单中选择【图片另存为】命令,即可下载单个图片。

**2. Internet 信息检索**

要求:

①启动 IE,在地址栏中输入"www. baidu. com",进入百度搜索引擎。

②进入百度新闻网页,查看当天新闻,将此网页以"网页,仅 HTML"的类型保存到"我的文档"内,文件名为"百度新闻"。

③进入百度网页搜索网页,自己设定关键字,查找有关"计算机等级考试"的网页,将搜索结果以"网页,全部"类型保存到"我的文档"中,文件名为"等级考试"。

④进入百度图片搜索网页,自己设定关键字,查找有关"长城"的图片,找到图片后将其保存在"图片收藏"文件夹中,文件名为"长城"。

⑤关闭 IE,打开"我的文档",查看检索后的保存结果。

**3. Outlook Express 的应用**

①启动 Outlook Express 6,创建一个用户账户。

②将 Outlook 设置为退出时清空"已删除的邮件"文件夹。

③编写如下信件,并将上一题中保存的"长城"图片文件作为附件一起发送。

收件人:×××

抄送:×××

主题:长城

内容:我已经找到了长城的图片,请接收附件。

# 计算机公共基础课程标准(参考)

学　　时:60学时　　　　课程类别:公共必修课
适用专业:各系各专业　　学　　分:3学分

## 一、概　　述

### (一)课程的性质

计算机公共基础课程是高等职业学院公共课程中的一门必修课。是一门实践性和实用性都很强的课程。目的是为了培养学生的计算机基本操作能力。

### (二)课程的基本理念

本课程的教学内容和任务是按照实际工作、学习和生活所必须具备的计算机基本知识与基本操作技能,以及高校计算机一级考试的要求进行设置。由于学生来自不同地区,计算机基础知识及操作水平参差不齐,因此在教学内容的编排上,采用"任务驱动"式教学,引入实际工作任务,力求由浅入深,循序渐进,突出重点,突出学习规律和学习技巧,引导学生通过"任务驱动"的教学模式,实现掌握计算机基础知识及计算机基本操作能力的教学目标,同时,使学生顺利通过国家规定的计算机等级考试。

### (三)课程的设计思路

本门课程总体设计原则,是采用"任务驱动"教学方式,采取"提出问题—介绍解决问题的方法—归纳总结,培养寻找答案的思维方法"的模式。以实际问题引导出相关原理和概念,在解决实际案例的过程中将知识点融入,通过分析归纳,介绍解决实际问题的思想方法,然后进行概括总结,使教学内容层次清晰,脉络分明,便于学习和实践操作。使学生得到完整技术能力的训练,即:分析问题的能力、规划设计方案的能力、付诸实施的能力及运行过程中的纠错能力。同时,利用实际工作任务作教学主线,围绕工作任务层层展开,步步渐进的教学方法,也更能激发学生的学习兴趣。

本课程内容涵盖了以下教学内容:

1. 计算机基础知识

教学内容:

(1)计算机概述

计算机的基本概念、计算机的产生、计算机的分代与分类、计算机的特点与功能、计算机的主要应用领域及发展趋势。

(2)计算机系统的组成

计算机系统的基本组成与工作原理,计算机硬件系统与软件系统的基本组成、功能、区别与相互联系。

(3)微型计算机

微型计算机系统的基本组成、微型计算机的性能指标、微型计算机的基本配置、主机与外部设备的连接方法、基本操作与维护、微型计算机键盘使用与基本操作。

(4)计算机中的数制及编码

计算机中所用数制及不同数制之间数据的转换方法,数据的表示、计算、存储及常用存储单位,编码的基本知识(二进制编码、ASCII 码、汉字编码)。

(5)计算机安全知识、计算机病毒的概念及其防治

2. 操作系统

教学内容:

(1)Windows 2000/XP 的功能、基本概念和术语、基本操作方法、Windows 98/2000 启动和退出。

(2)"开始"菜单的使用,"资源管理器"或"我的电脑"的使用,文件和文件夹的创建与删除、复制与移动、文件和文件夹的重命名、文件属性的查看和设置,文件和文件夹的查找,磁盘的格式化和整盘复制,快捷方式的创建和使用。

(3)中文 Windows 2000/XP 环境下常规汉字的操作方法并熟练掌握一种汉字输入法及 Windows 的设置与维护。

3. 字处理软件

教学内容:

(1)中文文字处理软件 Word 的功能、运行环境、启动和退出,文档的创建、输入、打开、保存和打印,文本的选定、插入与删除、复制与移动、查找与替换等基本编辑技术。

(2)文字格式、段落设置、边框底纹设置、项目符号和编号设置、分栏设置等排版技术和页面设置的基本操作。

(3)表格的创建、修改,文字与表格间的相互转换等操作。

(4)图形、图片、文本框的插入和编辑,对象的嵌入与链接。

4. 电子表格

教学内容:

(1)电子表格软件 Excel 的基本概念、启动和退出、表格的创建、编辑和保存等基本操作,工作表格式的设置、页面的设置和打印。

(2)工作表中函数和表达式的应用。

(3)EXCEL 图表的建立、编辑和修改。

(4)有关数据库的基本概念和排序、筛选、分类汇总和建立数据透视表等操作。

5. 中文演示文稿制作软件 PowerPoint

教学内容:

(1)Powerpoint 的基本概念、启动和退出、演示文稿的创建、打开和保存,幻灯片的制作、文字编排、图片和图表的插入,模板的选用。

(2)设置幻灯片动画效果,插入超级链接和演示文稿的打包、打印等。

6. 网络基础

教学内容：

(1)计算机网络的基本知识与基本组成，局域网的特点、组成及网络连接设备

(2)Internet 的基本知识与使用，具有从互联网上获取信息资源的能力。

(3)收发电子邮件等。

7. FrontPage 的应用——制作网页

教学内容：

(1)网站与网页的基本操作。

(2)表格的使用，框架的创建和编辑方法、网页超链接的创建、属性的设置以及标单的创建等。

(3)动态网页的设计以及技巧。

课时安排为 60 学时，3 学分。这是一门实践性和实用性都很强的课程，是以培养学生实际操作能力为主的课程，因此在授课中以理论联系实际为基础，同时增加学生实践课的权重，让学生在解决实际案例的操作中学习掌握相关知识、培养实际操作能力。

## 二、课 程 目 标

通过本课程的学习，使学生能够：

1. 掌握在信息化社会中工作、学习和生活所必须具备的计算机基本知识与基本操作技能，系统地、正确地建立计算机相关概念和微型计算机的操作技术；

2. 具备在网络环境下操作计算机及常用应用程序的能力；

3. 具备在网上获取信息资源和交流信息的能力；

4. 达到河北省高校计算机一级考试的水平。

为今后进一步学习和掌握计算机知识和技术打下良好的基础。并使学生树立终身学习的理念和方法。

## 三、内 容 标 准

### (一)教学目标

运用灵活的教学方法，引入实际案例，激发学生学习兴趣，提高学生学习的主动性。帮助学生达到以下学习目标：

1. 能力目标

(1)具有利用计算机系统的基本知识，计算机的基本组成与工作原理，计算机软件与硬件的基本知识判断微型计算机系统的基本配置与主要性能指标的能力。

(2)具有计算机基本维护与计算机安全设置的能力。

(3)会用中文 Windows 2000/XP 操作系统的管理计算机的硬件资源及软件资源。

(4)能在中文 Windows 2000/XP 环境下利用一种汉字输入法熟练地输入汉字。

(5)具有利用中文字处理软件 Word 2000/2003 处理常用文档(文档创建、保存、编辑、版面设计、页面设置、打印设置、表格操作、图文混排等)的能力。

(6)具有使用 Excel 2000/2003 进行各种数据处理和图表分析及数据管理的能力。

（7）具有使用 PowerPoint 2000/2003 制作演示文稿的能力。

（8）具有利用计算机网络的基本知识进行简单的网络连接及设置的能力，具有理由 Internet 从互联网上获取信息资源的能力，具有收发电子邮件的能力。

（9）会用 FrontPage 软件设计、编辑网页。

2. 知识目标

（1）了解计算机系统的基本知识，计算机的基本组成与工作原理，计算机软件与硬件的基本知识与相互关系，掌握微型计算机系统的基本配置与主要性能指标，了解计算机维护与计算机安全的基本知识。

（2）了解操作系统的基本概念、功能及常用操作系统的特点；掌握中文 Windows 2000/XP 操作系统的基本工作方式、掌握中文 Windows 2000/XP 环境下常规汉字的操作方法并熟练掌握一种汉字输入法；掌握中文 Windows 2000/XP 的基本操作及文件管理。

（3）掌握利用中文文字处理软件 Word 2000/2003 处理文档的基本操作方法。

（4）掌握利用电子表格软件 Excel 2000/2003 进行数据处理、图表分析及数据管理的基本操作方法。

（5）掌握利用演示文稿软件 PowerPoint 2000/2003 制作演示文稿的基本操作方法。

（6）了解多媒体技术的基础知识、了解计算机网络的基本知识与基本组成，局域网的特点、组成及网络连接设备，掌握 Internet 的基本知识与利用 Internet 从互联网上获取信息资源的操作方法。掌握收发电子邮件的操作方法。

（7）掌握创建网站与网页的基本操作、熟练应用网页编辑的技术。

### （二）活动安排

1. 师生双边活动具体安排

在讲授课中，由教师根据具体案例先做示范讲解，再要求学生跟着操作练习，归纳总结主要知识点，上机操作练习课中，由学生自主进行相应练习教师根据具体情况给与指导。学生通过跟随示范练习、归纳总结知识点接受新知识、再到亲自上机操作解决实际问题，提高学习兴趣，寓教于乐，师生互动使学生真正学有所得。

2. 引导学生提高自学能力：如通过课外作业的方式指导学生理应网络查找指定知识信息，制作图文并茂的校刊，制作班级网页等。在多种练习过程中，提高学生的计算机基本操作的能力。

3. 鼓励学生参加各种计算机知识及操作大赛、锻炼自己计算机应用能力。

### （三）考核评价

计算机公共基础课程是各系根据各自不同要求将其设为考试课或考察课，但学生都将参加高校计算机一级考试，为适应这一要求，我们采用一级考试模拟试卷作为考试用卷，评分标准参照一级考试评分要求。

### （四）知识要点

1. 计算机系统的基本知识，计算机的基本组成与工作原理，微型计算机系统的基本配置与主要性能指标，计算机维护与计算机安全的基本知识。

2. 操作系统的基本概念、功能及常用操作系统的特点；中文 Windows 2000/XP 操作系统的基本工作方式、基本操作及文件管理;汉字输入法。

3. 应用中文字处理软件 Word 2000/XP 处理常用文档的能力。

4. 应用电子表格软件 Excel 2000/XP 进行各种数据处理和图表分析及数据管理的能力。

5. 应用演示文稿软件 PowerPoint 2000/XP 制作演示文稿的能力。

6. 计算机网络的基本知识,应用 Internet 的基本知识及从互联网上获取信息资源的能力。应用 E-mail 收发电子邮件。

7. 创建、编辑网站与网页的基本操作机应用技术。

### (五)技能要点

1. 培养学生的计算机基本操作技能。通过学习使用 Windows 2000/XP 操作系统、Office 办公软件的基本操作,使学生具有利用计算机处理文档、表格、数据、演示文稿、网络、电子邮件等的能力。

2. 锻炼、培养学生自学的能力。通过"任务驱动"式教学模式,培养学生"发现问题——寻找解决问题的方法——解决问题——归纳总结——获取知识——掌握知识"自我学习,自我提高的能力。

## 四、实 施 建 议

### (一)教学建议

1. 本门课程的特点是实践性和实用性突出,可以采用"任务驱动"式教学法,首先选取典型案例、提出任务——讲解解决问题、完成任务地方法——归纳总结知识点,讲练结合,侧重操作练习,激发学生学习兴趣、引导学生积极探索良好的学习方法,使学生学以致用,体会到学习的乐趣。

2. 实践课中充分发挥学生的自主学习能力,提出难易成度不同的案例,让学生根据自己的不同能力自己解决,教师给与必要的辅导。借此满足各层次学生的学习要求。

3. 开设第二课堂的活动,提高学生学习的积极性和自觉性。

### (二)考核评价建议

根据要求学生结课后,都将参加河北省高校计算机一级考试,为适应这一要求,建议考试参照河北省高校计算机一级考试标准,采用一级考试模拟试卷作为考试用卷,评分标准参照一级考试评分要求。

### (三)实验实训设备配置建议

1. 此课程需要在多媒体教室进行教学。

2. 此课程操作训练性强,学生需要大量上机操作训练。

### (四)课程资源开发与利用建议

1. 制作《计算机公共基础》精品课,便于学生网上学习。

2. 根据学生实际需要开设第二课堂，与院团委合作不定期举行各种计算机技能大赛活动。

## 五、其 他 说 明

本课程标准适用学院各系、各专业。

附件：部分能力项目训练设计

计算机公共基础课是一门实践性和实用性都很强的课程，是以培养学生的计算机基本操作技能为主的课程，课程选择了 Windows 2000/XP 操作系统，Office 2003 办公软件中的常用组件作为能力训练点。下面就中文文字处理软件 Word 的应用作能力项目训练设计：

| | 能力训练项目名称 | 拟实现的能力目标 | 相关支撑知识 | 训练方式手段及步骤 | 结果 |
|---|---|---|---|---|---|
| 1 | Word 基本应用——制作求职简历 | 1. 学会给文档做字符格式的设置及格式刷的应用<br>2. 学会给文档段落格式的设置<br>3. 学会在文档中插入表格和图片<br>4. 学会制表位的使用<br>5. 能给文档做页面做边框的设置<br>6. 能打印输出文档 | 1. 掌握字符格式设置和段落格式设置<br>2. 掌握 Word 表格的基本操作<br>3. 掌握图片插入的基本操作<br>4. 掌握边框、底纹设置<br>5. 掌握文档的打印、输出设置 | 演示作品、教师示范、学生根据要求独立练习制作求职简历 | 学生作品 |
| 2 | Word 综合应用——制作宣传单 | 1. 能给文档设置页面背景<br>2. 能在文档中插入图形并作格式设置<br>3. 学会在文档中插入艺术字并编辑<br>4. 学会在文档中插入文本框并编辑<br>5. 能在文档中做自定义项目符号的添加 | 1. 掌握设置页面背景<br>2. 掌握图形格式设置的操作方法<br>3. 掌握艺术字的插入和编辑操作方法<br>4. 掌握文本框的插入和编辑操作方法<br>5. 了解自定义项目符号的添加方法 | 演示作品、教师示范、学生根据要求独立练习制作宣传单 | 学生作品 |
| 3 | Word 的高级应用——制作毕业论文 | 1. 学会样式的创建和使用<br>2. 学会在文档中设置多级符号<br>3. 基本会对文档中的图表做自动编号及图表目录的创建<br>4. 会给文档设置分节符<br>5. 会给文档设置页眉页脚<br>6. 学会在文档中创建修订和批注并编辑<br>7. 学会给文档创建目录 | 1. 掌握样式的创建和使用<br>2. 掌握多级符号的创建和使用<br>3. 理解图表的自动编号及图表目录的创建<br>4. 掌握设置分节符<br>5. 掌握设置页眉页脚<br>6. 掌握修订和批注的创建和编辑<br>7. 掌握文档目录的创建 | 演示作品、教师示范、学生根据要求独立练习制作作品 | 学生作品 |

# 2010年河北省高校计算机一级考试大纲

**第一部分　基础知识(25分)**

1. 信息技术基础知识

信息的概念、特征和分类

信息技术的概念和特点

我国的信息化建设

2. 计算机系统基础知识

计算机的发展史,计算机的特点、应用和分类

计算机中的数据与编程

冯.诺依曼型计算机的硬件结构及其各部分的功能

微型计算机的硬件结构及其各部分的功能,包括:中央处理器、总线、内内存储器、输入、输出设备

3. 计算机软件系统知识

指令和指令系统、计算机的工作原理

计算机软件系统的层次结构及其组成:包括:系统软件、应用软件

操作系统的概念、分类及主要功能;语言的类型及语言的处理程序

文件及文件的管理:文件的定义、命名规则、以及通配符的使用

4. 计算机网络基础知识

计算机网络的定义、分类、组成与功能

网络通信协议的基本概念

局域网的特点和组成、局域网的主要拓扑结构

局域网组网的常用技术

5. 因特网(Internet)基础知识

因特网的基础知识 包括:因特网的形成与发展、中国因特网简介

因特网提供的主要服务;因特网的主要通信协议;IP地址和域名;因特网的接入方式

万维网主要术语 包括:网页、主页、统一资源定位器(url)、超文本、超级链接 Outlook Express 软件的使用

电子邮件基础知识及 Outlook Express 软件使用

计算机病毒和网络安全知识 包括计算机病毒的概念、特点 分类和预防;网络黑客和防火墙的概念

6. 多媒体信息处理知识

多媒体技术的基本概念,包括:媒体及其分类、多媒体及其主要特征

多媒体的重要元素 包括:文本、音频、图形和静态图像、动画、视频

多媒体计算机的组成

7. 常用软件 Word 2003、Excel 2003、PowePoint 2003、FrontPage 2003、Internet Explorer、Outlook Express 的使用及相关概念

**第二部分　Windows 2000/XP 中文操作系统**(5 分)

1. Windows 2000/XP 的基本操作

桌面操作:

文件或文件夹的添加、删除、移动、复制

快捷方式的创建、删除、重命名

窗口操作:

打开、关闭、最小化、最大化、还原窗口操作

调整窗口的大小、移动窗口操作

改变窗口排列方式和显示方式

多窗口排列和窗口切换

打开各类菜单、选择菜单项

获取帮助的方法

2. Windows 2000/XP 的主要部件应用

资源管理器 包括:文件和文件夹的浏览,查找、移动、复制、删除和重命名,属性设置

我的电脑 包括:磁盘格式化、软盘复制、检查磁盘空间、修改卷标

回收站 包括:恢复、删除回收站中的文件,清空回收站

控制面板 包括:设置显示参数、背景和外观、屏幕保护程序、颜色和分辨率

添加删除硬件;添加删除程序

添加删除输入法;添加删除打印机

附件工具的使用

**第三部分　Word 2003 文字处理软件**(20 分)

1. 文字编辑的基本操作

Word 2003 的启动和退出

文档操作:包括文档的建立、打开、保存、另存和关闭,文档的重命名

视图操作:包括视图、工具栏、显示比例的选择,标尺、坐标线、段落标记的显示

文字的插入、改写和删除操作;字块的移动和复制操作

字符串的查找和替换

2. 文字排版操作

设置页面:纸型、页边距、页眉页脚边界

设置文字参数: 字体、字形、字号、颜色、效果、字符间距等

设置段落参数:各种缩进参数、段前距、段后距、行间距、对齐方式等

设置项目符号和编号

分栏

脚注和尾注

插入页眉、页脚和页码操作

3. 插入表格操作

创建表格:包括自动插入和手工绘制

调整表格:包括插入/删除行、列、单元格,改变行高和列宽,合并和拆分单元格

单元格编辑:包括选定单元格、设置文本格式、文本的录入、移动、复制和删除

设置表格风格:包括边框和底纹

4. 图文混排操作

绘制图形:包括图形的绘制、移动与缩放,设置图形的颜色、填充和版式

插入图片:包括插入剪贴画、艺术字和图片文件;以及他们的编辑操作

文本框的使用

对象的嵌入和链接操作

多个对象的对齐、组合与层次操作

**第四部分　Excel 2003 电子表格软件**(20 分)

1. Excel 应用程序的基本操作

工作簿操作:包括新建、打开、保存、另存和关闭工作簿

工作表操作:包括选定工作表、插入/删除工作表、插入/删除行和列、调整行高和列宽、命名工作表、调整工作表顺序、拆分和冻结工作表、打印工作表

单元格的操作:包括选定单元格、合并/拆分单元格、设置单元格格式

输入数据操作:包括输入基本数据、输入公式和自动填充,修改、移动、复制与删除数据

2. 图表操作

创建图表:包括嵌入式图表和图表工作表

图表编辑:包括编辑图表对象、改变图表类型和数据系列、图表的移动和缩放

3. 数据的管理和分析

数据的排序操作:包括简单排序和复杂排序

数据的筛选操作:包括自动筛选和高级筛选

数据的分类汇总和建立数据透视表操作

**第五部分　因特网应用**(10 分)

1. 万维网(www)应用

IE 浏览器的设置 : 包括界面设置和 Internet 选项设置

页面浏览操作:包括保存页面、部分文本、图片和链接页

收藏夹操作:包括将 web 页添加到收藏夹、整理收藏夹

搜索引擎的使用:包括分类搜索和关键字搜索

页面的打印和脱机浏览

下载文件操作

2. 电子邮件(E-mail)应用

Outlook Express 的运行和设置,包括创建账号和管理账号

撰写电子邮件:包括选择信纸和收件人、设置文本格式和优先级、插入附件、图片、超链接

收发电子邮件:包括接收、阅读、回复、转发电子邮件

管理文件夹:包括收件箱、发件箱、已发送邮件、已删除邮件和草稿文件夹

管理通讯薄;包括添加联系人、创建联系人组,以及删除操作

**第六部分　PowerPoint 2003 制作演示文稿软件**(10 分)

1. PowerPoint 应用程序的基本操作

PowerPoint 应用程序的启动与退出

创建新的演示文稿:包括选择模板、版式、添加幻灯片,以及文本的编辑,图片、图表的插入

和视图的使用

打开、浏览、保存和关闭演示文稿

幻灯片的插入、移动、复制和删除操作

多媒体对象的插入、幻灯片格式的设置,演示文稿的打包和打印

2. 加入动画效果

为幻灯片中的对象预设或者自定义动画效果

对幻灯片的切换设置动画效果

插入超级链接:包括设置动作按钮和超链接点

**第七部分　FrontPage 2003 网页制作软件**(10 分)

1. 网页的基本操作

创建新的网页

打开已有的网页

网页的保存

网页的属性设置

2. 网页的设计

文本的编辑

图像操作:插入对象、设置图像的属性、保存包含图像的网页

表格:表格的基本组成、建立和编辑表格、表格的属性设置

超级链接:文本超级链接和建立和设置、图像的超级链接、热点区域、书签

表单:创建表单、插入表单元素、表单属性

框架结构:创建框架网页、更改框架链接的网页、框架属性设置

# 参 考 文 献

[1] 镇涛,廖骏杰,伍守义.计算机应用基础案例教程.北京:北京邮电大学出版社.2008.
[2] 樊理略.大学计算机基础.天津:天津科学技术出版社.2009.
[3] 刘明生.大学信息技术基础.北京:中国科学技术出版社.2006.
[4] 李淑华.计算机文化基础.北京:高等教育出版社.2007.
[5] 李存斌.计算机公共基础教程.北京:高等教育出版社.2007.
[6] 高林.计算机公共基础.北京:高等教育出版社.2008.
[7] 龚沛曾,杨志强.大学计算机基础(第五版).北京:高等教育出版社.2009.
[8] 刘艳丽,曾煌兴.大学计算机应用基础.北京:高等教育出版社.2005.
[9] 刘明.计算机导论.上海:上海交通大学出版社.2008.
[10] 高骏,吴博.计算机应用基础.北京:中国计划出版社.2007.
[11] 秦建宁.中文 Windows XP 与 Office2003 基础教程.北京:中国物资出版社.2005.
[12] 郝哲,王建勇,何元清.计算机网络技术基础.上海:上海交通大学出版社.2008.